犬猫马超声心动图

Ecocardiografia nel cane, nel gatto e nel cavallo

第 2 版

主编 ［意］弗朗西斯科·波尔切洛（Francesco Porciello）
［意］弗朗西斯科·比雷托尼（Francesco Birettoni）
［意］多梅尼科·凯瓦诺（Domenico Caivano）
［意］玛丽亚·埃琳娜·乔治（Maria Elena Giorgi）

主译 周媛媛 吴海燕 谢富强

長江出版傳媒
湖北科学技术出版社

著作权合同登记图字：17-2023-074

图书在版编目（CIP）数据

犬猫马超声心动图 / （意）弗朗西斯科·波尔切洛等主编；周媛媛，吴海燕，谢富强主译. -- 2版. -- 武汉：湖北科学技术出版社，2024. 10. -- ISBN 978-7-5706-3499-6

Ⅰ. S854.4

中国国家版本馆CIP数据核字第2024Y859V5号

犬猫马超声心动图（第2版）
QUAN-MAO-MA CHAOSHENG XINDONGTU（DI 2 BAN）

责任编辑：林　潇
责任校对：童桂清　　封面设计：喻　杨

出版发行：湖北科学技术出版社
地　　址：武汉市雄楚大街268号（湖北出版文化城B座13—14层）
电　　话：027-87679468　　邮　　编：430070

印　　刷：河北尚文雅屹印刷有限公司　　邮　　编：072759

700×1000　1/16　14.5印张　291千字
2024年10月第1版　2024年10月第1次印刷
定　　价：228.00元

译 委 会

主　译　周媛媛　吴海燕　谢富强

参　译（按姓氏笔画排序）

于　飞　于　泳　王佳尧

史凌宇　邝　怡　李　谦

杨腾昆　肖　园　吴　璇

吴海燕　张志轩　张博闻

周雳威　周媛媛　蒋玉洁

译 者 序

超声心动图作为诊断结构性心脏病的金标准，在兽医领域的重要性日益凸显。近年来随着超声设备的普及和宠物主人对动物健康认知的加深，学习超声心动图技术已成为兽医行业不可或缺的一环。

初识本书是被其丰富的配图及各种类型的心脏病超声心动图视频吸引，图文结合简明易懂，深入阅读发现本书虽篇幅简洁，但涵盖内容全面又不失重点。可帮助我们在繁忙的工作学习中有重点的快速学习。书中不仅系统介绍了超声心动图的基本原理、切面扫查操作技巧，还深入剖析了各类心脏病的病理生理发展过程和各病不同发展阶段的超声诊断要点。这在经超声心动图诊断同征不同病的结构性心脏病时至关重要。同时本书还涵盖了超声引导下心内介入治疗的前沿技术，避免了荧光透视治疗过程中的辐射安全问题，为治疗先天性心脏病提供了新的思路和方法。特别值得一提的是，本书在第 1 版的基础上增添了马的超声心动图介绍，并提供了详细的测量数据参考范围，使内容更加丰富和全面。

翻译过程中，我们力求准确传达原书的精髓，但由于译者水平及时间所限，恐存在疏漏之处。我们诚挚地希望读者能够不吝指正反馈，共同完善本书。

感谢本书译者们及编辑的辛勤工作，是他们的付出，使本书得以与中国读者分享。希望本书能成为超声医师、心脏专科医师、对心脏超声感兴趣的兽医学子和全科医师等学习超声心动图的宝贵资源，助力同行在临床实践中不断进步。

周媛媛

2024 年 6 月 18 日于北京

前 言

15 年前，Poletto 出版社出版了《犬猫马超声心动图》的第 1 版。当时我是唯一的作者，年轻的 Birettoni 博士在出版过程中提供了宝贵的帮助。

如今要出版第 2 版《犬猫马超声心动图》，我和一群在兽医心脏病学领域接受过扎实训练的同事，一起对之前的内容进行了更新和完善，并添加了一些我们学习研究的新内容。

可以毫不犹豫地说，这些同事都是国际公认的兽医心脏超声领域最优秀的专家，他们的研究成果多次在意大利和国际科学论坛上获奖。

作为团队中最年长的人，我非常满意团队的成果：我们创建了一所学校，它在不断地发展壮大，同时我们坚持将专业知识传授给学生和同事们。在此我还要感谢 Eliana Poletto 博士，以及她的出版社工作小组，他们始终尊重和信任我们，鼓励我出版第 2 版。

第 2 版的文本内容进行了全面修订，内容与过去 15 年的技术更新保持一致，还将其与心脏功能特征的新研究相结合。

在第 2 版中增加了新的专题：经食道超声心动图、超声引导下的介入心脏病学、基于斑点追踪的应变和应变率、组织多普勒超声成像。更新了大多数图像，还增加了一些新的图像，以及第一版中未涉及的病理学图像。

本书另一个重要的特点是增加了大量的视频片段，丰富了说明材料，因为在学习过程中，动态图像比静态图像更直观。

这项工作成果将由对超声心动图感兴趣的读者、兽医和同行进行评判，说明本书受欢迎的第一个重要迹象已经出现，即 VIN（兽医信息网络）购买了英文翻译权，因此新版也将在海外上市。

弗朗西斯科 · 波尔切洛

（Francesco Porciello）

2019 年 3 月 31 日于意大利佩鲁贾

前言（第一版）

这本心脏超声检查手册的编写旨在填补近年来教育领域的空白。虽然兽医心脏病学的诊断在一些公立和私人医疗机构已经达到了 15 年前难以想象的专业水平，但在大学课程中仍缺乏相应的参考资料。

目前的课程包括诸如“兽医学的影像诊断和内窥镜检查”“常用医学仪器诊断”等科目，虽然这些课程涵盖了心脏病的诊断,但其中的教学方法涉及多个学科。因此，对心脏病学有兴趣的学生或刚毕业的年轻人需要寻找一个有助于深入了解超声基本原理和超声检查方法的教学工具，他们不可避免地需要参阅外文教材或涉及许多与心脏病学和非心脏影像诊断主题相关的翻译教材。

意大利的科学研究资料主要记录了临床案例的详细描述或实验研究，但在临床实践中对超声检查和诊断标准的介绍相对较少。

大学的教学课程和继续教育课程有必要尽可能多地传播技术知识、解释基本原理和诊断过程中使用的方法准则，以达成共识。

因此，我很高兴接受出版社的提议，撰写这本收集了关于犬、猫和马心脏超声和彩色多普勒检查所需内容的超声检查手册，希望本手册能作为一本实用指南。

当然，除了检查方法之外，本手册还包括了在临床实践中较常见的先天性心脏病和获得性心脏病的超声诊断内容。在这方面，我要强调的是，大部分图像都来自最近几年佩鲁贾大学兽医病理学、诊断学和临床科学系的内科病例和很多同行的转诊病例。因此，本手册详细介绍了在兽医心脏病专科诊所中比较常见的疾病，简要提及或省略了一些罕见的临床变异或特殊情况，这些疾病需要进行更多的讨论研究才能全面认识。

与心电图手册一样，本手册也没有忽略马。马的超声诊断在临床中越来越重要，其在产科等领域已成为不可或缺的诊断工具，我相信进行马心脏超声诊断和彩色多普勒检查的科学、专业和商业条件已经成熟。如果不进行心脏超声检查和彩色多普勒检查，则无法进行某些心脏病的诊断，以及评估心脏对运动的适应性。因此，本手册包含了关于马心脏超声诊断方法和多普勒技术，以及诊断结果和左心室功能研究的参考标准。但是在评估马的左心室功能以量化其运动潜力方面仍处于实验性研究阶段。

多年来，我与许多同行探讨了各种超声心动图专题，他们经常鼓励我撰写一本实用的超声心动图手册。最常听到的观点是学者需要获取专业实用的技术知识和方法。对于“怎么做？”这个问题，肯定会有很多答案，本手册选择通过实际应用的结果来描述方法。这样做可能会忽略一些罕见临床案例的细节，但肯定能够在日常实践中立即应用。

弗朗西斯科 · 波尔切洛

（Francesco Porciello）

2004 年 3 月于意大利佩鲁贾

目 录

第 1 部分

超声心动图

第1章

介 绍

超声心动图是一种非侵入性的实时检查方法，在兽医心脏病诊断技术中至关重要。通过超声心动图可以检查心内外及大血管的结构和功能，同时还可评估血流特征。基于这些功能超声心动图可诊断宠物的大多数心血管疾病。另外，超声设备使用和运输的便携性也很重要。虽然超声心动图检查很重要，但临床上不能只依赖此而忽视其他诊断方法，它无法替代其他心血管检查方法。综上所述，超声医师必须具备全面的兽医心脏病的专业知识。

在超声心动图检查之前应先了解动物的病史、进行体格检查，以确保在心脏的动态图像中得出准确和可用于诊断的信息。了解生理性相关的正常图像征象非常重要，以避免将其误认为是病理性的；反之亦然。超声医师必须时刻牢记，仅凭单个超声图像或单个心脏功能指标不足以说明某种临床病变，在根据图像进行诊断时，必须有多个证据相互验证，以提高检查的准确性。在实际超声心动图检查过程中，通常会出现这类情况：最初根据某个图像怀疑存在某种病变，但又被随后的检查图像推翻。

超声心动图是指使用超声波检查心脏并记录其回波信号的技术，即超声波脉冲反射。目前在兽医学中使用的方法包括一维（M 模式）、二维（B 模式或二维模式）和多普勒技术，这些技术通过不同的组合及一些应用程序，如组织多普勒和斑点追踪，可获得更多的信息，包括心肌形变、弹性及心肌收缩力等方面的信息。

要实现上述全部应用功能的超声心动图检查需要相对昂贵的设备，并需配备不同类型的探头。由于设备花费问题及其使用的复杂性，目前这些设备大多在转诊中心使用，但随着技术的发展，传统设备的成本大幅降低，便携式设备也逐渐市场化。这些设备性能优良，具备很大的灵活性且占地面积小。另外，早在 20 年前，兽医临床医生在复杂心脏超声技术（如组织多普勒、应变和应变率）的合理应用方面缺乏详尽的基础知识，但目前已明显改善。许多物种的一些指标也已经确定了参考范围，可用于诊断解读和判断预后。

超声心动图是一种非侵入性检查，能

够提供有关心脏结构和功能的许多实时信息。最初，研究人员主要通过形态学测量和血流动力学指标来评估收缩功能，但目前也特别关注舒张功能以及组织对机械应力和压力应力的反应等方面。

犬猫的各种心脏超声技术和彩色多普勒超声的临床应用在 20 世纪 80 年代得以大力发展。马心血管系统的超声应用研究最早可追溯到 20 世纪 70 年代的后半期，但马的超声心动图检查要求探头穿透足够的深度（比人类医学中使用的探头更深），因此，其推广受到限制。

通过使用一维和二维超声技术，临床医生可以获取有关心脏腔室、室壁的形态和大小的信息，也可以识别心内膜、瓣膜、心包、心脏附属结构及大血管根部等结构的变化。二维技术可以显现实时的心脏运动图像，以便于定性判断，而一维技术可以提供不同结构在时间上的运动轨迹图形，进而获得精准的线性测量和时间测量数据。

20 世纪 80 年代末发明的多普勒技术使临床医生能够评估血管和心脏腔室内的血流，确定血流的基本特征，包括血流方向、特性（层流或湍流）、速度、时间和加速度，同时还能以图形方式显示解剖结构与血流及腔内压力变化之间的关系。目前有几种多普勒超声技术：连续多普勒、脉冲多普勒和彩色多普勒，可根据超声波的发射和接收类型，以及图形表示形式来区分。多普勒图像与传统的超声心动图一样，可以显示实时的血流也可将血流以图形的形式显现，其中血流的时间、速度和方向都可在笛卡尔坐标系中关联起来。

彩色多普勒超声可以实时观察心脏和血管的血流情况。与脉冲多普勒和连续多普勒相比，彩色多普勒超声图像通常更直观易懂，它用不同的颜色表示不同的血流方向和特征，并将这些图像整合到实时二维超声心动图中。

组织多普勒是血流多普勒技术的一种应用变体，它通过对目标区域的组织运动进行定量评估，以图形形式显现心肌的运动。通过图形和矢量分析提供关于应变和应变率的更多信息，记录心肌组织随时间的变化曲线。将其应用在心室壁的不同位点上即可产生一系列随时间变化的图形，将这些图形整合后便能直观显现心室壁的整体运动。

目前尚未发现使用超声设备进行诊断成像时，会对患者和超声医师造成伤害。由此可见，超声技术的收益远大于其使用时潜在的风险。作者们认为在兽医临床中应使用侵入性或伤害性最小的诊断技术和治疗方法，因此，一直致力于在介入心脏病学领域用超声技术替代放射技术。

不同的超声技术有其独特的特点，使用时不应存在喜恶偏好，尤其不能排斥更易实时解读的技术（如二维和彩色多普勒），同时也不能忽视或低估其他更复杂的技术。兽医临床医生必须了解每种技术的潜在诊断价值，并能为具体病例问题选择最合适的技术，任何一种超声心动图技术所提供的信息都是对其他超声心动图技术的补充。

超声心动图相对于其他诊断成像技术的主要优势是其使用的安全性和实用性，主要体现在以下方面：

- 该检查对人类来说是无痛的，在宠物上也不会引起疼痛反应。因此大部分患者可以在无须镇静的情况下进行检查，并且可以频繁重复进行而不会叠加伤害。
- 该检查是无害的，即使是妊娠动物或新生儿也可以照常进行。
- 该设备是便携式的，因此易于在野外或临时场所进行检查。
- 完整的超声心动图检查通常可在 30 min 内完成。一些更复杂的应用，如应变和应变率成像，可以在获取相关图像之后进行。
- 该技术是一种有效的筛查手段，可用于诊断亚临床或临床早期遗传性疾病、监测进行性疾病，从而记录疾病的演变过程。
- 对于某些类型的心脏疾病，超声心动图是唯一能够提供诊断和预后判断的方法。
- 该检查除了设备的购买和折旧相关的必要费用外，几乎没有其他额外花费，耗电少，只需要适量的凝胶和乙醇来确保超声波能穿透皮肤。

第2章

超声心动图的获取

超声波物理学原理

数世纪来，声波一直在医学中广泛应用，例如，体检叩诊时用到的手和耳就近似于原始的超声心动图——声波传入组织，利用听诊器或裸耳分析反射回的声波（简称回波）。而超声心动图或其他超声检查，则是发射超高频的声波传入组织，并接收和分析自组织中产生的回波将其转换为电信号产生图像，就像“更灵敏的手和耳”，提高了检查的“分辨率”。声波具有弹性特性，超声检查时，声波在穿透组织传播时可被拉伸和压缩，并在组织界面发生反射。根据下面的公式，声波的频率和波长与声速有关。

声速 = 波长 × 频率（$c = \lambda \times v$）

声波必须通过介质（如空气、水、组织）传播。用于成像的超声波频率超过 20 kHz，人耳无法察觉。

声波在介质内的传播速度与介质的密度成正比。声波在大多数组织中的传播速度为 1500 ~ 1600 m/s，因此可以认为超声心动图中的声速近似恒定。临床超声检查时的声速假定为 1542 m/s。介质的密度或不同组织的分子内聚力决定了其对超声波的阻抗程度。因此，到达纤维组织的超声波大部分都会被反射，不会传入更深的区域；而穿过液体（如囊肿或血管）的超声波几乎不会被反射。然而，密度太低的物质，如气体，也不能传播超声波，因为其传播声波的分子太少。不同物体声阻抗的差异奠定了临床超声检查的基础，因为不同的组织，也就是不同的声学界面超声波的反射是不一样的。

当超声波从低声阻抗组织传入高声阻抗组织时，超声波会受到组织界面和入射角的影响。只要入射角等于 90°，光滑的声学界面几乎完全反射声波（类似于镜面反射）。超声波以 90° 的角度到达具有高声阻抗的介质时，回波返回发射源，从而可以确定反射结构的深度。该深度等于声波通过组织的速度（1542 m/s）乘发射和接收声波所用时间的一半，即 $d = v \times t/2$。入射角不是 90° 时，超声束发生部分反射（即非镜面反射）和折射进入组织。此

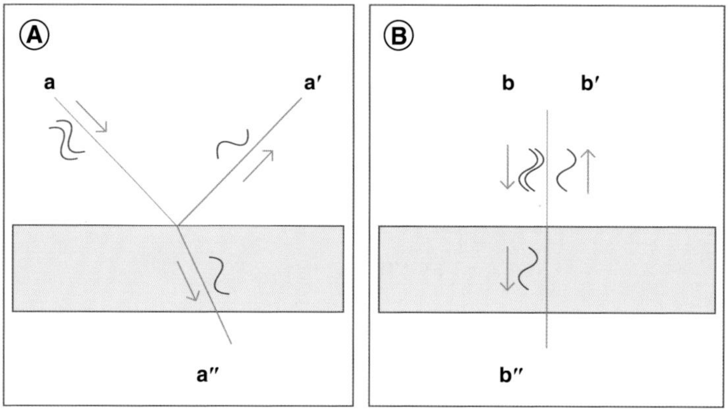

图 2.1　超声束反射和折射的示意图

在图A中，声束"a"非直角（即非90°角）入射至介质界面，因此部分声波以相同的角度（a′）反射，部分声波以特定的角度a″折射传入介质深部。在图B中，声束"b"垂直（即90°角）入射至介质界面，部分声波按照相同的角度（b′）反射，部分声波继续以90°角（b″）传入介质深部而未发生折射。

时，折射偏转是因超声波穿过不同组织时传播速度略有差异，折射角的大小与相邻组织或介质的声阻抗差成正比（图2.1）。另外，后文讨论的许多常见声学伪影都与此相关。反射或折射声波的介质，其厚度需至少为入射声波长度的1/4。因此，频率为7.5 MHz的声波在组织厚度大于0.038 mm时才会发生反射，而2.5 MHz的声波则在组织厚度大于0.15 mm时才能发生反射或折射。这就是为什么超声探头的空间分辨率与其频率成正比，相关内容将在后文详述。小于超声波波长且具有粗糙表面的介质会发生非镜面反射或散射。超声波穿过细胞或组织界面会产生不同方向的回波。这些物理特征共同决定了实质或脏器的回声特性。

声波通过组织时会发生反射、折射、散射和热吸收，它们共同导致了声波的衰减（即声波能量的损失）。这种衰减与超声波的频率成正比，在很大程度上是声波与组织超微结构成分之间相互作用的函数（图2.2）。高频超声探头比低频探头的穿透性差。超声波频率与其在不同组织中衰减的关系如表2.1所示。探头的半功率距离指声波功率为发射功率的50%时可穿透的深度。如表2.1所示，声波在空气中传播的半功率距离非常短。这就是为什么超声检查时需要剃毛，并在目标区域涂抹耦合剂，二者均可减少探头与患病动物之间的空气干扰，否则会影响超声检查成像。

超声波探头是超声波的发射器，也是接收器。它们的核心部件是压电晶体，电流会使压电晶体变形，产生特定频率的声波（发射压电效应）。当从组织界面返回晶体处时，会使它们以特定的频率振动（接收压电效应），然后将其转换为具有电位差（电压）的电流，该电位差与回波的数量相关。

探头对声波的发射和接收不是同时发生的，通常是先短暂的发射脉冲声波后（通常为2～3个周期长度），激活其接收模式接收回波。探头超过99%的时间都在接收回波，发射声波的时间小于1%。脉冲重复频率（pulse repetition frequency，

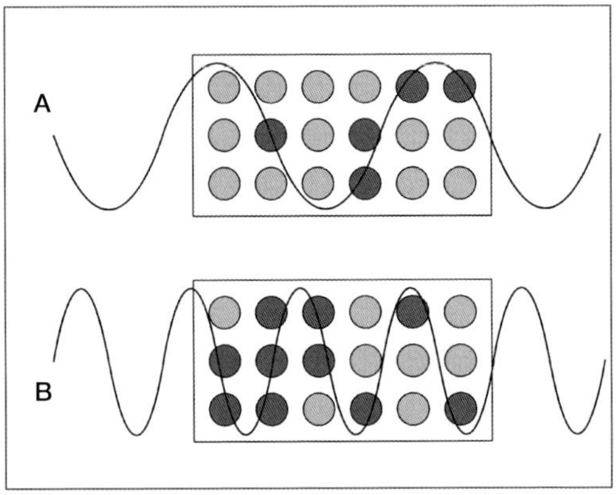

图 2.2　声波衰减的示意图

声束 A 与声束 B 波长不同，在介质中传播时，声束 A 遇到的粒子数较声束 B 少。在传播相同的距离（深度）时，只要与介质中的粒子接触就会导致衰减。因此，声束 B 较声束 A 衰减更明显。

PRF）表示每秒超声波脉冲的数量（以 Hz 表示）。每个超声波脉冲的持续时间与探头的工作频率成反比，即探头频率越低，脉冲持续时间越长。PRF 与探头频率成正比。这点很重要，为了获得准确的图像，探头必须在发射第二个脉冲之前接收由第一个脉冲产生的所有回波。传播至深部结构的声波耗时较长，若在发射第二个脉冲后才接收到前一个脉冲回波，则会将其误认为第二个脉冲声波的回波，进而高估了反射速度，将其识别为浅表结构的反射信号。当使用高频探头扫查深部组织时，降低 PRF，可以减少与之相关的声学伪影。但降低 PRF 也就意味着发射的脉冲更少，因此必然会降低图像的时间分辨率。

分辨率是指区分两个点的能力。图像的分辨率越高，成像结构的细节就越清晰。超声检查中的重要分辨率包括轴向分辨率（也称纵向分辨率）、横向分辨率、灰度分辨率和时间分辨率。

轴向分辨率是平行于超声波声束的两个反射体之间可以区分的最小距离。探头频率会明显影响轴向分辨率，要区分两个点，它们之间的距离至少为发出的脉冲波长的一半。因此，轴向分辨率与探头的工作频率成正比（图 2.3）。

横向分辨率是垂直于超声波声束的两个反射体之间可以区分的最小距离（图 2.4）。想要在超声图像中更好地理解轴向分辨率，必须要了解超声波是由多个超声

表 2.1　组织介质的超声波半功率距离

组织	半功率距离（cm）	
	2 MHz 探头	5 MHz 探头
水	380	54
血液	15	3
软组织	1.5	0.5
肌肉	0.75	0.3
骨骼	0.1	0.04
气体	0.05	0.01

束组成的，这些超声束在通过组织时，随着与探头之间的距离增加而径向发散。接收回波后形成近场和远场的超声图像。近场是介于探头和超声束开始发散的点之间的区域，超过这一点的区域则为远场。显然，近场的横向分辨率优于远场（图 2.5）。超声束在远场中发散的幅度与探头的发射频率和发射表面的宽度成反比。因此，高频探头具有比低频探头更好的横向分辨率，线阵探头具有比扇形探头或曲线探头更好的横向分辨率和更大的近场。超声束开始发散的点称为焦点，是获得最佳横向分辨率的点。很多超声机器上的焦点都是可调节的，或者可以存在多个焦点，从而在几个近场位置或深度上实现最大横向分辨率（图 2.6）。

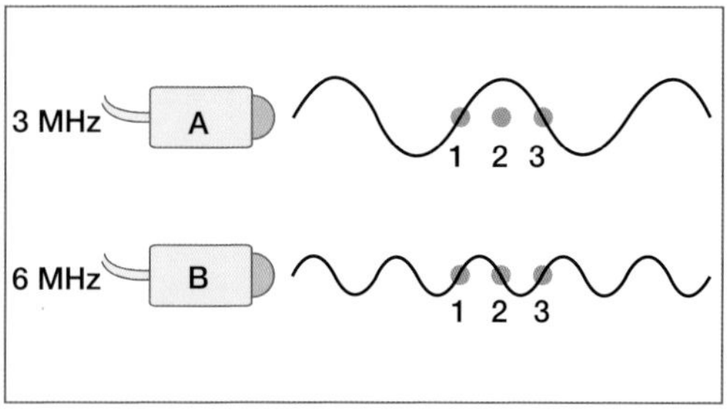

图 2.3　轴向分辨率的示意图

探头 A 发出的声波无法探测点 2。将探头的频率翻倍（从 3 MHz 到 6 MHz，轴向分辨率也会翻倍，如探头 B）。探头 B 发出的声波波长减小一半，因此可以探测到点 2。

灰度分辨率是图像中显示的灰度级数。不同灰度用于区分不同声阻抗的组织，其范围从液体（呈黑色或无回声）到致密结缔组织（呈白色或高回声）。可以理解为各种组织是液体和结缔组织不同比例的组合，也就具有不同的声学特征（回声性），即不同组织或器官回声成像不同。因此，可通过评估组织器官的回声成像是否正常来识别病变。现代超声波设备可以分辨 256 种灰度，但人眼只能分辨 80 种。超声医师可以通过专栏 2.1 中详述的特定控制键来改变灰度的大小和极限（即调节对比度），以优化特定结构或组织的显影。

时间分辨率是从一帧开始到下一帧的时间，以便成像结构在形态和位置发生改

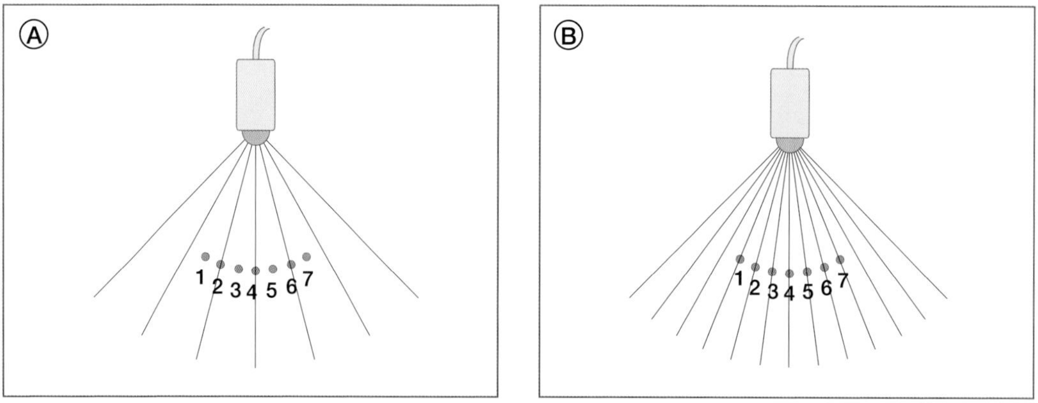

图 2.4　横向分辨率的示意图

只有在探头产生足够数量的超声束时，才能探测到这个区域的 7 个点（才能产生回波信号）。图 A 中，点 1、点 3、点 5 和点 7 无法被探测到，不会出现在超声图像中。图 B 中的 7 个点均能被探测到而产生回波信号成像。

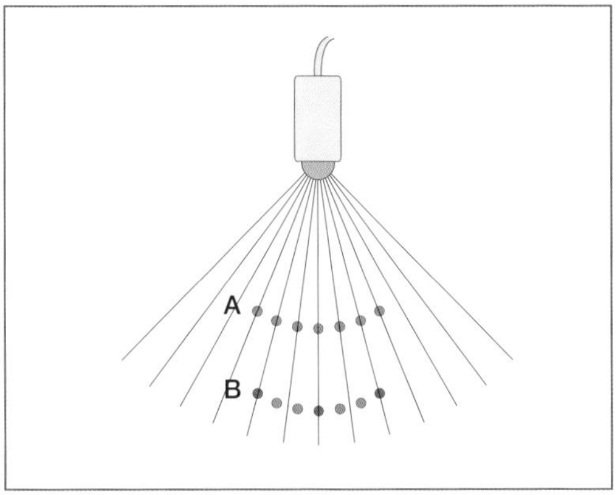

图 2.5　横向分辨率随深度的增加而降低的示意图
在探头的近场，超声束更加集中，因此可以探测到所有点（A）。随着超声束向组织深部传播，超声束彼此发散而遗漏一些点（B）。

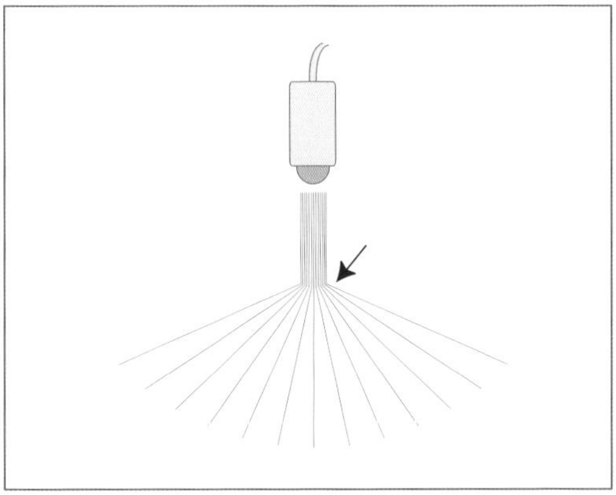

图 2.6　超声束聚焦时对横向分辨率影响的示意图
在焦点处（箭头），超声束排列紧密，因此横向分辨率比其他扫描区的高。

变时能及时更新成像。时间分辨率通常定义为帧率。可以联想早期的电影摄影来理解时间分辨率的概念，在这种摄影中，图像是用每秒只拍摄几张照片的机械相机记录的。随后播放这些图像时，物体和人的动作显得急促而不连续。早期相机采样率缓慢导致了运动的分段性，这些分段一部分被捕获为照片，一部分被丢失，从而影响了回放中运动的流畅性。在关于探头技术特性的小节中，将通过改变帧率以优化图像的方法详述超声心动图中时间分辨率的重要性。

图像的形成

二维超声心动图和 M 型超声心动图成像的基本原理相同。超声系统的电路探头内的一个或多个压电晶体产生脉冲，即为超声波的发射器和接收器。在传输阶段，电子电路产生交流电的短放电（每秒产生 500 ~ 1500 次脉冲），使压电晶体以特定频率振动，产生超声波脉冲。这种穿透组织的脉冲到达声学界面时，会沿着平面产生超声反射，反射波的数量与介质之间的声阻抗差成正比。返回的声波传至探头内的压电晶体，使其以特定频率振动。多个晶体振动产生具有电位差的电流，这种电位差与回波强度成正比。然后为每个电位差分配一个灰度级（白色表示回声最强烈，黑色表示完全没有回声），屏幕上显示的图像类似于图 2.7。为了将特定点放置在屏幕上的特定位置，超声系统首先通过公式 $d=v \times t/2$ 计算回波源与探头的距离，式中 t= 探头处声波从发射到接收的时间，v= 通过组织的声速（1542 m/s）。

伪影

有时正常结构或病理性结构的相互影响会将超声波物理特性放大或缩小。进而使超声设备工作时可能会产生错误图像，

专栏 2.1　用于临床超声心动图的主要超声波物理学原理

超声波：超声波是频率 >20 kHz 的声波。用于诊断的超声波频率范围为 2 ～ 10 MHz。假定超声波在组织中的传播速度恒定为 1542 m/s。速度、频率和波长之间的关系由以下公式表示：

速度（m/s）= 频率（Hz）× 波长（m）

如果速度恒定，则频率与波长成反比。术语超声束是指同时从同一发射源发出，且沿单一方向传播穿过介质的所有超声波。图像场（图像扇区）由并排排列的一系列可忽略厚度的超声束定义，如二维超声心动图。

声阻抗：声阻抗是组织密度和组织中声速的乘积。

声阻抗（z）= 声速（v）× 组织密度（ρ）

由于组织中声速是恒定的，声阻抗完全取决于组织密度。根据两个相邻组织的声阻抗之间的差异，当声波从一个组织传入另一个组织时，可以确定组织界面处反射和透射声波的百分比。反射回波的量与两个组织之间的声阻抗差成正比。通常，动物组织之间的声阻抗差异很小，允许大多数声波穿透组织界面。这一特性有利于临床超声检查，因为超声束并非完全从界面反射，大部分是透射过去的，因此能到达更深的界面发生反射，使我们能观察更深的结构。骨骼和气体的声阻抗分属高低两个极端。当超声束遇到组织 – 骨骼或组织 – 气体界面时，会被完全反射，无法进入更深的结构。因此，在成像时，必须选择一个声窗，避免在探头和被成像器官之间存在骨骼或气体。在患病动物皮肤上使用声学耦合凝胶可以避免探头和皮肤之间存在气体。

反射：当超声束遇到光滑且垂直于声波传播方向的组织界面，且其大小与超声波波长相当时，发生镜面反射现象。

散射：当声波在器官的薄壁组织中遇到一系列小而不规则的界面时，会发生超声束的散射，也称为非镜面反射或漫反射。散射与超声束的入射角无关。散射形成了许多小的回声，这些回声信号累积而被探测到。这些回声形成许多器官实质的“特征结构”。散射随探头频率的增加而增加。

吸收：超声束在组织内传播或反射波返回探头的路径中，均存在功率的损失，这使得一些声波无法返回探头。衰减与超声波的频率成正比，并受超声束的吸收、反射和散射的影响。在引起高衰减结构的远场，会发生区域性回声缺失（声影）；在低衰减结构的远场，会产生区域性高回声（回声增强）。

PRF：临床超声检查中使用的超声波以脉冲形式出现，以 2 ～ 3 个波长齐射或脉冲形式发射。发射脉冲后，探头会监听回波。为了准确地呈现探头和成像结构之间的距离，必须在发射下一个脉冲之前接收前一个脉冲产生的所有回波。两个脉冲的间隔时间称为 PRF。超声束穿透深度较大的低频探头 PRF 较低，两个脉冲之间有足够的时间来探测所有反射声波。

图像分辨率：图像分辨率指的是区分两个点，或单个点随时间位置发生变化的能力。分辨率越高，可区分的两点之间的距离越小。

*轴向分辨率：*是平行于超声波声束的两个反射体之间可以区分的最小距离。取决于探头的工作频率，高频探头的波长短，可以区分间距很小的结构。

*横向分辨率：*是垂直于超声波声束的两个反射体之间可以区分的最小距离。取决于构成超声

专栏 2.1（续）

束的超声波的发散程度，而超声束又受到探头表面的尺寸和形状，以及与探头间距的影响。探头表面的尺寸和形状决定了可以发射的平行光束的数量，进而影响横向分辨率。超声波是否聚焦也会影响横向分辨率。

轴向分辨率通常高于横向分辨率，这是因为声波频率提高比优化探头部件容易，建议尽可能进行纵向测量。在超声心动图图像中，可以识别具有不同分辨率的区域。

- 菲涅耳区：非常靠近探头的区域，该区有大量干扰，很难区分结构。
- 夫琅禾费场区：这一区域位于焦点区深处，即焦点远场，超声波在此区域迅速发散，从而降低了分辨率。
- 焦点区：该区域是图像场中图像分辨率最佳的区域。其为环绕焦点几厘米范围，代表超声束最窄的区域。

时间分辨率：是从一帧开始到下一帧的时间。反映显示运动结构的能力。捕捉和处理图像的频率越高，时间分辨率就越高。时间分辨率在超声心动图中更重要，因为心脏运动速度较快。其在心内血流的彩色多普勒超声成像中至关重要，高时间分辨率才能准确显示心动周期中血流的变化。时间分辨率在超声仪屏幕上显示为帧率（FR）或每秒帧数（FPS）或赫兹（Hz），表示单位时间采集的帧数。时间分辨率与空间信息处理（如图像深度、扇区宽度、超声束密度和焦点数量）的函数成反比。

灰度分辨率：是指用不同灰度表示不同回声特性的能力。设备显示的灰度越大，就越有可能辨识回声的细微差异。与腹部超声相比，超声心动图对灰度分辨率的要求较低，因为超声心动图主要用于回声性差异较大的组织，如血液（无回声）和心外膜（高回声）。降低灰度分辨率，这些差异通常会更明显。只有在研究心肌及其病变时，才会偶尔提高灰度分辨率。

或者对解剖结构的显示不准确。在临床成像中，出现伪影是因为设备制造时假定了一些关于超声的设置作为成像算法，简化了超声特性从而导致了偏差：

1. 组织中的声速恒定，为 1540 m/s。
2. 在 0.5 dB/（cm・MHz）下，组织引起的衰减是同时产生且均匀的。
3. 每个结构 / 界面只产生单个反射。
4. 所有成像的回波都来自最近发射的超声脉冲。
5. 超声波只呈直线传播。
6. 产生的所有回波都来自主超声束。
7. 超声波的宽度可以忽略不计。

实际情况与假定设置是有偏差的，这便会导致各种伪影，降低超声检查的质量。因此，超声医师必须在图像采集和病例诊断过程中理解、识别甚至消除这些伪影。如后文所述，一些具有“极端”特性的组织，如骨骼和肺，超声波无法有效地穿透产生伪影，进而有了声窗的概念。

理解了导致各种伪影的内在机制，超声医师便可以通过调节相应的按键来减少

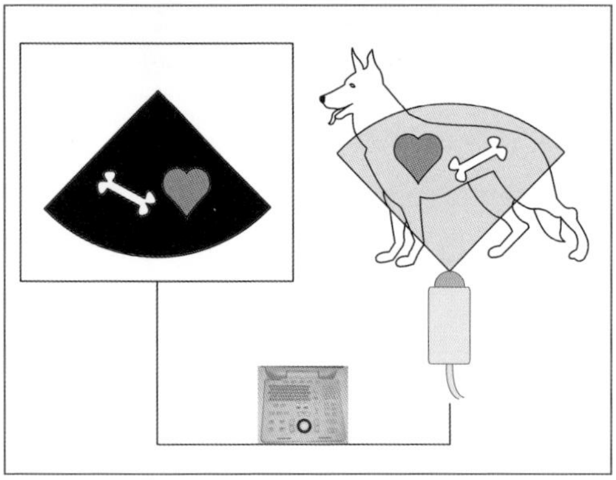

图 2.7　超声仪图像形成的示意图

具有不同声阻抗的结构在显示器上显示为不同的灰度。在简化示意图中，骨骼为白色（代表组织为高回声），但实际上，超声到达骨膜表面后被反射，只能显示最近场的骨膜。

伪影，提高图像质量。另外，也可通过伪影来识别特定组织或结构的性质。

超声心动图图像需要在不同超声模式下对心脏的形态和功能进行全面的扫查和解读，因此要识别不同模式下的伪影。

混响伪影

混响伪影是由两个高反射界面引起的多次完全镜面反射（即镜面反射），如在皮肤 – 探头界面上。在超声心动图图像中，混响伪影表现为许多等距、平行的高回声曲线，从皮肤 – 探头界面（图像顶部）开始，向远场延伸，随着深度的增加，混响伪影强度降低。当反射回波很强时，它到达换能器后会与晶体相互作用产生混响伪影。回波的一部分能量被转换为电流，并被记录为高回声，而另一部分被反射回组织并到达产生原始反射的同一界面，第二次从该界面反射并返回到探头。由于第二次探测的时间是第一次探测的 2 倍，所以第二次反射在屏幕上表示为第一次反射深度的 2 倍处的第二个高回声区。这种反复反射可能会发生多次，导致屏幕上出现一系列由近场向远场排列的高回声（图 2.8）。混响伪影的产生是因为实际情况并不遵循上述假定条件 3 和假定条件 4。

镜像伪影

镜面效应是由中等高反射率的界面（如心包）产生的一种特殊类型的混响伪影，其强度低于产生典型混响伪影的界面。实际上，伪影通常出现在导致相对强反射（如心包反射）的高回声界面，这是在某真实结构的远场，出现这个真实结构的影像（镜像）（图 2.9）。

后方回声增强和声影

当相邻结构与软组织的平均衰减系数［0.5 dB/（cm · MHz）］相差很大时，超声束衰减不均（未遵循假定条件 2），便会形成这些伪影。例如，液体几乎不会造成衰减，而骨骼 / 或钙化组织、木质或塑料质的异物，几乎使声波完全衰减。便会导致这些结构远场的组织反射的超声波显著增加或减少。这些结构与软组织的衰减系数差异越大，远场组织的回声增强（后方回声增强）和减弱（后方声影）越明显。后方回声增强在超声心动图中很常见，因为腔室内的血液基本不会造成声波衰减，使更多的超声波到达心腔远场的心室壁，因而增加回声强度（图 2.10）。在经胸的超声成像中，经常可见的肋骨远场的暗区即为后方声影（图 2.11）。通过改善

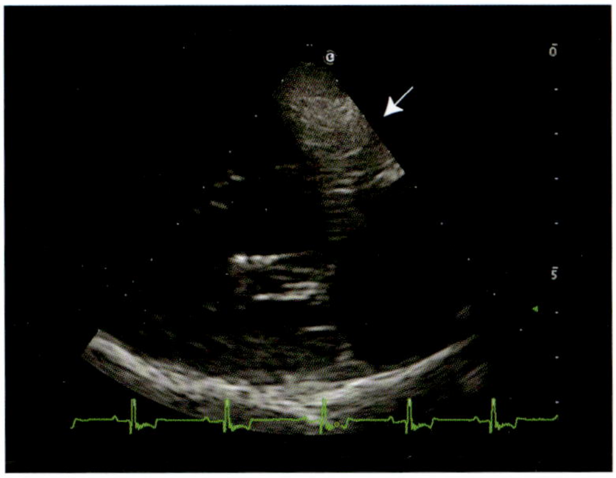

图 2.8　混响伪影
箭头指示的是混响导致的多段同向反射。

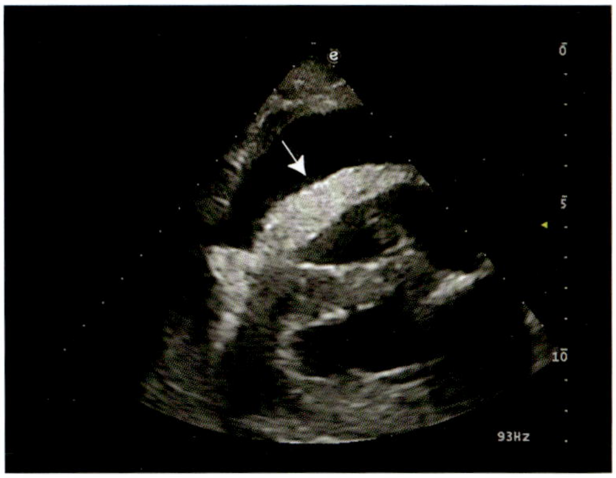

图 2.10　后方回声增强
箭头指示的结构呈现强回声，这是由于超声波穿过了两种声阻抗差异较大的介质（在这个图中，这两种介质为心包积液和心室肌）。

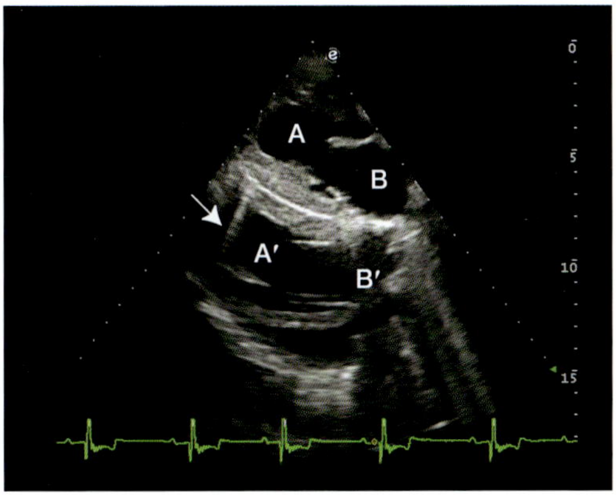

图 2.9　镜像伪影
真正的左心室（A）和左心房（B）在图像的近场，其镜像（A′ 和 B′）位于图像远场，即镜像伪影，两个影像中间的高回声亮线为心包与胸膜的界面。箭头指示的是彗星尾伪影。

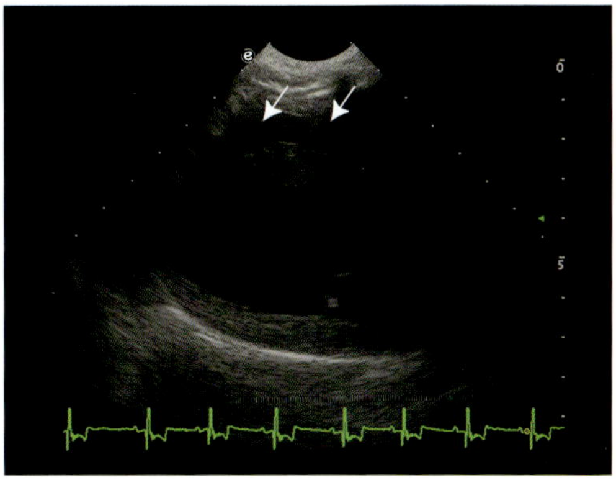

图 2.11　声影
箭头指示的两个模糊三角形区的顶端，是近探头处和探头远场回声缺失，这是由于遇到高反射结构（肋骨）导致超声波完全反射而无法向更远场传播。

超声技术和调整远场的时间增益控制，减少后方回声增强；或者选择合适的探头类型并在肋骨之间找到合适的声窗以减少后方声影。

侧边声影

这是由超声波的折射（声波偏转）引起的伪影，当声波遇到与传播方向相切的界面时发生（未遵循假定条件 5）。这种偏转导致在折射界面沿直线传播的声波突然偏移，远离原来的声波路径而产生声波缺失的区域。在超声心动图中，经常可在心脏右侧长轴的心尖区域或短轴心室壁的边缘观察到侧边声影。

旁瓣伪影（又名切面厚度效应或沉积伪影）

这些是漫反射，源于实际反射光束的结构的侧面。旁瓣伪影背后的物理学相对复杂（未遵循假定条件 5 ~ 假定条件 7）。超声心动图中，这些伪影表现为暗灰色影像，位于图像的侧边（图 2.12）。因为这些伪影非常微弱，所以它们通常只有在中心声束穿透液体（低回声）结构（如心室）时才可见。这种类型的伪影通常出现在左心房内（图 2.12）。通过调整伪影深度上的时间增益或激活组织谐波成像，可以减少或消除这些伪影。

超声心动图设备

超声心动图设备主要包括显示器、主机（包括键盘、扬声器、计算机及带滑轮的设备架）和探头（图 2.13）[详见探头（换能器）]。便携式超声心动图设备，如图 2.14 和图 2.15 所示，配备了可调节和可折叠的 LCD 屏幕，因此可将它们收纳于行李箱或安装在便携的推车上，推车也是可折叠的。

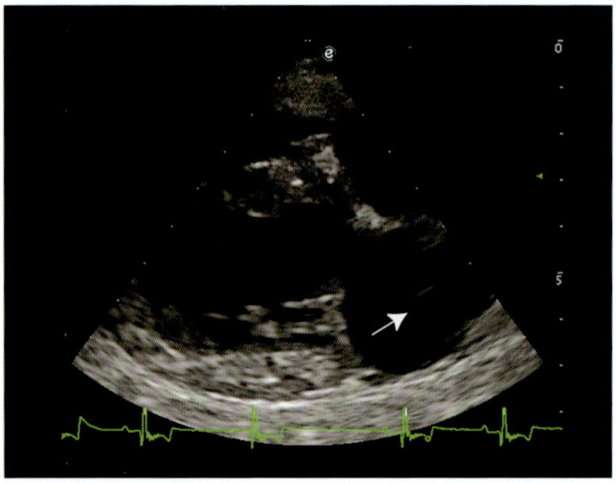

图 2.12 旁瓣伪影

箭头所指伪影，是由旁瓣（主超声束外的次要超声束）反射左心房周围的软组织产生的信号，与主声束反射回的信号重叠形成，显示为左心房内的伪影界面。

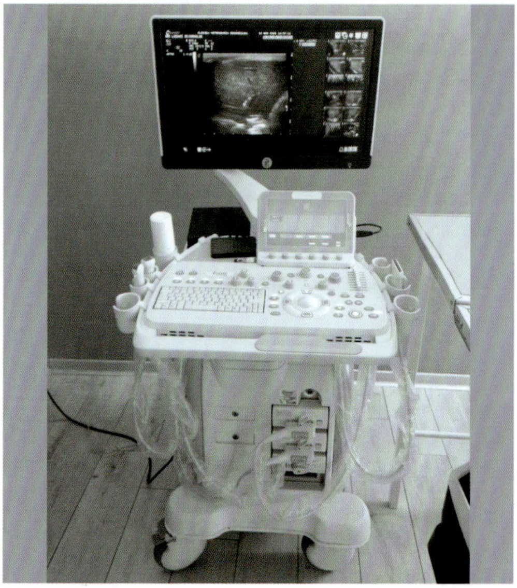

图 2.13 动物医院和兽医科研中使用的超声仪配备了橡胶轮，具有刹车功能，移动便利，可将其从动物医院移动至动物笼厩中进行检查，为难以入院的动物提供了方便

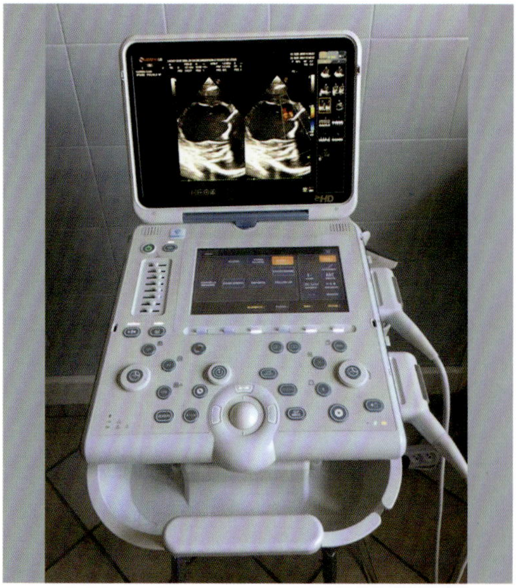

图 2.14 便携式超声仪，屏幕可倾斜和旋转

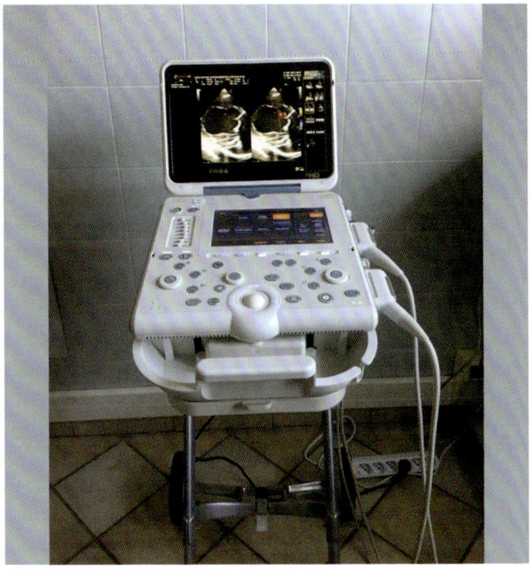

图 2.15　便携式超声仪被安装在一辆轻便的推车上

现代超声仪都包含用于存储数字图像和动态影像的硬盘驱动器，可以在图像采集完成后对其进行复查和分析。设备还能生成报告，这些报告可以下载存储在永久医疗记录中或合并到患病动物病历中。同时还配有离机软件，用于将从超声仪中获取的图像在其他电脑上进行分析。

超声仪还可连接心电图，记录与超声心动图同步的心电轨迹。同步 ECG 有助于准确识别收缩期或舒张期图像，对于评估某些病变的时机和特定指标（如射血前期）非常重要。连接心电图仪是标准超声心动图检查的一部分。经验丰富的医生有时不依赖于心电图，但同步连接心电图，可能会使获取的诊断信息更有价值。

超声心动图设备的控制键

超声仪按键的调节或调整是正确使用超声心动图技术的一个关键点。超声参数的设置或调整通常有两种：一是设置初始预设参数；二是扫查时动态调整，以优化图像质量并减少伪影。大多数新手超声医师都会选择出厂设置或技术人员调整的预设设置，结合图像自己在扫查过程中调整，但并不会把后期设置存储下来。而经验丰富的超声医师从一开始就调整预设参数，然后在检查过程中不断调整，以优化图像质量。最终，所有超声医师都会发现：一个普适而明确的预设并不存在，相反，需要不断调整多种设置，去应对各种患病动物的需求。

在这方面，超声波设备可以很好地辅助使用者，超声医师可以大幅更改出厂设置，并将这些更改保存为“自定义预设”，以便超声医师可以根据自己的偏好再次激活设置。这使超声医师可以尝试不同的设置进行组合，同时保留出厂预设，如果超声医师的修改不如人意，则可以返回出厂预设。

一般当前的参数设置均会显示在超声仪的屏幕上。屏幕左上角或右上角会显示增益、功率、PRF、探头类型、帧率等详细信息（图 2.16）。深度、焦点和时间增益设置通常在图像的右侧（图 2.16）。激活多普勒和彩色多普勒超声成像时，图像边缘会显示各种速度标尺。

为了优化图像质量，提高超声心动图诊断的准确性，建议所有超声医师在检查之前和检查中固定调整五项设置——可称之为“五项基本键”。实际应用中如果不调整以下五种设置，很难准确的进行超声心动图检查。

- 图像深度。
- 总增益。
- 时间增益补偿。
- 焦点深度。
- 探头的工作频率。

图像深度

深度控制（通常在控制面板上的命名为“depth”）调节超声场的深度界限，从而调节成像器官在屏幕中的相对大小。它只调节反射波的处理深度（回波速度、时间和深度之间的关系），无法调节超声束传播的深度。深度越小，近场的结构就越大。降低深度虽然可以提高精细细节的分辨率（例如，原本看起来很光滑的表面的显示出细微不规则，或瓣膜的高频小振幅振动），但也会增加颗粒感和像素化而降低整体图像质量。深度标尺常位于图像的左边或右边，并随着深度的变化而自动调节，有经验的操作者无须具体测量就能估计结构或器官的大小（图 2.16）。屏幕上显示的深度标尺通常以 0.5 cm 或 1 cm 为分度值，通常每增加 5 cm 标尺刻度会突出显示。

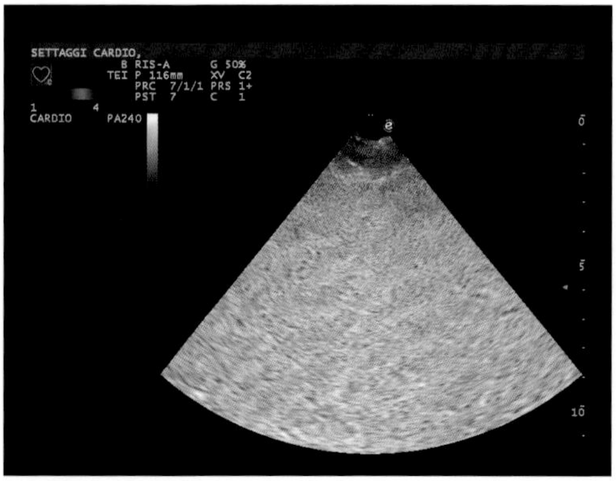

图 2.16　超声屏幕的完整图像

可见二维扫描扇区，右侧是指示扫描深度的参考标尺。标尺旁边的绿色箭头表示可调整的焦点。位于扫描扇区原点右侧的白色字母（e）对应于超声探头上的标记（marker）的方向。屏幕左上角是主要的参数设置。

在多普勒模式或 M 型超声成像时，超声图像上的另一个参考标尺位于屏幕底部，标识为图像滚动的时间或速度（图 2.17）。它通常表示 1 s 间隔（或几分之一秒）。扫描速度可以调节，以便为随时间变化的征象提供合适的细节。标准成像一般采取中等扫描速度；但如果需要获得多种结构的运动细节，检查动物心率过高（图 2.18）或需获得极其精确的测量值时，可提高扫描速度。

许多超声系统允许通过“放大”功能对图像进行区域放大，高级的机器还可离线放大。专家级超声医师在进行二维超声成像时经常放大特定区域或结构，观察更小但更精细的图像。

图像宽度

所有超声系统都有扇区大小控制键，允许超声医师调整图像区域的角度（即图像宽度），减少或增加屏幕上的可见区域（图 2.19）。一般来说，图像越窄，超声仪的成像就越好，因为减少了图像处理。具体来说，当图像宽度变窄时，帧率会提高，可改善快速运动结构的显像。因此，在超声心动图中，建议使用最小的有效扇区。这对彩色多普勒超声成像尤为重要。

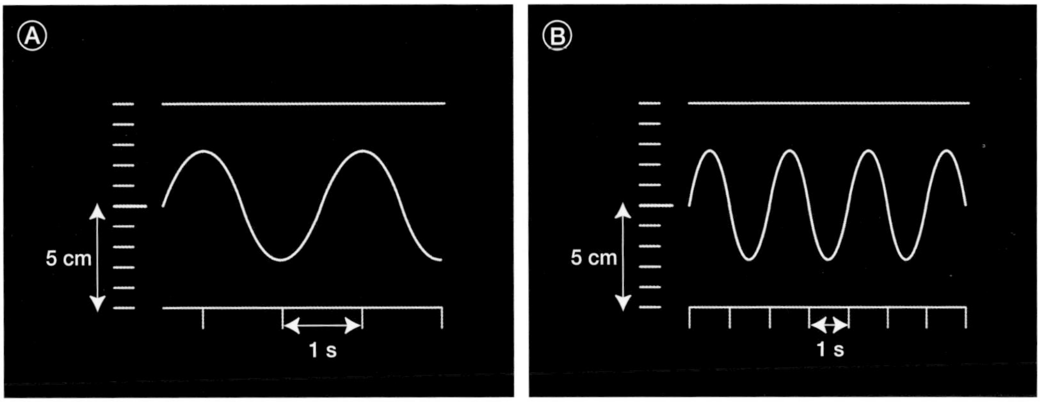

图 2.17　运动点随时间变化的 M 型超声图像，形成一条正弦曲线
在图 A 中，图像的扫描速度约为图像宽度 /3.5 s。图 B 的扫描速度大约是图 A 的一半，因此在同一屏幕宽度的运动次数是图 A 的 2 倍。左侧标尺代表检查深度。

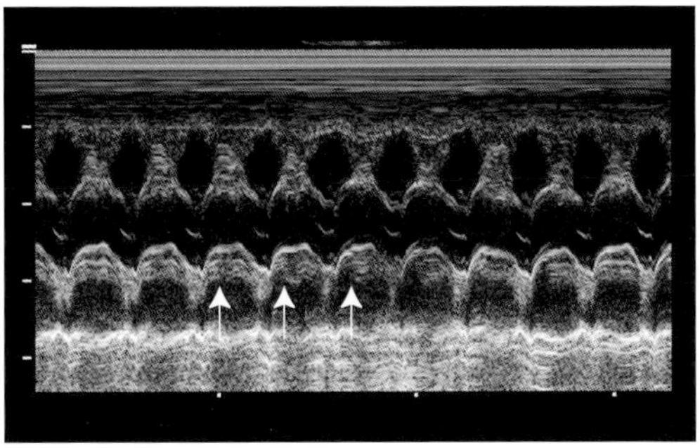

图 2.18　记录猫快速心脏活动的 M 型超声图像
图像设置了适当的扫描速度（每屏 3 s），可见不同心动周期（箭头）。

图像方向

可在水平或垂直平面上翻转图像，以实现图像的标准定位。

图像质量

超声仪上的大多数控件可调节图像的质量和亮度。

增益

所有超声设备的总输入功率（或增益）都可以控制，以增加或减少反射声波的强度。肥胖动物会比消瘦动物超声波的衰减更明显，因此消瘦动物需要调低总增益。但超声波通过机体时强度会降低，从远场返回的超声波比从近场返回的要弱。若不纠正这种差异，具有相似物理特征的深部结构，或同一脏器的近场和远场部分回声会有差异，远场比近场的回声更弱。

时间增益

为了克服衰减问题，所有超声仪都有一系列的按键装置，称为时间增益补偿（TGC），它可以降低近场回声的增益并强化远场回声。使用 TGC（图 2.20，第 1 项），可以调整特定深度的增益，即增加或减少选定区域的增益，进而调整屏幕上显现的图像。专家级超声医师会针对每只患病动物调整 TGC，并在整个检查过程中重新按需调整，以获得最佳的图像。

一些低端设备只有调整总功率（或总增益）、中场增益和远场增益的按键。设

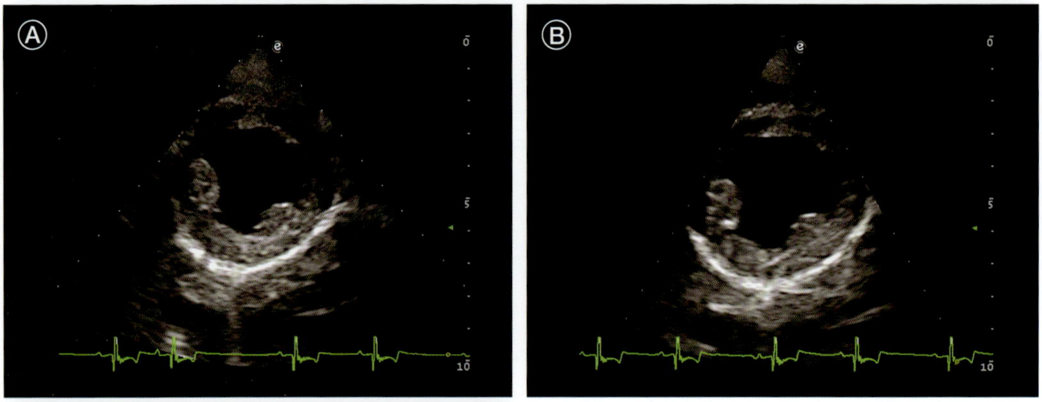

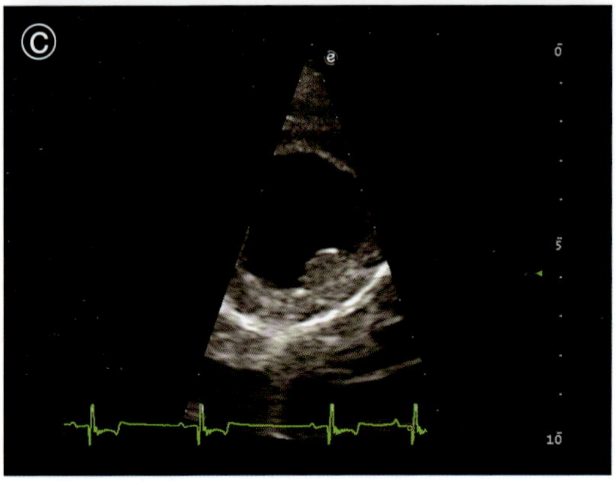

图 2.19　不同宽度的扫描扇区，图 A 最宽、图 B 和图 C 逐渐变窄

超声医师通常更喜欢使用尽可能窄的扇区宽度来优化帧率，以捕捉心脏结构相对快速的运动。扇区宽度越窄，每秒可获取的图像数量（帧率）越多。

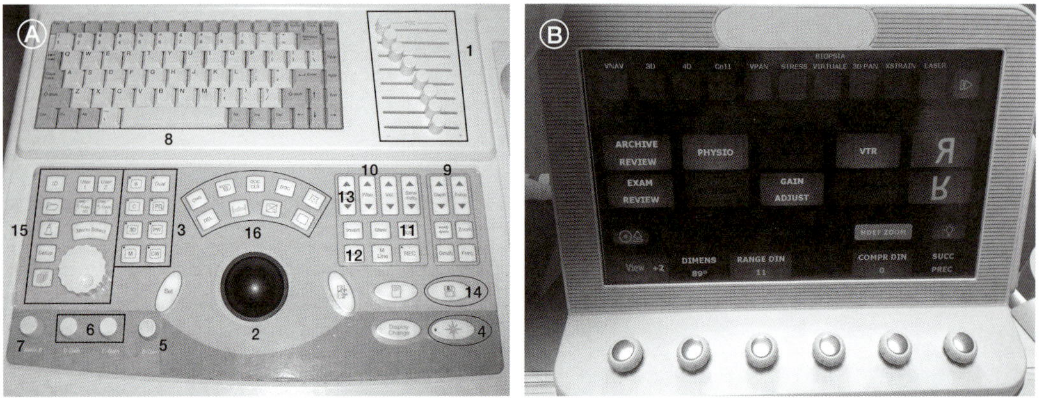

图 2.20　A. 超声仪控制面板：1. 用于调节时间增益补偿的按键；2. 轨迹球，用于滚动存储的动画帧，以及移动光标和测量工具；3. 不同超声模式的选择指令（二维、一维、脉冲多普勒等）；4. 冻结图像；5. 总增益；6. 彩色多普勒和频谱多普勒的按键；7. 脉冲多普勒角度的校正；8. 键盘；9. 功能区，如缩放、测量深度、焦点位置、发射频率；10. 频谱多普勒专用按键；11.M 型超声或频谱多普勒超声成像时更新二维超声图像的按键；12.M 型超声或频谱多普勒超声成像时扫描速度按键；13. 基线调整；14. 存储所选图像；15. 专用于软件管理、存档和报告，以及以此优化超声图像的预处理和后处理；16. 专门管理测量程序和超声心动图的区域。B. 目前市场上大部分设备都有触摸屏，增加了超声医师的按键指令数量

置增益的一个经验法则是，每次检查开始时，总增益设置为大约 50%，近场增益为 25%，远场增益为 75%。

总功率

超声仪不仅可以通过改变探头接收回波的增益强度，即改变输入功率，同时还可以通过额外的功率控制改变超声波的输出功率。有些机器可以放大微弱的信号和衰减较强的信号。除非进行孕检，否则输出功率通常设置为 100%。

增加输出功率可以增加传输的超声波的密度，增加图像的亮度，并可以观察到反射较弱的结构。然而，如果增益太高，回声较强结构的亮度可能会掩盖回声较弱结构的回声。

焦点

焦点表示超声仪将超声束集中在超声场内的位置，以优化横向分辨率。它通过按键（标记为 focus）定位在目标区域或结构的近端边缘，并沿图像区域侧面的深度标尺显示在屏幕上，通常作为箭头显示（图 2.16）。根据图像的特定要求，可以设置一个或多个焦点。在心脏成像中，通常采用一个焦点，并根据观察心脏的不同结构进行调整。

探头频率

目前所有超声探头都是多频探头，这意味着其工作频率可以在一定范围内变化。超声医师可以通过调整工作频率提高发射超声波的频率，以提高近场结构的轴向分辨率，或者降低频率以允许超声波到达更深的结构，轴向分辨率随之降低。

对于更高级的超声医师来说，还有许多其他按键可以用来调控图像质量。在这些按键中，我们认为需要额外解释的是余辉或帧平均化、伽马曲线和组织谐波成像。

余辉

所有超声仪都有一种图像稳定器的功能，它将连续的图像帧叠加在一起（因此被称为帧平均），目的是减少由连续微小运动引起的不稳定的影响。超声探头，尤其是被检查的结构会受到这种影响。因此，使用这一按键的重要性与被检查的结构有关。具体来说，观察基本上不动的结构（如腹部内脏等），通常适用于高余辉，而在观察动态结构（如心脏或血管）时，余辉会降低图像质量。因此，在超声心动图中，余辉通常被关闭或设置为最小值，以避免快速和剧烈运动结构的轮廓变模糊，如瓣膜和室壁。

伽马曲线

伽马曲线决定了超声仪在不同反射率的结构之间放大或缩小回声差异的能力，即图像的对比度。曲线是指从白色到黑色的过渡，可以突然或以渐进的线性或“S”形曲线实现（图 2.21、图 2.22）。在超声心动图中，考虑到心脏组织的回声差异较大（即纤维组织和血液之间的差异），一般会降低对比度（减少灰色层次）以区分

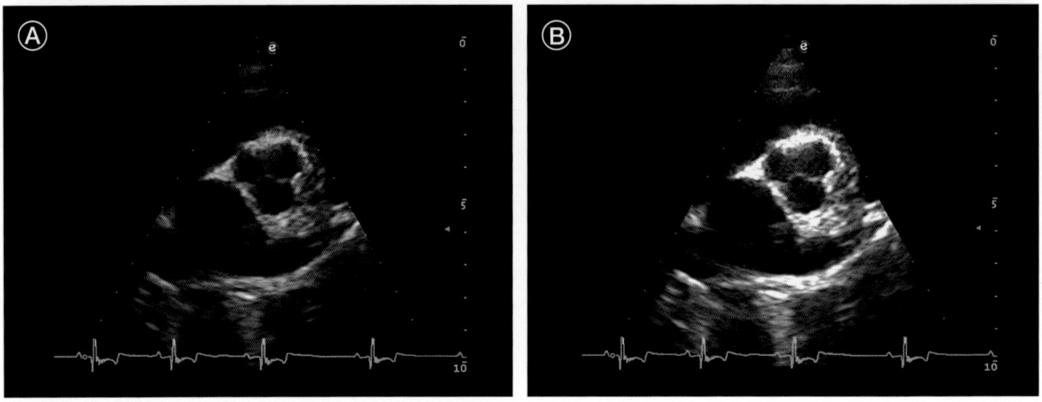

图 2.21　使用不同伽马曲线编码的二维超声图像
A. 选择了线性伽马曲线，使用了所有可用的中间灰度（256），从白色渐变到黑色。B. 增强了浅灰色和白色。

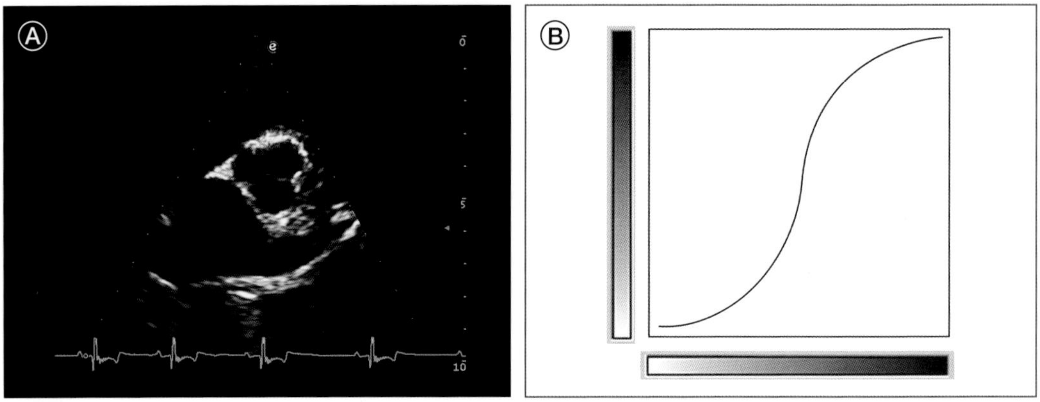

图 2.22　用“S”形伽马曲线（B）编码的二维超声图像（A），增强了高回声结构与低回声结构之间的差异

心内膜和瓣膜边缘。然而，如果检查心肌或心内病变，如腔内肿物，超声医师可以选择对比度更高的成像曲线，以便呈现不同软组织的细微差异。

其他可以控制灰度数量的按键是动态范围和动态压缩。

组织谐波成像（或二次谐波）

所有组织都以发射频率（称为基波频率）和多个频率（称为谐波频率）反射超声波。例如，发射频率为 2.5 MHz 的超声波会产生 2.5 MHz、5 MHz、7.5 MHz 等的反射频率。这种现象称为共振，是由超声波引起的变形产生的弹性反冲力。因此，组织不仅是被动地反射超声波，而且还产生与传输频率不同的超声波。

当启用组织谐波成像时，探头将其焦点“集中”在这些发射的组织频率上，特别是基波的 2 倍，称为二次谐波。二次谐波的返回信号没有基波在其通过组织期间所经历的失真，并且较高的反射（组织发射）频率增加了轴向分辨率，从而得到一个更清晰的图像，最大限度地减少了主要由假性沉积引起的伪影，以至于在超声心动图中，使用组织谐波成像已经成为常规操作。然而，反射谐波频率的提高会使衰减增加，因此高频探头的工作深度可能比仅在基波工作时更浅。专栏 2.2 显示了主要超声心动图按键与对图像质量的影响之间的不同关系。专栏 2.3 总结了影响图像质量的按键。

探头（换能器）

超声波是由压电效应产生的，是使施加到特定材料（如石英或硅）上的电场转变为声波。这种压电效应是可逆的，探头不仅产生超声波，还对这些超声波的反射（回声）进行检测和解码，并将其转换为电流。在超声波探头表面排列着许多晶体，构成了多个超声波的点源，这些点源叠加产生波阵面或二维波束。

现在的探头大多是电子的而非机械的。电子（相控阵）探头由紧密堆积的钛酸锆铅晶体组成，这些晶体排列在平直或弯曲的表面上，使得每个晶体发出的超声波在从探头表面传播到被成像的组织时保持近似平行的方向。如果压电晶体排列在平直面上（如线阵探头，如图 2.23 所示），则超声场的形状为矩形（图 2.24）。这种形状探查深部器官可能受限，如在胸部成像中，无法通过肋骨和肺探查到更深部的心脏。然而，线阵探头的超声束相互平行，提高了横向分辨率。为了克服周围结构（如骨骼或空气）干扰成像的问题，部分探头设置为一个带有发散光束（扇形探头）的小接触面，该接触面可减少干扰结构的影响，但会降低分辨率。曲面探头或微凸阵探头是线阵探头和扇形探头的折中状态。

决定成像深度的探头特性是超声波传播频率，频率越低，可成像深度越深。探头频率越高，可用于产生超声波的最大功率越低，这导致超声束衰减增加。因此，对于图像深度小于 6 cm 的猫超声心动图，通常使用频率 >7.5 MHz 的探头，但一些猫可能需要较低频率的探头来获得最佳图像。此外，多普勒超声成像使用低频探头较好，这点与二维超声成像不同。探头的选择取决于个体和物种（5 MHz、3.5 MHz、2.25 MHz）。实际上，低频探头（2 ～ 3 MHz）的最大深度通常被制造商限定在 30 cm，因为这足以满足人医的超声成像深度要求，但这可能会影响马的检查，因为马的心脏结构可能距离探头 30 cm 以上。我们需记住，探头频率越低，轴向分辨率越低。

实际上，现在所有的探头都是多频探头，能够产生多种不同的频率。任何一个探头的频率都是可在设备上调控的，这有利于兽医超声医师，因为这意味着仅购置最少探头也可广泛适用于不同大小的动物。

单纯的线性超声束不适用于解剖结构和形态特殊、声窗较窄的超声心动图检查的二维超声成像，但这并不意味着这种超声束无用武之地。它可用于 M 型超声成像或多普勒超声成像。虽然线性超声束不

专栏 2.2　主要超声心动图指令与对图像质量的影响之间的不同关系

当前超声仪上的许多按键可以在不同条件下进行调整，以提高各种类型的分辨率或减少各种类型的伪影。表 2.2 总结了超声按键和不同类型分辨率之间的关系（inv= 反比关系；dir= 正比关系）。

表 2.2　超声按键对不同类型分辨率的影响

按键	分辨率类型
时间	深度（反比）
总增益	灰度（正比）
时间增益补偿	灰度（正比）
频率	轴向分辨率（正比）
焦点（位置）	横向分辨率（正比）
焦点（数量）	横向分辨率（正比）、时间（反比）
动态范围	灰度（正比）
动图压缩	灰度（反比）
抑制	灰度（反比）
余辉（帧平均）	时间（反比）
标尺	灰度（正比）
密度	横向分辨率（正比）、时间（反比）
组织谐波	轴向分辨率（正比）

专栏 2.3　图像质量的控制方法

抑制程度：消除来自所有深度的较弱回波（对图像的形成无用）。

总增益：均匀地放大所有深度反射的回波。

时间增益补偿：允许放大来自特定深度扫描区的回波，逐步增加与发射脉冲所经过的时间有关的增益。该按键功能十分重要，因为来自较深结构的回波由于衰减较大，会逐渐变弱。

灰度：在超声屏幕上形成的二维图像，根据不同的灰度，用黑白表示。在区分低强度回声之间的差异时，较弱的回声比强回声被分配更多的灰度，反之，当区分高强度回声之间的差异时，强回声被分配多个灰度。在超声心动图中，这两种差异都很重要，呈一个“S”形波灰度分布，如图 2.22 所示。

功率：改变用于使压电晶体震动的电压。电压的增加导致超声波束强度增加，反射回声的强度增加，从而获得更明亮的图像。

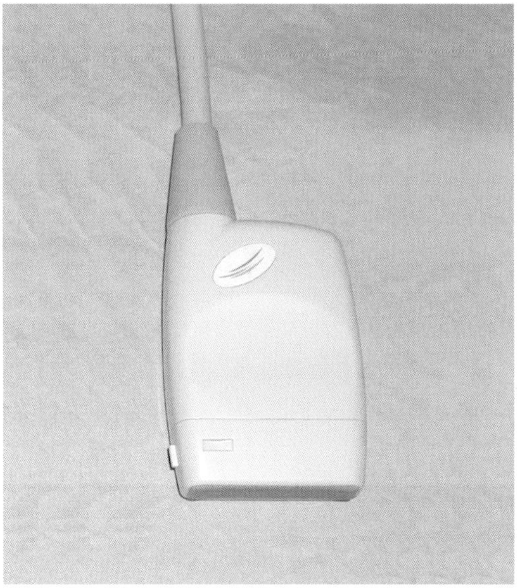

图 2.23　线阵超声探头

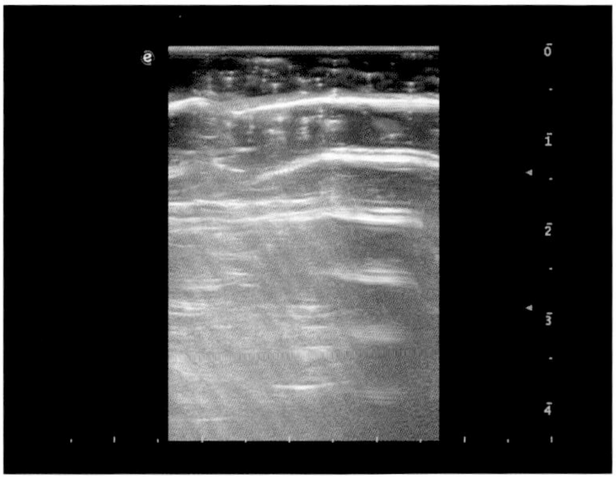

图 2.24　矩形超声切面，是由晶体呈线性排列的探头产生的

能穿透骨骼或肺，但这种超声束的厚度可以忽略不计，因此可通过最窄的声窗进入目标区域。

超声心动图中使用的探头可根据超声束传输的类型分为 4 种。

- **凸阵探头：** 这是线阵探头的一种变体，它的晶体在弧形面上，以减少与扫查动物身体的有效接触面。因此，图像场的超声波为发散型，会略微扭曲。凸阵探头可进一步分为：弧形面大于 20 mm 的凸阵探头和弧形面小于 20 mm 的微凸阵探头（图 2.25）。这些探头可用于 B 模式、M 型超声和多普勒（频谱多普勒和彩色多普勒）超声成像。但是，它们仅限于低帧率。
- **机械扇形探头：** 机械扇形探头是快速振荡或旋转产生超声波的（在一些环形阵列探头中，使用了两个不同发射频率的晶体阵列，以使频率范围加倍）。通常，机械扇形探头用探头头部的机械臂移动，该机械臂连接电机。图像场的角度通常为 90° ，但也能更宽或更窄。接触面小、超声束为扇形等特点使之最适用于超声心动图（图 2.26）。机械探头的缺点是其整体尺寸相对较大，在跌落或撞击时容易受损。这种探头可用于所有超声心动图。如今，机械探头已经过时，仅用于非常过时的设备。
- **铅笔型探头：** 铅笔型探头是一种非常特殊的探头（图 2.27），是最简单的探头，发射单个线性连续的超声束。它最初是用于 M 型超声成像的。随后，M 型超声功能被连续多普勒取代。因此，现今它们仅用于连续多普勒成像，且是在扇形探头不具有连续多普勒功能时的辅助探头（参见第 3 章中连续多普勒部分）。由于铅笔型探头只有一个功能，并且是低频探头，可以提供非常高保真的连续多普勒图像，因此当扇形探头无法获得可靠和高质量的信号时，心脏病专家偶尔会将其用作辅助探头。它们比较便宜

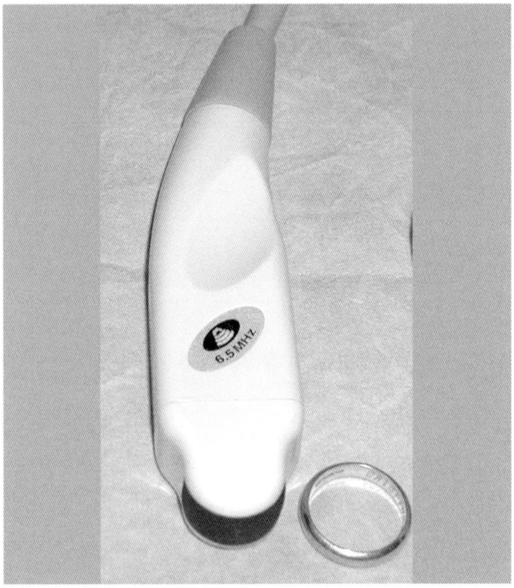

图 2.25 电子微凸阵探头：注意探头表面呈较小的弧度，大小与婚戒相似

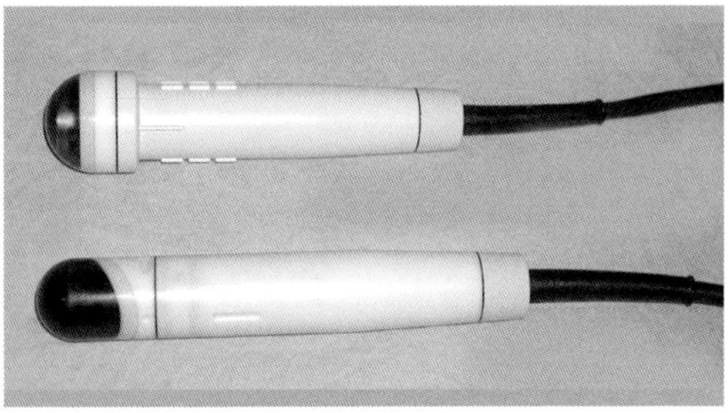

图 2.26 机械扇形探头

图中上面的探头为 3.5 MHz 单频率，扫查深度可达 30 cm；图中下面的探头头部安装了两种晶体，可提供两种工作频率（5 MHz 和 7.5 MHz）。另可见两个探头的指示标，在使用中可用于确定方位。

（约 $2000），但需要经过培训才会使用。

- **相控阵扇形探头：**这种探头是随着数字电子技术的发展而研发的（图 2.28）。探头的接触面相对平坦且较小，通常小于机械探头。集成的压电晶体彼此平行，并通过元件中的软件以非常快速的正则序列激活。这种探头成本较高，有时一般兽医难以负担，但它逐渐成为主流。相控阵探头可以适用于高帧率，可应用于所有心脏模式。许多提供相控阵探头的系统的处理能力较强，可以做到双重成像（例如，同时实时二维超声成像和 M 型超声成像，或二维超声和频谱多普勒模式），但会降低图像质量。最新的探头甚至可以同时提供两个正交的二维超声图像。目前用于兽医的大多数系统中，脉冲多普勒超声成像时通过“待机”模式停止实时二维超声成像来优化脉冲多普勒图像。当使用这种探头进行连续多普勒超声成像时，无法实现双重成像。

专栏 2.4 显示了近年研发的部分探头的主要特点。

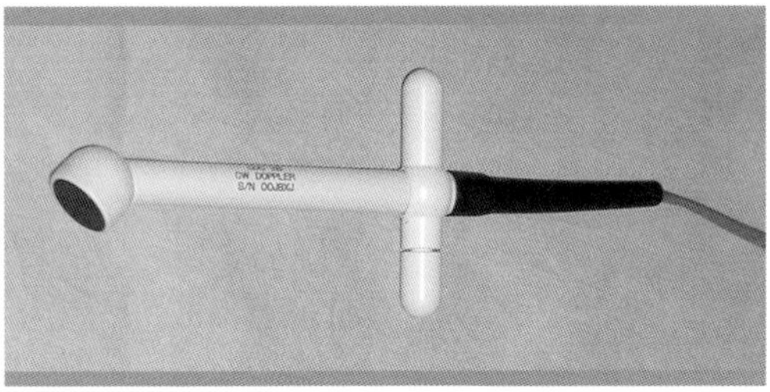

图 2.27 2 MHz 单频率电子铅笔型探头

此探头只有单一束超声波，仅用于连续多普勒超声成像。

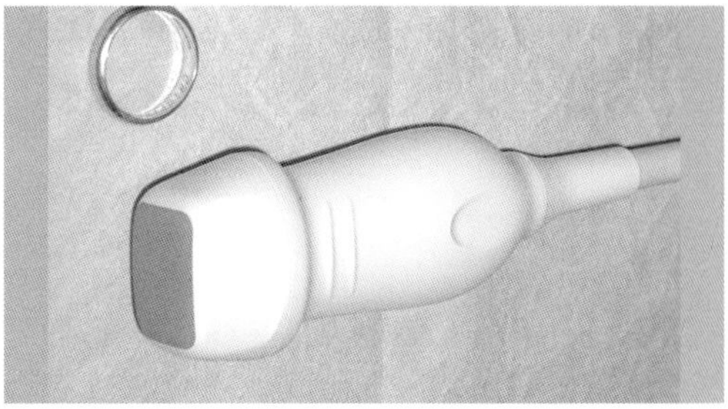

图 2.28 用于心脏成像的相控阵扇形探头

其体积较小，在不同动物中使用空间较大。

超声心动图检查技术

超声心动图成像技术

本节介绍进行 B 型和 M 型超声心动图检查的技术。在犬和猫上，这些技术使用的声窗和成像平面与多普勒技术相同，后文将详细介绍。对马来说，成像技术也很相似，但有些地方需要补充说明，在马超声心动图检查技术的章节中会进行介绍。

M 型超声和 B 型超声图像的图形表示完全不同（专栏 2.5）。从本质上讲，B 型超声成像是二维的，以一种真实和直观的方式显示心脏解剖结构；而 M 型超声图像并不能直观显现解剖结构，而是展现某一心脏截面随时间的运动轨迹。

图 2.29 中的 M 型超声图像以纵轴表示被成像区域的深度，最靠近探头的区域在顶部 / 近场，最远的区域在图像底部 / 远场。时间用横轴表示。每个产生回声的组织界面都用一个点表示。每隔几毫秒连续采集线性垂直图像，将它们并排堆叠起来形成一个图像，显示这些点相对于探头的时间位置。由于这些线性垂直图像的采集非常迅速，这些点的位置变化在 M 型超声图像上表现为一条线或小正弦波。如果物体接近探头，形成的线在屏幕上显示为向上移动；如果物体远离探头，显示为向下移动（图 2.29）。如果运动是循环重复的，这在图上会很明显。运动的程度由各点偏转的幅度来表示。M 型超声无法检测到垂直于超声束的运动。

在一次完整的超声心动图检查中，M 型超声和二维超声检查都是常规使用的，因为它们能提供不同的、互补的信息。超声医师不能只依靠一种超声心动图检查技术。每种成像技术都能为临床医生提供信息，使其能从不同角度分析病例。早期的超声仪帧率低，限制了二维超声成像的时间分辨率和空间分辨率，影响精确测量。随着图像采集和处理技术的进步，超声仪的帧率显著提高，使临床医生可以用二维超声检查获取以前只能用 M 型超声获取的图像。

M 型超声成像通常是在二维超声模式引导下进行的，因为二维超声图像为各种心脏结构的形态和空间方向提供了即时和更直观的展现。最近开发出的“解剖 M 型超声”允许超声医师确定一条线（不与超声束平行），沿着这条线获取 M 型超声图像。成像帧率和图像处理允许实时计算和重建所选平面上的虚拟 M 型超声模式。这可以更准确地调整角度，并沿此进行测量。

二维超声心动图获得了广泛的欢迎，因为它提供了 M 型超声成像不容易获得的信息。通过利用超声束的快速运动，二维超声心动图可以观察心脏的形状和各种结构的运动。

二维超声心动图显示的心脏结构的运动与它们在超声波轴上的方向无关（M 型超声仅在超声束平面中检测到运动）。连续的超声束形成一个扇形图像区域，来自超声束的所有信息由计算机处理，计算机为每一个检测到的回声在屏幕上分配一个亮点，为每个点提供特定的空间坐标。因

专栏 2.4 最新超声探头的主要特点

矩阵探头：它是近年研制的新的一种超声探头，具有大量晶体（最多 1000 个），这些晶体排列在一个平面上，而不是成排排列，因此可以进行对空间分辨率和时间分辨率要求极高的超声检查。

3D-4D 或容积探头：矩阵探头晶体的排列也允许在组织内以金字塔排列而不是以三角形排列传导超声束。这种探头可创建一个三维图像，并通过叠加时间维度的实时容积重建，实现四维影像（实时 3D）。这种探头目前非常昂贵，但它们可以非常精确地测量腔室容积，同时避免数学模型化的误差，并且还可对瓣膜结构进行立体显影，呈现与解剖非常类似的图像。

专栏 2.5 M 型模式和二维模式图像的差异

M 型（Motion-mode）或 TM 型（Time Motion-mode，一维）技术以纵轴表示深度，以横轴表示时间的一维时间曲线描记。它使用单一的超声束，以非常高的帧率拦截沿其线路移动的所有结构。 被超声束拦截的每个单点都会得到反射，并沿屏幕有序地串联和平行排列，从而突出显示这些点 在一段时间内朝向或远离探头的运动。M 型超声描记在超声心动图中非常有用，因为它可以精确 测量超声束内心脏结构的厚度、直径和位移程度。同样，时间分辨率也非常高，这可以精确测量 与心脏流体动力学相关的运动的持续时间。轴向分辨率高，横向分辨率为零，时间分辨率高。

实时超声（real-time）或二维模式或 B 模式（Brightness-mode，二维）指的是能够在超声图像中实时显示目标结构的图像。图像是通过一系列代表单个一维超声束的线条在屏幕上建立起来的，这些线条彼此相邻，呈现扇形或矩形的显示扇面。其结果是一个灰度图像，它代表被检查区域的二维解剖剖面。每条线几乎都是同时获得的，因此图像在每一时刻都显得很完整。每条扫描线代表一 个一维超声束，当它们通过被检查的组织时，彼此相邻排列。每条扫描线都保留在屏幕上，直到它被下一帧的相应线取代。图像的更新频率取决于回声的起源深度和机器的帧率。因此，扫描区越深，回波返回探头所需的时间越长，帧率越低。轴向分辨率及横向分辨率高，时间分辨率取决于帧率。

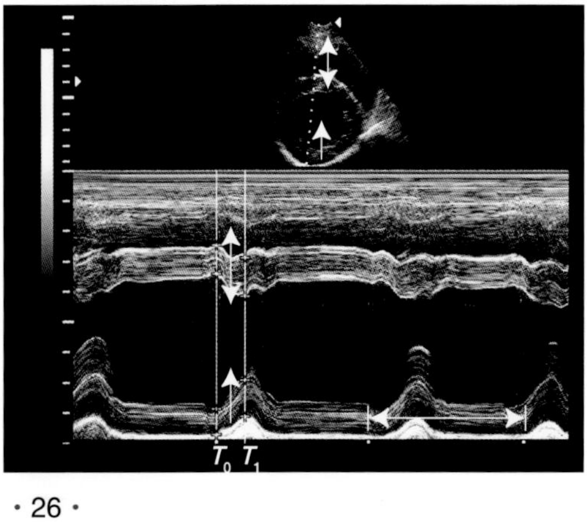

图 2.29 当选择 M 型模式时屏幕上会出现一维时间 – 运动图像。屏幕最上方是二维超声参考图，在上面可以看到一条虚线穿过运动的结构（箭头）。下面是用箭头标记的结构在 3 s 内的运动。T_0 和 T_1 表示在不同的时间，运动的结构处于不同的位置（分别在舒张期和收缩期）

此，相应的图像也是扇形的，由沿每个超声束获得的所有回声位置重建，并几乎同时显示。图像通常在显示器上显示，探头的位置在屏幕的顶部，因此浅表结构在屏幕的近场，深层结构在屏幕的远场。探测到的器官的确切位置总是不同的，这取决于探头的方向和位置。改变探头在身体表面的位置和改变成像平面的轴线，可以使有经验的超声医师对被成像器官进行思维上的三维重建。最近，心脏图像的三维重建已实现，最初是在扫描过程中获得的二维超声图像的后处理堆叠，最近则是做到了实时重建，体现了过去十年中计算机处理能力的进步。然而，实时三维超声心动图成像仍处于起步阶段。

标准二维超声心动图所产生的图像很容易解读，因为根据回声的强度，各种结构都有不同灰度。这种现象被称为组织的"回声性"——反射高强度回声的区域被称为高回声区，在屏幕上显示为白色（脂肪组织、结缔组织、骨质或钙化结构）；而反射低强度回声的区域被称为低回声区，在屏幕上显示为深灰色（如肌肉组织）。不反射回声的区域显示为黑色，被称为无回声区（血液和无细胞的液体，液体中细胞浓度增加会增加液体的回声）。

增强超声心动图，又称超声造影（contrast-enhanced ultrasound，CEUS），是一种特殊的二维超声心动图检查技术，利用静脉注射超声造影剂来改变血液或组织的声阻抗。通过将造影剂注射到外周静脉或心腔中，增加血液的密度，其中的微泡显著增强了超声波的反射。

患病动物的摆位保定和声窗

超声医师对患病动物进行检查时，需要选择合适的声窗来避免其他结构的遮挡，以确保心脏图像成像清晰。由于骨骼和肺会阻挡超声波穿透，因此超声扫查心脏时需要避开肋骨、胸骨和肺。

小动物超声心动图检查时，有 3 个标准声窗，即右侧胸骨旁声窗、左侧心尖声窗和左头侧声窗。还有一些非标准声窗或标准声窗的变体，用于特定部位的成像。

右侧胸骨旁声窗（图 2.30）扫查时需将探头置于右侧第 3 至第 6 肋间隙（通常为第 4 至第 5 肋间隙），肋骨 – 肋软骨交界处与胸骨之间。

左侧心尖声窗（图 2.31）扫查时需将探头置于靠近胸骨侧的第 5 至第 7 肋间隙。

左头侧声窗（图 2.32）扫查时需将探头置于肋骨 – 肋软骨交界处与胸骨之间的第 3 或第 4 肋间隙。

剑突下声窗（图 2.33）很少使用，但在某些特定情况很有用。因为该声窗是扫查出的图像中心尖至主动脉的轴线，也就是主动脉的血流方向与超声束平行，因此是评估升主动脉内血流多普勒超声的最佳声窗。在小体型动物中，有时可在此声窗获取到较好的二维超声心动图。在人类超声心动图中用于检查升主动脉和主动脉弓的胸骨声窗，在兽医超声心动图中并不使用。

超声医师经上述声窗可获取几乎所有的心脏图像，用于 M 型超声、二维超声和多普勒超声检查。

声窗的角度因人而异，因此，扫查时

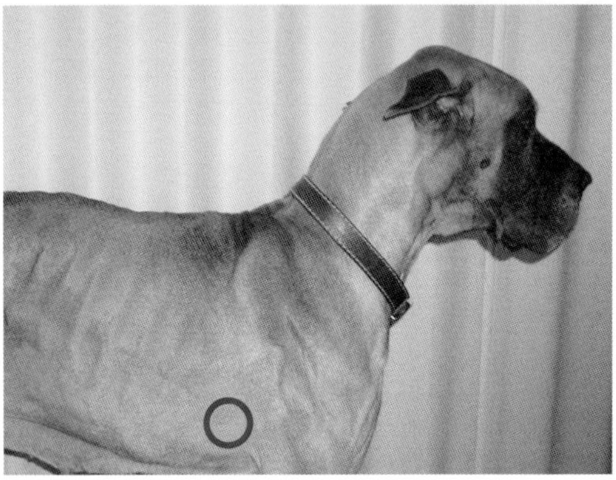

图 2.30　犬右侧胸骨旁声窗的位置

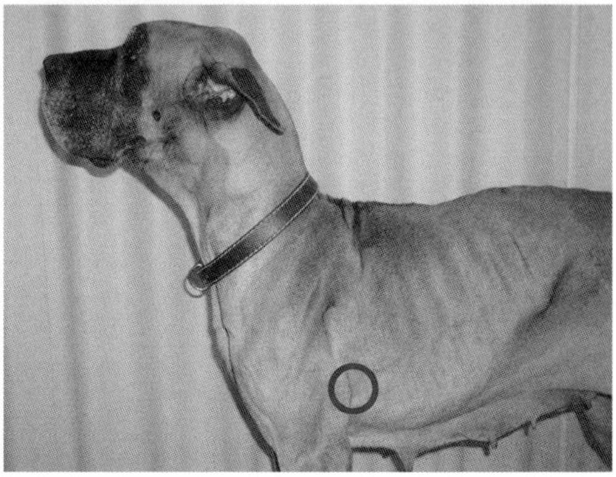

图 2.32　犬左头侧声窗的位置

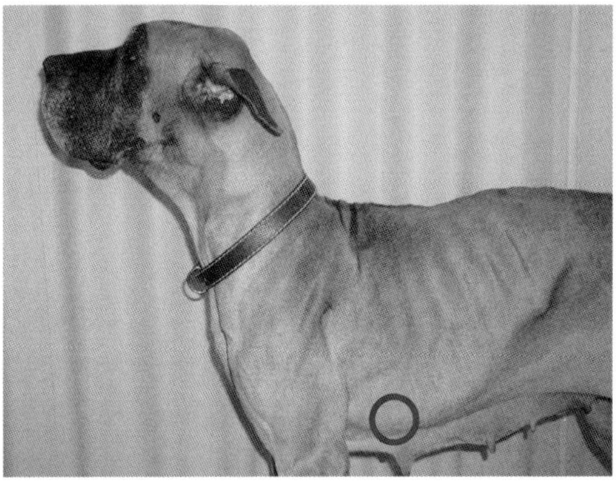

图 2.31　犬左侧心尖声窗的位置

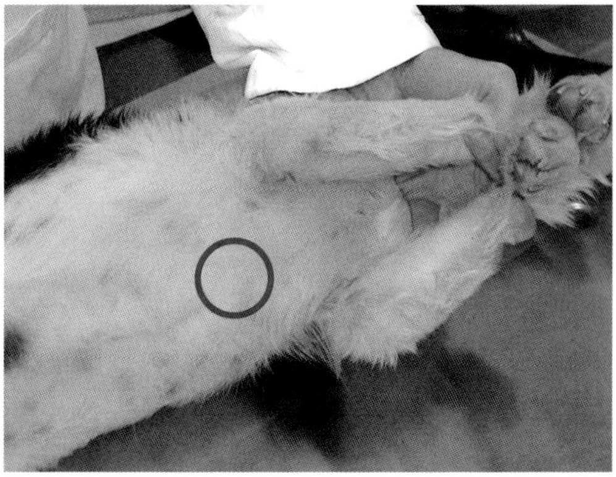

图 2.33　犬剑突下声窗的位置

通常需要微调探头，以获得每只患病动物的标准切面图像。此外，有时因病理学或解剖学的变化可能需要非标准位置或切面的扫查，以获取相关位置的最佳成像。

超声心动图检查时，可以将动物置于侧卧位进行，也可以采用站立位。侧卧位时有必要使用分层的检查台。下层为超声医师的肘部提供支撑，而上层具有多个开口，可以放置患病动物（图 2.34）。笔者更喜欢下层是高度可调整的检查台，上层是嵌有同心圆环的台架，可根据动物的体型增加或拆除圆环（图 2.35）。检查前拆除适当的圆环使开口适合检查相应体型的动物。猫和小型犬相对大型犬来说更难操作，通常仅需移除中央的盖子进行检查。如果检查台上的开口太大，动物可能会下坠、不适或紧张，使其难以保定或成像。中大体型的动物置于侧卧位后，若身体与开窗位置有相对移动，如头部或尾侧晃动，使肋骨边缘撞到开窗位置的边缘，可能会引起动物的不适和疼痛反应。

具有开口的超声心动图检查台是心脏病患病动物成像的最佳选择。如果开口大小合适，并对患病动物进行正确的摆位和保定，检查通常会比较快速顺利，且动物无应激。

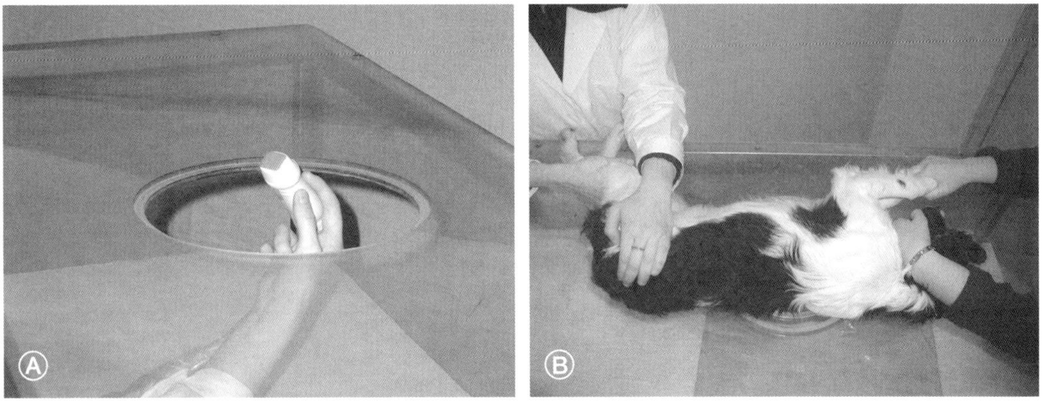

图 2.34　犬猫进行超声心动图检查的双层检查台

A. 展示了超声医师手臂的位置，肘部靠在下层检查台上，上层检查台的孔需有足够的空间移动探头。B. 展示了患病动物在右侧卧位时的摆位和保定。

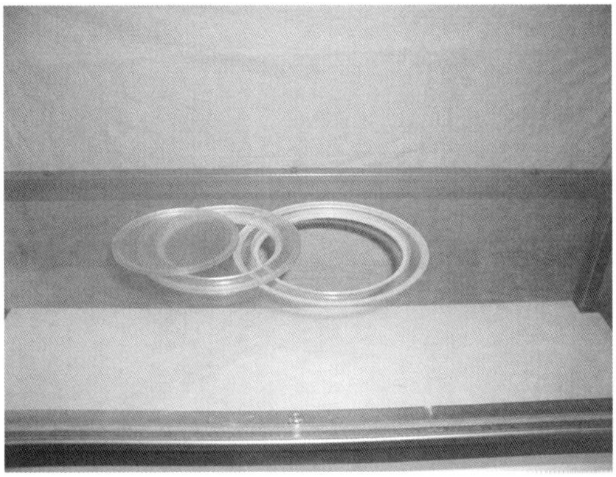

图 2.35　具有开口的上层检查台细节：上层有同心镶嵌的圆环，开口的大小可根据动物的体型进行调整

患病动物超声心动图检查摆位方式有两种，一种是四肢朝向超声医师；另一种是四肢远离超声医师。方向的选择取决于超声医师的个人喜好。前一种摆位方式允许一个助手跨在患病动物身上并握住其前后肢来保定。但超声医师可能被保定不当的患病动物踢到或抓到，或者机器被刮伤或损坏。后一种摆位方式需要 2 个助手（一个位于头侧，一个位于尾侧），或者用沙袋固定后肢，一个助手在患病动物头侧。

少数动物不配合侧卧位保定（约 15%），也有部分患病动物（约 10%）因为临床体况（尤其是有明显呼吸窘迫时）无法采取侧卧位，还有些巨型犬因体型太大无法置于检查台上，或者因为太重，无法在不伤及技术人员的情况下进行搬运。在上述情况下，可选择站立位扫查，必要时进一步侧卧位检查。

还应考虑的是，侧卧位保定动物时，有时需要多个助手（如上所述）。但是站立位保定通常只需要一个助手（图 2.36）。

基于以上原因，建议临床医生熟练掌握两种体位的超声心动图扫查方法。同时要避免使用非标准体位，如坐立位或俯卧位扫查，因为这会改变心脏的运动方位或限制探头的移动，进而影响图像解读和结论。

在保定困难时，可以采用化学保定方法。此时必须要考虑所使用药物对心血管的影响。首选对心脏功能影响不显著的药物，如苯二氮䓬类（肌肉注射咪达唑仑

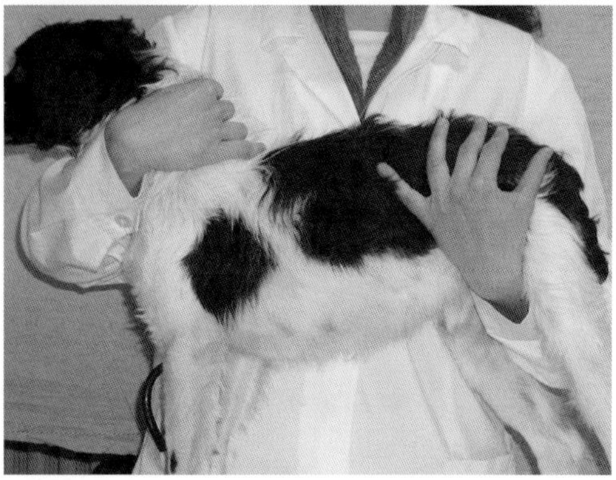

图 2.36　对站立的患病动物进行超声心动图检查时的保定方法

0.2 mg/kg）、阿片类药物（肌肉注射布托啡诺 0.1 ～ 0.2 mg/kg）或其组合，也可使用加巴喷丁。不能使用乙酰丙嗪、α_2-受体激动剂和氯胺酮。

图像优化

在开始超声心动图检查和记录图像之前，应该对图像进行优化。首先选择合适的成像模式，加载出针对心脏成像已初步优化的预设参数。其次，应调整整体和区域增益，调整图像深度，使心脏占据近似整个屏幕，左心室壁接近图像区域的远场，焦点应设置在图像区域的远场 1/3 处。最后，应调整扇形宽度以优化帧率，同时不影响评估成像结构。在扫查的过程中，超声医师应视情况进行微调，以呈现各种心脏结构或目标区域的最佳图像。

二维超声心动图

二维超声心动图直观显示了实时的心脏结构的二维图像，从而可以检查心脏形态和功能。

相控阵探头产生的超声束及二维超声心动图是扇形的，可以获得较大的心脏视野，能同时观察到心房、心室、瓣膜、心室壁、心内膜、心包、主动脉和肺动脉根部，以及腔静脉和肺静脉。此外，二维超声图像也可指引 M 型超声和多普勒超声光标正确定位。超声医师可经二维超声动态图像评估整体或局部的心肌功能和瓣膜运动。

同一声窗下，改变探头的角度，将探头顺时针或逆时针旋转，可以切换到不同的切面，以观察不同结构或同一结构的不同部分。将超声束平行或垂直于被检查结构，可以获得心脏或血管的长轴或短轴切面。

在讨论经各种声窗获得的切面之前，需先了解“长轴”和“短轴”这两个术语。目标解剖结构在超声心动图中的图像不一定是球形的，但会有不同大小的两个轴向。尺寸大的轴向定为长轴，尺寸小的轴向定为短轴（图 2.37）。这一点不仅适用于整个心脏，也适用于单独的右心室和左心室。心房、房室瓣的长短轴切面与相应心室的长短轴是相同的。如果同时显示主动脉与肺动脉瓣的血管根部，二者形成的平面基本成直角（图 2.38）。在主动脉和肺动脉的长轴切面可观察心室流出道、血管根部和瓣膜的形态（图 2.39）。主动脉瓣的短轴切面与其长轴切面成正交，在标准切面中均可扫查到。但使用标准声窗无法获得肺动脉瓣的短轴切面。

在扫查各个切面时，除了可以顺时针或逆时针旋转探头，还可以改变探头与胸

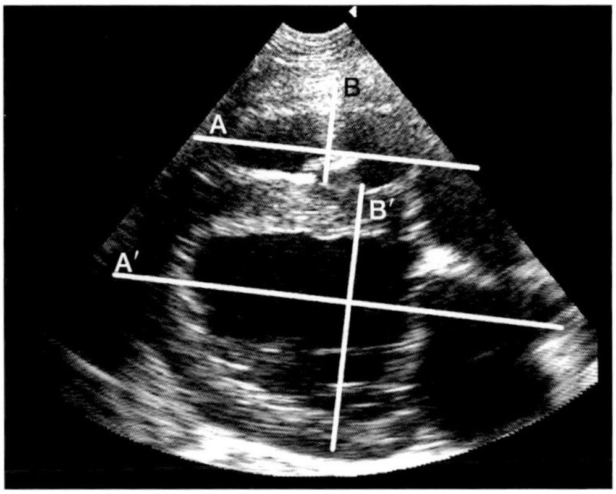

图 2.37　心脏两侧的长轴（A、A′）和短轴（B、B′）的示意图

图像近场是右心，远场是左心。

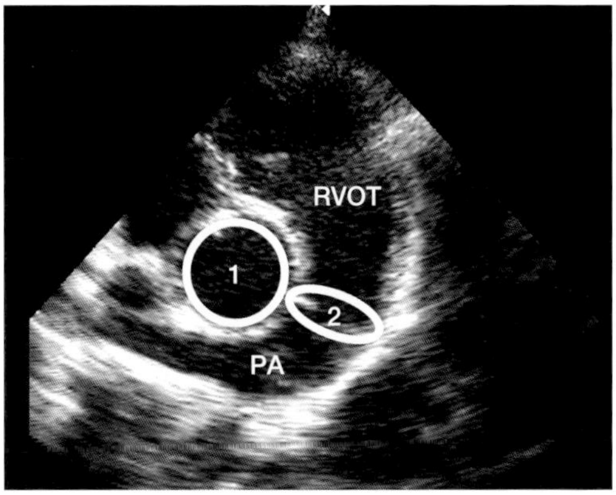

图 2.38　主动脉瓣环（1）和肺动脉瓣环（2）的正交空间排列示意图

主动脉瓣为短轴切面，肺动脉瓣为长轴切面。RVOT：右心室流出道；PA：肺动脉。

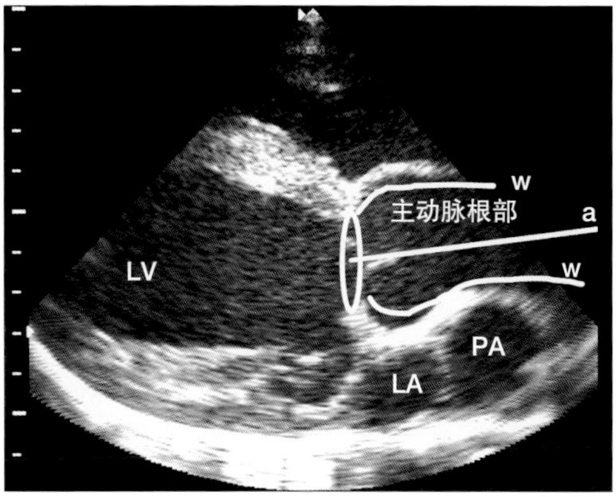

图 2.39　主动脉的长轴切面

椭圆形表示瓣环；a 表示主动脉根部和主动脉窦部的长轴切面；w 表示血管壁。右肺动脉（PA）短轴切面位于主动脉下方，左心房（LA）位于右肺动脉的左侧，左心室（LV）位于主动脉瓣的左侧。

壁夹角的方向。探头和胸壁之间入射角的轻微改变可扫查到同一轴线的不同图像。实际上同一轴线方向上的大多数图像都是通过将探头轻轻倾斜产生的，即使需要旋转，幅度也很小。旋转探头可以将心脏结构的长轴切面转到短轴切面，而倾斜探头则是扫查同一轴向心脏结构的多个截面。

因为矩形表面的探头只会产生沿探头面长轴的扇形超声波，而没有短轴的横向宽度的声波（图 2.40），所以获取长轴和短轴切面时需要调整探头方向。

探头上会有标识方向的标记，通常经拇指或手指易触摸到，也有的是用指示灯标识。有经验的超声医师一般经屏幕上显示的扫查图像便能确定探头的方向。但当目标结构与预期成像不同时，了解探头的方向对了解扫查结构的正确方向就十分重要。从实践的角度来说，用实际图像作为参考来进行一系列标准的判读，比单纯记住特定的理论准则要好。就像学习骑自行车一样，理论只是提供了初始的操作指南，实际骑车时会更复杂，可能与理论大相径庭。现在的超声仪可以将屏幕中的图像进行水平或垂直翻转，因此，即使扫查时探头方向相反，也可以在屏幕上投射出校正后的图像（图 2.20）。

在以下描述中，探头的旋转角度是以动物的头尾轴为参照方向，与探头平面的轴线形成的角度。如果这两个轴（动物和探头平面）是正交的，则探头的旋转角度为 90°；如果是平行的，则旋转角度等于 0°（图 2.41）。将这两个轴线相交形成的头背象限内的角度定为旋转角。因此，当探头扫查右侧胸骨旁长轴四腔切面时（图 2.42），探头的轴线旋转了约 60°（图 2.43）。扫查右侧胸骨旁长轴四腔切面时，探头的方向指向对侧的肩胛骨，与肋间隙方向平行。在这个切面中，可以看到心室、心房及其相应的乳头肌，以及二尖瓣、三尖瓣和血管。按照惯例，心尖位于图像的左侧，心房位于图像右侧；右心位于屏幕的近场，而左心则占据了图像区域的中心和远场（图 2.44A、B+ 视频）。将探头角度稍向背侧调整，可优化心房和肺静脉与右肺动脉交汇处的图像（图 2.42、图 2.44C+ 视频）。

图 2.40　相控阵探头的扫查扇区示意图

通过将探头轻度旋转（旋转角度减少 15°）、轻度倾斜（上抬探头尾，减小与胸腔的入射角），同时保持在同一肋间隙（图 2.46），即可获取右侧胸骨旁长轴左心室流出道切面，在这个切面中可以看到左心室、左心室流出道（LVOT）、主动脉瓣、主动脉窦部和升主动脉（图 2.47）。如果仔细观察，在这个切面中还可以看到左侧冠状动脉。

将探头向头侧移动一个肋间隙，并将探头从右侧胸骨旁长轴四腔切面向头侧轻

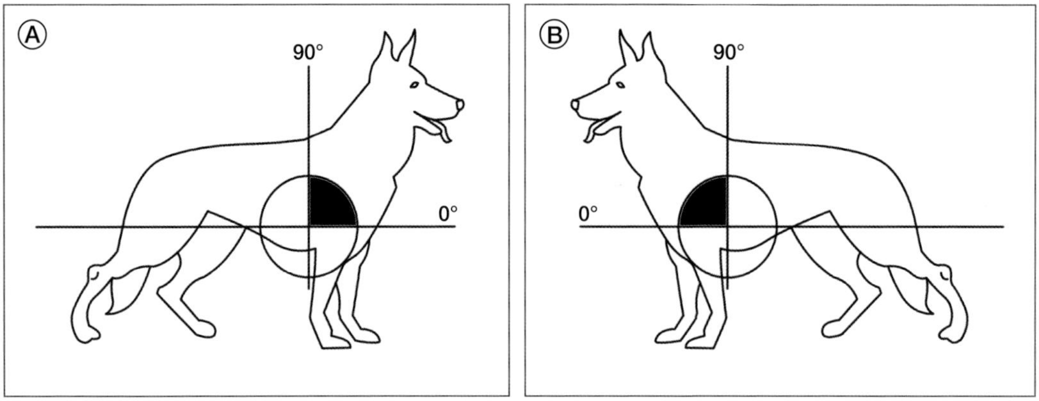

图 2.41　在超声心动图检查时，与围绕超声探头纵轴的旋转运动相关的参考系统。以黑色标记的扇区代表头背角，扫查时探头的所有选择都与头背角有关。例如，当探头平面与动物头尾轴平行时，头背角等于 0°，当探头平面与动物头尾轴垂直时，头背角等于 90°。图 A 为右侧，图 B 为左侧

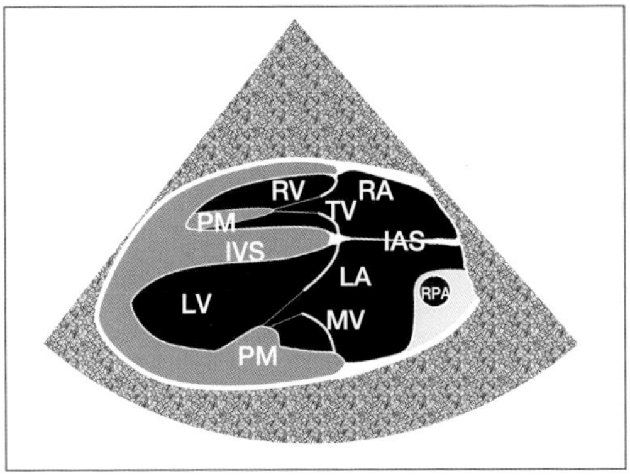

图 2.42　右侧胸骨旁长轴四腔切面示意图
RV：右心室；RA：右心房；LV：左心室；LA：左心房；PM：乳头肌；TV：三尖瓣；IVS：室间隔；IAS：房间隔；MV：二尖瓣；RPA：右肺动脉。

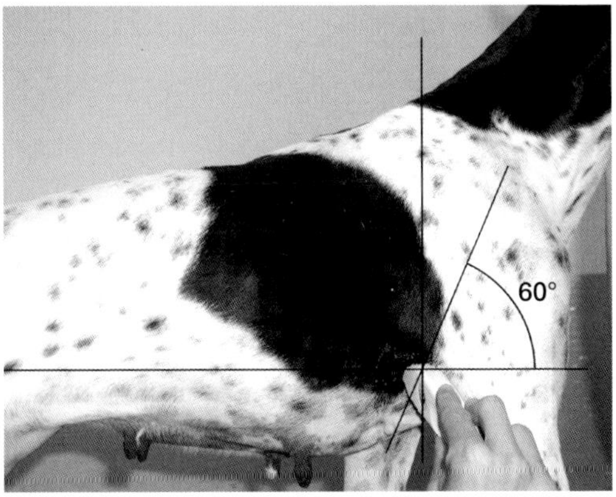

图 2.43　探头角度旋转 60° 获得右侧胸骨旁长轴四腔切面

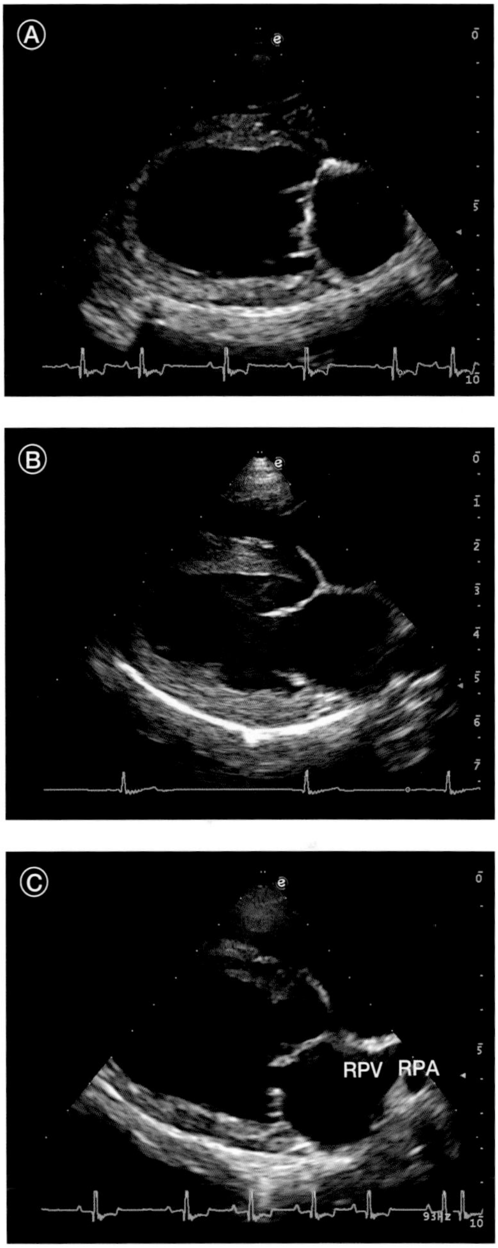

图 2.44　右侧胸骨旁长轴四腔切面图像
A. 在心室收缩早期，可见关闭的二尖瓣；B. 在心室舒张早期，可见打开的二尖瓣；C. 可见右肺静脉（RPV）和右肺动脉（RPA）的长轴切面。

度旋转（旋转角度约为 50°），通常可以获得右侧胸骨旁斜向左心室切面，可以观察到右心室流出道和肺动脉瓣的长轴切面（图 2.45+ 视频）。该切面很少用于小动物，但经常用于马和牛。

右侧胸骨旁短轴切面是在长轴四腔切面基础上获取的。在长轴四腔切面基础上，将探头旋转 90° （旋转角为 −30° ）（图 2.48），可以获取乳头肌水平的左心室短轴切面。在屏幕近场，右心室呈现为部分包围左心室的新月形（图 2.49+ 视频）。其他从心尖到心基部的横切面主要是通过将探头扇扫获取（上抬 / 下压探头尾、改

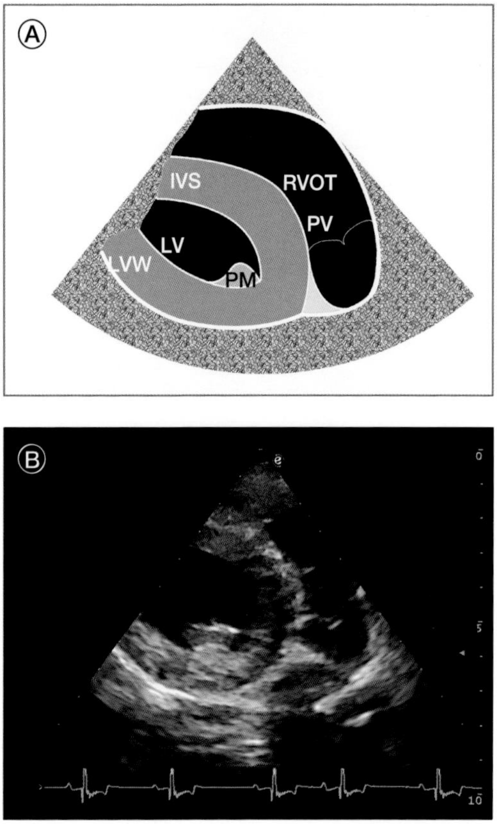

图 2.45　右侧斜切超声心动图，较好地显示出右心室流出道和肺动脉瓣

A. 示意图；B. 超声心动图。IVS：室间隔；LV：左心室；PM：乳头肌；RVOT：右心室流出道；LVW：左心室壁；PV：肺动脉瓣。

变探头与胸腔的入射角），扇扫过程中只需轻微旋转调整，就能得到以下切面：右侧胸骨旁短轴心尖切面（图 2.50+ 视频）、乳头肌水平切面（图 2.49）、腱索水平切面（图 2.51+ 视频）和二尖瓣水平切面（图 2.52+ 视频）。除了心尖水平的横切面，其余切面包含了右心室的横切面，在室间隔近场和呈月牙形的低回声区。

将探头进一步向头背侧倾斜，可以看到心基部切面，此时主动脉瓣位于图像中

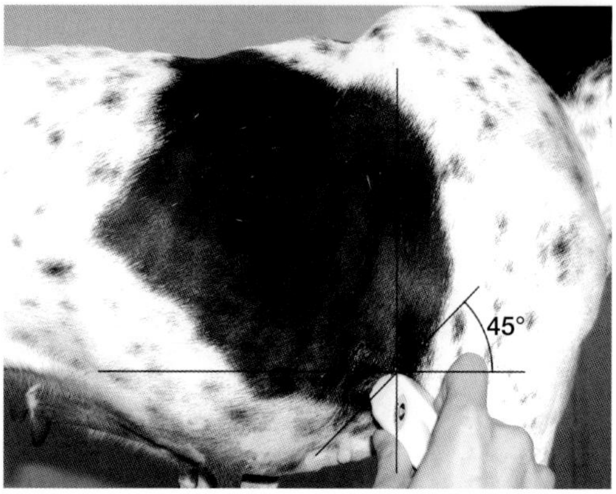

图 2.46　探头角度旋转 45° 获得左心室流出道的右侧胸骨旁长轴切面

央，左下方为左心房，三尖瓣位于图像上方，肺动脉瓣位于图像的右侧（图 2.53+ 视频）。将探头向头侧移动一个肋间隙，并向胸骨方向轻微移动，然后向背侧倾斜（减小与胸腔的入射角），通常可以获取肺动脉瓣和肺动脉干的最佳图像。在屏幕远场常可见右肺动脉横穿左心房顶，在屏幕中央可见升主动脉横切面，图像近场为三尖瓣和右心房（图 2.54+ 视频）。

有几个重要的技术因素可以优化短轴切面。当扫查到的短轴切面为斜切，而不是正交横切时，可以通过调整探头至标准二尖瓣短轴切面（图 2.52）。二尖瓣短轴切面在心室腔内可见两个瓣膜联合处的“鱼嘴征”。从这个位置开始，探头可以向心基部或心尖移动，以获得对应的横切面。

扫查左侧心尖切面时，探头接触位置可以触摸心搏最强点放置，但探头的方向就不那么直观了，需要将超声束扇面与心脏的长轴一致。因此，重点是要记住，心脏的主轴线是从左尾腹侧的位置（与心搏

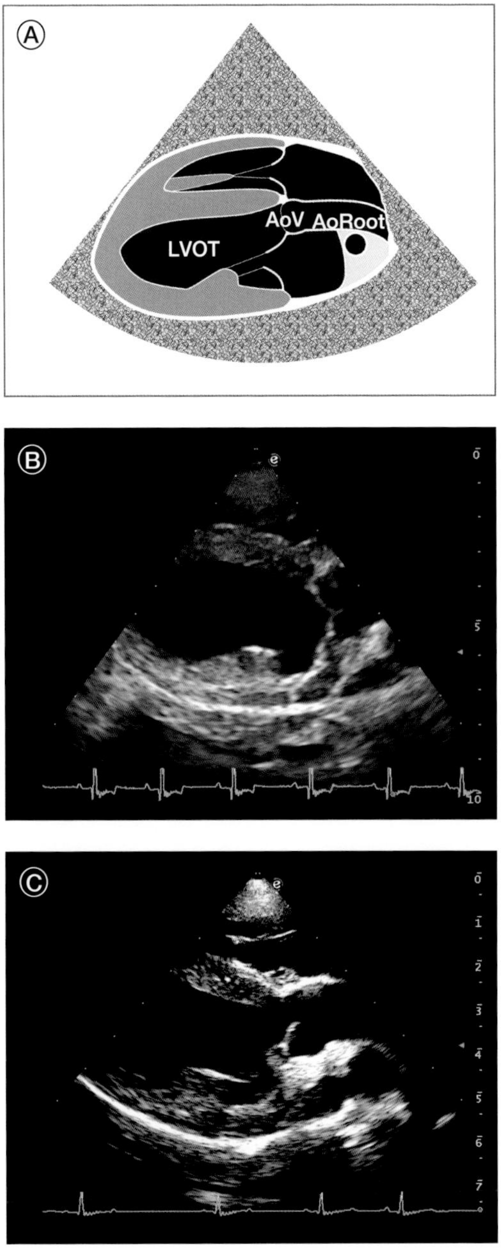

图 2.47　左心室流出道的右侧胸骨旁长轴视图
A. 示意图；B. 超声心动图；C. 优化图像后可显示升主动脉。AoRoot：主动脉根部；LVOT：左心室流出道；AoV：主动脉瓣。

最强点相对应）指向右背侧的。右心室从右胸骨区向头背方向延伸，而左心室从左胸骨区向背侧（略微向头侧）延伸。因此，

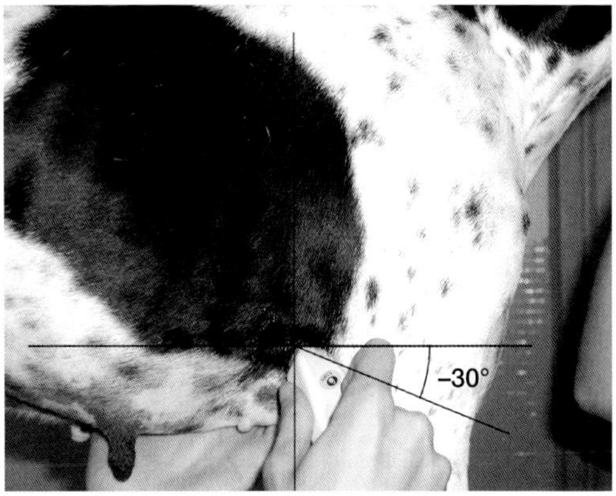

图 2.48　探头角度旋转 –30° 获得右侧胸骨旁短轴切面

要纵向切开两个心室，探头相对于动物的头尾轴的角度大约为 100°，探头向头侧倾斜（图 2.55）。实际扫查时会据动物胸型不同有差异，需要根据呈现图像进行调整。

因此，自左侧心尖切面获取的切面都是长轴，近场为心尖。其中，心尖四腔切面是标准切面，可以同时看到两个心室和两个心房，以及房室瓣和室间隔。图像在屏幕上的标准方向是心尖位于屏幕近场，心房在远场，左心室在屏幕图像的右侧，右心室在左侧。舒张期房室瓣朝向探头打开（图 2.56+ 视频）。该切面可以评估心室的相对大小，室间隔的完整性，并观察瓣膜的运动。此外，该切面可以通过评估舒张末期和收缩末期的心室容积来评估心室顺应性，也可用于组织多普勒检查来评估心肌功能。

将探头旋转至约 110°，并向头侧进一步倾斜（图 2.57），可获得心尖五腔切面，包括 4 个腔室、左心室流出道、主动脉瓣及其根部（图 2.58+ 视频）。

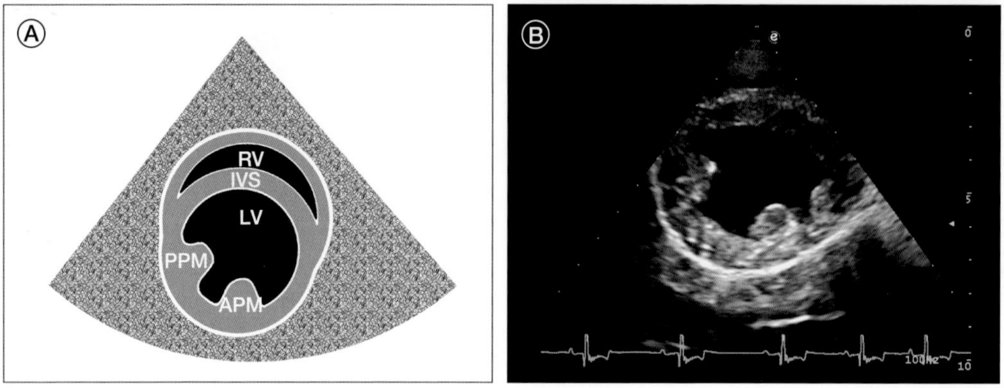

图 2.49　右侧胸骨旁短轴左心室乳头肌水平切面

A. 示意图；B. 超声心动图。RV：右心室；LV：左心室；IVS：室间隔；PPM：后乳头肌；APM：前乳头肌。

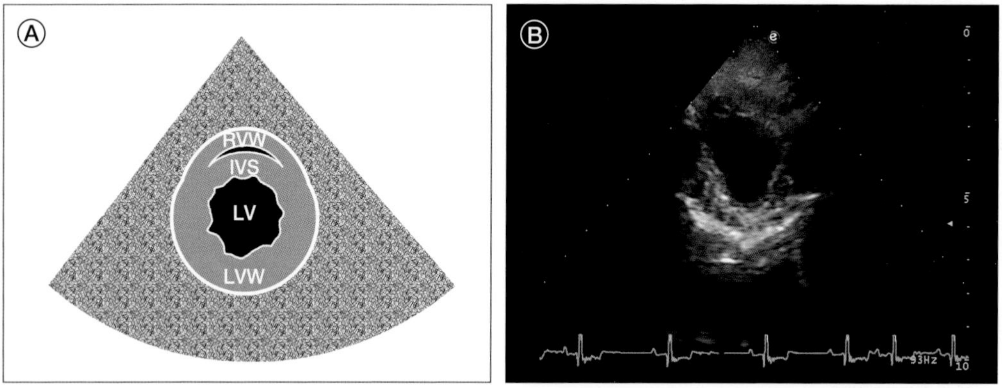

图 2.50　右侧胸骨旁短轴心尖水平的超声心动图

A. 示意图；B. 超声心动图。IVS：室间隔；LV：左心室；RVW：右心室壁；LVW：左心室壁。

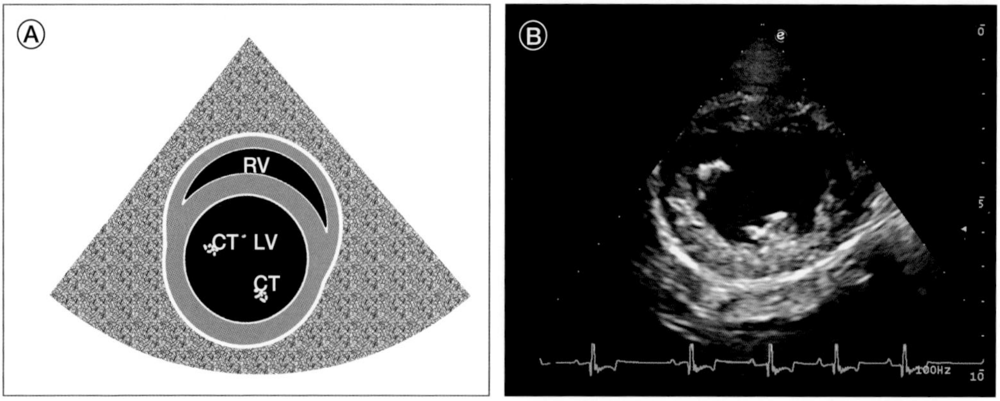

图 2.51　右侧胸骨旁短轴腱索水平的超声心动图

A. 示意图；B. 超声心动图。RV：右心室；LV：左心室；CT：腱索。

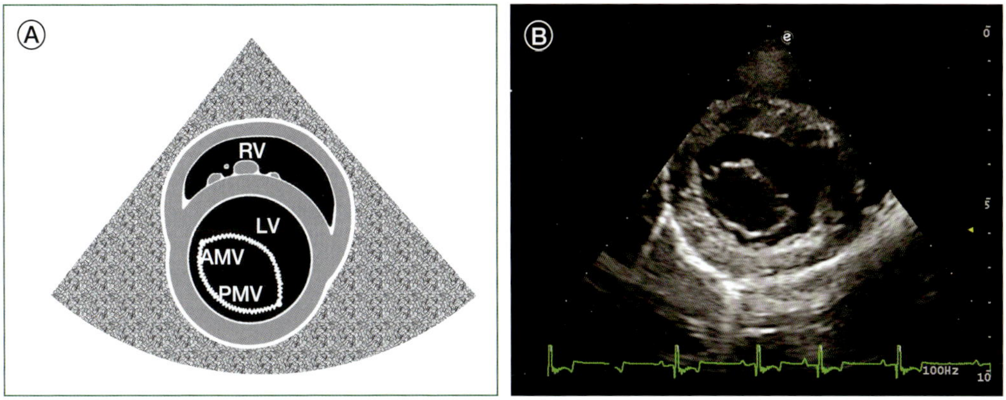

图 2.52　右侧胸骨旁短轴二尖瓣水平的超声心动图

A. 示意图；B. 超声心动图。RV：右心室；LV：左心室；AMV：二尖瓣前叶；PMV：二尖瓣后叶。

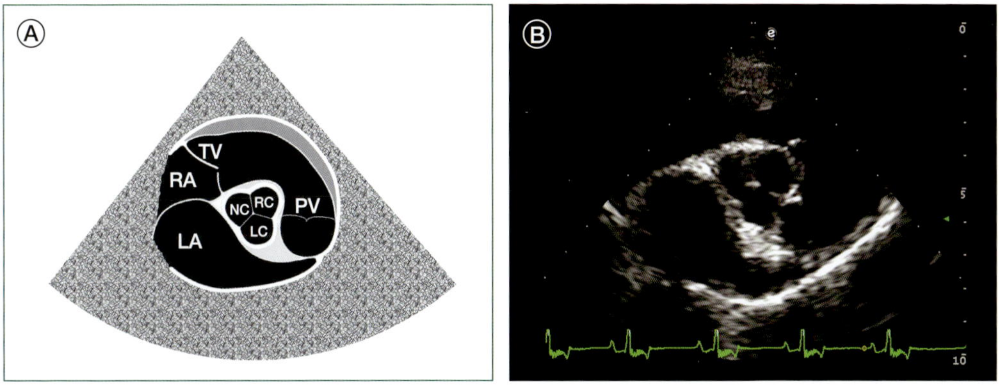

图 2.53　右侧胸骨旁短轴左心房和心基部水平的超声心动图

A. 示意图；B. 超声心动图。LA：左心房；RA：右心房；PV：肺动脉瓣；TV：三尖瓣；NC：主动脉无冠瓣；RC：主动脉右冠瓣；LC：主动脉左冠瓣。

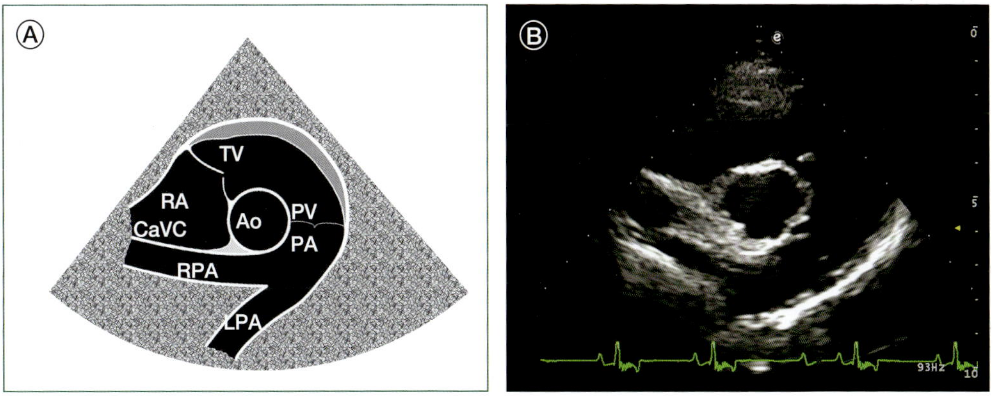

图 2.54　右侧胸骨旁短轴肺动脉分叉水平的超声心动图

A. 示意图；B. 超声心动图。TV：三尖瓣；Ao：主动脉；RA：右心房；PV：肺动脉瓣；CaVC：后腔静脉；RPA：右肺动脉；LPA：左肺动脉。

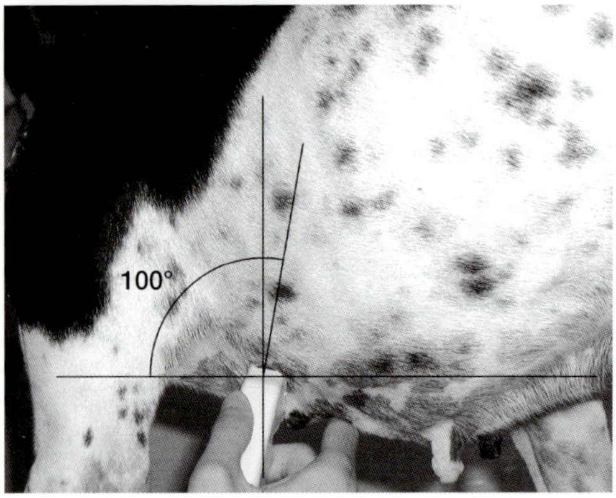

图 2.55　探头角度旋转 100° 获得左侧心尖四腔切面

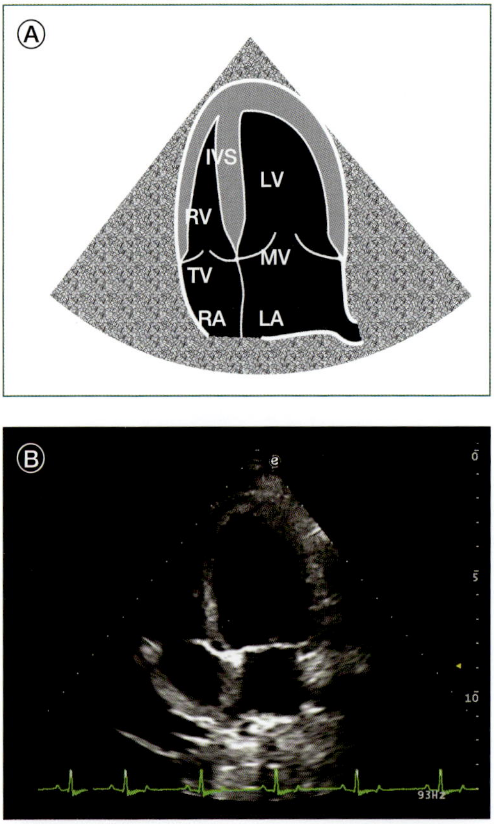

图 2.56　左侧心尖四腔切面的超声心动图

A. 示意图；B. 超声心动图。IVS：室间隔；RV：右心室；LV：左心室；TV：三尖瓣；RA：右心房；LA：左心房；MV：二尖瓣。

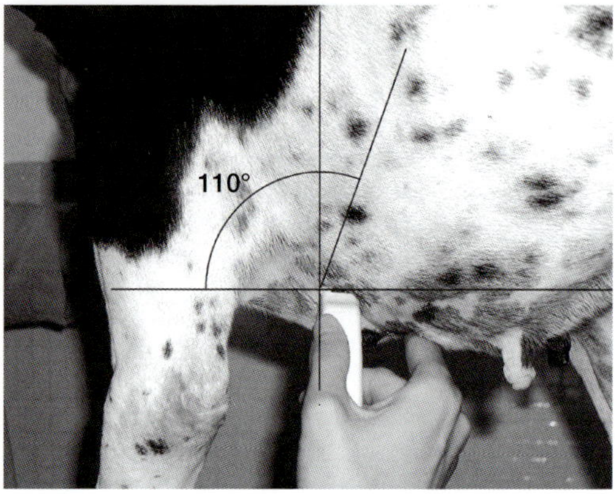

图 2.57　探头角度旋转 110° 获得左侧心尖五腔切面

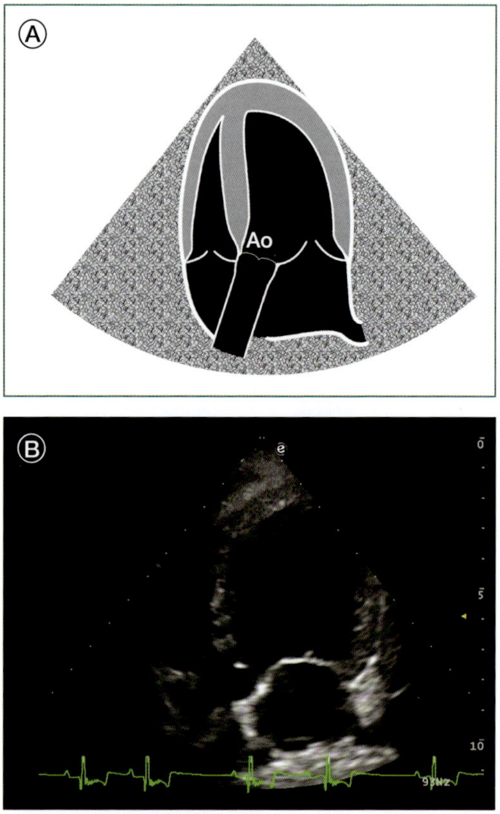

图 2.58　左侧心尖五腔切面的超声心动图

A. 示意图；B. 超声心动图。Ao：主动脉。

将探头旋转 90° ，可以获得左侧心尖二腔切面（图 2.59、图 2.60+ 视频、图 2.61、图 2.62+ 视频）。稍微调整这个角度和胸腔入射角，就可以切换到不完全标准的左心室流出道切面。

通过将探头向头侧移动 1 ~ 2 个肋间隙获得左头侧切面。探头朝向背尾侧，旋转约 45° （图 2.63）以获得长轴切面，在此可以看到左心室、左心室流出道和升主动脉的长轴（图 2.64+ 视频）。如果方向正确，主动脉在屏幕上几乎呈水平状态。按照惯例，心尖在屏幕图像的左侧，升主动脉在右侧。将探头的纵轴稍稍倾斜，使超声束指向腹侧（抬探头尾），就可以看到右心房和三尖瓣（图 2.65+ 视频），而探头朝相反的方向倾斜（压探头尾）可以看到肺动脉瓣和肺动脉（图 2.66+ 视频）。在此切面微调可以看到动脉导管未闭（图 2.67+ 视频）。

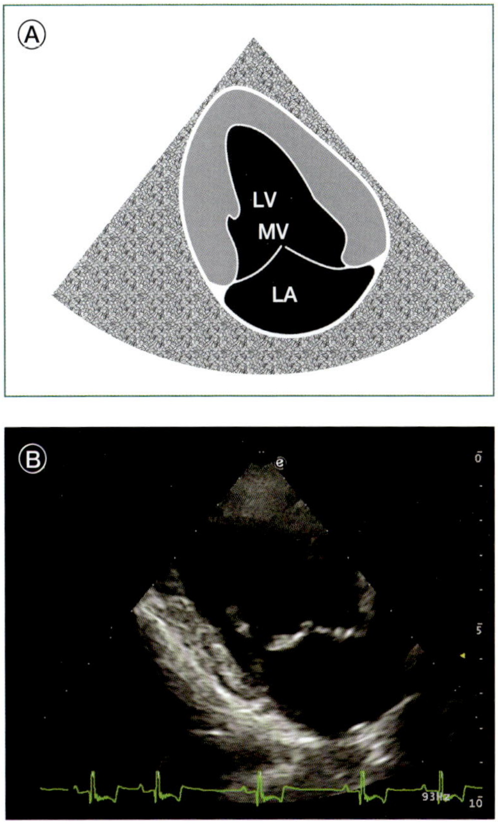

图 2.60 左侧心尖二腔切面的超声心动图
A. 示意图；B. 超声心动图。LV：左心室；LA：左心房；MV：二尖瓣。

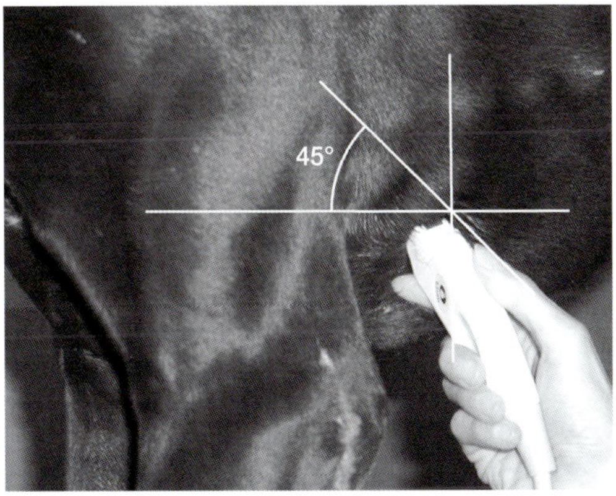

图 2.59 将探头置于左前部胸腔，探头角度旋转 45° 获得左侧心尖二腔切面

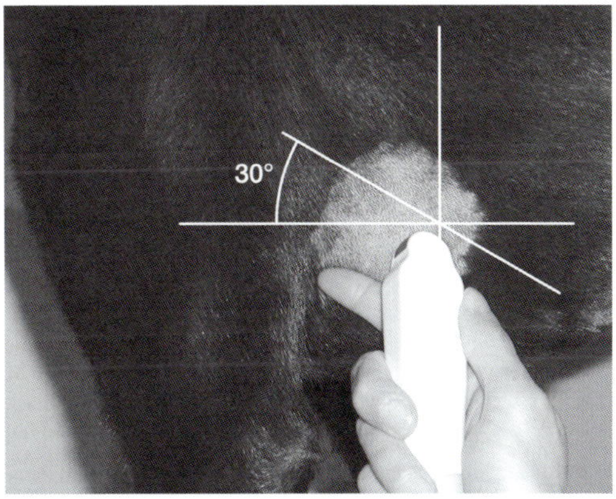

图 2.61 将探头置于左前部胸腔，探头角度旋转 30° 获得左侧心尖三腔切面（左心室、左心房、主动脉）

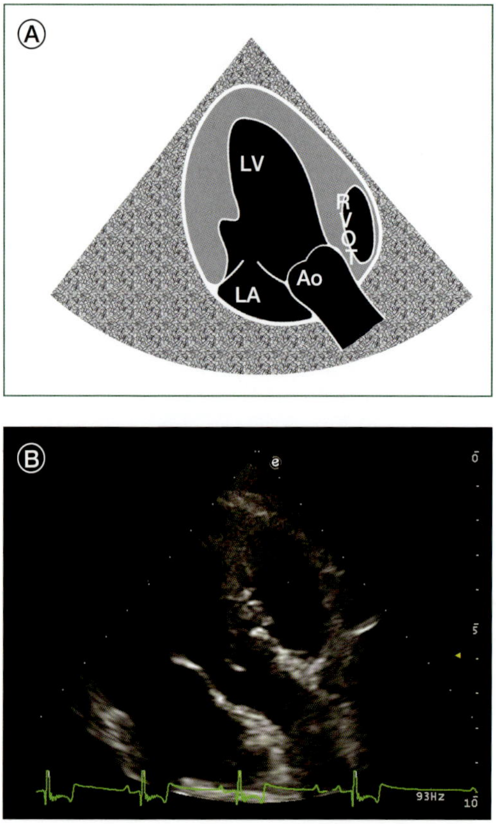

图 2.62　左侧心尖三腔切面的超声心动图
A. 示意图；B. 超声心动图。LV：左心室；LA：左心房；RVOT：右心室流出道；Ao：主动脉。

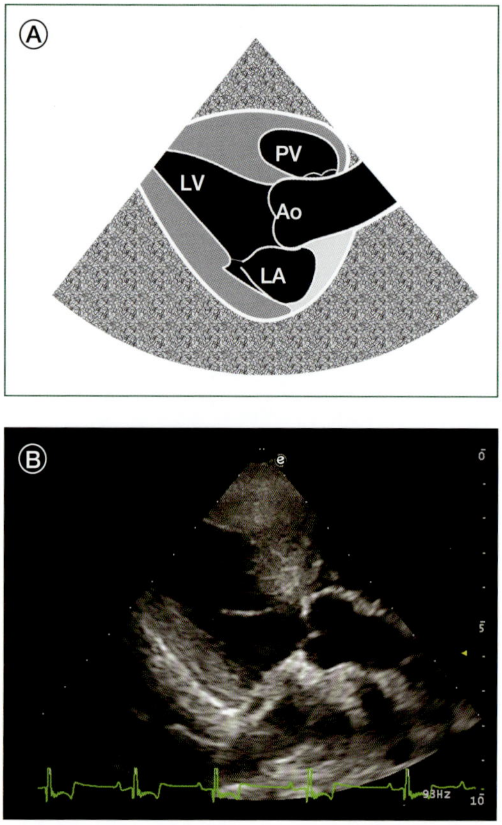

图 2.64　左头侧长轴切面（左心室和主动脉）的超声心动图
A. 示意图；B. 超声心动图。LV：左心室；LA：左心房；Ao：主动脉；PV：肺动脉瓣。

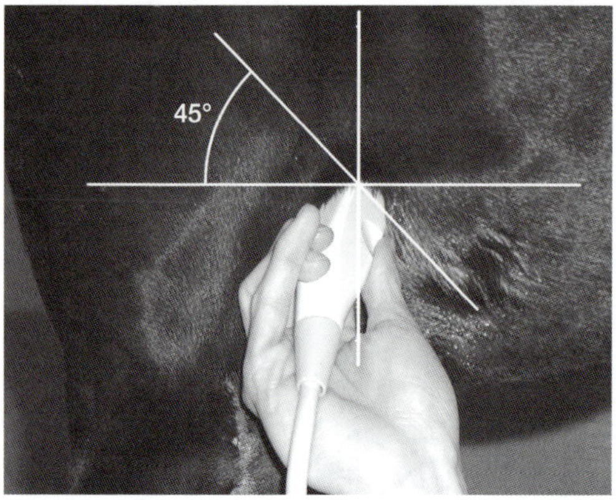

图 2.63　将探头角度旋转 45° 获得左心室的左头侧长轴切面（左心室和主动脉）

探头旋转 90°（旋转角约 135°）（图 2.68）可得到右心包围主动脉窦部的短轴切面。主动脉短轴呈圆形，位于屏幕图像中央；右心房和三尖瓣在屏幕的左侧，舒张期瓣膜朝向屏幕的近场打开；右心室流出道和肺动脉瓣位于图像的右上方区域；图像右下方有时可以看到一部分左心房（图 2.69）。

专栏 2.6 列出了犬和猫使用的所有声窗以及在每个声窗中可获取的切面。

通过查看心脏结构、心腔及其相互之

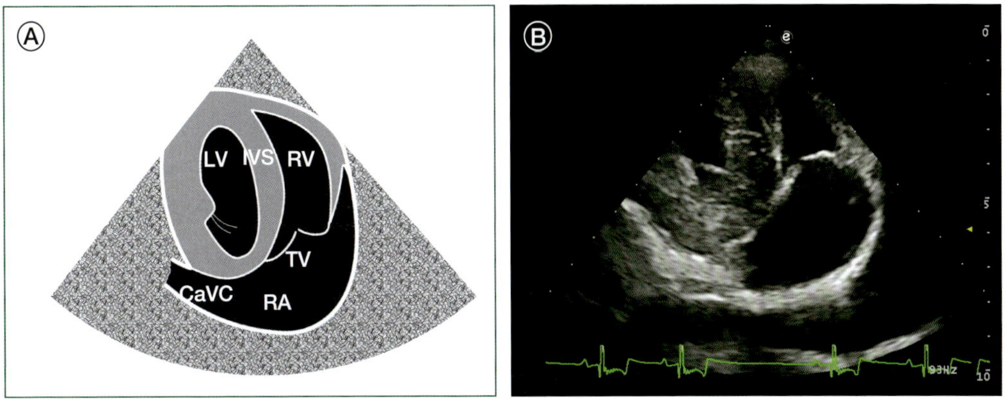

图 2.65　左头侧长轴三尖瓣最佳切面的超声心动图

A. 示意图；B. 超声心动图。LV：左心室；RV：右心室；IVS：室间隔；TV：三尖瓣；CaVC：后腔静脉；RA：右心房。

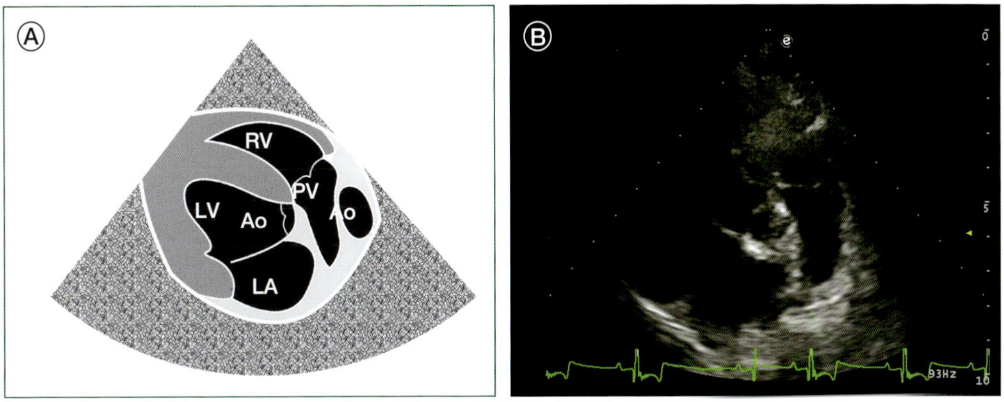

图 2.66　左头侧长轴右心室流出道和肺动脉最佳切面的超声心动图

A. 示意图；B. 超声心动图。RV：右心室；LV：左心室；Ao：主动脉瓣；PV：肺动脉瓣；LA：左心房。

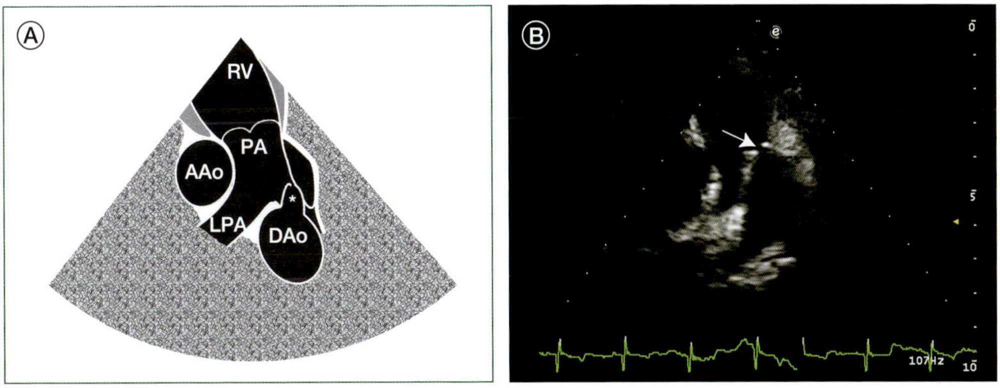

图 2.67　左头侧长轴切面的超声心动图，通过调整角度可用于检查动脉导管未闭

A. 示意图；B. 超声心动图。箭头表示肺动脉中动脉导管未闭的开口。RV：右心室；PA：肺动脉；LPA：左肺动脉；AAo：升主动脉；DAo：降主动脉；*：动脉导管处。

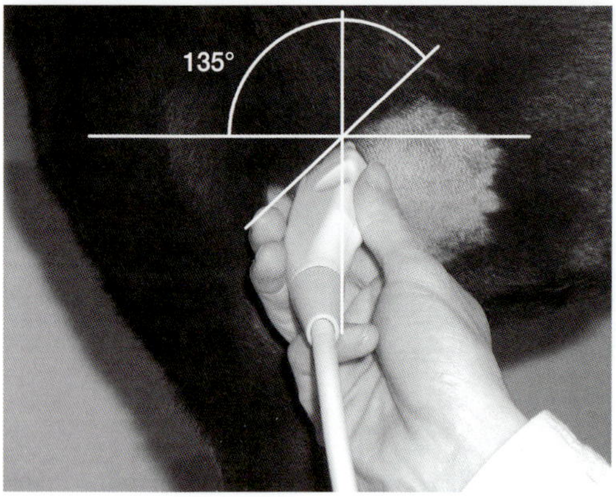

图 2.68　将探头角度旋转 135° 获得心基部的左头侧短轴切面

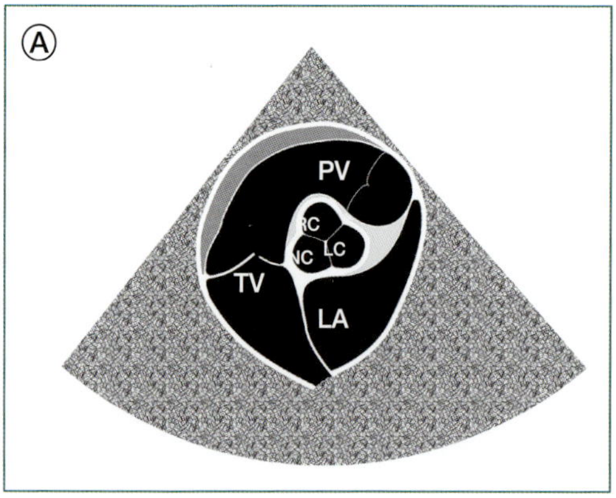

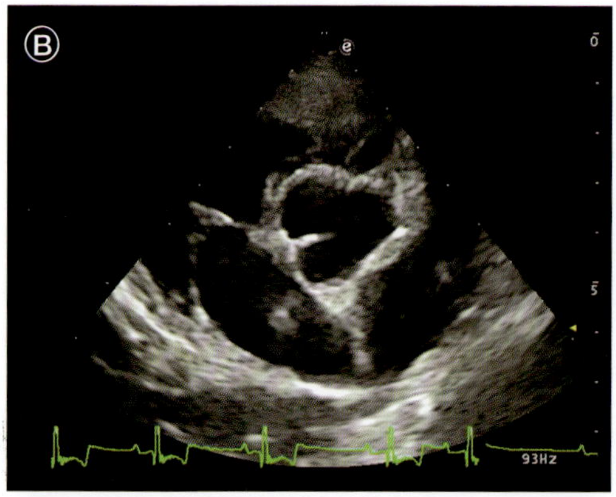

图 2.69　心基部左头侧短轴切面的超声心动图
A. 示意图；B. 超声心动图。PV：肺动脉瓣；TV：三尖瓣；LA：左心房；LC：主动脉左冠瓣；RC：主动脉右冠瓣；NC：主动脉无冠瓣。

间的关系，以及心肌和瓣膜的运动，可以对心脏解剖和功能的许多方面进行评估。虽然二维超声心动图具有多功能性，但很多都是基于主观评估，其质量和准确性取决于超声医师的经验。随着新设备的帧率和分辨率的提高，现在可以通过二维超声图像进行精确测量，其精确度可与 M 型超声测量不相上下。此外，图像的正确方向和光标的定位有助于超声医师快速准确地识别被测量的结构部位。从二维超声图像中获取的某些心脏功能指标测量值（如心脏容积的指标）比 M 型超声的更准确。

M 型超声图像

可以通过 M 型超声心动图对心脏结构进行精确测量，并评估其运动与时间的关系（例如，舒张期二尖瓣打开速度、射血时间、心室舒张充盈持续时间等）。

通常使用右侧胸骨旁切面获得 M 型超声图像。大多数机器可以在二维超声图像上叠加 M 型取样线进行正确定位。M 型取样线放置在正确位置后，点击相应功能按键进入 M 型模式，随即会以双幅图显示——近场为静止的心脏二维超声图像，远场为随时间运动的 M 型超声图像（图 2.70）。M 型超声图像的扫描速度是可变的，可调节相应旋钮或按键控制单屏内显示的心动周期数量，以获取最佳的时间分辨率。心率较高的动物可设置较快速的扫描速度。为了获得准确的心室壁厚度或腔室内径，M 型取样线需垂直于测量结构，包含测量结构的远场。测量时采取前缘测量法，即自被测量结构的前缘到下一

专栏 2.6　犬和猫使用的所有声窗和在每个声窗中获得的切面

右侧胸骨旁声窗——将探头放置于第 3 至第 4 肋间隙、肋骨－肋软骨交界处与胸骨之间，可以获取以下切面：

- 长轴四腔切面
- 带主动脉的左心室流出道切面
- 短轴切面
  - 左心尖水平
  - 左心室乳头肌水平
  - 二尖瓣腱索水平
  - 二尖瓣水平
  - 主动脉瓣水平 / 主动脉根部水平

左头侧胸骨旁声窗——将探头放置在第 3 至第 4 肋间隙，胸骨和肋软骨交界处之间，可以获取以下切面：

- 左心室流出道长轴切面
- 右心室流出道长轴切面
- 右心环绕主动脉窦部的短轴切面

左侧心尖声窗——探头置于第 5 至第 6 肋间隙甚至第 7 肋间隙，尽可能靠近胸骨，可以获取以下切面：

- 心尖四腔切面
- 心尖五腔切面
- 心尖二腔切面
- 左心室流出道长轴切面

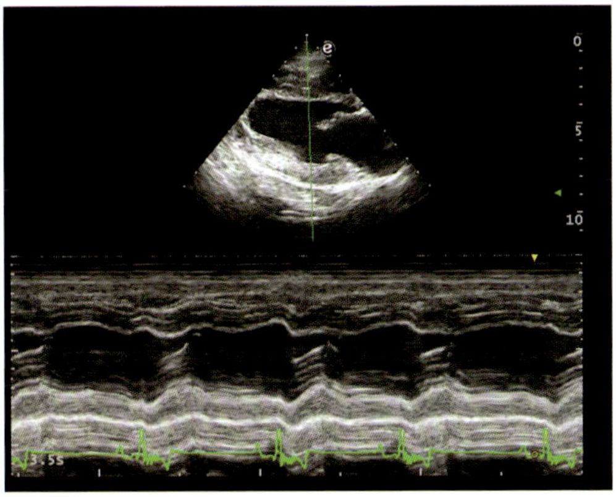

图 2.70　右侧胸骨旁长轴四腔切面的二维超声图像（上方图像）叠加经心室 M 型取样线。下方为 M 型超声图像

个测量结构的前缘。

图 2.71A、B 显示了右侧胸骨旁长轴的二维切面及从 a 到 e（即，自心尖至心基）多个位置的 M 型取样线。图 2.71C 显示了这些不同位置的 M 型图像。位置 a 可显示右心室壁（RVW）、室间隔（IVS）和左心室壁，a 处左心室、右心室内径都较小，向 b 和 c 位置移动，左心室、右心室内径逐渐增大。在 c、d 之间，腱索（CT）和二尖瓣前叶（AML）前缘开始出现，d 处为二尖瓣后缘位置。e 处二尖瓣后缘

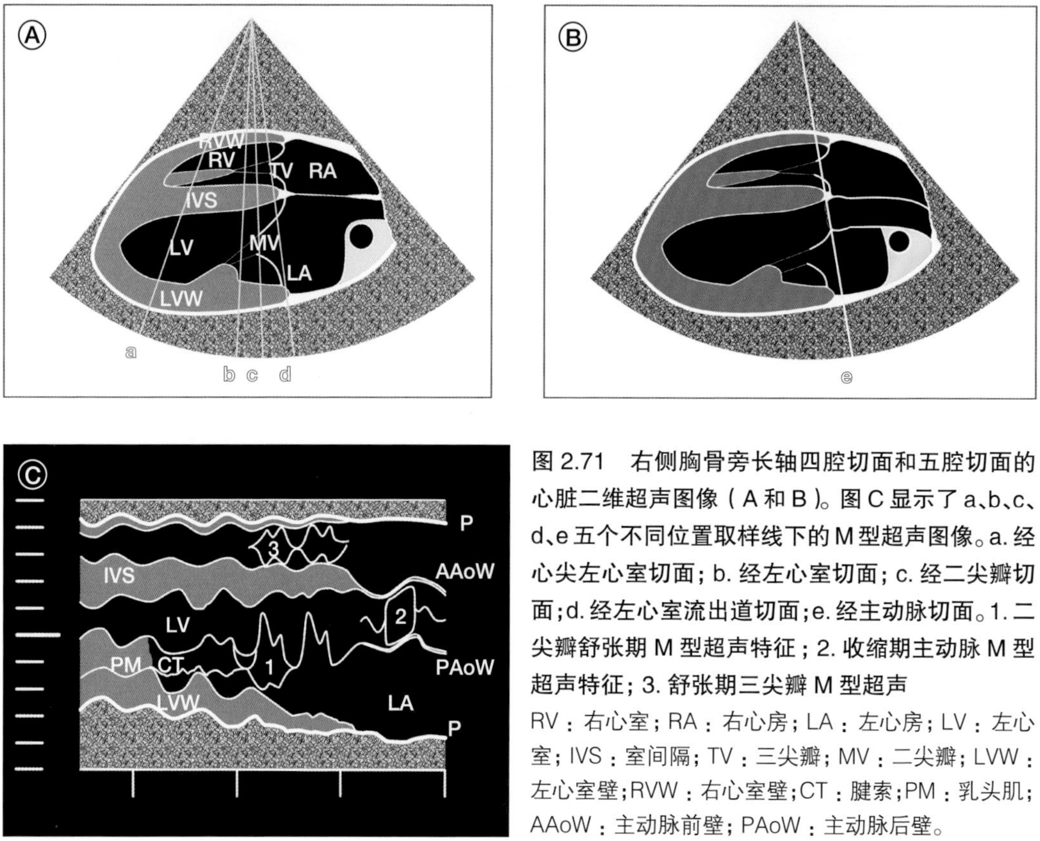

图 2.71　右侧胸骨旁长轴四腔切面和五腔切面的心脏二维超声图像（A 和 B）。图 C 显示了 a、b、c、d、e 五个不同位置取样线下的 M 型超声图像。a. 经心尖左心室切面；b. 经左心室切面；c. 经二尖瓣切面；d. 经左心室流出道切面；e. 经主动脉切面。1. 二尖瓣舒张期 M 型超声特征；2. 收缩期主动脉 M 型超声特征；3. 舒张期三尖瓣 M 型超声

RV：右心室；RA：右心房；LA：左心房；LV：左心室；IVS：室间隔；TV：三尖瓣；MV：二尖瓣；LVW：左心室壁；RVW：右心室壁；CT：腱索；PM：乳头肌；AAoW：主动脉前壁；PAoW：主动脉后壁。

消失，出现主动脉后壁（PAoW）。E 处，自近场开始分别为右心室流出道、主动脉前壁、主动脉瓣、主动脉后壁、左心房。

在以上这些 M 型切面中可以评估收缩期和舒张期的心肌和瓣膜运动、心室壁厚度、左心室内径大小（及缩短分数）及左心房与主动脉根部直径比。

获取标准的 M 型超声图像后冻结，应至少测量 3 个心动周期的数据以取平均值。滑动保存的图像来选择可以用于测量的心动周期，大多数超声仪可以录制 10 ~ 30 s 的 M 型视频供后续测量。超声仪均配有相应的测量包以完成测量和计算。M 型超声图像 y 轴上有标尺。测量处在屏幕上显示为明亮的垂直线（图 2.72），测量值精确到 0.1 mm 或 0.01 mm。

测量所得的数据通常会以报告格式存储，且一般可与预设在超声仪中的正常参考值进行比较。表 2.3 为作者所在的机构所用的不同物种或不同体型动物的各种参考范围示例，用于与测量值进行对比。

获得左心室 M 型超声图像，要求超声束在二尖瓣与乳头肌之间垂直穿过室间隔和游离壁（图 2.71B）。在舒张末期和收缩末期测量室间隔、游离壁和心室腔。若同步显示心电图，则将 QRS 波群的起始处定为舒张末期。如果没有心电图可用，舒张末期为室间隔和游离壁开始变厚并向彼此

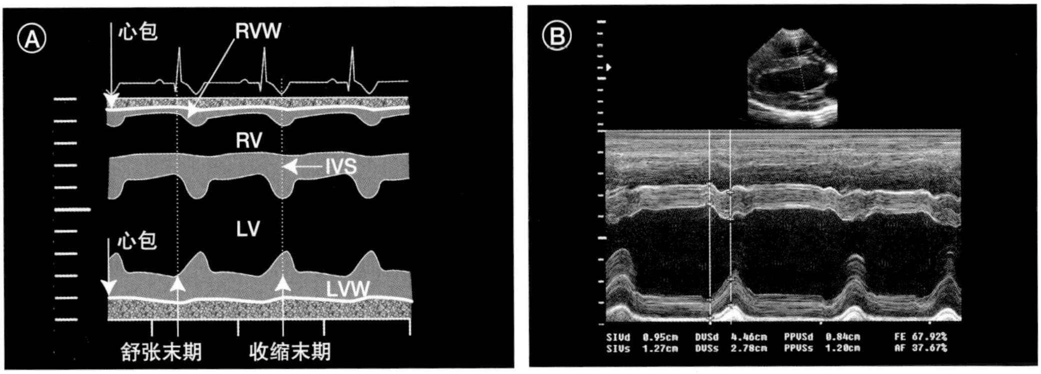

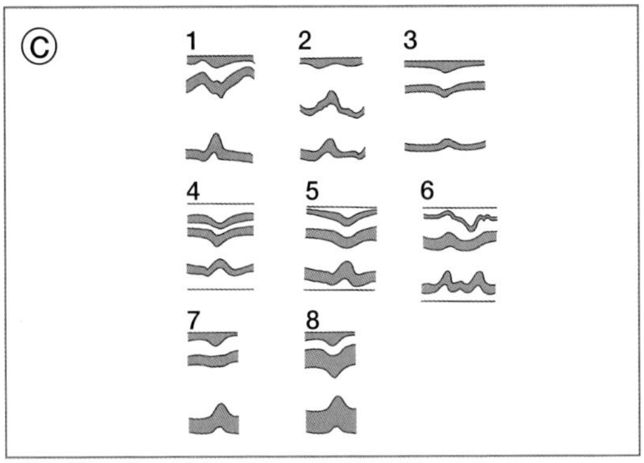

图 2.72　经心室的一维描记

A. 心电图：QRS 波起始为舒张末期，T 波波峰为收缩末期。B. 图下方显示了左心室 M 型超声的测量数据，含收缩期和舒张期的射血分数（EF）和缩短分数（FS）。C. 图为左心室 M 型超声，展示了心脏异常运动。1. 左心室容积过载；2. 右心扩张导致室间隔矛盾运动；3. 扩张型心肌病；4. 重度心包积液；5. 中度心包积液；6. 心包积液伴心包填塞；7. 室间隔运动障碍；8. 左心室向心性肥厚。RVW：右心室壁；RV：右心室；LV：左心室；LVW：左心室壁；IVS：室间隔。

移动之前的时刻。但有时左心室壁可能会出现矛盾运动（即 M 型中室间隔及左心室游离壁同向运动）。此时收缩期和舒张期的识别由操作者评估判定。

左心室游离壁的厚度是可变的，在乳头肌之间最厚，在二尖瓣环侧最薄。

经右侧胸骨旁长轴四腔切面获取二尖瓣运动图像时，M 型取样线需放于两个瓣尖水平（图 2.71A 中的 c 线）。图 2.73 为获取的二尖瓣运动轨迹图像，图中舒张早期二尖瓣打开最大的点称为 E 点，舒张早期闭合的最低点称为 F 点。这两点形成 E–F 斜率，表示舒张早期血液自左心房流向左心室时二尖瓣闭合归位的速度。可反映舒张功能及二尖瓣狭窄情况。室间隔和二尖瓣 E 点之间的距离称为 E 点至室间隔距离（E–point–septal separation，EPSS），常用来衡量心肌收缩功能。心房收缩将心房内血液经二尖瓣挤压至左心室，二尖瓣再次打开称为 A 波。当心房开始舒张时，二尖瓣再次关闭。心室开始收缩后二尖瓣关闭，称为 C 点。因此，舒张期二尖瓣前叶（室间隔侧瓣叶）的运动轨迹图像类似于字母“M”，而后叶（游离壁侧瓣叶）的运动轨迹图像类似于字母“W”。图 2.74 显示了二尖瓣 M 型超声图像。

在右侧胸骨旁长轴五腔切面，可以看到主动脉瓣、主动脉根部和升主动脉，在主动脉瓣处放置 M 型取样线（图 2.71B 中的 e 线），可获得主动脉的运动轨迹图（图 2.75）。图 2.75 中，心室收缩期主动脉瓣打开，形成一个六边形；心室舒张期主动脉瓣关闭，形成一条实线。

两个主动脉壁彼此平行移动，收缩期朝向探头移动，舒张期远离探头。左心房位于主动脉后壁远场。在犬猫中，取样线的位置和心脏的旋转使 M 型取样线横切左心耳，而不是左心房正中。在此切面可以测量左心房（实际上是左心耳）及主动脉收缩和舒张直径、主动脉瓣收缩位移、左心室射血时间（ventricular ejection time，LVET），LVET 代表了主动脉瓣打开的时间，射血前期（pre-ejection period，PEP）代表了等容收缩期，自 QRS 波群起始处开始测量至主动脉瓣打开。还可计算左心房（左心耳）与主动脉的比值。图 2.76 显示了上述收缩期和舒张期主动脉的测量。

专栏 2.7 中总结了兽医中常用的四种 M 型超声测量，均可从右侧胸骨旁长轴或短轴切面获得（图 2.77）。在以上切面获取的 M 型超声图像，每个切面的测量值可能会有差异。因此，同一只动物进行多次检查时，应保持每次获取 M 型超声图像的切面一致，以便对不同时间的检查结果进行比较。某些 M 型超声图像在特定切面更容易获取，且重复性良好，例如，

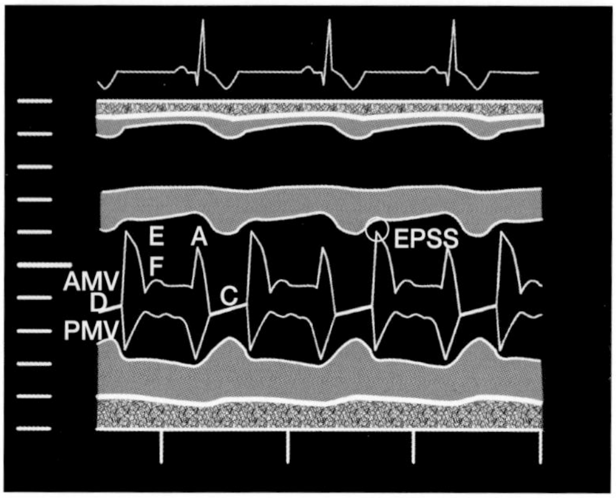

图 2.73　经心室一维描记

D：舒张期二尖瓣开始打开；E：二尖瓣早期打开，对应左心室被动充盈；F：二尖瓣尖的舒张期波动；A：二尖瓣晚期打开，对应左心房收缩期；C：心室收缩期二尖瓣关闭。AMV：二尖瓣前叶；PMV：二尖瓣后叶。

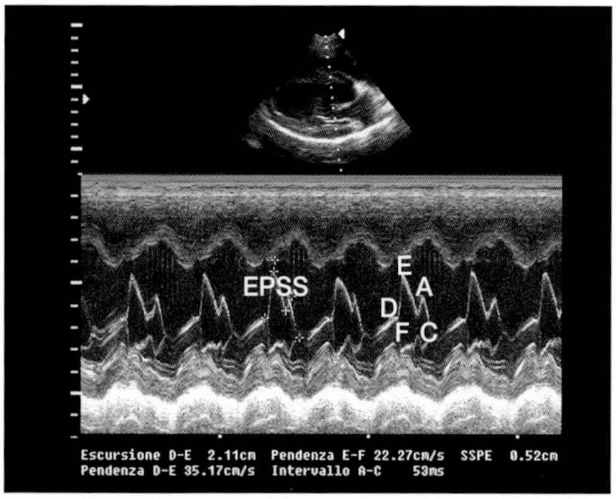

图 2.74　经二尖瓣一维描记

图下方是评估二尖瓣运动功能的数据。D–E：二尖瓣位移，单位为 mm 或 cm；E–F 斜率，单位为 cm/s；EPSS：E 点至室间隔距离，单位为 mm 或 cm；D–E 斜率，单位为 cm/s；A–C 区间，单位为 ms。

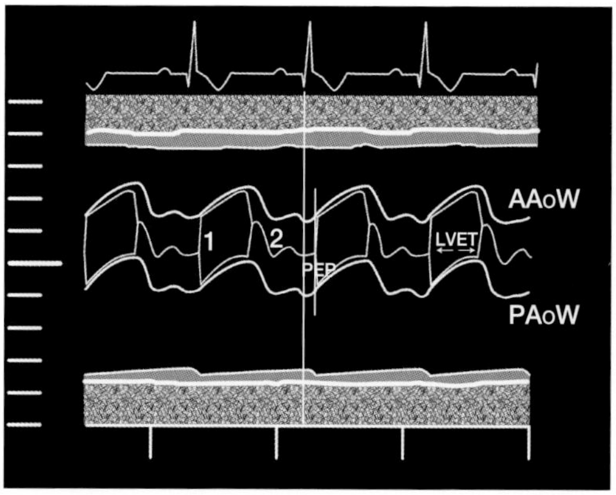

图 2.75　经主动脉一维描记

1. 收缩期主动脉瓣打开；2. 舒张期主动脉瓣关闭；QRS 波群起点处纵线代表心室收缩期开始，第二条纵线代表心室射血期开始。两条线之间的区域代表射血前期（PEP）。主动脉瓣打开和关闭之间的时间代表左心室射血时间（LVET）。

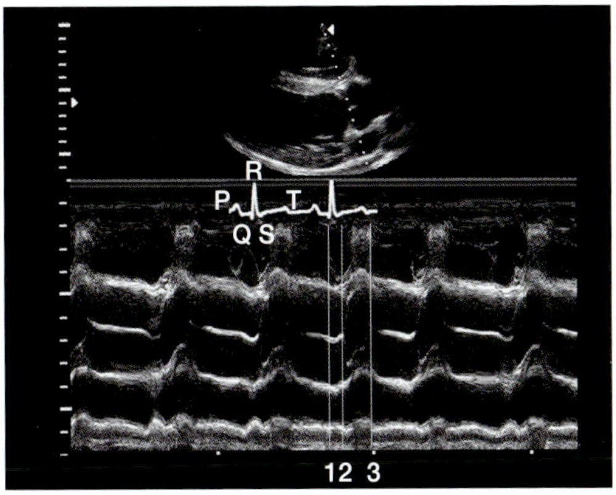

图 2.76 经主动脉一维描记，含心电图
1. 心室收缩期开始；2. 射血期开始；3. 射血期结束。

在长轴切面中更容易获取经二尖瓣 M 型超声图像。经验丰富的超声医师在任一切面都可保持测量结果一致。

表 2.3 ~ 表 2.5 总结了不同来源的 M 型超声测量参考范围。目前，许多兽医心脏病学专家，包括本书的作者都倾向于使用 Cornell 等人 2004 年出版的犬参考范围（表 2.6）。LA/Ao 有许多参考范围，具体取决于测量方法（图 2.79）。因此，超声医师应说明 LA/Ao 的测量方法。最常使用的测量方法是 Rishniw 和 Erb，Hansson 及其同事 MacLean 和 Abbott 的方法。

超声心动图测量和心功能指标

基于二维超声图像和 M 型超声图像的测量结果可以计算心脏功能的许多指标，主要是左心室功能。有些指标反映了左心室收缩功能，即左心室收缩时排出血液的能力，有些指标反映了左心室舒张功能，即左心室舒张时吸纳血液进入心室的能力。许多疾病会导致心脏的收缩和/或

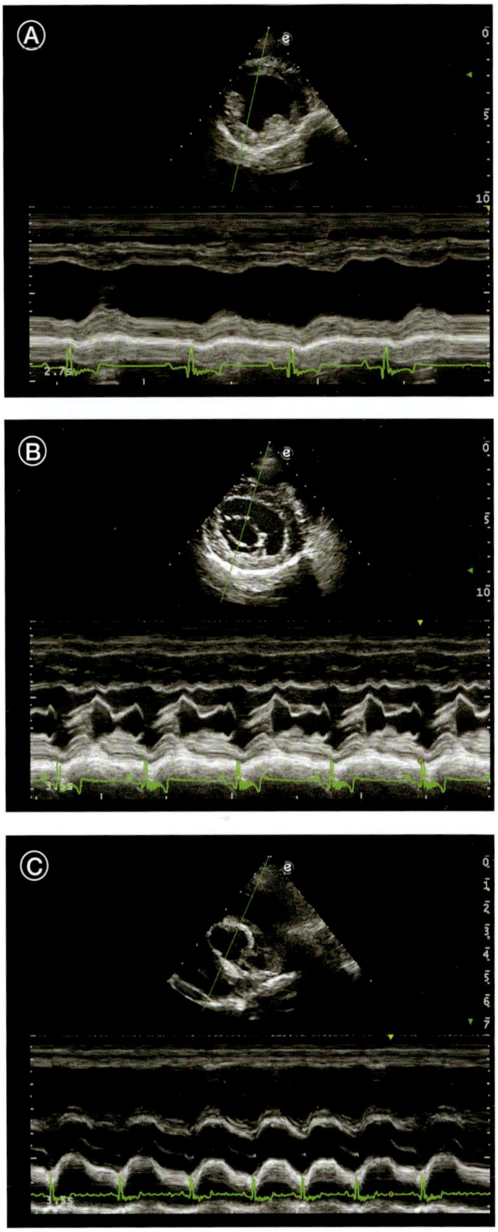

图 2.77 右侧胸骨旁短轴切面的二维超声图像，M 型取样线（绿色线）放置在左心室（A）、二尖瓣（B）、主动脉瓣（C）。下方为 M 型超声图像

舒张功能下降，继而导致心室舒张期容积（前负荷）或心输出量的变化，与其他复杂变量共同影响后负荷。

专栏 2.7　兽医中常用的四种 M 型测量

经心室切面。取样线应置于乳头肌前缘的腱索水平，垂直于室间隔与左心室游离壁相交。

可获取以下收缩期和舒张期测量值：

- 收缩期 / 舒张期右心室内径（RVDs/d）
- 收缩期 / 舒张期室间隔厚度（IVSs/d）
- 收缩期 / 舒张期左心室内径（LVDs/d）
- 收缩期 / 舒张期左心室游离壁厚度（LVWs/d）

具体疾病的超声心动图检查结果将在后续章节中详细介绍。扩张型心肌病的动物，LVDs/d 增大，有时 RVDs/d 也增大，IVSs/d 和 LVWs/d 通常正常或减小。而向心性肥厚或肥厚型心肌病的动物，LVDs/d 通常减小，同时 IVSs/d 和 LVWs/d 增加（图 2.72C）。

经二尖瓣切面。取样线放于二尖瓣瓣尖。典型的 M 型图像，二尖瓣前叶（室间隔侧瓣叶）的舒张运动轨迹图像类似字母“M”，而后叶（游离壁侧瓣叶）的舒张运动轨迹图像类似字母“W”。

在该切面可以测量 E 点至室间隔距离（EPSS）、E–F 斜率，A 波代表心房收缩。

图 2.78 为正常和异常二尖瓣的 M 型超声图像。

经主动脉切面。取样线更接近头背侧，可看到更多其他结构：

- 主动脉根部前壁
- 主动脉瓣水平的主动脉基部，在收缩期形成一个长六边形
- 主动脉根部后壁
- 左心房 / 左心耳

此切面可测量主动脉根部直径（Ao），与左心房 / 左心耳直径（LA/LAu）进行比较，测量左心室射血时间。

取样线通常横切犬猫的左心耳，而不是位于左心房正中（与人不同），因此在右侧胸骨旁短轴或长轴切面的二维超声图像中可以获得更准确的 LA/Ao（图 2.79）。M 型超声图像显示的主动脉瓣的一些改变提示主动脉瓣的病变。图 2.80 显示了正常和异常主动脉瓣的 M 超声图像。

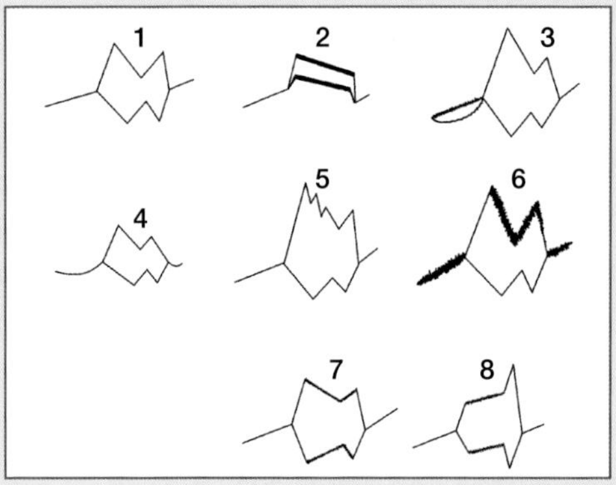

图 2.78　不同二尖瓣病变的 M 型超声示意图

1. 正常；2. 二尖瓣狭窄；3. 二尖瓣关闭不全；4. 左心室扩张的疾病；5. 二尖瓣前叶舒张期扑动；6. 慢性二尖瓣疾病；7. 慢性主动脉瓣关闭不全；8. 严重主动脉瓣关闭不全或左心室舒张功能障碍。

肺静脉 / 肺动脉（RPV/RPA）切面。在长轴切面中，超声束超出左心房基部，可见肺静脉口，在短轴切面中，其横切右肺动脉最大直径处。比值随相应结构的扩张而变化，例如，肺静脉充血导致静脉直径增加，PV/PA 大于 1（犬），严重肺动脉高压导致肺动脉直径增加

专栏 2.7（续）

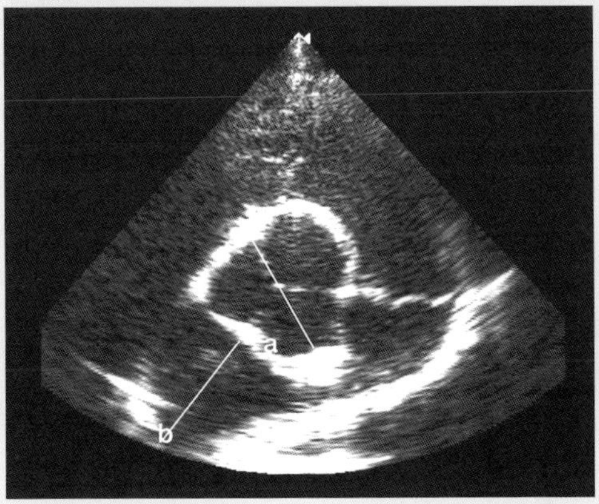

图 2.79　心基部水平右侧胸骨旁短轴切面的二维超声图像，优化后可测量左心房（b）与主动脉瓣环直径（a）的比值（LA/Ao）

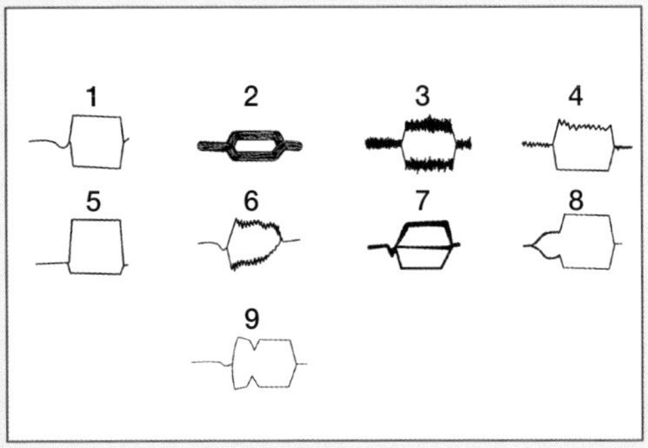

图 2.80　不同主动脉瓣病变的 M 型超声示意图

1. 正常；2. 主动脉瓣狭窄；3. 主动脉瓣心内膜炎；4. 收缩期瓣膜扑动；5. 双瓣主动脉瓣；6. 心输出量减少；7. 主动脉瓣纤维化；8. 严重主动脉瓣关闭不全；9. 肥厚型心肌病病例收缩中期主动脉瓣关闭。

（肺静脉直径减小），PV/PA 小于 1。该指数可通过心基部右侧胸骨旁长轴切面或短轴切面的 M 型超声图像或二维超声图像测量（图 2.81）。

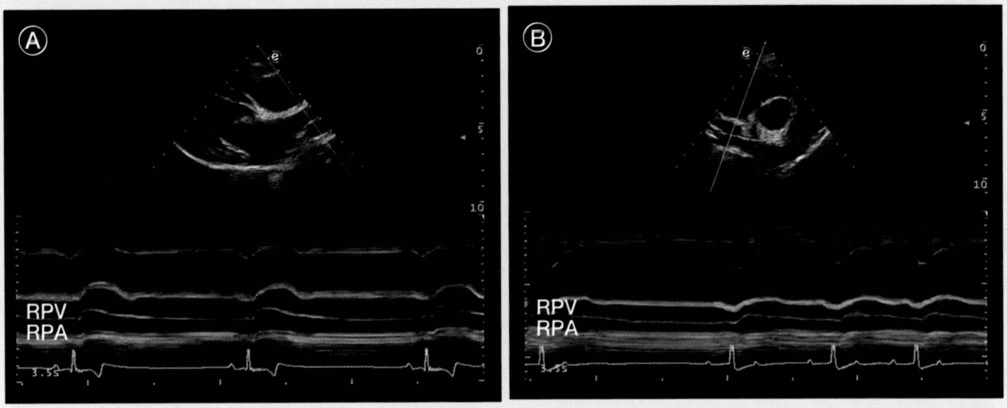

图 2.81　心基部水平的右侧胸骨旁长轴四腔切面获得的超声心动图描记图。通过该切面获得图像（A）及心基部水平右侧胸骨旁短轴切面图像（B）查看左心房基部。图中绿色线为叠加在二维图像上的 M 型取样线，由此获取右肺静脉（RPV）及右肺动脉（RPA）的直径。经 M 型描记图像显示了不同心动周期中两个结构的直径变化

表 2.3　不同动物的 M 型超声参考范围

	猫	犬 4.5 kg	犬 9 kg	犬 13.5 kg	犬 18 kg	犬 27 kg	犬 ≥ 34 kg	马
Ao/LA 二维	1.5 ~ 1.7	1.5 ~ 1.7	1.5 ~ 1.7	1.5 ~ 1.7	1.5 ~ 1.7	1.5 ~ 1.7	1.5 ~ 1.7	—
EPSS	3	3	3 ~ 5	3 ~ 6	3 ~ 9	3 ~ 9	3 ~ 9	—
RVDd	—	—	—	—	—	—	—	32 ~ 52
IVSd	2.5 ~ 5	4.8 ~ 8	5.7 ~ 8.1	6.5 ~ 8.3	7.2 ~ 8.6	7.8 ~ 10.2	8 ~ 11.6	19 ~ 43
LVDd	11 ~ 16	23.5 ~ 33.5	28.5 ~ 35.5	33 ~ 38.5	36.5 ~ 41	43 ~ 50.5	46.5 ~ 58	80 ~ 130
LVWd	2.5 ~ 5	3.8 ~ 7.1	4.8 ~ 7.2	5.7 ~ 7.3	6.2 ~ 7.7	6.9 ~ 9.2	7 ~ 10.8	20 ~ 40
IVSs	5 ~ 9	7.7 ~ 12.4	8.9 ~ 12.5	10 ~ 12.6	10.9 ~ 13	11.5 ~ 15.1	11.6 ~ 17.2	35 ~ 62
LVDs	6 ~ 10	12.5 ~ 21	16.5 ~ 23	20.5 ~ 25	24 ~ 28	29 ~ 36	32 ~ 42	43 ~ 79
LVWs	4 ~ 9	5.5 ~ 10.5	7 ~ 10.8	8.3 ~ 11	9.3 ~ 11.5	10.5 ~ 14	11 ~ 16.5	32 ~ 56
EF (%)	60 ~ 80	60 ~ 80	60 ~ 80	60 ~ 80	60 ~ 80	60 ~ 80	60 ~ 80	—
FS (%)	29 ~ 55	33 ~ 38	33 ~ 38	33 ~ 38	33 ~ 38	33 ~ 38	33 ~ 38	32 ~ 55

注：EPSS，E点至室间隔距离；RVDd，舒张期右心室内径；IVSd，舒张期室间隔厚度；LVDd，舒张期左心室内径；LVWd，舒张期左心室壁厚度；IVSs，收缩期室间隔厚度；LVDs，收缩期左心室内径；LVWs，收缩期左心室壁厚度；EF，射血分数；FS，缩短分数。

表 2.4　不同犬种的 M 型超声参考范围

品种	体重 （kg）	LVDd （mm）	LVDs （mm）	LVWd （mm）	LVWs （mm）	IVSd （mm）	IVSs （mm）	FS （%）
贵宾犬	3	16 ~ 28	8 ~ 16	4 ~ 6	6 ~ 10	—	—	47
比格犬	8.9 ± 1.5	19.5 ~ 33.1	8.9 ~ 22.5	4.4 ~ 12	7.6 ~ 15.2	4.5 ~ 8.9	6.6 ~ 12.6	40
西高地白㹴	10.3 ± 0.9	17.4 ~ 40.2	12.6 ~ 27.4	4 ~ 8.8	7.2 ~ 12.4	4.1 ~ 9.7	5.2 ~ 15.2	35
英国可卡犬	12.2 ± 2.25	27.2 ~ 40.4	16.6 ~ 27.8	5.7 ~ 10.1	—	—	—	34.3
柯基	8 ~ 19	28 ~ 40	12 ~ 23	6 ~ 10	8 ~ 13	—	—	44
波音达猎犬	19.2 ± 2.8	34.4 ~ 44	20.5 ~ 30.1	5.7 ~ 8.5	8.9 ~ 14.1	4.7 ~ 9.1	8.6 ~ 12.6	35.5
阿富汗猎犬	17 ~ 36	33 ~ 52	20 ~ 37	7 ~ 11	9 ~ 18	—	—	33
灰猎犬*	26.6 ± 3.5	28.1 ~ 50.14	25.5 ~ 39.5	8.7 ~ 15.5	10.9 ~ 19.7	7.2 ~ 14	8.2 ~ 18.6	25.3
灰猎犬*	29.1 ± 3.7	40.7 ~ 53.1	28.1 ~ 38.5	8.2 ~ 15	—	10 ~ 16.8	—	28.8
拳师犬	28 ± 7.1	30 ~ 50	26.8	6 ~ 14	11 ~ 19	5 ~ 13	9 ~ 17	33
金毛寻回猎犬	23 ~ 41	37 ~ 51	1.8 ~ 3.5	8 ~ 12	10 ~ 19	—	—	39
杜宾*	—	34.7 ~ 45.5	25.9 ~ 36.9	5.6 ~ 10.4	8.3 ~ 14.1	—	—	21.7
杜宾*	36	38.5 ~ 55.1	24.2 ~ 37.4	8.4 ~ 10.8	14.1	8.4 ~ 10.8	13 ~ 15.6	34.2
西班牙獒	52.4 ± 3.3	44.9 ~ 50.5	26.8 ~ 31.2	8.9 ~ 10.5	14.4 ~ 16	9 ~ 10.6	14.6 ~ 16.6	39.2
纽芬兰犬	47 ~ 69.5	44 ~ 60	29 ~ 44	8 ~ 13	11 ~ 16	7 ~ 15	11 ~ 20	30
大丹犬	52 ~ 75	44 ~ 59	34 ~ 45	10 ~ 16	11 ~ 19	12 ~ 16	14 ~ 19	25
爱尔兰猎狼犬	50 ~ 80	46 ~ 59	33 ~ 45	9 ~ 13	11 ~ 17	9 ~ 14.5	11 ~ 17	28

*数据来自 2 项研究。

表 2.5　猫的 M 型超声参考范围

单位：mm

LVDd	LVDs	LVWd	LVWs	IVSd	IVSs	LA M 型	Ao
12 ~ 18	5 ~ 10	≤ 5	≤ 9	≤ 5	≤ 9	8 ~ 13	8 ~ 11

表 2.6　犬的 M 型超声参考范围

体重（kg）	LVDd（cm）	LVDs（cm）	LVWd（cm）	LVWs（cm）	IVSd（cm）	IVSs（cm）	Ao（cm）	LA（cm）
3	2.1	1.3	0.5	0.8	0.5	0.8	1.1	1.1
	1.8 ~ 2.6	1.0 ~ 1.8	0.4 ~ 0.8	0.6 ~ 1.1	0.4 ~ 0.8	0.6 ~ 1.0	0.9 ~ 1.4	0.9 ~ 1.4
4	2.3	1.5	0.6	0.9	0.6	0.8	1.3	1.2
	1.9 ~ 2.8	1.1 ~ 1.9	0.4 ~ 0.8	0.7 ~ 1.2	0.4 ~ 0.8	0.6 ~ 1.1	1.0 ~ 1.5	1.0 ~ 1.6
6	2.6	1.7	0.6	1.0	0.6	0.9	1.4	1.4
	2.2 ~ 3.1	1.2 ~ 2.2	0.4 ~ 0.9	0.7 ~ 1.3	0.4 ~ 0.9	0.7 ~ 1.2	1.2 ~ 1.8	1.1 ~ 1.8
9	2.9	1.9	0.7	1.0	0.7	1.0	1.7	1.6
	2.4 ~ 3.4	1.4 ~ 2.5	0.5 ~ 1.0	0.8 ~ 1.4	0.5 ~ 1.0	0.7 ~ 1.3	1.3 ~ 2.0	1.3 ~ 2.1
11	3.1	2.0	0.7	1.1	0.7	1.0	1.8	1.7
	2.6 ~ 3.7	1.5 ~ 2.7	0.5 ~ 1.0	0.8 ~ 1.5	0.5 ~ 1.1	0.8 ~ 1.4	1.4 ~ 2.2	1.3 ~ 2.2
15	3.4	2.2	0.8	1.2	0.8	1.1	2.0	1.9
	2.8 ~ 4.1	1.7 ~ 3.0	0.5 ~ 1.1	0.9 ~ 1.6	0.6 ~ 1.1	0.8 ~ 1.5	1.6 ~ 2.4	1.6 ~ 2.5
20	3.7	2.4	0.8	1.2	0.8	1.2	2.2	2.1
	3.1 ~ 4.5	1.8 ~ 3.2	0.6 ~ 1.2	0.9 ~ 1.7	0.6 ~ 1.2	0.9 ~ 1.6	1.7 ~ 2.7	1.7 ~ 2.7
25	3.9	2.6	0.9	1.3	0.9	1.3	2.3	2.3
	3.3 ~ 4.8	2.0 ~ 3.5	0.6 ~ 1.3	1.0 ~ 1.8	0.6 ~ 1.3	0.9 ~ 1.7	1.9 ~ 2.9	1.8 ~ 2.9
30	4.2	2.8	0.9	1.4	0.9	1.3	2.5	2.5
	3.5 ~ 5.0	2.1 ~ 3.7	0.6 ~ 1.3	1.0 ~ 1.9	0.7 ~ 1.3	1.0 ~ 1.8	2.0 ~ 3.1	1.9 ~ 3.1
35	4.4	2.9	1.0	1.4	1.0	1.4	2.6	2.6
	3.6 ~ 5.3	2.2 ~ 3.9	0.7 ~ 1.4	1.1 ~ 1.9	0.7 ~ 1.4	1.0 ~ 1.9	2.1 ~ 3.2	2.0 ~ 3.3
40	4.5	3.0	1.0	1.5	1.0	1.4	2.7	2.7
	3.8 ~ 5.5	2.3 ~ 4.0	0.7 ~ 1.4	1.1 ~ 2.0	0.7 ~ 1.4	1.0 ~ 1.9	2.2 ~ 3.4	2.1 ~ 3.5
50	4.8	3.3	1.0	1.5	1.1	1.5	3.0	2.9
	4.0 ~ 5.8	2.4 ~ 4.3	0.7 ~ 1.5	1.1 ~ 2.1	0.7 ~ 1.5	1.1 ~ 2.0	2.4 ~ 3.6	2.3 ~ 3.7
60	5.1	3.5	1.1	1.6	1.1	1.5	3.2	3.1
	4.2 ~ 6.2	2.6 ~ 4.6	0.7 ~ 1.6	1.2 ~ 2.2	0.8 ~ 1.6	1.1 ~ 2.1	2.5 ~ 3.9	2.4 ~ 4.0
70	5.3	3.6	1.1	1.6	1.1	1.6	3.3	3.3
	4.4 ~ 6.5	2.7 ~ 4.8	0.8 ~ 1.6	1.2 ~ 2.2	0.8 ~ 1.6	1.2 ~ 2.2	2.7 ~ 4.1	2.6 ~ 4.2

注：1. 改良自 Cornell 等人。
2. 上述参考值为 95% 置信区间的平均值及参考范围。

本小节讲述了经二维超声图像和 M 型超声图像评估左心室收缩功能与部分舒张功能，及其相应参考范围。此外，还可以计算左心室的质量和左心房的大小。

多普勒超声通常用于评估左心室舒张功能，将在后续章节中讨论。

可以通过三尖瓣瓣环收缩期径向位移（tricuspid annular plane systolic excursion，TAPSE）评估右心室的收缩功能。该指标通过测量右心室纵向的收缩反映右心室收缩功能。在 M 型超声下进行测量，将取样线穿过右心室游离壁侧三尖瓣瓣环，取样线尽量平行于右心室游离壁长轴（图 2.82）。TAPSE 与体重的关系曲线符合异速生长律，不同体重有相应正常参考范围。有人建议将 TAPSE 与主动脉直径进行比较，健康动物 TAPSE/Ao 的参考范围为 > 0.65。

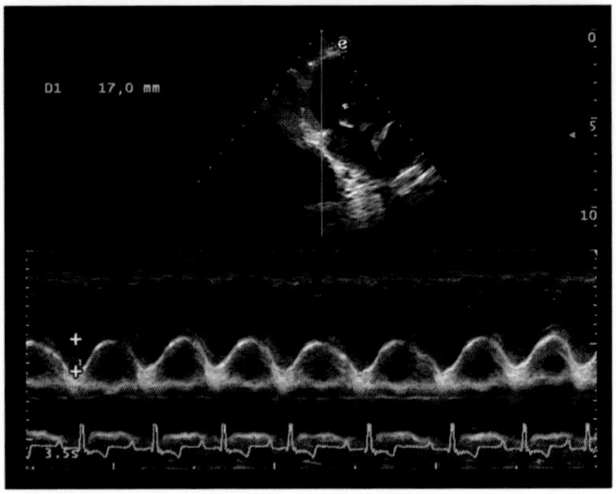

图 2.82　三尖瓣环收缩期径向位移测量，M 型取样线放置在三尖瓣外环，与右心室游离壁尽可能平行。在 M 型超声图像中，最大收缩期位移是从舒张末期点到最大收缩点测量的，如电子光标所示。图片中的犬体重为 18 kg，TAPSE 值为 17 mm，与主动脉瓣直径（18 mm）相比，TAPSE ： Ao=0.94

左心室功能的评估

整个心动周期的二维超声心动图中都可准确区分心肌、心内膜、心外膜及其与腔室的边界，因此可以通过二维超声心动图采集左心室的图像，进行定量分析，用于评估犬、猫和马的左心室功能。

经二维超声心动图可评估收缩期容积、舒张期容积、射血分数、心输出量和心肌质量。心脏容积和质量是通过二维超声心动图的几何模型估算而得的。这些几何模型大多已在人类医学得到验证，但未在动物上进行验证。其用于评估正常心脏容积时较为准确，但病理情况下准确性有限，因为疾病通常会改变心室的几何形状。

无论选择哪种几何模型来计算心脏容积，都无法精确定量。另一方面，精确定量也不是临床关注的主要目标。相比绝对值的准确度，临床医生通常要确定的是该动物的心脏容积与之前检查结果的差异或与参考范围的差异。当使用计算百分比差异的公式进行计算时，这些绝对值的误差便会抵消。

目前，所有超声仪都配有通过二维图像评估左心室功能的软件。所有方法都假定左心室的二维长轴界面为椭圆形，以此假定几何图像为基础使用计算公式，将左心室等同于椭球形的三维图像，并通过测量左心室的横切面积和长轴大小进行微积分，然后代入椭球体变化的公式。椭球是一个几何图形，其中横切面为圆形，纵向切面为椭圆形，横切面的最大直径等于纵轴最大尺寸的一半（图 2.83）。椭球体的容积是通过测量横切面周长和长轴尺寸来计算的，或者简单地测量短轴尺寸来估算横切面面积和长轴尺寸（实际上与 M 型超声容积估算中的计算结果相同）。如果所有尺寸都是测量的（即横切面积和长轴尺寸），则二维超声比 M 型的容积估计更准确。

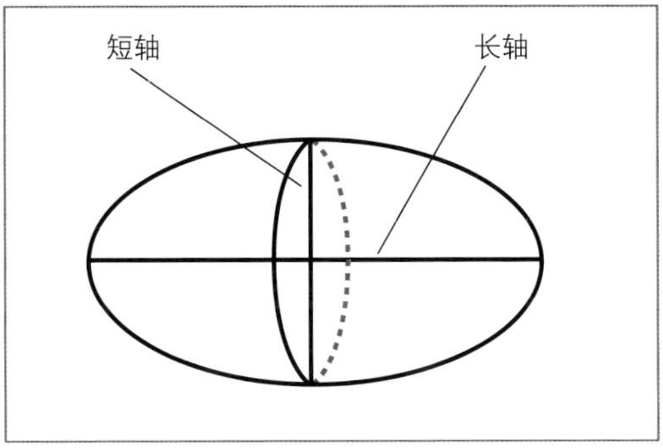

图 2.83　椭球几何形状示意图

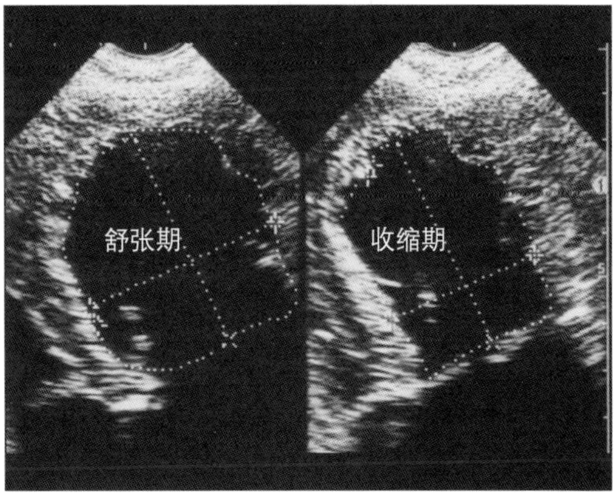

图 2.84　根据椭球公式，通过计算收缩末期和舒张末期的心室容积来评估左心室功能

然而，由于获得短轴和长轴的标准图像需要大量时间，从临床诊断角度来看，容积测量的实用性不明确，以及关于哪些几何模型可以最准确计算容积的争议，使得这些测量在兽医成像中的利用率相对较低。图 2.84 显示了左侧心尖四腔切面的收缩期和舒张期超声图像。由此切面可以同时获得心脏短轴尺寸和长轴尺寸，以估算收缩期和舒张期容积，从而估算射血分数。

以这种方式获得的测量值可用于估算以下指标（假设心率已知）：

- 舒张期容积（mL）。
- 收缩期容积（mL）。
- 每搏输出量（mL）。
- 射血分数（%）。
- 心输出量（L/min）。

单平面方法使用以下几何算法来估计椭球体的容积：

舒张期容积（mL）=（$8\times LVAd^2$）/（$3\times \pi \times LVLd$）

收缩期容积（mL）=（$8\times LVAs^2$）/($3\times \pi \times LVLs$)

计算出的容积可用于估算以下指标：

射血分数（%）=（舒张期容积－收缩期容积）/ 舒张期容积 ×100%

每搏输出量（mL）= 舒张期容积－收缩期容积

心输出量（L/min）= 每搏输出量 × 心率

还有用于估算容积的其他公式方法。例如，圆盘法（改良的辛普森法），该方法需从右侧胸骨旁长轴四腔切面或心尖四腔切面描记收缩期和舒张期心室腔的轨迹，假定沿着心室长轴的每个点对应的横截面都是球形，然后将这些具有可测量厚度的圆相加，估算容积。图 2.85 为使用圆盘法计算的示意图。辛普森法目前是二维方法中估算左心室容积的最准确方法。

估算容积的方法也可用于评估心肌质量，但这些计算方法很少用于临床。

除了获取评估左心室结构和功能的指标数据，评估心室壁和室间隔的收缩、舒张运动也很重要，可以在二维超声图像中查看心肌的运动并进行评估。因此，可以评估心肌收缩性有无异常，包括心肌整体

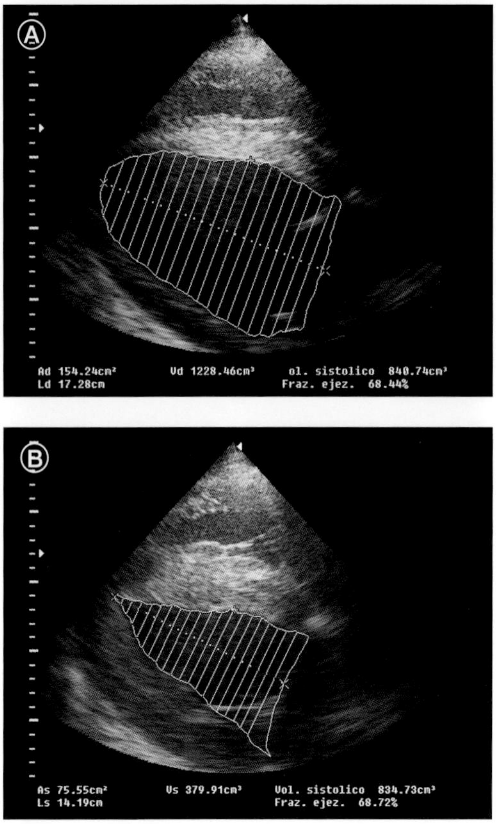

图 2.85　根据改良的单平面辛普森法计算左心室舒张末期（A）容积和收缩末期（B）容积，以评估左心室功能

和局部的收缩过度或下降。

前面重点介绍了二维超声心动图在评估心脏功能方面的应用，M 型超声也可以提供关于整体心脏功能的有价值信息。前面描述的各种测量可从三个标准的一维图像中获得，用于评估心脏功能的具体测量值，如缩短分数、E 点至室间隔距离和收缩时间间期。

左心室缩短分数用于估计整体收缩功能。采用以下公式估算缩短分数：

FS（%）=（LVIDd － LVIDs）/ LVIDd×100%

该值以百分比呈现，正常值介于 30% ~ 40%，因年龄、品种和体重而异。然而必须始终记住，缩短分数并不是心室收缩功能的直接测量，因为它取决于前负荷、后负荷和收缩力。缩短分数实际上是单一化的，忽略了绝对测量值。这可能导致缺乏经验的超声医师误判心脏收缩功能。

一个可能有助于理解缩短分数的例子是代偿性二尖瓣关闭不全中缩短分数的变化。由于后负荷减少，小型动物的缩短分数增加，这是因为存在两条“路径”（从主动脉流出和返回到左心房）促进左心室射血，而左心房呈现低射血“阻力”，因此数值呈现的不是收缩力增加，而是后负荷减少。在较大型动物中，瓣膜病变引起的慢性容量过载（前负荷增加）会导致心肌衰竭，再加上后负荷减少，缩短分数在正常范围内。出于这些原因，缩短分数应始终与绝对收缩期或舒张期测量值一起评估。

专栏 2.8 概述了其他 M 型超声测量数据。这些数据通常与体重无关。许多指标（LA/Ao 和 E-F 除外）在实际超声心动图中未得到充分利用，原因有多种，包括与特定疾病的相关性不明确，或可重复性差，或非常依赖于操作者，或从二维超声图像中可以更容易获得更可靠的数据。

收缩时间间期（STI）在评估收缩功能方面具有临床意义。这些指标包括左心室射血时间（LVET）、射血前期（PEP）、瓣环径向缩短速度（Vcf）和 LVET/PEP 比值。

这些指标不能直接评估心肌收缩力，

专栏 2.8 其他 M 型超声测量数据

LA/Ao（正常 M 型超声值：0.8 ~ 1.2）

LA/Ao 增加提示左心房增大。而小型动物使用 M 型超声测量时，测量的是左心耳与主动脉的比值，而不是左心房正中，因此当心房增大而心耳未增大时比值会显示正常。

RVDd/LVDd（通常舒张期右心室内径约为舒张期左心室内径的 1/3）

此比例随两个心室的变化而变化。但两侧心室也可能等比例变化。此比例使用较少。

室间隔收缩期增厚的百分比

IVS（%）=（IVSs − IVSd）/IVSd

（正常值约为 40%）

M 型取样线所取的心肌节段的收缩力越小，心室壁的厚度越小。

左心室游离壁收缩期增厚的百分比

LVW（%）=（LVWs − LVWd）/LVWd

（正常值约为 40%）

室间隔和游离壁厚度受 M 型取样线所取的心肌节段的收缩力影响。

射血分数

EF=（LVVol.d − LVVol.s）/LVVol.d

（正常值约为 60%）

M 型超声计算的心室容积（Vol）使用的是不准确的 teicholz 公式。

$$Vol=7\times LVD^3/(2.4+LVD)$$

其中 2.4 为校正因子，左心室内径以厘米为单位。

这个公式假定左心室是椭圆形，长轴是短轴的 2 倍。从单一测量中构建复杂模型，对小动物和人的心室容积的评估都不准确。

而是评估收缩功能。这些计算比缩短分数更难获得，如 PEP（LVET/PEP）需要 M 型超声与心电图同步。所以许多超声医师忽略了 STI 的评估，尽管它们可能比缩短分数更好地评估收缩功能。而 STI 也会受到前负荷、后负荷和心率的影响（即“依赖于负荷”），因此在许多情况下，其价值有限。

PEP 对应等容收缩期，代表二尖瓣关闭和主动脉瓣打开之间的时间。在这段时间里，心室射血前压力会发生变化。在收缩功能衰竭时，心室压力变化减慢，PEP 延长。而患二尖瓣关闭不全的动物，由于心室内血流会反流至左心房使心室容积减小，因此 PEP 不能准确地表示等容收缩（因为没有等容收缩）。

瓣环径向缩短速度的评估与缩短分数相似，LVDd 乘以 LVET，线性度量单位为 cm，时间单位为 s：

$$Vcf=(LVDd-LVDs)/(LVDd\times LVET)$$

STI 受心率影响很大。须记住，DCM 的特征是收缩力降低和前负荷增加，Vcf 和 LVET 都降低，而 PEP 和 PEP/LVET 都增加。在二尖瓣关闭不全时，Vcf 正常，LVET 缩短，PEP 和 PEP/LVET 均增加。主动脉瓣狭窄导致后负荷增加，LVET 延长，PEP/LVET 降低。

左心室壁局部运动改变的半定量评估

此项评估在人类医学中特别重要，因为人的缺血性心肌病很常见。而动物的缺血性心肌病罕见，所以直到最近才引入组织多普勒超声成像（tissue doppler imaging, TDI）来评估局部心肌运动。TDI 和下面描述的方法原理相似。猫可能存在缺血性损伤，可能从这种局部心肌运动分析中受益。评估局部心肌运动对大部分动物的实际意义尚不明确，但本节简要介绍了一种相对简单的二维超声心动图分析方法，该方法已用于人类心脏病评估。

对于左心室局部心肌动力学的可视化半定量评估，首先在左侧心尖四腔切面和二腔切面进行，其次在右侧胸骨旁左心室流出道切面进行。在每个切面中，左心室心肌被分为 6 个节段（图 2.86）。最后在右侧胸骨旁短轴二尖瓣和乳头肌切面，心肌被分为 5 个节段（图 2.87）。因此在检查过程中共记录了 28 个不同的心肌节段。然后对它们进行单独检查并评分：正常收缩 =1 分；低动力性 =2 分；无动力性 = 3 分；反向运动 =4 分；未评估 =0 分。

还可将在左侧心尖四腔切面和二腔切面中评估的所有心肌节段的评分相加，除以评估的节段数量来计算收缩指数。最好的情况是评估左侧心尖四腔切面和二腔切面的所有 12 个节段，每个评分为 1 分，那收缩指数等于 1。人的收缩指数（IC）用于分析心肌梗死继发猝死的风险。IC>2 的患者晚期心肌梗死后的第一年内的死亡风险，与 IC 为 1.1 ~ 1.49 的患者和 1.5 ~ 1.99 的患者相比分别增加了 10 倍和 3 倍。

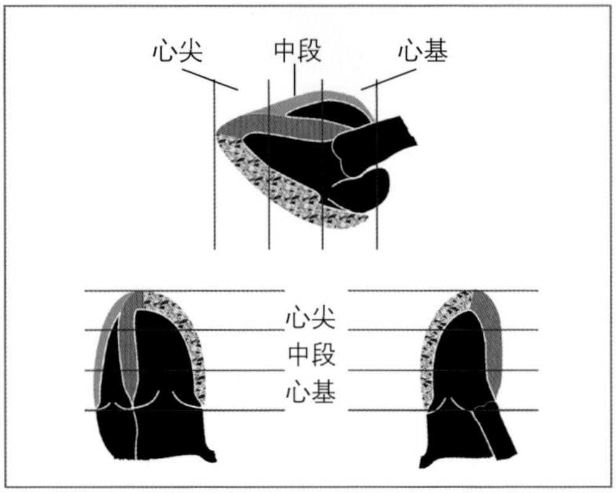

图 2.86　在长轴切面将左心室分隔成几个部分，半定量评估心室壁运动改变［译者注：原文为 distale（远端），但此处按照心肌阶段划分，应为中段］

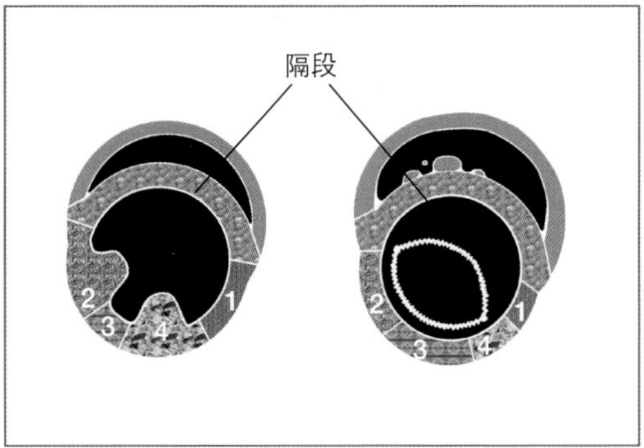

图 2.87　在短轴切面将左心室分隔成几个部分，半定量评估心室壁运动改变

1. 前段；2. 中段；3. 后段；4. 外段。

目前，兽医尚未在小动物身上验证这种方法，是否需要进行此种评估有待确定。这种方法可能有助于评估赛马的心脏功能。

斑点追踪超声心动图

斑点追踪超声心动图是一种新的非侵入性方法，可以评估局部和整体心肌功能。超声和心肌之间的相互作用产生声点 / 斑点，可以通过软件在心动周期中追踪这些点。从这些点的绝对和相对位移（从探头和这些点之间），以及这些点彼此远离或接近的速度，可以确定特定切面下心肌的变形和变形速度。“应变”是指收缩或舒张期间心肌的相对变形，以百分比（%）表示。“应变率”表示该变形发生的速率（1/s）。

对于应变和应变率的研究，斑点追踪超声心动图比组织多普勒超声成像更准确，因为其独立入射角的优点。该方法也不受心脏整体运动（平移）和连续节段的拖动（束缚）的影响。斑点追踪超声心动图的局限性是需要高质量的二维超声图像、高帧率和超声仪上的相应软件。

在心动周期期间对心肌斑点运动的分析可以重建心肌在不同方向上的空间变形，包括左心室的纵向形变（收缩期缩短和舒张期延长）、径向形变（收缩期增厚）和其他形变（收缩期缩短与舒张期延长），还可评估收缩期时心尖的逆时针旋转（扭转）和心基的顺时针旋转。在舒张期，可以观察到相反的旋转变形。

纵向应变和应变率的测量使用左侧心尖切面（四腔、三腔和二腔）。径向、环向和旋转应变和应变率的测量使用右侧胸骨旁短轴切面，在乳头肌和心尖处评估。采集图像后，超声医师划定心内膜和心外膜边界，软件即可识别目标区域，并自动识别斑点。一些软件可将单个点选作目标区域，并评估其在不同心动周期中的空间变化，作为心肌局部变形的代表（矢量速度成像）。软件可以计算出每个心肌节段的应变和应变率，以及所有节段的平均值，从而获得整体心室功能指数。

人类医学研究表明，在患有系统性高血压、糖尿病、缺血性心脏病和瓣膜性心脏病的患者中，心肌纤维的早期损伤将导致左心室纵向形变。环向形变、径向形变和旋转形变在之后的进展中出现。从左心室形变的评估中获得的信息对这些患者的预后意义重大。尽管没有专门用于分析其他心腔的应变和应变率的软件，但左心室使用的软件也可以评估右心室和心房的心肌形变和相关病理变化。

在兽医心脏病学中，斑点追踪超声心动图已用于评估左心室、右心室和左心房的形变。杜氏肌营养不良症患犬在亚临床期，左心室后段的径向应变率峰值低于健康犬。经皮闭合动脉导管未闭患犬，除纵向形变外，左心室的所有应变数值均下降。关于健康犬和慢性二尖瓣疾病患犬的左心房形变评估见图 2.88。研究显示，患有晚期慢性二尖瓣疾病的患犬左心房的应变和应变率显著降低。结果证明，在心房充盈期结束时测量的心房纵向应变峰值和在心房收缩之前测量的心房收缩应变峰值在区分亚临床犬和有充血性心力衰竭症状的犬

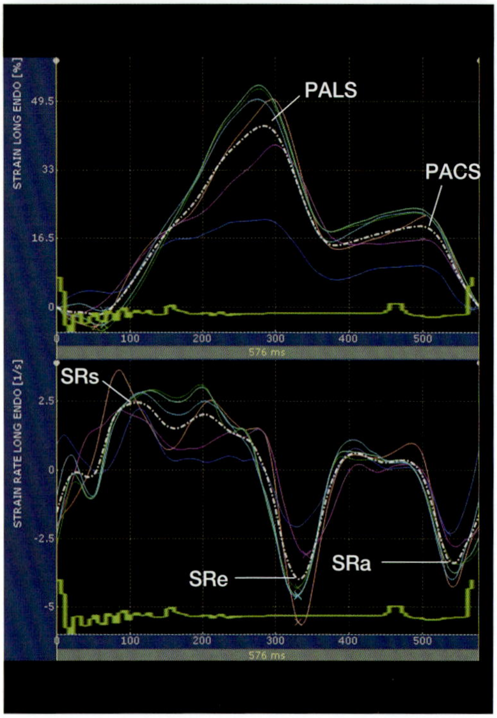

图 2.88 使用百胜 X-strain™ 软件测量健康犬左心房局部和整体的纵向形变。心房应变曲线在心房储备期结束时出现第一个正向峰（心房纵向应变峰值，PALS），在心房收缩（屏幕上方）之前出现第二个正向峰（心房收缩应变峰值，PACS）。心房应变率曲线在心室收缩期出现正向峰（收缩期应变率，SRs），在舒张早期出现第一个负向峰（舒张早期应变率，SRe），在心房收缩期（屏幕下方）出现第二个负向峰（心房收缩期应变率，SRa）。不同颜色的曲线代表左心房不同区域的应变和应变率；白色点状曲线代表不同区域的曲线的平均值，评估心房整体应变和应变率

方面具有高敏感性和特异性。最近报道了健康犬右心室应变和应变率参数的参考范围。

心脏超声造影

通过静脉注射反射超声波的物质来提高血液的产回声性可辅助诊断。正常情况下，血液在二维超声心动图中表现为无回声，但马的血液可见自发显影，这是由于马的红细胞会聚集形成缗钱状，有时在其他动物中也可见自发显影。多数自发显影与各种心脏疾病和非心脏疾病有关，如肿瘤、败血症、弥散性血管内凝血（DIC）、劳力性肺出血，以及可能降低血流速度的局部或全身性病因（图 7.49A）。

超声造影可以显现相对缓慢的层流分流（例如，房间隔缺损或卵圆孔未闭时经心房的血流）以及一些难以诊断的分流（图 2.89+ 视频）。可观察到造影剂通过分流缺口或无造影剂的血流汇入含造影剂血液中形成的涡流。专栏 2.9 中列出了两个使用心脏超声造影诊断的先天性分流。一些目前在人医中使用的心脏超声造影，尚未在兽医中应用，包括心肌灌注显像，可增强心内膜的检测，以及当多普勒信号质量较差时用于多普勒超声成像。

在人医研究中常使用各种商品化的超声造影剂。Echovist® 由半乳糖微粒悬浮液制成，还有些使用微量白蛋白。有些太大而无法通过肺毛细血管床。1995 年研发的 Levovist® 和一些新型造影剂，如最近的 Sonovue®，可以穿过肺循环，显影左心、主动脉和外周动脉。此外，一些造影剂优先增强心肌，从而识别局部心肌灌注病变。这种造影剂是一种包裹于磷脂中的稳定的六氟微泡，其微泡大小与红细胞相近（10 μm）。在兽医超声心动图中，心脏超声造影用于放大微弱的频谱多普勒信号、改善心内膜边界的边缘检测，以评估左心

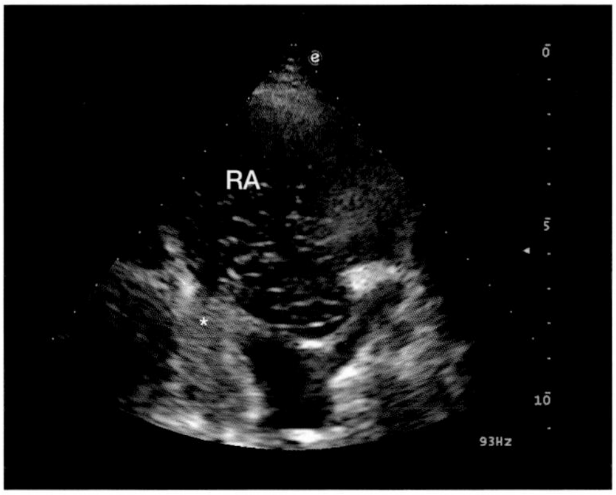

图 2.89　心脏超声造影

静脉注射微气泡造影剂后，右心房（RA）和永存左前腔静脉（*）内可见气泡反射形成的强回声点。

室功能、心肌灌注和肺转运时间。尽管具有这些潜在的实用性，但由于需要额外的耗材且需要专用软件，目前兽医上仍很少使用心脏超声造影。

一种既安全实用又廉价的替代方法是使用生理盐水或 5% 葡萄糖溶液、动物本体血液及少量的空气制备气泡。开始造影前，在外周静脉埋置留置针，连接一根短的延长管和三通阀。在犬中，用 10 mL 注射器抽取部分生理盐水或葡萄糖溶液，并吸入 0.5 ~ 2 mL 本体动物的血液（会提供一些改变液体表面张力的蛋白质，并允许气泡在悬浮液中停留更长时间）、少量空气（1 ~ 2 mL）。剧烈振荡注射器形成少量泡沫，将多余泡沫从注射器排出，并将注射器连接到三通阀。与此同时超声扫查至目标切面，怀疑异常的心脏或血管结构显影最佳时，将注射器内“造影剂”快速推注，并保存视频图像。造影剂 2 ~ 3 s 内将到达心脏，右心内血液将显影，与此同时检查左心是否有气泡显影，若左心出现气泡则提示右 – 左分流。也可检查右心是否存在造影剂充盈缺损，会提示左 – 右分流。猫的造影过程可按比例减少用量，但方式相同。

人的研究表明，如果发生明显的右 – 左分流，这种类型的超声造影剂会引起一过性空气栓塞，但在小动物中尚未报道。

此外，当引流心包积液时，可进行心

专栏 2.9　使用心脏超声造影诊断的先天性分流

房间隔缺损的心脏超声造影——左 – 右分流时，右心房内房间隔附近可能会看到壁的不连续，因为前腔静脉进入右心房的血液含造影剂，缺损处会被不含造影剂的血液填充形成对比显影。但是不要将其与来自后腔静脉的血液（也不含造影剂）流入混淆。仔细观察会在左心房和左心室内看到一些气 泡，因为这些缺损处的血液通常是双向流动的。

右 – 左分流时，微泡造影剂几乎立即出现在左心房、右心房和右心室内。

室间隔缺损的心脏超声造影——大多数左 – 右分流时，可以观察到右心室壁的不连续，以及源自缺损部位的不含造影剂的血流。如果室间隔缺损不大，造影结果可能是阴性的。

右 – 左分流时，气泡会出现在左心室内，更常见的情况是出现在主动脉内，因为右心室血液直接分流到左心室流出道和主动脉。

包造影以定位导管。向导管中注射少量微泡化生理盐水可快速显示导管尖端在胸膜腔或心包内的位置。

经食道超声心动图

经食道超声心动图（transesophageal echocardiography，TEE）是传统经胸超声的一种变体，用于经胸超声无法满足需求的特殊情况。有时胸部或肺部问题会影响经胸超声对心脏和纵隔的充分评估。而经食道超声可以避免这些问题。

经食道超声探头与胃镜相似，但其远端不是胃镜的光源和开口，而是侧面朝向的探头。动物麻醉后侧卧，放置开口器，将探头润滑后经口腔插入食道。

经食道超声安全、无创，可用于所有需要对心脏、主动脉和肺动脉进行精确和详细检查的情况。经食道入路还可以更详细地评估大血管和瓣膜的先天性缺陷，并指导修复矫正。人一般不需要麻醉，通常使用经食道超声评估二尖瓣关闭不全的严重程度和术前疾病分期。

经食道超声探头

经食道超声探头由传统的柔性内窥镜制成，超声探头横向安装在顶端腹侧。与内窥镜类似，手柄处的两个旋转旋钮可控制顶端探头的运动。一个旋钮可使柔性部分的远端背腹屈（或前后屈），另一个旋钮可控制探头发出超声束扇面的角度（图 2.90）。还有一些经食道超声探头可控制远端左右屈。

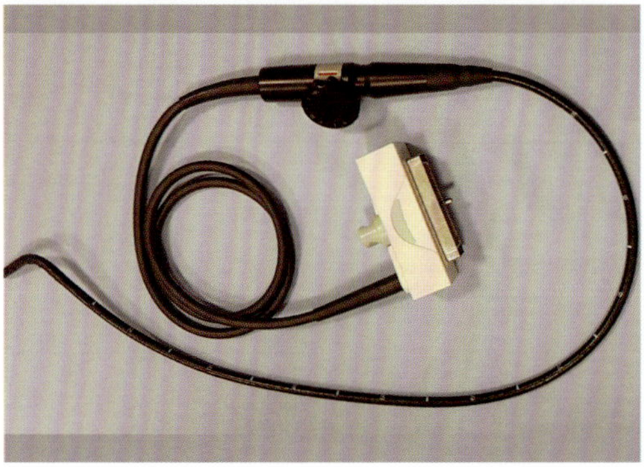

图 2.90　成人经食道探头，图中可见探头尖端背屈

早期的经食道探头是单平面探头，探头只能在一个平面（通常是横平面）发射超声束，发射角度为 90°。这种探头只能扫查沿食道长轴方向不同深度的心脏和大血管切面。理想情况下，食道会位于体中线位置。

双平面探头是顶端安装两个探头，可形成两个相互垂直的扇区平面，解决了部分扫查限制。近端探头产生纵向图像，远端探头产生横向图像。两个扇区可以交替激活，但中间斜向角度的切面图像不可见。

近年开发了多平面经食道超声探头来克服这些限制。其在探头顶端配备了一个相控阵探头，可通过手柄上的旋钮控制超声束扇面旋转 180°（图 2.91）。因此可以在探头主体不移动或移动很少时获得横向切面、纵向切面和斜切面。目前多频探头的频率通常为 3 ~ 7 MHz，顶端直径为 12 ~ 16.7 mm。儿童和成人经食道探头的直径不同。笔者发现，直径约 14 mm 的探头，虽比儿科的探头稍大，但几乎可适用于所有体型的犬，同时满足深度和成像最佳。

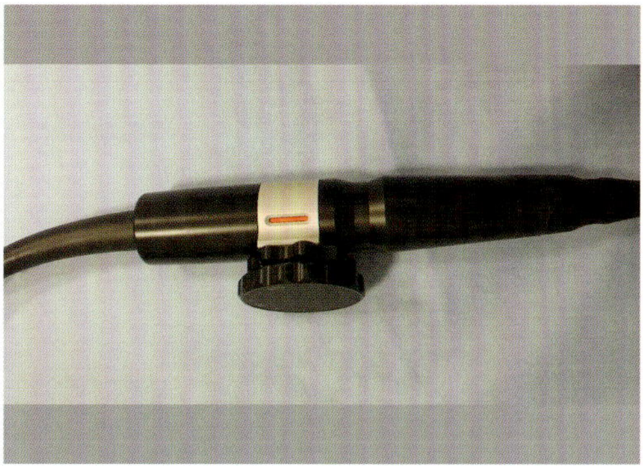

图 2.91 经食道超声探头的手柄，可见 2 个控制旋钮，其中一个控制探头的背腹屈，另一个控制探头发出超声束扇面的旋转角度

犬猫经食道超声心动图

近年来，经食道超声心动图在兽医中也得到了广泛应用，尤其是引导微创介入手术方面，如瓣膜成形术、动脉导管封堵术、右三房心矫正或放置起搏器。

Carroll Loyer 等人（1995）在 6 只体重 20 ~ 35 kg 的健康犬上证明了经食道超声心动图应用的安全性。受试犬经体检和经胸超声检查，排除了心血管疾病。用戊巴比妥钠进行麻醉后插管，在消化道起始端未发现任何损伤，继续将探头插入食道。犬咽部和食道在解剖学上有利于较大物体通过，因此犬容易放置经食道探头。先将探头远端推入胃内（经胃位置），然后逐渐拉回食道后段、中段、前段。在每个位置研究探头横向、纵向水平的不同成像。虽然需要深度镇静或全身麻醉，但 Loyer 等人的研究表明，在犬上使用经食道超声心动图与其他内窥镜一样安全、简单。经食道超声心动图能提供心基部和附属结构的最佳成像，因此可作为常规经胸超声的补充检查，包括各种心血管疾病的诊断，如先天性血管疾病或瓣膜疾病、腔室或瓣膜的占位性病变（肿瘤、血栓等）、心基部或纵隔团块。唯一的缺点是需要麻醉。

与经胸超声相比，犬经食道超声心动图的图像质量更好；但在猫上差异不明显，即猫心基部和相关结构的经食道超声心动图的图像质量并不比经胸超声好。

经食道超声心动图切面

Carroll Loyer 和 William Thomas 于 1995 年描述了犬的经食道超声心动图切面，切面是通过将探头放置在以下位置获得的：①经胃；②心基部后 / 后段食道；③心基部 / 食道中段；④心基部前 / 食道前段。

将探头置于中间位置，平直向胃前进，直到看到肝脏影像，在此处将探头屈曲将超声束指向腹侧。在经胃切面，只能扫查乳头肌下方左侧心尖的局部短轴切面（图 2.92），图像近场是肝脏和横膈。中型犬的心脏约在 10 cm 深度。探头轻微前后移动,有些犬可显示乳头肌上方切面或左心室。但这种切面在多数情况下价值有限。

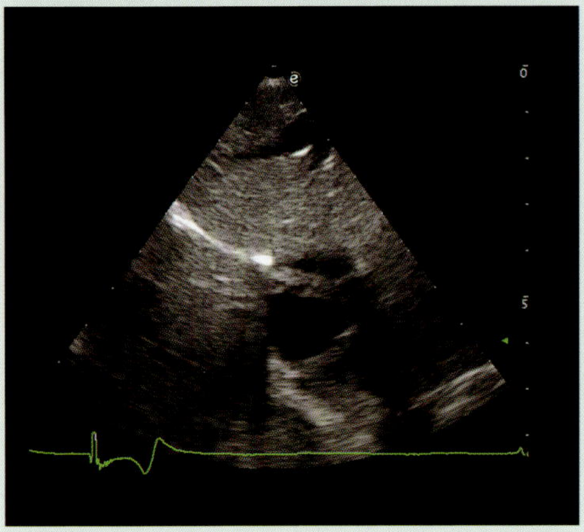

图 2.92　犬经胃切面短轴，显示乳头肌下方的左心室心尖区域

保持探头完全屈曲，从经胃切面撤至胸腔后段。探头在食道内移动一段后到达心脏尾背侧，靠近房室交界处，这里的图像会被肺副叶干扰。轻微牵拉探头，避开肺内空气的混响伪影。在心基部后切面，可以获得心腔长轴切面和短轴切面，以及瓣膜和主动脉根部周围图像（图 2.93、图 2.94）。

将探头归位平直，回撤至气管分叉尾侧获取心基部 / 食道中段切面。探头位于隆突尾侧、左心房上方、前后肺静脉之间。在此切面，左右房室的长轴与超声束扇面一致（图 2.95、图 2.96）。

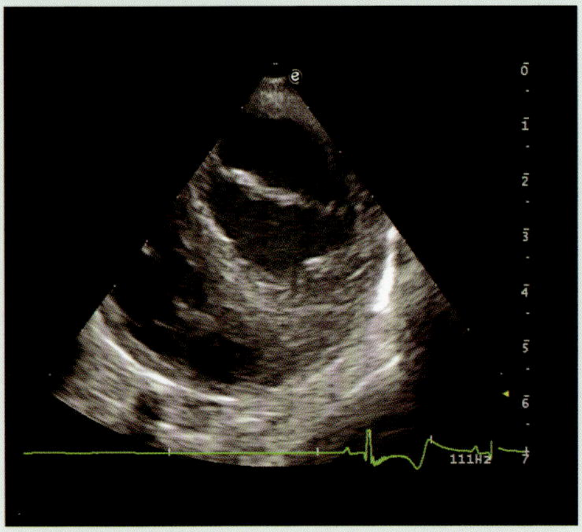

图 2.93　犬心基部水平的经食道超声图像，为经食道后段所得

图像左心室侧显示二尖瓣水平短轴切面，可见二尖瓣平分左心室。图像左下方是右心室。

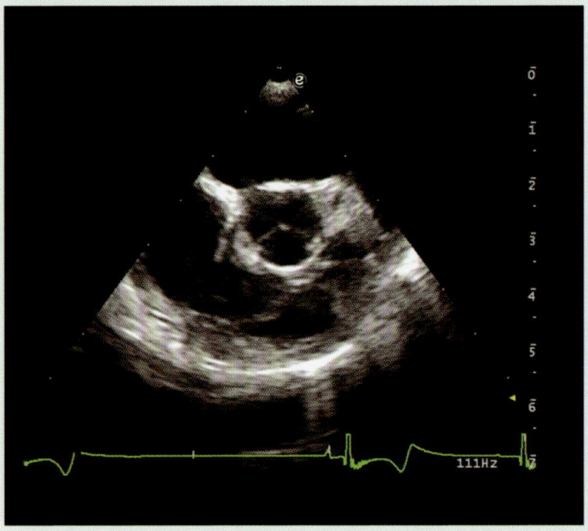

图 2.94　犬心基部水平的经食道超声图像，为经食道后段所得

图像中心是主动脉瓣短轴切面。瓣膜背侧 12 点位置是左心房，8 点位置是右心房，右心房旁（右侧）是右心室的斜切面。

在心基部前 / 食道前段可以获得主动脉根部、肺动脉及其流出道的最佳切面（图 2.97、图 2.98）。在心基部 / 食道中段切面，将探头置于中间、非屈曲状态，回撤约 10 cm（中型犬）即可获得心基部前 / 食道前段切面。屈曲探头使超声束朝尾腹侧，向后推进直到心基部。对于大部分犬，需将探头略向左倾斜，以避免气管干扰。该切面是获得动脉导管未闭长轴切面和短轴切面的最佳切面（图 6.2）。

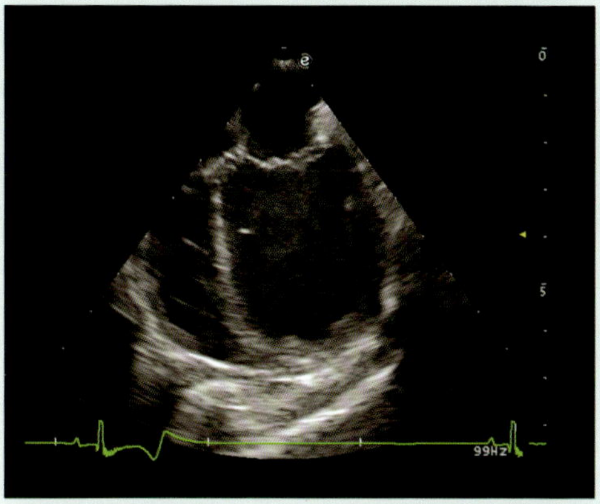

图 2.95　经心基部 / 食道中段切面，显示长轴四腔切面的左心房和左心室。图像左侧是右心室

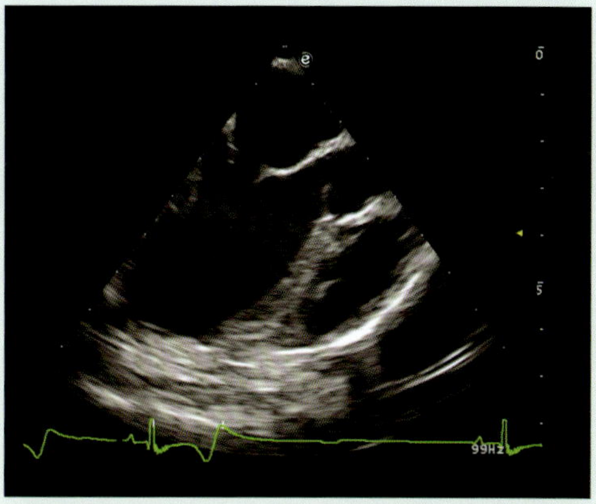

图 2.96　经心基部 / 食道中段切面，显示左心室流入道和流出道的长轴切面。图像右下方是右心室，在主动脉瓣下方

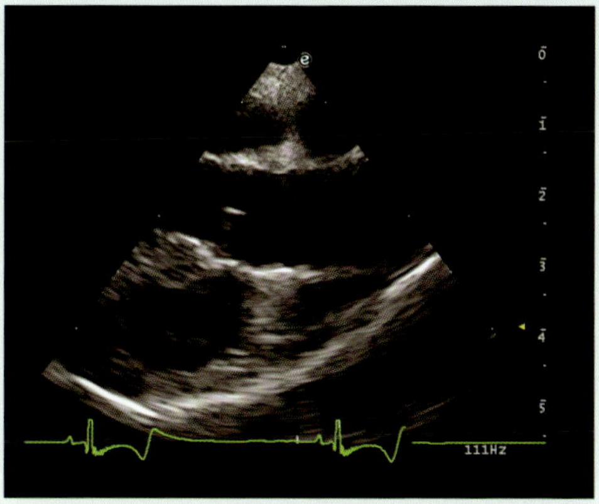

图 2.97　经心基部前 / 食道前段切面，显示主动脉瓣和主动脉根部长轴切面

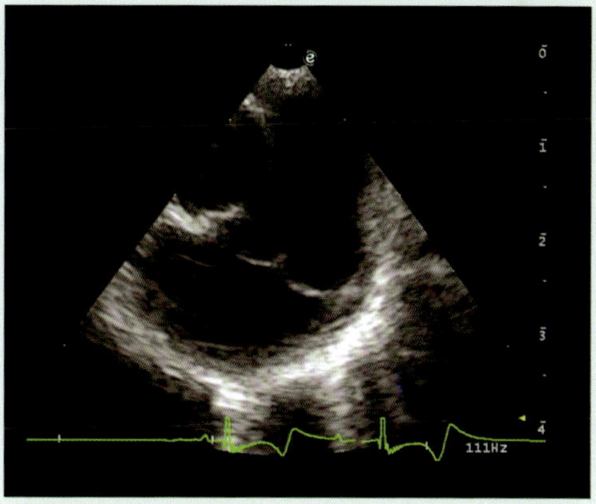

图 2.98　经心基部前 / 食道前段切面，显示肺动脉瓣和肺动脉干长轴切面。瓣膜远场为右心室流出道。肺动脉左侧为主动脉

第3章

心脏多普勒检查

介绍

在兽医的超声诊断领域中，多普勒检查已被广泛应用于评估心内血流，主要对图像中的血流进行实时定性与定量分析。此外，超声设备可将血流信号转化为可输出的音频，有时也可辅助判读血流。

超声心动图主要有三种多普勒模式：连续多普勒、脉冲多普勒和彩色多普勒（color doppler imaging，CDI）。此外更高端的超声设备还具备另外两种多普勒模式：脉冲组织多普勒和彩色组织多普勒。

在连续多普勒模式中，同时发射并接收连续声波的工作模式可以测得高速血流信号，但是无法获得血流的解剖位置信息。

在脉冲多普勒中，每个声波都呈脉冲或脉冲群式发出，其回波在特定时间被接收。接收回波的时间取决于操作者设定的取样框位置。因此脉冲多普勒可测定心内或血管内特定位置的血流，但与此同时，其无法测量高速血流。

在这两种成像技术中，血流信号均通过实时滚动的连续图像呈现。因此，所获得的频谱图像体现所记录的血流速度－时间函数，而非基于心脏解剖结构的血流动力学二维重现。正如前文所述的M型超声心动图一样，图像并非进行直观判读，而是需要精确测量来进行定量分析。

彩色多普勒由脉冲多普勒和二维图像发展而来，通过以不同颜色表示不同方向和速度的血流来体现差异。当血流朝向探头时表现为红色，而远离探头时表现为蓝色，当不存在血流或血流方向垂直于探头时，无彩色信号。彩色多普勒通常不与M型超声心动图同时使用。

组织多普勒（TDI）并不用于评估血流，但可用于分析心壁组织运动产生的多普勒信号。脉冲组织多普勒可通过频谱图像来体现特定采样位置心肌组织的最大移动速度（类似于血流脉冲多普勒）。而彩色组织多普勒则通过在二维灰阶图像上覆盖彩色多普勒信号来体现心肌运动方向（相对于探头）。

尽管彩色多普勒作为最直观和最简单的技术，可以提供目标区域内血流的二维表现，但仅靠彩色多普勒检查并不能提供超声心动图检查所需的全部信息。缺乏经验的临床医生可能会过分依赖彩色多普勒而未能认识到其局限性，并错失频谱多普勒所提供的信息。这些技术的结合使用可为超声医师提供每个病例的最佳诊断信息。

屏幕中同时出现二维图像和脉冲/连续多普勒时，可称为双功多普勒模式。当双功多普勒模式再与彩色多普勒相叠加时，可称为三功多普勒模式。

多普勒效应

多普勒效应由 Kristian Johann Doppler 于 1842 年首次提出，用于描述移动的双星发出光源的频率变化。这种适用于所有辐射现象的规律提出，存在超声源和移动目标时，反射频率会在目标朝向超声源移动时高于发射频率，而在目标远离超声源移动时低于发射频率。在超声多普勒模式中，超声源和接收源均为探头，而移动目标为血细胞（图 3.1）。

发射频率与接收频率间的差异被称为多普勒频移。目标移动得越快，多普勒频移越大。多普勒频移与目标移动速度间的关系由多普勒公式决定。

$$Fd = [(2\nu \cos\alpha)/c] \times f$$

式中：Fd（Hz）——多普勒频移频率；

f（Hz）——探头发射的超声频率（如 2.5 MHz）；

ν（m/s）——目标移动速度；

α——超声束与目标移动方向之间的角度；

c（m/s）——组织内声波平均速度 =1540 m/s。

通常多普勒公式会转化为以下形式：

$$\nu = fc/2Fd \cos\alpha$$

通过上述公式，我们可知道如何通过测量多普勒频移来获得目标移动速度。多普勒频移会在超声束（即多普勒轴）平行于血流方向时最大，此时血流方向与多普勒轴最大程度重叠。随着超声束与血流方向间夹角的增大，多普勒频移会逐渐减小，也因此会低估血流速度（图 3.2）。这种情况可通过多普勒公式中 cos α 这个因素来校正。因此超声束的方向应尽可能与血流方向平行，使二者的夹角小于 20°。由于多普勒设备在计算血流速度和方向时假定夹角为 0° 或 180°（cos α =1），因此若实际角度超过 20°，则血流速度会被低估。

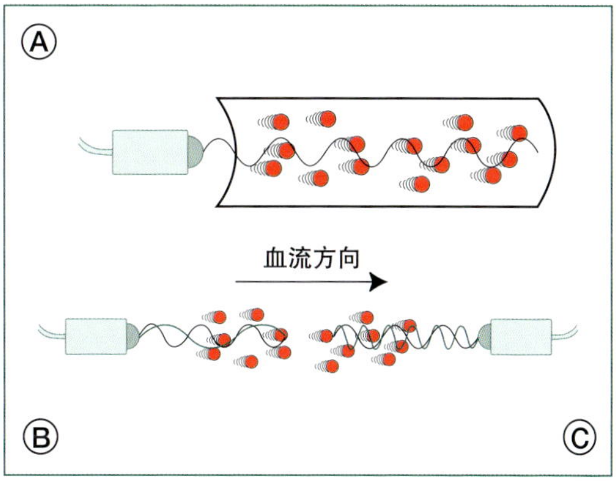

图 3.1　多普勒超声原理
发出特定频率的超声束平行于血流（A）。根据血流方向远离（B）或靠近（C）探头，反射频率相对于其发射频率会出现降低（B）或升高（C）。图中黑色波线为发射波，绿色波线为反射波。

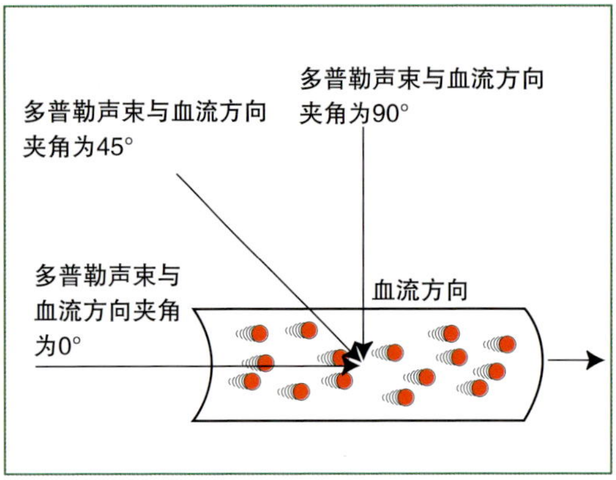

图 3.2　多普勒超声原理

本图展示了 3 种相对于血流不同方向的超声束。当角度等于 0° 时（完全平行于血流），可测得最大流速。实际的血流速度测得值会随夹角的增大而降低，直到夹角达到 90° （完全垂直）时，无法测量血流速度。

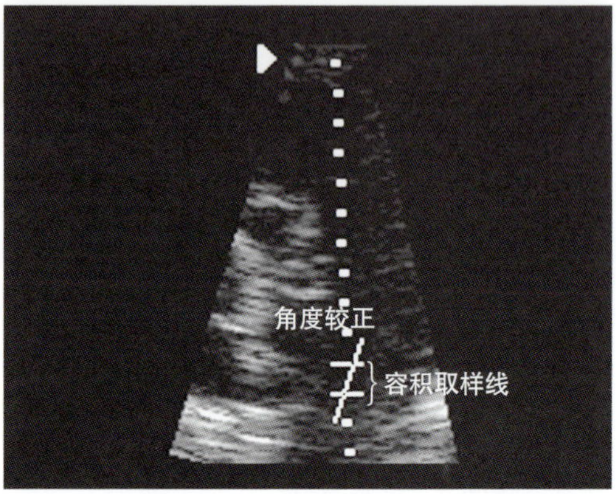

图 3.3　二维超声图像中的多普勒光标（以虚线表示）、采样容积（以两条平行水平线表示）和角度校正（横穿两条平行线的斜线，即取样门）

所有多普勒超声系统都配有多普勒角度校正按键。在实际操作中，尽可能使多普勒轴和血流方向平行后，再对角度进一步校正，使多普勒信号与假定的待测最佳血流方向一致（图 3.3）。角度校正的旋转线段是电子测角仪的参照，设备的处理系统通过该指标来进行多普勒公式的近似校正。

通过以这种方式操作，在测量点获得的最大流速更接近真实值。在由于解剖特征而无法获得合适的多普勒准直的情况下，理论上角度校正是有效的解决方案，但只能用于无法测量高流速的脉冲多普勒超声成像。因此，在使用连续多普勒测量高流速血流时，无法获得与血流的最佳准直时，超声医师必须考虑低估血流速度的可能性。为了强调良好准直的重要性，需考虑到夹角 20° 将实际血流速度低估 6%，而夹角 60° 则会降低到 50%。以 m/s 为单位计算时，真实血流速度为 3 m/s，20° 夹角测量的血流速度为 2.82 m/s，而 60° 夹角测量的血流速度为 1.5 m/s，导致诊断差异。

超声心动图中的所有超声技术使用的频率均超出人耳所能听到的范围。但是发射频率和接收频率间的差异非常小（以千赫兹计），并处于人耳能听到的范围内。这意味着相应的声波通过与多普勒相连的麦克风播放后可被听到。可观察到高流速血流为高音调，低流速血流为低音调。

值得注意的是，受检动物通常对突然出现的声音不耐受，即使保持在低音量下也可能应激。但这个问题很好解决，外放音量并不是多普勒分析所必须的。声音信号仅在连续多普勒中至关重要，尤其是在使用无二维图像对照的笔式探头时。在这种情况下，同时获取声音和频谱图像可提供诊断信息。

因此，多普勒频移也以频谱图像的形式在屏幕上体现，其中频率（kHz）或速

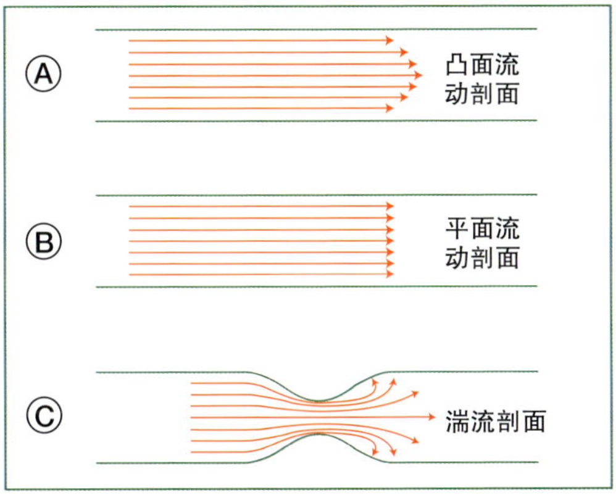

图 3.4 血管内不同血流类型

正常的层流（A）、被稀释的血流（B）和血管狭窄导致血流受阻形成的湍流（C）。

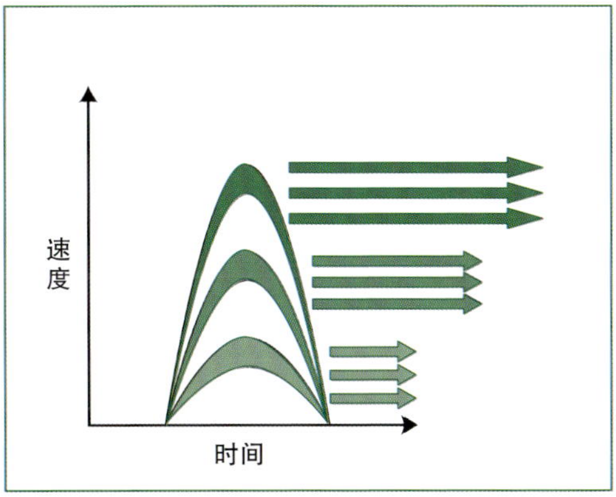

图 3.5 快速傅里叶变换

层流的脉冲多普勒流速－时间频谱模式图像，可见流速匀速升降。右侧箭头代表测得的不同点血流的最大流速，为不同形状的绿色抛物线的顶点。

度（m/s）在纵轴上显示，而时间在横轴上显示。

血管或腔室内的红细胞的移动速度存在差别，并且在整个循环周期中，它们的峰值速度和速度范围不断变化，形成了特定的血流剖面图（图 3.4）。

构成血流的所有细胞共同形成声波信号，因此最终得到的并非单一频率而是混杂频率，信号的频谱取决于速度的分布。多普勒信号的频谱分析依赖于"快速傅里叶变换"方法，可在单图像中同时呈现血流中的不同流速弧线（图 3.5）。若红细胞以近似的流速移动，则频谱图像会因较小的频率差异而呈现为较细的弧线。相反，若红细胞以完全不同的流速移动，频谱图像会因较大的频率差异而呈现为较宽的弧线（图 3.6）。同时，频谱图像可提供血流性质信息，即层流或湍流。层流包括以流速略微不同但低速流动的血细胞，在频谱图像中表现为中空窄带血流剖面图，这属于血管或腔室内的正常血流。湍流中血细胞以多种不同流速高速流动，在频谱图像中表现为实心宽条血流剖面图。当多普勒轴与血流方向间的夹角超过 20° 时，所测得的流速偏低且存在较大差异，偶尔会造成湍流的假象。

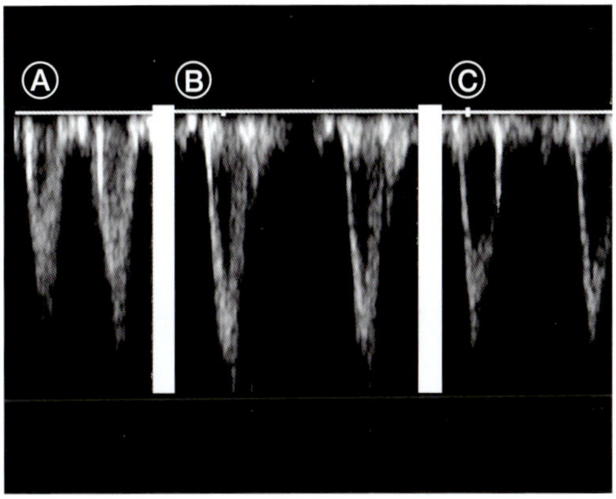

图 3.6 肺动脉血流速的频谱图像

A ～ C. 超声束与血流方向间的夹角逐渐发生改变，可见图 C 中频谱更细，这意味着瞬时频率（流速）间差异更小，即各点血流基本保持同等流速。相反，图 A 中超声束方向相对于血流更倾斜，取样范围增大，图像条带由于各点流速不同而显得更粗。

频谱多普勒图像的判读

连续多普勒和脉冲多普勒所测血流速度均通过实时更新的笛卡尔坐标系来表示：*y* 轴为特定时间内测得的流速范围，*x* 轴为时间轴。测量值随时间变化实时被系统记录，因此最终图像为二维图像，其被称为速度频谱（或多普勒频谱）。通常会用一条水平基线来表示多普勒频移的零点，将图像分为两部分（图 3.7）。通常朝向探头的血流方向被定义为正值（基线以上），远离探头的血流方向被定义为负值（基线以下）。基线可由超声医师进行上下调整，继而调整可测得的最大流速峰值。以图 3.7 为例，当基线位于 *y* 轴中点时，可测得的流速范围为 +1.19 ~ −0.72 m/s。若需要测量超出量程的朝向探头血流的流速（如 +1.5 m/s），可通过下调基线减少负向血流的测量范围来增大正向血流的测量范围（图 3.8）。基线朝某个方向调整至极限可使得测量范围加倍，但反向的测量范围为零。

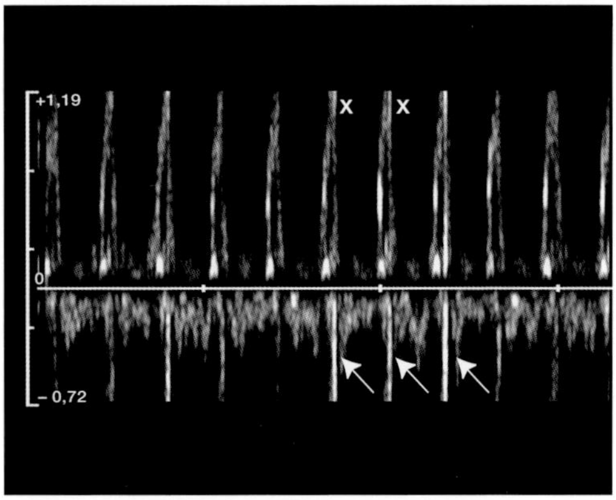

图 3.7　脉冲多普勒获得的血流剖面图

基线表示速度为 0 m/s，将朝向探头（基线以上，正值）和远离探头（基线以下，负值）的血流区分开。在这个病例中，朝向探头的最大血流速度超过测量范围（1.19 m/s），这导致了混叠的假象。混叠体现为血流频谱峰出现在基线以下，并呈现为朝向基线（箭头所示）的方向，显示为 −0.72 m/s。实际上，真实的峰值应当出现在图像 x 标记上方，方向为朝上远离基线（朝向探头）。

频谱多普勒图像通常显示在屏幕中央，其余位置显示二维超声心动图像，以便于确认获得多普勒信号的超声束 / 多普勒轴位置，其中用光标表示超声束。通常同时在底部配置心电图来更准确地确定血流信号的时间点（图 3.9）。

在脉冲多普勒中，除表示多普勒轴的光标外，二维图像中还可见另一指示标，其为方框或两条平行线并横穿扫描轴（图 3.3）。该指示标表示取样容积或“采样门”，即系统检测血流的确切位点。检查者可以将取样容积移动到多普勒轴上的任一点，而多普勒轴又可移动到二维图像的任何位置。因为来自机体深部的反射声波需要更长的时间才能传输回探头，所以取

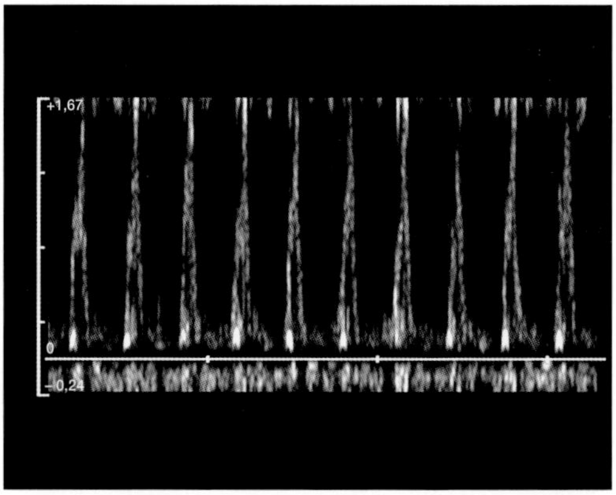

图 3.8　与图 3.7 为同一幅图像，向下调整基线来优化朝向探头的血流剖面图，现在血流剖面图完整地呈现在基线以上

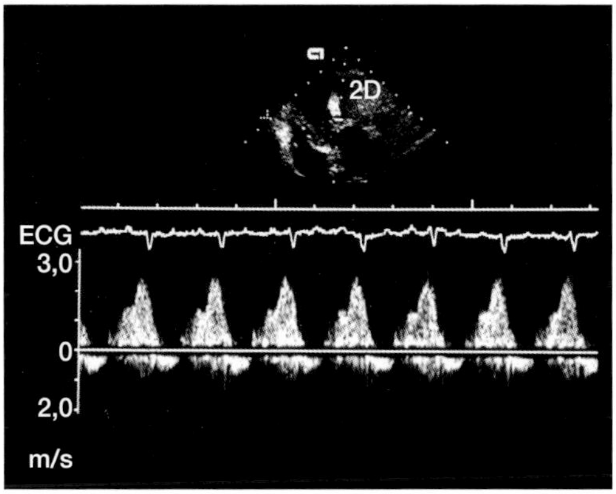

图 3.9　一只二尖瓣狭窄患犬的二尖瓣口血流的连续多普勒频谱图像

根据二维图像和频谱图像之间的心电图确认舒张期的二尖瓣血流，在心房收缩期（p 波）血流加速。

样容积越深则最大可测量速度就越低。因此，脉冲多普勒信号的最优采集位置为尽可能地靠近探头。此外，取样容积也可改变，取样容积越大信号越强，测量速度的差异越大，并导致频谱轮廓更不清晰。减小取样容积会降低信号强度但可提高频谱图像质量。

在连续多普勒中，超声束同时发射和接收，取样容积范围为整个多普勒轴。所有取样容积中的测量值均被显示，通常为瞬时峰值速度组成的连线所包裹的灰白色区域。

多普勒信号通过灰阶图像显示，每个灰阶代表某个特定流速的血细胞相对数量。在白 – 黑描记中，最亮的区域代表特定时间点大多数血细胞的速度（模态速度）。由于平均血流速度取决于以不同速度移动的细胞占比，因此计算平均血流速度时，不能仅在频谱描记的中心点采样。正如直观感受的那样，流速的计算十分复杂，大多数多普勒超声通过计算机频谱分析自动估计平均血流速度。

多普勒频谱是一种评估心脏功能的非侵入性方法，它可提供如血流性质（层流 / 湍流）这样的主观信息，以及如流速、时间和方向这样的客观信息。此外它还能通过组织多普勒提供心室收缩功能和舒张功能的相关信息。

频谱图像的数学处理同样可提供特定血流在某时间段内的平均速度。但平均速度并非临床评估的要点，临床医生通常更想了解血流的持续时间和血流量，以及加速和减速特性。

湍流

心脏和大血管内的正常血流为层流。在正常流动的血流中，血流中央的红细胞同时加速和减速。因此在脉冲多普勒模式下，取样框被放置在血流中央时，可获得细且清晰的频谱图像。患有血管狭窄、瓣膜关闭不全和心内分流等疾病时，血流呈湍流。这是由于血流高速通过狭窄处后迅速朝多个方向“释放”能量，造成涡流（图 3.4）。这种血流中所有细胞均同时以高速向不同方向移动，相对于多普勒轴同时出现朝向探头、远离探头和垂直探头的血流，呈现出极大的红细胞间速度差异，最终表现为宽且实的频谱图像（图 3.10）。需要注意的是，连续多普勒通常不被用于评估血流性质，因为无论血流为层流还是湍流其血流剖面图边缘下区域均表现为灰白色（图 3.11）。

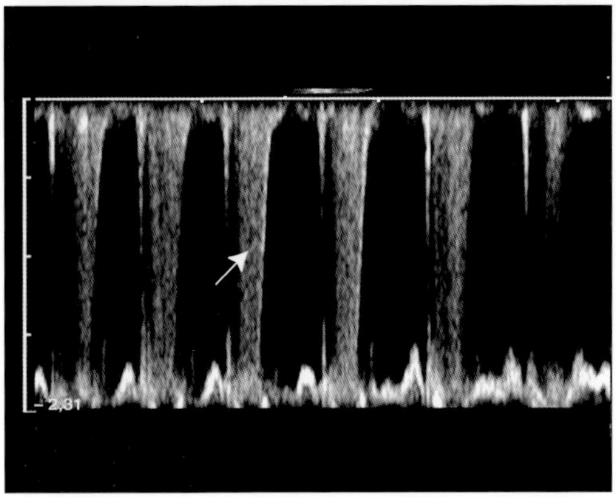

图 3.10　一只二尖瓣关闭不全患犬湍流的脉冲多普勒图像

由于湍流中红细胞朝向不同方向移动，且收缩期的流速差异较大，频谱图像表现为灰色实心（箭头），而不是窄的空心包络图。

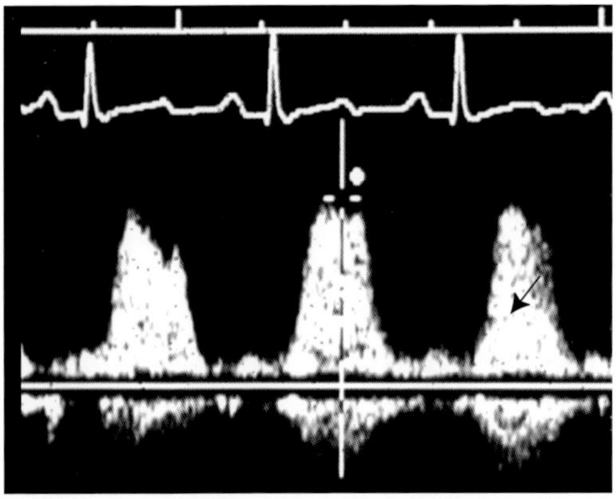

图 3.11　二尖瓣血流的连续多普勒图像

如上图所示，频谱图像表现为均匀的灰白色实心峰图（黑色箭头）。然而在这个病例中，无法确定血流为层流还是湍流，因为在连续多普勒模式下血流频谱本身即表现为灰白色实心峰图。

压力梯度的计算

例如流出道狭窄等导致梗阻的因素存在时，同时间段内经过狭窄处的血流量恒定，因此该处血流速度会增加，且可以根据流速来计算狭窄处前后压力梯度。狭窄程度越大，血流速度越高，压力梯度也越大。

测得狭窄处前后血流速度后，可根据伯努利方程（见下）计算压力梯度。

$$P_1-P_2=1/2p\left(V_2^2-V_1^2\right)$$

式中：V_1——狭窄处前的最大速度；

V_2——狭窄处后的最大速度；

P——惯性黏滞常数；

P_1——狭窄处前的压力；

P_2——狭窄处后的压力。

假设公式中 V_2 远大于 V_1。

由于狭窄处前血流速度通常较低，可通过频谱多普勒测量最大流速来计算压力梯度，根据 Hatle 的推导，伯努利方程可简化为：ΔPG（mmHg）$=4V^2_{max}$。

在正常心脏的瓣膜两侧所测得的最大收缩压和舒张压基本相等，但它们不是同时存在，瞬时的压力梯度推动血液通过瓣膜。压力梯度通常较低（2 ~ 10 mmHg），并产生 0.25 ~ 1.7 m/s 的流速。也就是说，流速和压力梯度会在各种心脏疾病（如瓣膜狭窄、室间隔缺损、动脉导管未闭和瓣膜反流）中增加，从而达到非常高的速度，有时超过 6 ~ 7 m/s。此时应当使用连续多普勒来准确测量速度并估计疾病的严重程度。

血流量

多普勒频谱图像中的“曲线下面积”称为速度 – 时间积分（velocity–time integral，VTI），代表一个心动周期内通过特定区域的血流量。将 VTI 乘以该区域（通常是瓣膜或血管）的横截面积（从二维图像中测得），便可得出在给定时间内（如收缩期）通过该区域的实际血流量。若在主动脉流出道水平或主动脉根部水平进行测量，则该体积（每搏输出量）乘以心率可得出心输出量的估算值。

$$CO=HR\times VTI\times \pi r^2$$

式中：r——瓣膜口半径（图 3.12）。

多普勒超声心动图的伪影

混叠

脉冲多普勒存在一个能被明确测量的最大极限，称为奈奎斯特极限。探头每秒发出的脉冲数称为采样率。奈奎斯特极限等于采样率的一半，因为每个脉冲需要相等的发射和接收时间。当多普勒频移大于奈奎斯特极限时，就会出现一种称为混叠的现象。当出现混叠时，系统计算的多普勒频移被反向读取，光谱图像中代表最高频率（速度）的部分出现在基线的另一侧，好像血流方向与实际方向相反（图 3.13）。这种情况类似于车轮看起来朝与行驶方向相反的方向转动。在这种情况下，观察者的采样速度太慢，无法准确记录车轮的运动而"落后"，仅记录了一个"矛盾"的运动。血流流速特别高时，脉冲波频谱图像上出现了明显的混叠，即便系统为了记录最大速度而进行了优化，也只能显示单个、连续和不明方向的血流剖面图（图 3.14）。

混叠可通过三种方法纠正。第一种方法是一些超声设备可以发射更多脉冲（高脉冲重复频率，HPRF），这是通过单脉冲时间内发射多脉冲来实现的。此时奈奎斯特极限会明显增加，但仅能测量靠近探头的血流。对于更深层的结构，产生回波需要更多时间，因此需要降低脉冲重复频率。

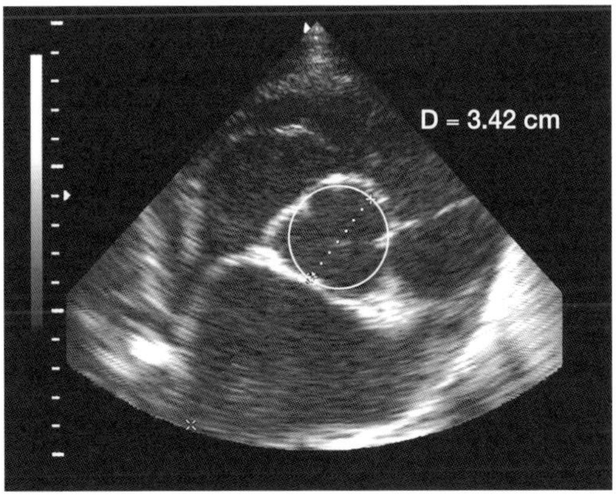

图 3.12　每搏输出量和心输出量的测定

通过 $CO=HR\times VTI\times \pi r^2$（VTI 为速度 – 时间积分）计算心输出量。测量模型用圆圈标出，可通过测量主动脉瓣口的直径 D 来获得公式中的变量 r。VTI 可通过主动脉瓣口的脉冲多普勒频谱图像自动计算得出。

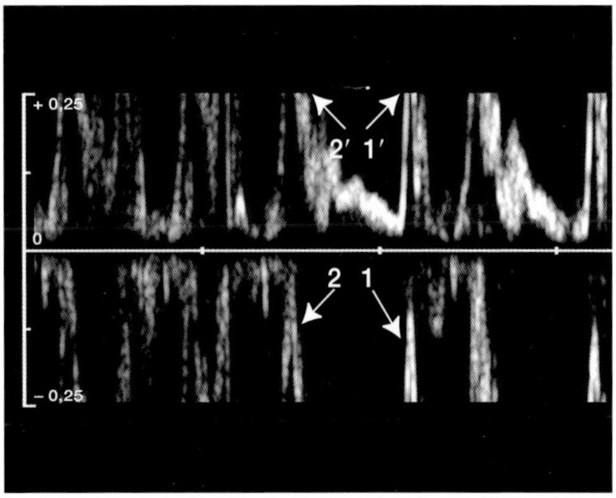

图 3.13　脉冲多普勒测量二尖瓣血流流速时的混叠现象

1 和 2 所标记的 2 个峰值属于基线以上频谱，其真实位置应在 1′ 和 2′。

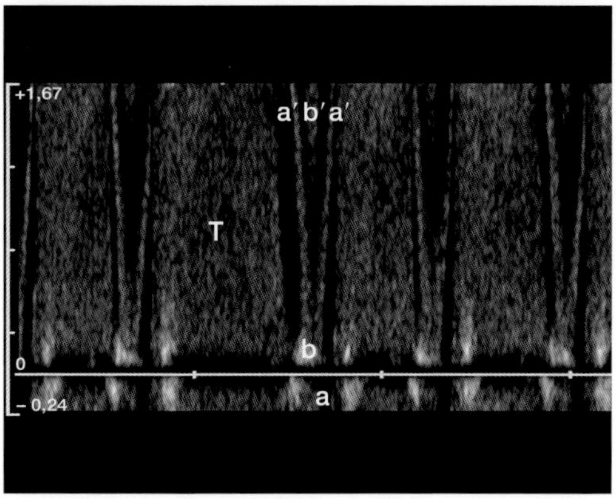

图 3.14　主动脉瓣关闭不全时左心室流出道血流的脉冲多普勒频谱图像

反流表现为不均匀的灰色区域（T）和夹杂着远离探头的收缩期层流。下调基线来优化反流的成像，收缩期层流频谱从基线底部开始（a 点），由于发生混叠现象而表现为远离探头，表现为从图像上方 a′ 点开始的边界清晰的频谱，并汇聚于 b 点。然而血流流速仍超过可测量范围，继而发生第二次混叠，在 2 个 a′ 点间成像，即 b′ 点。

第二种方法是使用发射低频超声波的探头。从多普勒方程可以明确，多普勒频移的频率与探头的发射频率成正比。因此，通过降低探头的频率，可将多普勒频移的频率降至奈奎斯特极限以下。第三种方法如前所述，根据流动方向可以通过向上或向下移动基线（零速度）来减少混叠。这使得可记录的血流最高速度加倍（图 3.8）。

距离模糊

血流越远离探头，回波返回所需的时间越长。因此需要降低脉冲重复频率来接收所有回波，结果便是受限于奈奎斯特极限后流速最大量程降低。若脉冲重复频率过高，则在新脉冲发出后，之前脉冲的部分回波返回探头，造成所谓的距离模糊，因为系统假定所有回波都来自新脉冲（刚从探头发出），而不是之前发出的脉冲，因此屏幕上出现的血流剖面图与实际情况不符。距离模糊更常见于连续多普勒。

瓣膜移动产生的伪影

当多普勒轴接触到移动瓣叶或瓣膜尖时，回波信号呈现为不同于发射信号的频率，类似于移动中的血液。此时回波信号强度非常高，并且在频谱图像上表示为非常短且高亮的尖峰。这些伪影可以通过特殊滤波消除，不应与血流相混淆，并有助于确定血流动力学节点和进行不同的测量（图 3.15）。

设备

多普勒超声心动图设备被用于一维成像或二维超声成像。一些用于传统超声的设备也可在后期加入多普勒模块，但可能

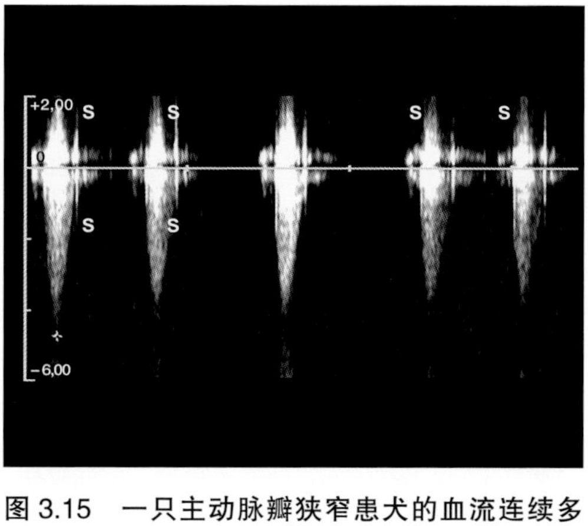

图 3.15　一只主动脉瓣狭窄患犬的血流连续多普勒图像

字母 S 标记的锐利尖峰是多普勒波束投射到开闭的瓣膜上形成的。

无法兼容三种多普勒模式（脉冲多普勒、彩色多普勒和连续多普勒），并因为现有探头不支持多普勒功能而需要更换或新增探头。探头的不同特性已在前文进行描述，但在此依旧要强调几个要点来保证多普勒设备的诊断敏感性。首先要考虑的是图像质量，即使是彩色图像也需要保持高分辨率。其次是较长视频存储和循环播放时间，这对于诊断是必不可少的。优化图像质量最重要的两点如下：

- 探头的类型。
- 系统的帧率。

探头

想要获得优质的多普勒图像，对小型犬和猫应使用频率为 5.0 ~ 7.5 MHz 的探头，而对大型犬应使用频率为 3.0 ~ 5.0 MHz 的探头。对马应尽可能使用低频率探头。一般原则是对马使用比二维超声探头频率更低的探头。多频率探头可提供最佳分辨率，使用高频率进行二维超声成像，使用较低频率进行多普勒超声成像。

之前讨论的二维超声穿透能力和图像清晰度的所有原则均适用于多普勒超声心动图：二者不可兼得。这一点在二维超声中很容易理解，也同样适用于彩色多普勒，但在讨论频谱多普勒时可能会有些难理解。为了使超声束在机体内具有良好的穿透能力，探头发射频率必须较低。但这也会降低分辨率，在频谱图像中表现为血流剖面图轮廓的边界不清晰。但这一问题并无甚影响，尤其是在测量只有低频超声波才能到达的具有一定深度的血流时。还应记住，最大可测量流速不仅取决于探头的发射频率，还取决于要测量的深度。这一限制仅涉及脉冲多普勒和彩色多普勒，连续多普勒不受限，如 2 MHz 连续波探头可有效地获得小猫和马的血流频谱图像。

帧率

对于一维超声束的脉冲多普勒和连续多普勒应用，流速分析需要相对适度的“数字能量”消耗，而彩色多普勒则是一个非常复杂的过程。在彩色多普勒中，主要针对采样区内的二维扇形区域进行实时运算处理，而运算需要时间，二维图像的构建速度（帧率）降低。因此采样区应设置为尽可能小，以获得每单位时间内更高的帧数。计算能力的改进显著提高了彩色多普勒的处理速度，使现代超声仪的帧率超过每秒 100 ~ 150 帧（与很难达到每秒 30 帧的第一代机器相比）。

实际上，低帧率会导致彩色多普勒信息与二维图像不同步。彩色多普勒处理相对于二维图像更慢，血流信号可能出现在错误的心动周期中。举例来说，假设屏幕上血流的彩色多普勒图像每秒可以刷新 5 次，若二维图像以相同的频率刷新，则会完全同步。但这么低的帧率将导致检测快速移动的结构和血流的敏感度降低，时间分辨率显著下降。实际上问题在于二者的分辨率此消彼长。因此，超声心动图仪器必须具有非常高的绝对初始帧率，以便在需要最复杂的数字操作时仍有令人满意的图像效果。帧率过低的仪器可能会产生误导性信息，尤其是用于猫、啮齿动物、鸟类这些心率高的动物时。

低帧率引发的另一问题是，二维图像和彩色多普勒图像在某一单帧出现细微的不同步时，可能导致误诊为瓣膜反流。在这种情况下，可能会错误地将血流动力学变化归因于机械运动的延迟（图 3.16），如在心动过缓的犬中，舒张期房室瓣反流很常见，但如果使用的设备帧率过低，则可能将其认为收缩期反流。此外，同样是帧率低时，若包含血流情况的一帧图像持续时间比实际长 5 倍或 6 倍，那些持续时间非常短的血流（＜20 ms）则会出现持续时间的假性延长。

脉冲多普勒

脉冲多普勒常用于记录通过房室瓣的舒张期血流和通过主动脉瓣和肺动脉瓣的收缩期血流，前者速度通常在 1 m/s 以内，而正

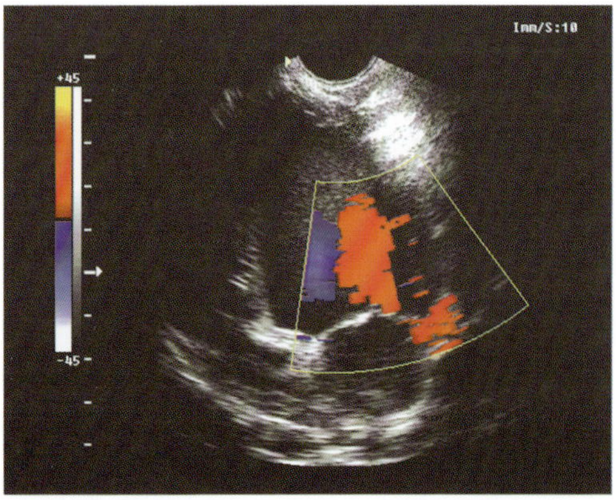

图 3.16 低帧率（10 帧 /s）导致二维图像和彩色多普勒图像不同步。彩色多普勒图像刷新略微延迟，导致在二尖瓣关闭时出现朝向探头的血流伪影。这种情况在老旧设备和便宜设备中很常见

常情况下后者的速度通常为 0.9 ~ 1.7 m/s。这些速度通常都在所有超声设备的奈奎斯特极限内。此外，脉冲多普勒可检测体静脉和肺静脉内的血流，以及二尖瓣狭窄处和三尖瓣狭窄处的血流，这些血流速度通常不会超过奈奎斯特极限。

对于瓣膜关闭不全（漏血）或主动脉瓣、肺动脉瓣处的反流，脉冲多普勒可通过仔细辨认特定位置突然增加的流速来确定是否存在湍流和其所在位置。测量峰值流速则必须使用连续多普勒，通常介于 2 ~ 7 m/s。

评估通过房室瓣的血流时，超声医师需要获得左侧心尖四腔切面。然后将多普勒的光标置于房室瓣口中央处，并沿该轴移动取样容积使其位于略偏向心室内打开的瓣尖处（图 3.17）。当超声束和血流方向不完全平行时，可通过设置校正角度来测得准确流速。此时测量角度偏差应＜20°。

二尖瓣舒张期血流轮廓呈“M”形，这是由于存在两段不同血流和其对应的峰值。随着心率的下降，这两个峰值间的间隔会更明显。相邻两个舒张期血流剖面图之间应没有任何明显的标识（图 3.18）。如前所述，在舒张或收缩开始时，通常可能在基线上下记录代表瓣膜的运动，但这些细线也可能是其他无临床意义的“噪声”（图 3.19）。

经过二尖瓣和三尖瓣的舒张期血流频谱图像由一个舒张前期的 E 波（早期）和舒张末期的 A 波（心房）构成，E 波与舒张期瓣膜打开时的血液被动流入相关，A

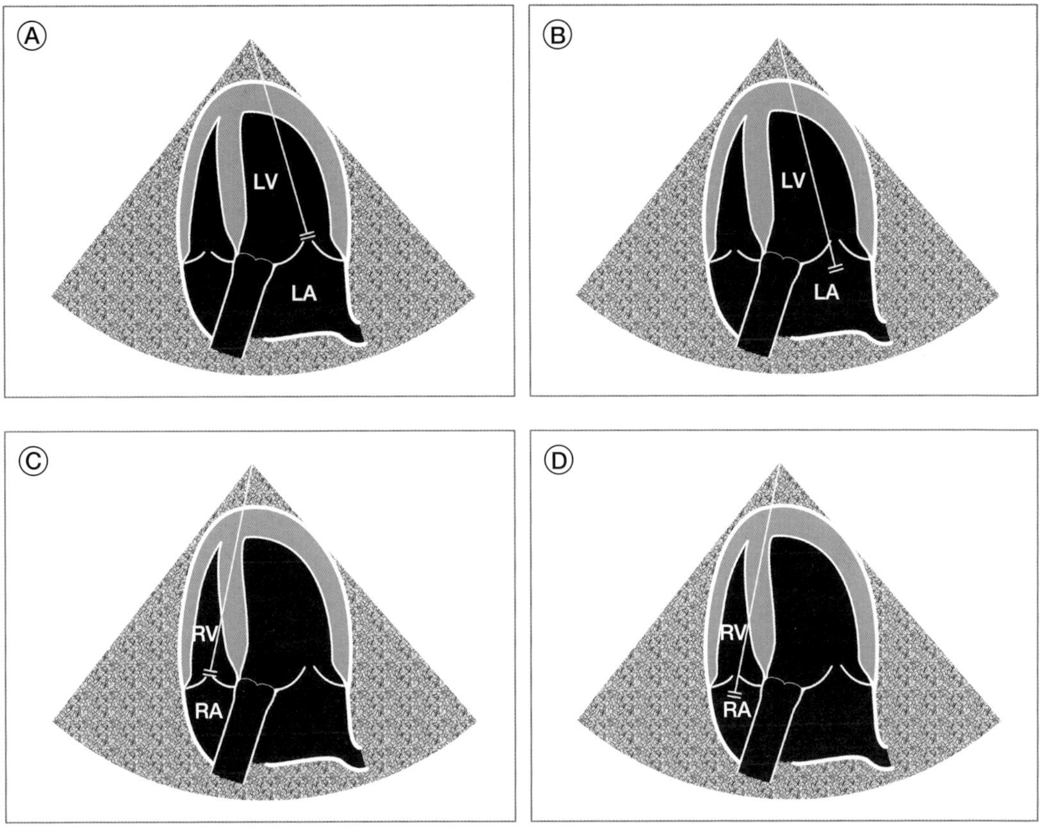

图 3.17　在左侧心尖切面评估二尖瓣血流（A）和可能存在的反流（B）时多普勒取样线和取样容积的放置位点模式图。图 C 和图 D 展示了三尖瓣的相应的取样位置

LV：左心室；LA：左心房；RV：右心室；RA：右心房。

波与左心房收缩后引起的舒张末期血流峰值有关。取样容积应当放置在跨瓣膜流速梯度最大的区域。有时轻度调整取样容积的位置有助于获得更清晰的图像。值得注意的是，随着取样容积靠近左心房，E 波与 A 波的相对关系会发生改变，A 波会随之升高而易与病理状态混淆。

二尖瓣血流的相关概念也可用于描述三尖瓣血流的血流剖面图特征，但三尖瓣峰值流速会更低且血流剖面图清晰度下降。此外根据许多学者的说法，在很多病例（约 50%）中，可以观察到“生理性”三尖瓣反流，表现为基线以下的收缩期湍流（图 3.20）。

通过分析舒张期二尖瓣血流的血流剖面图，可获得如下所示的一系列参数，这些参数的变化不仅为瓣膜病的临床指标，还可以评估心室舒张功能。

- 瓣膜打开与关闭的间隔时间。
- 舒张早期快速充盈期的最大速度（E）。
- 舒张末期心房收缩后的最大速度（A）。
- E 波与 A 波的相对关系（图 3.21）。
- E 波加速时间。
- E 波减速时间（图 3.22）。

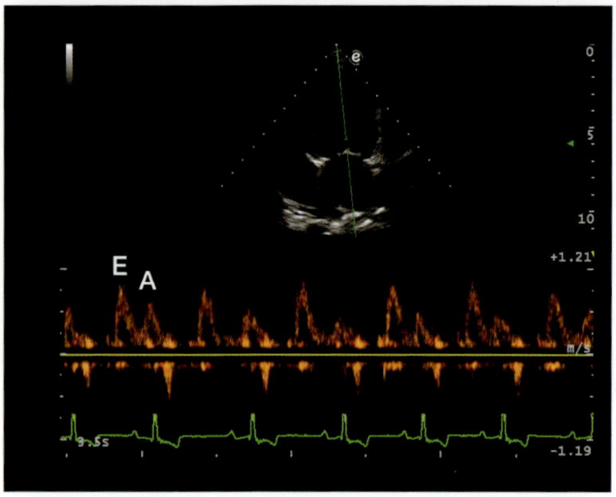

图 3.18　健康犬二尖瓣血流的脉冲多普勒频谱图像

舒张早期血流为 E，舒张晚期血流为 A，即 E 波和 A 波，分别代表早期和心房收缩期血流，二者之间可见舒张末期低峰血流。相反的，A 波与下一个 E 波间（心室收缩期）没有血流。

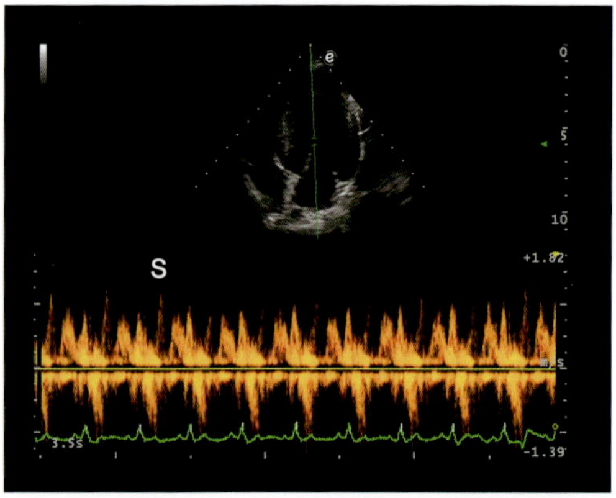

图 3.19　健康犬二尖瓣血流的脉冲多普勒频谱图像。在此病例中明显可见收缩期（S）的伪影

此外，通过同时呈现主动脉血流的切面测量主动脉血流结束和二尖瓣血流开始之间的等容舒张时间（isovolumetric relaxation time，IVRT）（图 3.23），以及 A 波结束和主动脉血流开始之间的等容收缩时间（isovolumic contraction time，IVCT）。

表 3.1 给出了临床中最常见的多普勒

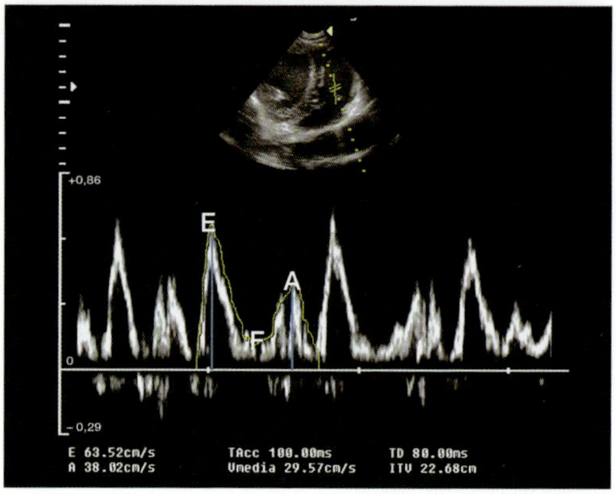

图 3.20　健康犬三尖瓣血流的脉冲多普勒频谱图像

频谱图像显示了可用于定性和定量评估三尖瓣血流的主要参数。E：舒张早期最大血流速度；F：舒张末期起始点；A：舒张末期最大血流速度；TAcc：舒张早期加速时间（E 波上升时间，以 s 计）；Vmedia：E 波平均速度（以 cm/s 计）；TD：E 波减速时间（E–F 斜率，以 s 计）；ITV（VTI）：速度－时间积分。

速度参考值，参考自不同学者。

舒张期血流的检测作为左心房的“测绘”指标，以半定量方式确定二尖瓣关闭不全的程度。临床中，常将取样容积向左心房移动直到同时出现基线之上的舒张期血流和基线之下的收缩期血流。实际上使用脉冲多普勒时，随着取样容积向左心房移动，二尖瓣舒张期血流变得越来越不明显，频谱不再是双峰并最终消失。然而如图 3.24 所示，当取样容积接近心房顶部并放置于瓣环相对特定位点时，可记录肺静脉流量，并可评估左心室的收缩功能、舒张功能和血容状态。

通过上述方法放置取样容积所测量的反流通常由高速且呈湍流样移动的细胞形成。因此在二尖瓣关闭不全的情况下，脉

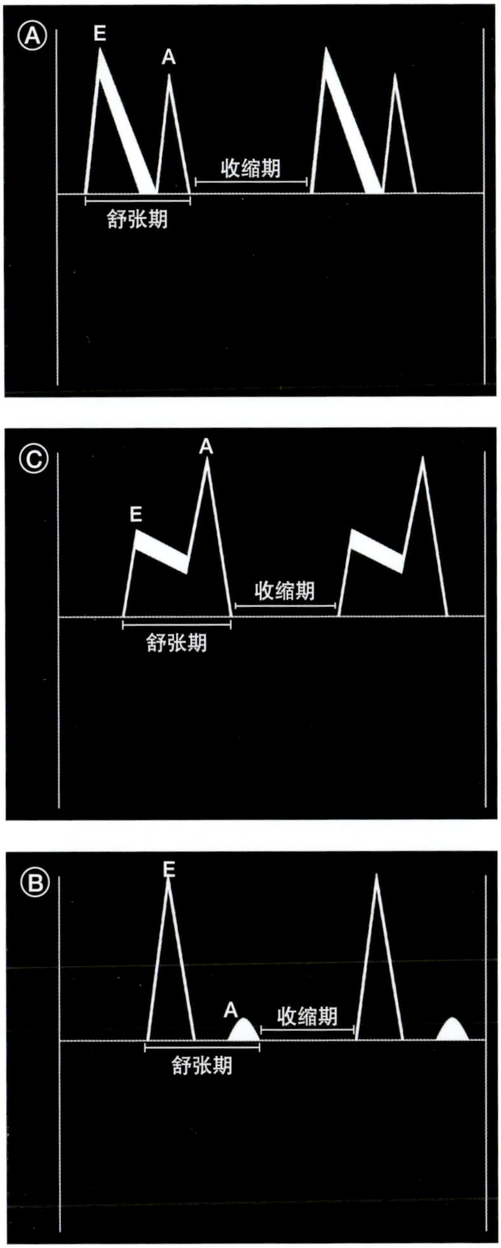

图 3.21　正常情况（A）、心室肌弹性下降（B）和舒张功能受损（C）时不同 E 波和 A 波比值的模式图像

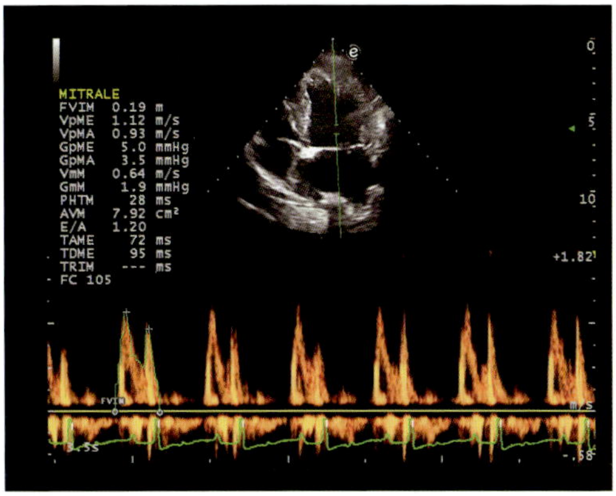

图 3.22　健康犬二尖瓣血流的脉冲多普勒频谱图像

左图显示了可用于定性和定量评估经瓣膜血流的主要参数。ITV（VTI）：二尖瓣血流的速度 – 时间积分（译者注：图中缩写为意大利文首字母缩写，图 3.27 和图 3.52 同）；VpME：二尖瓣 E 波峰速；VpMA：二尖瓣 A 波峰速；GpME：二尖瓣 E 波斜率；GpMA：二尖瓣 A 波斜率；VmM：平均二尖瓣血流速度；GmM：平均二尖瓣血流斜率；PHTM：二尖瓣血流压力减半时间；AVM：二尖瓣波形面积；E/A：E 波与 A 波的比值；TAME：二尖瓣 E 波的加速时间；TDME：二尖瓣 E 波的减速时间；TRIM：左心室等容舒张时间；FC：心率。

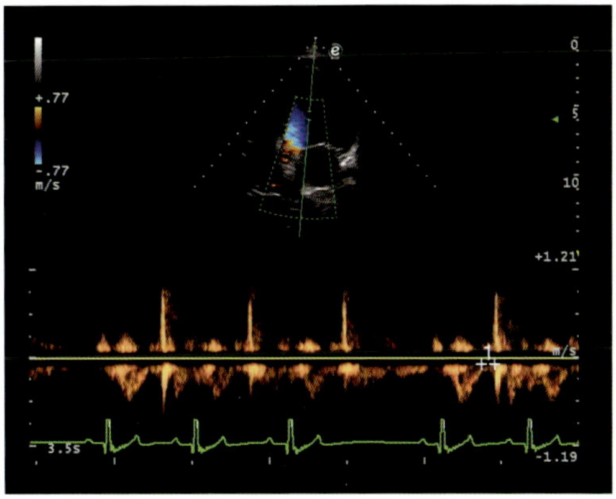

图 3.23　等容舒张时间为频谱图像中光标之间标记“1”的区域

IVRT 可通过将取样容积放置于左心室流入道与流出道之间特定位置来测量。收缩期流出血流结束点和舒张期流入血流开始点之间的间隔即为 IVRT。

表 3.1　犬猫经瓣膜血流频谱多普勒下流速参考值　单位：cm/s

	犬	猫
主动脉流速	106 ~ 157	102
肺动脉流速	84 ~ 125	102
二尖瓣 E 波	75 ~ 94	69
二尖瓣 A 波	53 ~ 64	54
三尖瓣 E 波	56 ~ 86	60
三尖瓣 A 波	58 ~ 62	—
二尖瓣 E/A	1.3 ~ 1.5	—
三尖瓣 E/A	1.6	—

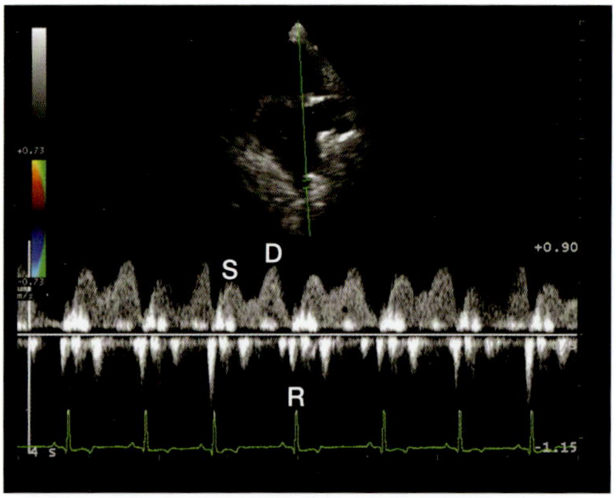

图 3.24　肺静脉血流的脉冲多普勒频谱图像

S 表示血流在左心室收缩期流入左心房，而 D 表示血流在左心室舒张早期流入左心房。R 表示血流因左心房收缩而反流进入肺静脉。

冲多普勒通常可显示混叠的跨收缩期血流，但不能显示方向或峰值速度（图 3.10）。

为了量化流速而对血流定量，必须在同一二维切面上使用连续多普勒测量（图 3.25）。在心尖五腔切面中，很难将多普勒轴与左心室流出道完全平行。取样容积可放置于流出道、瓣膜上方主动脉球或主动脉根部（升主动脉）（图 3.26）。

在接受检查的部分动物中，可从剑突下声窗进行测量。首先，通过该声窗可避免许多呼吸伪影，其次多普勒轴可与升主动脉中的血流方向平行。剑突下声窗尤其适用于拳师犬和桶型胸犬。但使用该声窗困难的是，在胸腔深度特别大的动物中，探头与血流待测量区域间的距离显著增加。这一缺点导致脉冲多普勒的最大检测速度下降，但可使用连续多普勒克服。

通过脉冲多普勒获得的主动脉瓣典型血流剖面图类似于等腰三角形，呈底部窄高度大形状，其中加速比减速更快（图 3.27）。由于血流远离探头，因此其在频谱图像上的轮廓在基线以下。峰值速度通常为 0.9 ~ 1.7 m/s。然而即使在同一动物中，记录到的速度也可能有显著变化，这取决于心动周期的长度和呼吸（图 3.28）。此外，随着取样容积从流出道的顶端区域向主动脉球移动，速度将逐渐增加。

可使用右侧心基部短轴切面进行肺动

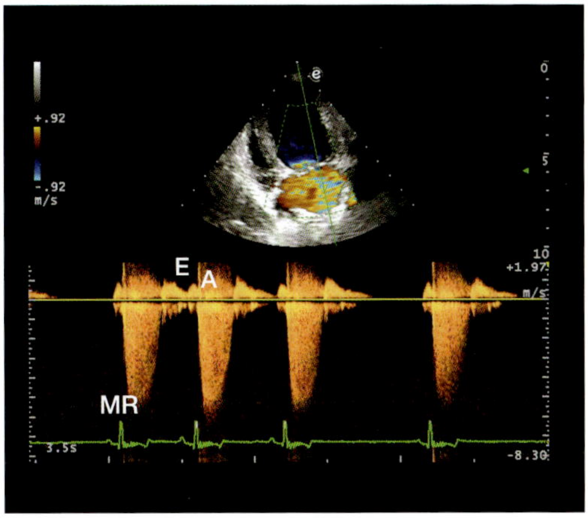

图 3.25　二尖瓣反流的连续多普勒频谱图像
基线以上可见 E 波和 A 波（舒张期血流）。MR 为基线下的高流速湍流，这是由收缩期二尖瓣关闭不全导致的。频谱图像是将绿色取样线放置于二维图像中彩色高亮湍流获得的（图 3.42）。

脉的多普勒轴放置（图 3.29）。为了更好地与肺动脉血流一致，可使用右侧左心室斜切面来获得肺动脉流出道和其瓣膜的完整成像，在左头侧切面中探头向头背侧倾斜可获得肺动脉干的最佳图像（图 3.30）。肺动脉瓣的血流剖面图类似于主动脉，但加速与减速不太明显且更圆（图 3.31）。犬猫的最大可测得的流速为 1 m/s 左右。

肺动脉瓣和主动脉瓣均可通过定位相应流出道来识别反流，反流将具有最大流速和不同的频谱外观，这取决于瓣膜上和瓣膜下的压力情况。肺动脉瓣关闭不全通常是健康犬中的偶然发现，通常流速低于 2.2 m/s。在这些情况下，建议使用连续多普勒来获得包含两种血流的频谱图像，但也可以使用脉冲多普勒专门定位这种异常血流（图 3.32）。

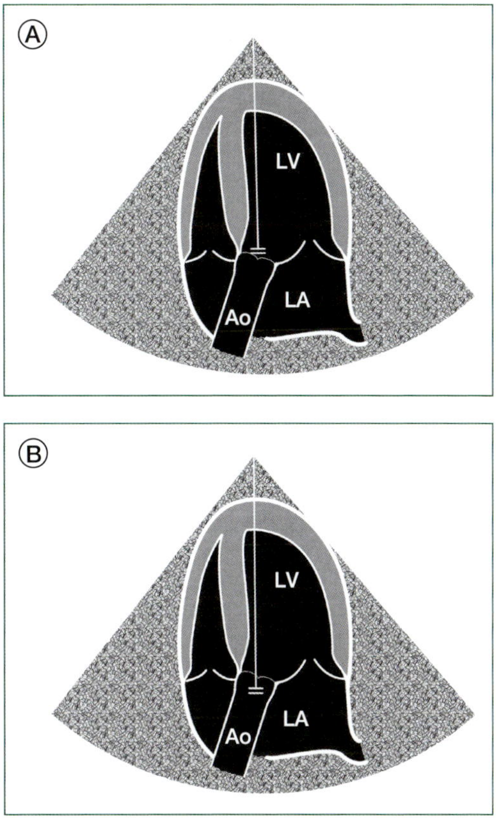

图 3.26　在左侧心尖五腔切面中，测量主动脉血流时多普勒轴和取样容积放置位点的模式图
A. 取样容积放置于左心室流出道内，即瓣膜下；B. 取样容积放置于主动脉球和主动脉根部之间，即瓣膜上。

连续多普勒

连续多普勒是由一个具有两个或多个独立工作的压电晶体的特殊探头实现的。一个压电晶体充当发射器并连续发射超声脉冲，而另一个压电晶体则充当回波的接收器。通过这种方式可获得非常高的脉冲频率。脉冲以连续方式发射意味着在特定时刻，沿着超声束的所有运动目标的多普勒频率都会被记录、分析，这会导致来自不同深度点的信息重叠。因此，连续多普

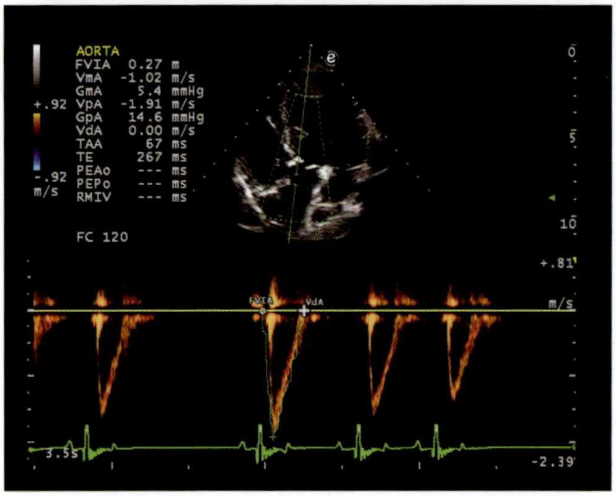

图 3.27 健康犬左心室流出道内血流的脉冲多普勒频谱图像

图像左侧显示了以“主动脉（aorta）”为标题的系列测量指标。ITV（VTI）：速度 – 时间积分；VmA：平均主动脉血流流速；GmA：平均主动脉血流梯度；VpA：主动脉峰值速度；GpA：主动脉峰值斜率；VdA：舒张期主动脉流速；TAA：主动脉血流加速时间；TE：射血时间；PEAo：主动脉射血前期时间；PEPo：肺动脉射血前期时间；RMIV：室间隔运动延迟；FC：心率。

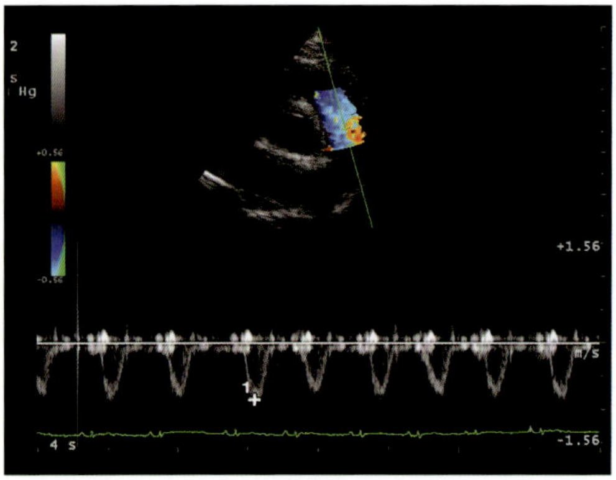

图 3.28 脉冲多普勒测量的肺动脉血流速度随呼吸变化，导致压力变化和血流动力学变化。“1”所在光标显示了单次舒张间隔延长后血流速度更高

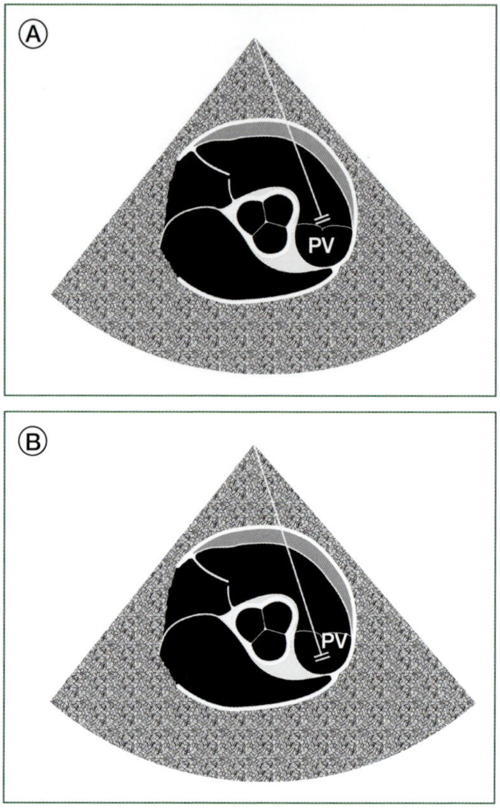

图 3.29 在右侧胸骨旁短轴切面中，评估肺动脉血流的多普勒轴和取样容积放置的模式图

A. 取样容积放置于右心室流出道远端，即瓣膜下；B. 取样容积放置在肺动脉。

勒不能像脉冲多普勒那样区分回波的深度。当连续多普勒模式处于激活状态时，如果使用的探头支持二维图像，则二维图像必须处于待机状态，且只能在多普勒系统处于非激活状态的短脉冲串间进行周期性更新。然而，即使在使用脉冲多普勒时也可通过使用特殊指令将二维参考图像置于待机状态来获得最佳性能。连续多普勒的优点在于它的测量速度上限比脉冲多普勒高得多，这是因为数据处理不会因回波的等待时间而减慢。然而对于连续多普勒，需要保证的是超声束沿着目标区域精确定位，并且多普勒轴不会穿过心脏或血管其他区域中并存的不同血流，因为无论其所处的深度如何，这些血流都将被记录。

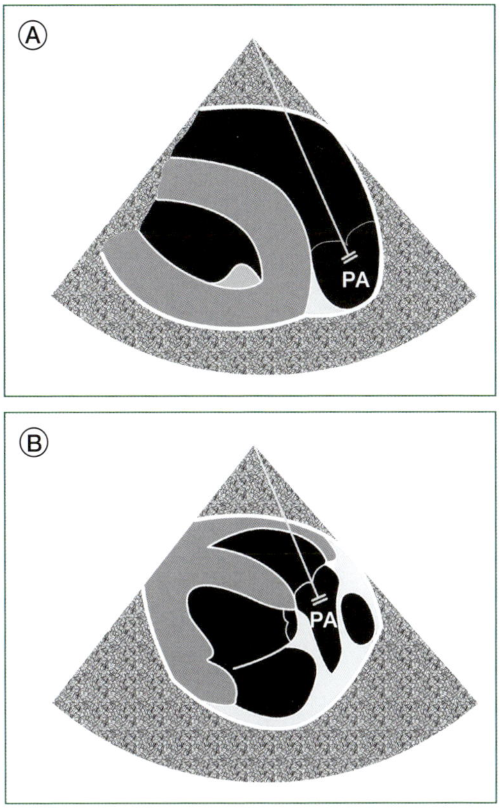

图 3.30　评估肺动脉血流时多普勒轴和取样容积放置位置的模式图

A. 右侧胸骨旁短轴斜切面，在这个切面中右心室流出道显示更清晰；B. 左头侧长轴切面的取样容积放置位点。PA：肺动脉。

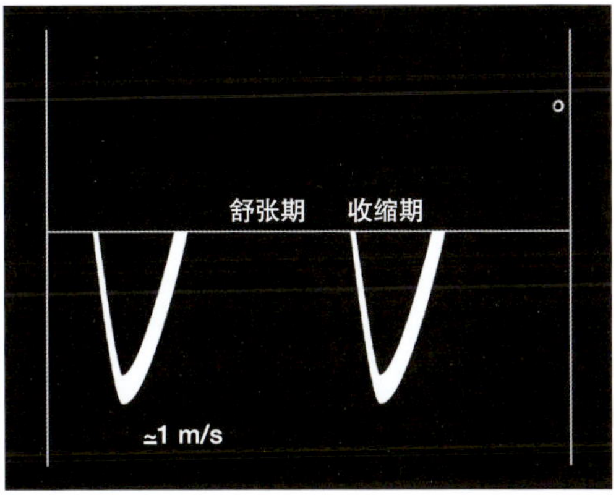

图 3.31　正常肺动脉血流多普勒信号的模式图

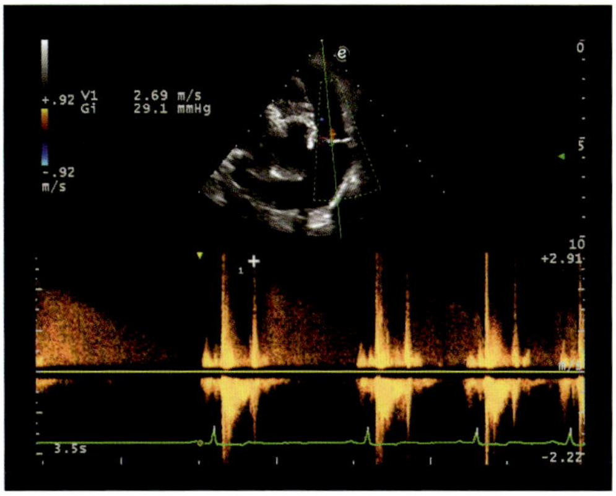

图 3.32　一只犬肺动脉血流的连续多普勒频谱图像

取样容积同样放置于右心室流出道，收缩期血流位于基线以下，在 QRS 波之后开始。可见舒张期血流（反流）在 T 波结束后开始且位于基线以上。反流的最大流速为 2.69 m/s。*V*1：峰值流速；*G*1：压力梯度。

实际上，这个似乎很难解决的问题对多普勒的临床应用几乎没有影响。有一种说法认为它是一种“盲”探头。因为连续多普勒模式基本上用于确定通过关闭不全的房室瓣或狭窄的主动脉瓣 / 肺动脉瓣的高速血流。存在二尖瓣反流或三尖瓣反流时，以左侧心尖四腔切面为二维参考图像（图 3.17），从心尖到心房的路径上唯一的收缩期血流来自关闭不全的房室瓣。若超声医师怀疑成像的是主动脉血流而非二尖瓣反流，可通过评估同一路径中是否存在房室瓣的生理性舒张期血流来确认定位。反之同理，可评估主动脉血流测量线是否准确。

肺动脉瓣的血流存在被错误解读的可能性，实际上在这种情况下，频谱图像是在心基部右侧胸骨旁短轴切面中获得的，通过将多普勒轴向头侧倾斜（或屏幕前操作者的右侧），以仅能获得右心室流出血流的信号。

在马中，受限于胸骨，很难从标准肋间声窗将多普勒轴与左心室流入道或流出道平行放置。因此必须获得斜切面进行扫查，但这可能不能测量最大血流速度。

频谱血流剖面图波形分析

当主动脉反流和肺动脉反流不导致相应的心室舒张压的快速升高时，反流频谱呈平台状或“阶梯式”样（图 3.33）。反流导致舒张压升高时（反流加重），在最初舒张前期峰值之后，血流剖面图逐渐下降至基线，这种表现与心室舒张压升高相关。根据舒张期斜率（更平坦或更陡峭），可计算出所谓的舒张压减半时间，其对应于原舒张期峰值血流减少一半所需的时间（图 3.34）：减半时间越短，心室舒张压升高或全身收缩压下降得越快。减半时间越短，反流越严重。

表 3.2 显示了各心室和大血管的平均生理性压力，以及在常见心脏病中可能存在的压力变化，这有助于超声医师解读以最大速度和压力梯度表示的频谱图像。

主动脉瓣狭窄中的收缩期高速血流剖面图可能在加速过程中偶尔会出现凹陷，这与心室流出道动态梗阻相对应。这发生于典型的肥厚性阻塞型心肌病和瓣膜下狭窄等情况，这会导致血流剖面图出现“匕首”状，尤其是在交感神经兴奋和心率增加的情况下（图 3.35）。

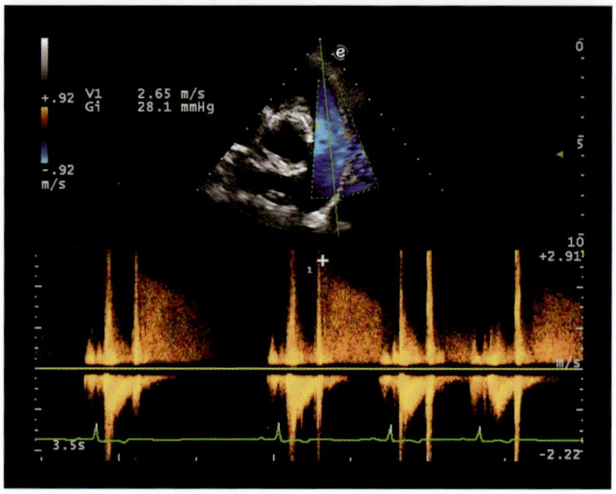

图 3.33　一只犬肺动脉血流的连续多普勒频谱图像

收缩期血流位于基线以下，肺动脉反流为舒张期血流位于基线以上且呈典型“斜面”状。*V*1：峰值流速；*G*1：压力梯度。

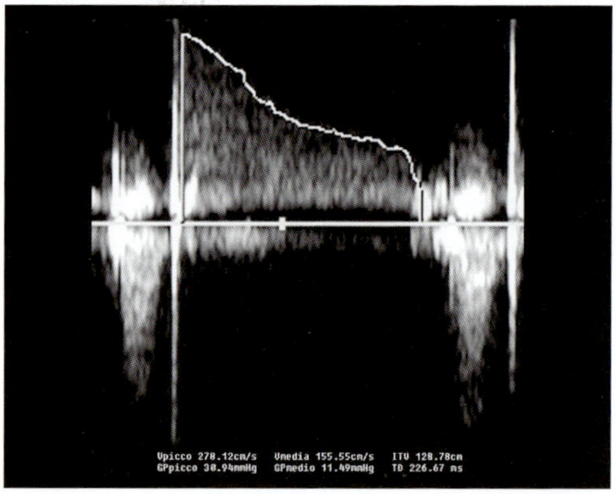

图 3.34　主动脉反流舒张压减半时间的测量方法

注意初始正向峰值后反流流速逐渐下降，并伴随左心室舒张压升高。减半时间（TD）在图像下边显示，同其他参数一样可用于评估血流，这个病例约为 226.67 ms。参数 TD < 300 ms 时，提示左心室舒张压升高，很可能与严重主动脉瓣关闭不全相关。Vpicco：峰值速度；Vmedia：平均速度；ITV：速度－时间积分；GPpicco：峰值压力梯度；GPmedio：平均压力梯度。

表 3.2 犬猫频谱多普勒参考值 单位：mmHg

	收缩压	舒张压	平均压
右心房	4 ~ 6	0 ~ 4	2 ~ 5
右心室	15 ~ 30	< 5	—
肺动脉	15 ~ 30	5 ~ 15	8 ~ 20
左心房	5 ~ 12	< 8	< 10
左心室	95 ~ 150	< 10	—
主动脉	95 ~ 150	70 ~ 100	80 ~ 110
二尖瓣反流			
左心房	↑	↑	↑
扩张型心肌病			
左心室	↓	↑	—
左心房	↑	↑	↑
主动脉	↓	↓	↓
主动脉瓣狭窄			
左心室	↑	↑	↑
肺动脉瓣狭窄			
右心室	↑	↑	↑
PDA（左－右）			
肺动脉	↑	↑	↑
左心房	↑	↑	↑
主动脉	—	↓	↓
左心室	—	↑	↑

另一方面，二尖瓣反流或三尖瓣反流的血流剖面图通常表现为圆顶，加速阶段和减速阶段对称。而心房高压的频谱则会发生变化，在这些病例中，反流一旦达到最大加速，即不再是典型的圆顶和对称性，而是表现为镰刀状，出现一个逐渐向基线下降的凹面轮廓（图 3.36）。

舒张功能的评估

超声仪内安装的测量和计算系统可以得出评估心室舒张功能所需的各种参数。但舒张功能评估有许多局限性，所得结果的准确性依赖于超声医师的临床经验，应结合其他超声心动图征象和整体临床表现对得出的数据进行评估，而不是单独评估数据。

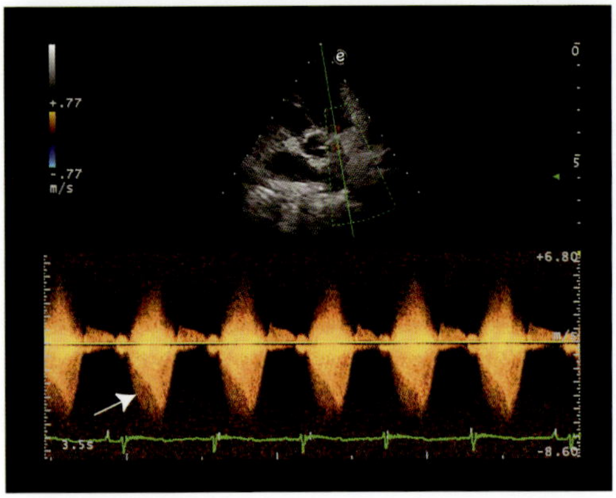

图 3.35 肺动脉瓣狭窄患犬肺动脉血流的连续多普勒频谱图像

基线以下可见两个互相重叠的不同梯度。其中一个呈等腰三角形（箭头所指），提示瓣膜狭窄，另一个呈更明亮的频谱，表现为加速期略凹陷，这提示右心室流出道动态梗阻。

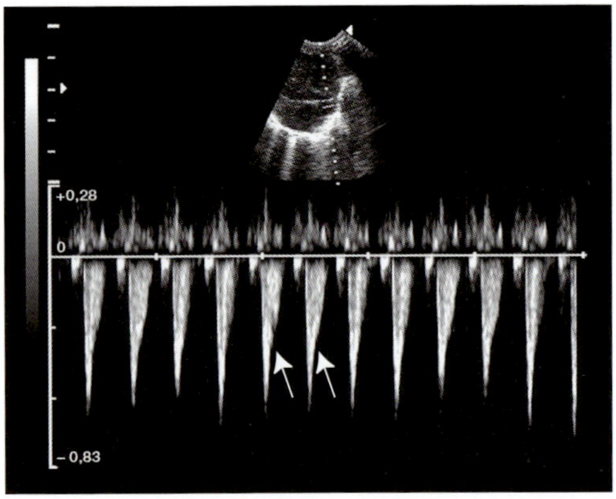

图 3.36 肺动脉高压患犬肺动脉血流的脉冲多普勒频谱图像。减速期呈镰刀状提示肺动脉高压

通过频谱多普勒测量等容舒张时间、心室快速充盈期、舒张前期二尖瓣血流减速时间和舒张末期心房收缩引起的血流来评估心室舒张功能和舒张充盈的变化。专栏 3.1 列出了上述参数和相应的测量方法。

简而言之，与肥厚型心肌病或系统性高血压等疾病相关的心肌舒张异常造成了E 波最大流速降低和 A 波流速相对升高，最终使 E/A 倒置。在这种情况下，E 波减速时间和等容舒张时间均延长。

在扩张型心肌病、限制型心肌病或肥厚型心肌病的病程中，可能会出现心肌顺应性（弹性）下降，导致等容舒张时间缩短、E/A 增加和 E 波减速时间缩短。以上这些与多因素相关，其中最重要的是在这些疾病中会出现不同程度的心室舒张压升高和心肌顺应性下降。

组织多普勒超声成像将在本章的最后详细介绍。TDI 提供了左心室舒张功能的重要信息：若二尖瓣血流 E/A 正常，E′ /A′ 倒置，提示心室舒张功能假性正常；E/E′ >13 ~ 15 高度提示存在充血性心力衰竭；E′ 和 A′ 峰值流速下降提示限制型舒张模式。

由肺动脉瓣狭窄或其他疾病造成的右心室舒张功能障碍，在三尖瓣流入血流和右心室 TDI 检查中也会出现 E/A 倒置。

彩色多普勒

一般来说，彩色多普勒可以视作频谱多普勒的延伸，它可以同时分析多个取样容积的反射频率，用颜色编码将一个取样区域中的血流速度和方向重叠在二维图像上。在频谱多普勒中仅有一条检测血流的取样线，而在彩色多普勒中探头会以辐射的方式发出多条取样线（图 3.38），从而使不同入射角度的取样线与血流同时存在，因此可以同时检测不同方向的血流及其速度。

脉冲多普勒的物理原理同样适用于彩

专栏 3.1　用于评估左心室舒张功能的多普勒变量

等容舒张时间：心室射血结束至舒张期二尖瓣口血流开始之间的时间。左侧心尖五腔切面显示主动脉瓣和二尖瓣血流剖面图，取样框置于二尖瓣和流出道的中点，测量主动脉瓣血流波形终点至二尖瓣血流波形起点的间隔（图 3.23）。

心室快速充盈期（被动舒张早期充盈期）：二尖瓣打开至舒张早期血流峰值流速之间的时间（二尖瓣血流剖面图的 E 波）（图 3.37）。如果 A 波流速也被测定，即可计算 E 波与 A 波的比值（ratio between E and A waves，E/A）。正常时 E/A>1。

二尖瓣血流减速时间（舒张早期血流减速）：E 波的峰值流速至舒张后期的时间（图 3.22）。

心房收缩引起的血流（舒张末期血流）：该血流取决于心房收缩，可以通过 A 波的高度评估。

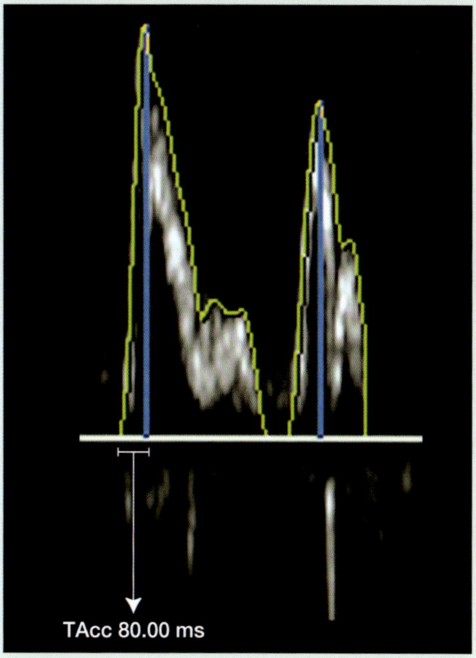

图 3.37　一只犬二尖瓣流入血流的脉冲多普勒，显示舒张早期二尖瓣流入血流的加速时间。加速时间为 E 波起始至 E 波峰值流速，单位是毫秒（ms）

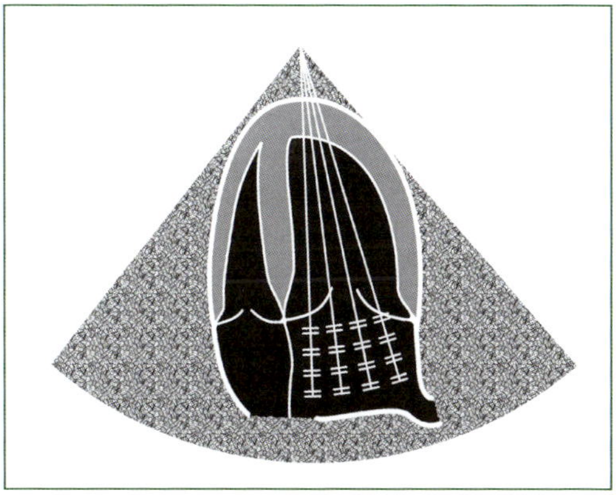

图 3.38　彩色多普勒使用的采样模式的示意图

色多普勒。因此，在彩色多普勒超声检查时，多普勒方程、奈奎斯特极限、信号混叠和相对于血流的超声束的入射角度等概念均适用。

实际上，彩色编码技术以二维图像作为参考，可从上述任何投射方向中获得数据。大量相邻取样容积返回的信号显示在一个限定的扇形区中，在屏幕中以取样框显示（图 3.39）。扫查者可将取样框移动到图像的任何位置，也可以进行放大或缩

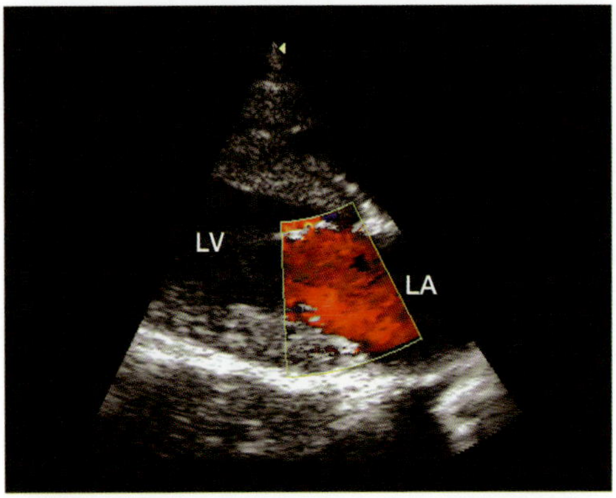

图 3.39 彩色多普勒超声成像中的取样容积，重叠于二维图像上。彩色编码显示的血流信号仅出现在取样框内

LV：左心室；LA：左心房。

小。在实际使用中，我们必须记住一个基本概念，即一个功能想要呈现更好的效果（举例来说，提高空间分辨率）一定会使另一个功能受影响（这种情况下会降低图像的刷新速度）。因此，一般建议尽可能限制检查区域（空间分辨率），以便提高时间分辨率和速度灵敏度。多频采集获得的数据通过计算机处理和筛选，利用不同的颜色和颜色的深浅来显示方向和速度上的逐渐变化。

根据标准编码系统，血流缺失被编码为无色。正向多普勒频移（血流朝向探头）被编码为红色，而负向多普勒频移（血流远离探头）被编码为蓝色。这一编码系统也被简称为 BART：蓝色远离，红色朝向。更复杂的彩色编码系统会根据血流速度的逐渐增加，显示为同一颜色的不同色调（以显示流速差异），速度越高显示的颜色色调越明亮直到变成白色。因此，彩色多普勒被认为是半定量表示系统。还有很重要的一点——血流垂直于探头时会不显示颜色，因为此时血流速度在轴向上为 0。

在质量较高的超声设备中，彩色图像的更新速度较快，可以实时显示心脏和大小血管内的血流。

当使用彩色多普勒时，屏幕上会出现颜色参考标尺，包含了成像所使用的彩色编码信息。标尺中以黑色区域为界，上下分别为朝向探头和远离探头血流的彩色梯度（图 3.40）。这条黑线相当于多普勒频移为 0，也相当于基线。编码标尺的正向和负向极点颜色为白色，代表该方向可编码的最大速度上限，即奈奎斯特极限。一旦超过了这个极限，便会在另一个方向上继续编码，从反向的白色极限逐步靠近基线的暗色调（混叠现象）。

和频谱多普勒一样，彩色多普勒的基线可以上移或下移，以便增加朝向或远离探头的最大可测量流速（图 3.40）。彩色多普勒超声成像中的奈奎斯特极限不会很高，正常血流也可能出现混叠现象，如通过主动脉瓣和肺动脉瓣的血流。经验丰富的超声医师能够区分这一伪影，实际上，使用优质的编码系统时，混叠的边缘区域颜色会非常浅，并渐变为与前面相反的颜色（图 3.41）。

彩色多普勒超声主要用于检测是否存在异常血流、异常血流的位置及其在心动周期中出现的时间，以及是否产生湍流。为此，已开发专业的彩色编码系统，当出现湍流（高方差）时，在彩色编码标尺中添加黄色或绿色。因此，出现这些颜

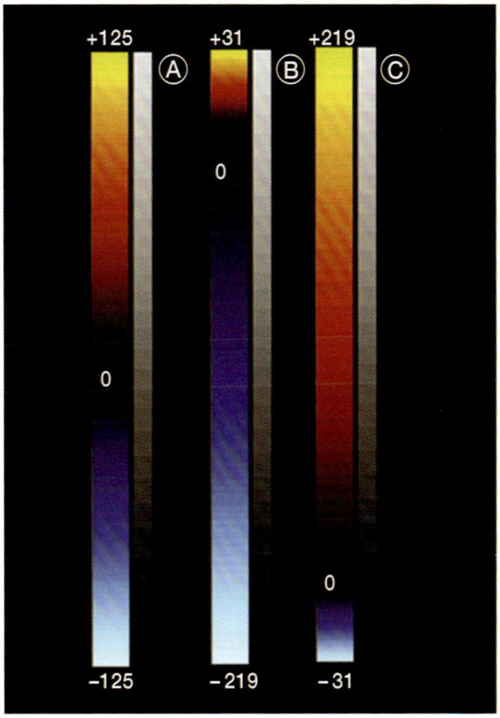

图 3.40 彩色编码的参考标尺

A. 基线（0）所在位置将参考标尺平分为两半。B 和 C. 基线向上和向下移动。基线上移（B）可更好地评估远离探头的血流（编码为蓝色）。基线下移（C）可更好地评估朝向探头的血流（编码为红色）。通过这样调整基线以减少正常血流的混叠。注意调整基线后最高血流速度的变化（奈奎斯特极限在彩色编码带的顶部和底部显示，单位为 cm/s）。

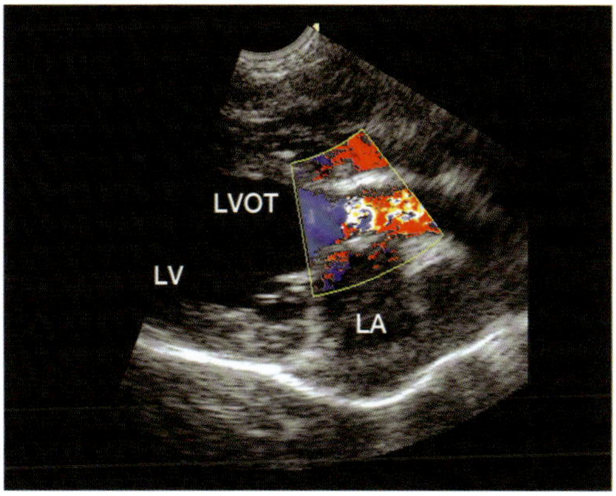

图 3.41 彩色多普勒超声成像中的混叠

取样容积放置于左心室流出道和主动脉。左心室流出的血流（取样容积的左侧编码为蓝色）在到达主动脉瓣后加速，以至于一旦血流速度增加至最大可测量速度（奈奎斯特极限，以小的白色区显示），编码反转，首先变成黄色，然后变成红色，但实际血流方向未改变。LV：左心室；LA：左心房；LVOT：左心室流出道。

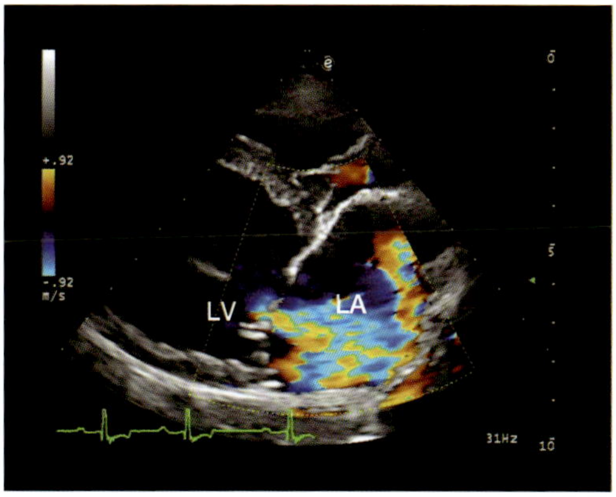

图 3.42 湍流的彩色多普勒图像（马赛克），可见收缩期反流通过关闭不全的二尖瓣。血流到达二尖瓣口前，在左心室内加速，黄色和浅蓝色（和部分红色）多普勒信号在左心房内混合

LV：左心室；LA：左心房。

色的混合（马赛克样）提示存在湍流，根据血流的主要方向不同，可能会出现红色和绿色，或蓝色和黄色为主的颜色。但湍流的颜色并不是很重要，因为湍流中有很多混叠现象。因此，主要的血流方向是通过色彩信息、血流出现时间和位置来确定的（图 3.42）。通过彩色编码来确定血流时间的最佳方法是结合该区域的 M 型超声成像。例如，为了评估通过关闭不全的主动脉瓣湍流的持续时间，可以同步彩色血流信号和经主动脉瓣的 M 型超声扫查，表现为仅在舒张期（或部分舒张期）显示提示湍流的马赛克样彩色信号（图 3.43）。

由于伪影、瓣膜运动产生的噪点、仪

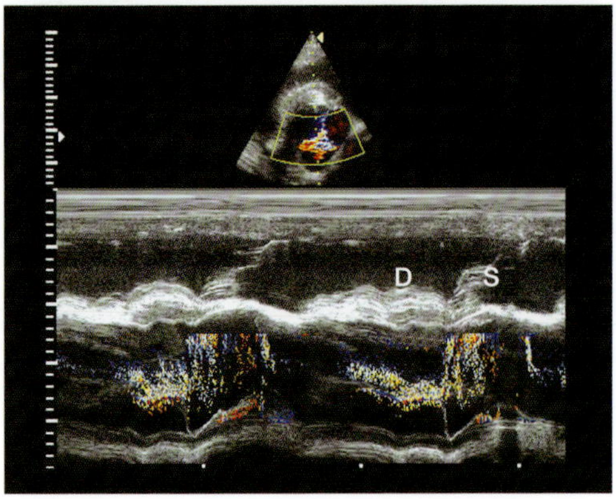

图 3.43　主动脉瓣反流时间的彩色 M 型超声图像
正常主动脉瓣，只有在收缩期可测得血流（S 下方）。但是在这个病例中，因为主动脉瓣关闭不全，在舒张期（D）可见马赛克样彩色编码的湍流。

器敏感度低或多普勒角度偏差等因素，正常血流也可能会错误地显示为湍流信号。因此，不能仅依赖于彩色多普勒检查做出诊断，特别是在怀疑瓣膜狭窄的情况下，应该使用彩色多普勒作为初步检查方式，然后使用频谱多普勒进行确认。

专栏 3.2 列举了用于优化彩色编码成像的主要技术意见。

方差

在彩色多普勒中，方差是彩色多普勒划定的目标区域内血流流速的范围。大多数具备彩色多普勒功能的超声仪可以选择含有或不含有方差的色图。在层流中，同一位置的红细胞以几乎相同的速度移动，它们的平均速度与测得的最大速度非常相似，因此方差比较小。但是在湍流中，同一取样容积内同时存在多种红细胞速度（绝对和相对），因此速度范围增大。使用一个不含有方差的常规色图，不论取样容积内测得的速度范围如何，系统只能给每一取样容积指定一种颜色。但是，使用含有方差的色图时，系统可以显示取样容积内的速度偏离平均值的程度，即使用不同的颜色代表取样容积内速度偏离平均值的程度（图 3.44）。

彩色多普勒超声心动图的优势

彩色多普勒超声心动图的优势有很多：首先，因为可以显示心脏的大部分区域，彩色多普勒比脉冲多普勒更易发现异常（和正常）血流；其次，多普勒信号是直接重叠于二维图像上的，所以容易识别异常血流的位置；再次，因为超声医师可以观察心动周期，容易识别异常和正常血流出现的时间；最后，彩色多普勒的高敏感度（特别是帧率较高时）允许发现细微或生理性的“异常”血流（一部分可能是微小的病变，而另一部分是生理性的）。另外，在使用彩色多普勒定位异常血流模式后，可以轻松地指导取样容积和频谱多普勒的多普勒轴放置于正确的位置，提高测量的准确性，减少检查时间。

彩色多普勒图像的获取

右侧胸骨旁长轴切面

在右侧胸骨旁长轴四腔切面，室间隔、房间隔和心脏腔室的方向与超声束垂直。探头顺时针旋转 10°，可以获得左心室流出道切面（即右侧胸骨旁长轴五腔切面），可见主动脉瓣和升主动脉近端的长轴切面。此时，超声束和正常血流方向的入射角较大，导致所有上述腔室内和各自瓣膜的血流速度被明显低估。但是，这

专栏 3.2　优化彩色多普勒超声成像的设置

当在二维灰度图像中应用彩色编码，建议按照以下几方面修改设置。

降低总增益，或增加对比度，因为彩色编码需要大量数据处理，如果用于图像显示的多数像素已经被组织密度或腔内干扰所占用，就会更难进行准确编码。

增加总彩色增益，首先提起探头远离皮肤表面，调节增益至“斑点”伪影将要出现前的值（间歇性和随机性彩色像素）。

像脉冲多普勒一样滤除低频来消除低频强信号。实际上，闪烁伪影（例如，反映瓣膜、心室壁和肺叶边缘运动的彩色斑点）会掩盖有用信息，并提供异常血流图像，使诊断变得更复杂。

增加标尺范围以尽可能提高奈奎斯特极限，避免将正常血流误认为混叠或湍流。

最后，如前所述，通过减小图像的扇面角度、减小目标区域外的灰度图像和尽可能地降低图像深度来增加帧率。

虽然做了上述的所有调整，并且超声束与血流方向平行，但最终的图像仍可能不满意。在这种情况下，选择更低频探头或改变扫查角度。

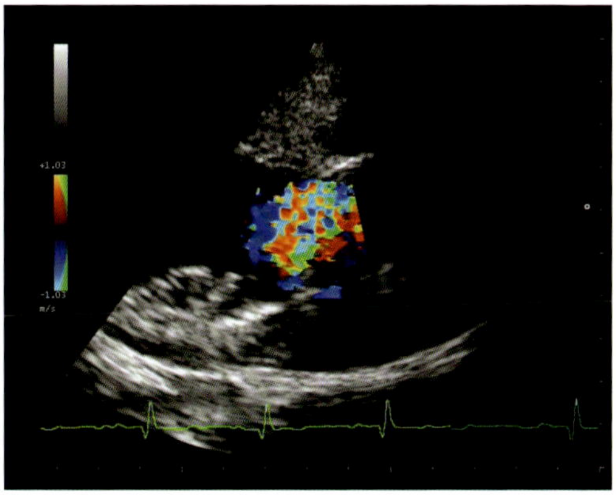

图 3.44　一个重度主动脉瓣关闭不全病例的含有方差彩色多普勒图像

注意，在图像左侧，彩色标尺添加了绿色和浅蓝色来显示血流方差。

也避免了正常血流信号的混叠，更容易区分正常血流和高速湍流。在这些切面中很容易识别二尖瓣反流、三尖瓣反流或主动脉瓣反流造成的高速血流。注意，超声医师在这些切面中使用彩色多普勒，不是评估血流的绝对速度，而是评估血流的性质（层流还是湍流）。

在右侧胸骨旁长轴四腔切面中，通过将多普勒扇形区自心尖向心基部移动，可以发现房间隔缺损或室间隔缺损的异常分流。

将探头稍向胸骨移动靠近心尖，并使超声束指向更背侧，心脏看起来会稍倾斜，此时超声束与通过房室瓣的血流方向更平行。在调整后的右侧胸骨旁长轴切面，舒张期流入心室的血流被编码为红色，而收缩期从心室射出的血流被编码为蓝色。在舒张期，血流从左心房进入左心室并且朝向心尖（被编码为红色）。血流到达心尖后将沿着游离壁和室间隔环绕心内膜，朝向流出道和心基部流出的部分血流则被编码为蓝色（图 3.45）。一旦血流到达主动脉瓣，就在舒张期的剩余时间内减速。在

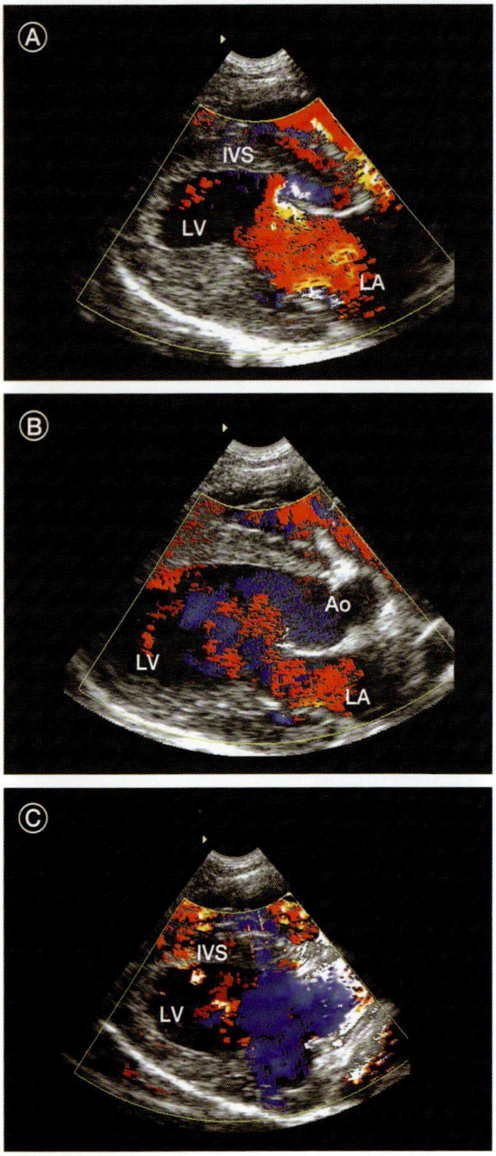

图 3.45　健康犬左心舒张期血流的彩色多普勒图像

右侧胸骨旁长轴切面。A. 舒张早期；B. 舒张中期；C. 舒张晚期。LV：左心室；LA：左心房；Ao：主动脉；IVS：室间隔。

收缩期，血流加速通过流出道进入主动脉，到达峰值流速时通常会产生一些混叠（图 3.41）。

右侧胸骨旁短轴切面

通过前文所描述的一系列短轴切面，可以观察通过房室瓣和半月瓣的血流。在左心室水平的短轴切面，可以观察到舒张中期的血流，显示两个相邻且等分的色彩区域，靠近室间隔的血液呈蓝色，血流自心尖流向主动脉瓣；靠近游离壁的血流呈红色，血流自左心房流向心尖（图 3.46A）。在二尖瓣（鱼嘴）水平的短轴切面，通常可以发现二尖瓣反流。这个切面有助于发现二尖瓣发生反流的位置，而这一信息在二尖瓣修复术中很重要（图 3.46B、C）。为了进一步详细描述反流病变的确切位置和性质，超声医师可以冻结有代表性的彩色多普勒图像，然后从二维图像上移除色图来显示解剖细节（图 3.46D）。

在左心房 / 主动脉根部水平的右侧胸骨旁短轴切面，从图像的左侧到右侧可以观察右心房、三尖瓣、部分右心室流入道和右心室流出道。适当调整探头，沿着图像的右侧可见右心室流出道、肺动脉瓣和肺动脉干影像。有些情况下，可以从一个位置观察到所有右心结构（图 3.47A、B）。右心结构围绕着主动脉，在这一切面呈现为“U”形或环形。静脉回流主要来自右心房的后腔静脉，这些血流通过三尖瓣，被编码为红色。在舒张早期，进入右心室的血流编码为红色。随后，它到达右心室的一个点，此时血流垂直于多普勒波束，在很短的距离内，没有多普勒信号记录（无色编码）。在这一位点后，血流进入右心室流出道并朝向肺动脉瓣，被编码为蓝色。在收缩期，血流经肺动脉瓣射出，

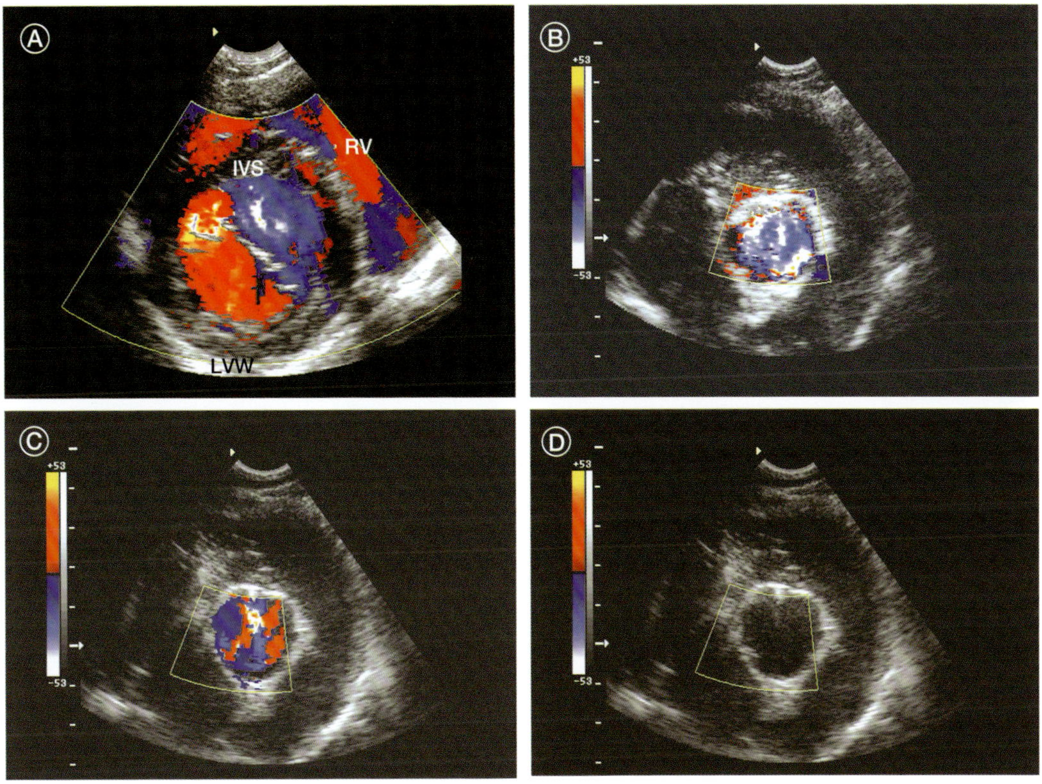

图 3.46　健康犬经左心室（A）和主动脉瓣（B 和 C）血流的右侧胸骨旁短轴切面的彩色多普勒图像
A. 左心室内舒张中期的血流（红色编码代表血流从左心房进入左心室；蓝色编码代表血流流向流出道）；B. 收缩早期的经主动脉瓣血流；C. 收缩中期的经主动脉瓣血流；D. 心室舒张期，无血流通过主动脉瓣。RV：左心室；IVS：室间隔；LVW：左心室壁。

进入肺动脉干，被编码为蓝色，这一血流经常出现多普勒信号混叠（图 3.47C）。这一切面是识别右心室流出道动态梗阻（见于猫）、室间隔缺损，以及右心室流出道和肺动脉瓣病变（狭窄、关闭不全等）的最佳切面。

舒张期肺动脉瓣的反流被编码为红色，因为反流方向为自瓣膜流向右心室流出道。肺动脉干内的持续性反向湍流提示动脉导管未闭。

左侧心尖四腔切面

左侧心尖（尾侧胸骨旁）声窗可以获得两腔切面（左心房和左心室）、三腔切面（左心房、左心室和主动脉）、四腔切面（两个心房和两个心室）和五腔切面（两个心房、两个心室和主动脉根部）的二维图像。这些切面可以用来评估经房室瓣、左心室流出道和主动脉的血流。在这些切面，可以观察到流入左心房的肺静脉血流和舒张期通过房室瓣的血流，血流编码为红色。在舒张中后期，进入左心室的血流沿着室间隔从心尖转向左心室流出道，编码为深蓝色（图 3.48）。左心室收缩期射出的血流经常会产生混叠，因为此

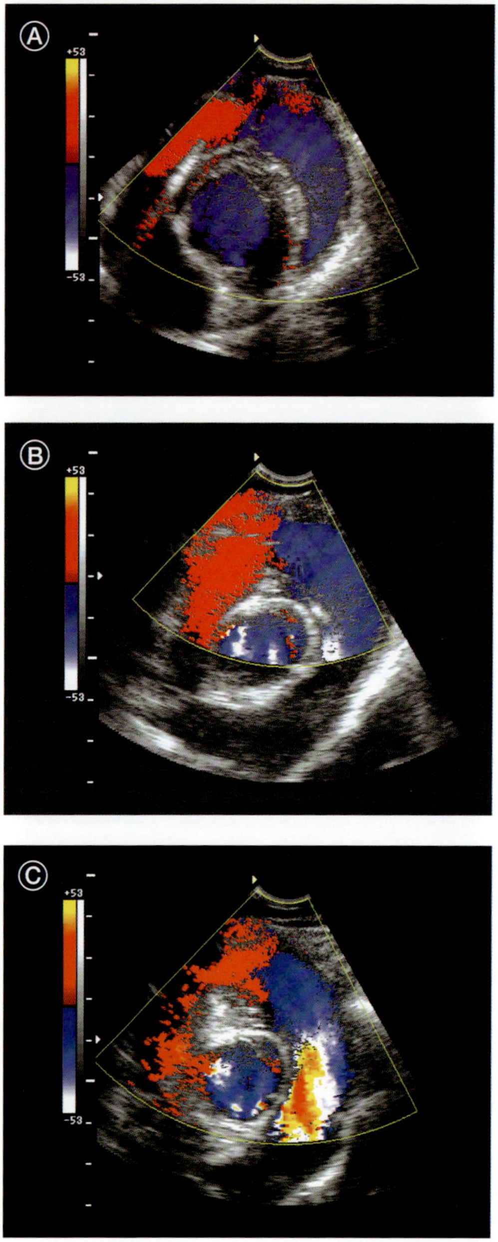

图 3.47　健康犬的右侧胸骨旁短轴切面，通过右心室流入道和流出道血流的彩色多普勒图像。图像中血流从左流向右，血流通过肺动脉瓣时加速

A. 舒张末期；B. 收缩期流出道血流；C. 收缩期经肺动脉瓣的混叠加速血流。

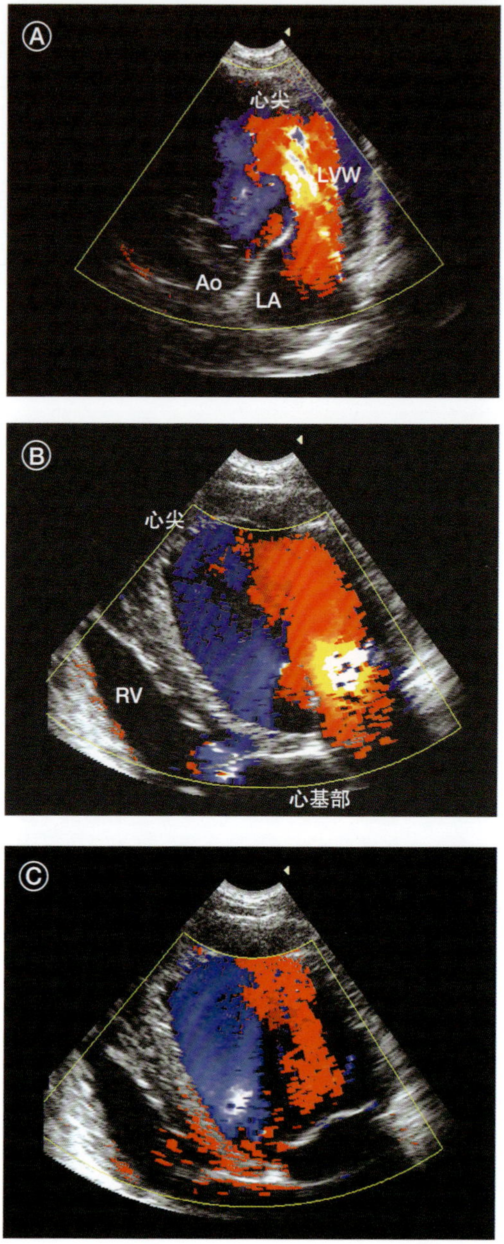

图 3.48　健康犬左心血流的左侧心尖四腔切面的彩色多普勒图像

A. 舒张早期；B. 舒张中期；C. 舒张晚期。Ao：主动脉；LA：左心房；RV：右心室；LVW：左心室壁。

时超声束与血流方向几乎平行。在五腔切面，只能看到主动脉近端；而在三腔切面，可以观察到更长的升主动脉。最后一个切面是通过在四腔切面旋转探头 90°，并将其向头背侧倾斜，沿着扫查区域的边缘对准主动脉而获得的。这些心尖切面可以很好地观察二尖瓣和主动脉瓣的反流和狭窄。

为了获得右心室和三尖瓣血流的理想图像，在四腔切面的基础上，将探头向头侧倾斜，或探头向头侧移动一个肋间隙后稍向尾侧倾斜。这个切面可以很好地观察三尖瓣反流或狭窄。

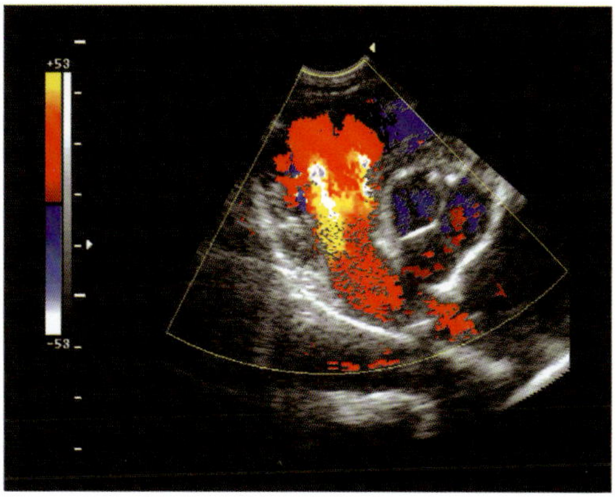

图 3.49　健康犬右心血流的左头侧短轴切面的彩色多普勒图像。主动脉位于图像中央，四周被右心环绕，便于观察三尖瓣

左头侧切面

从左头侧长轴切面或短轴切面可以观察肺动脉和右心室流出道的血流。这些切面为主动脉长轴切面或短轴切面、肺动脉长轴切面。此时右心室流出道的彩色编码几乎与右侧胸骨旁短轴切面描述的相同，但在左侧切面观察自右心房通过三尖瓣的血流更佳（图 3.49）。

其他具有诊断价值的切面

为了获取后腔静脉的彩色多普勒图像，需将探头放于第 9 ～ 11 肋间隙背侧。获得其长轴切面时超声束可与肝静脉的血流方向一致。因为静脉血流流速相对较慢，可以降低奈奎斯特极限（及降低标尺），并且可以关闭消除低频信号的滤波。

有时，与腔静脉直接相连的最大的肝脏血管的彩色多普勒图像可以验证继发于右心衰竭的外周静脉充血。在更严重的病例中，可以观察到这些血管内血流随着呼吸或心脏收缩的阶段性变化（图 3.50）。

将探头（用小的声束）放于胸骨头侧（通过胸腔入口处的心切迹成像）可以观察心脏头侧的大血管，但多数犬会抗拒这一操作。

血流的定性和定量评估

彩色多普勒超声心动图的分析目标如下：

- 对各特定位置的血流进行全面检查。
- 评估各位置心动周期内不同时间点的血流。
- 识别正常血流。
- 识别异常血流。

彩色多普勒超声心动图可突出显示湍流，因此特别适合诊断心血管病变。这些病变会造成流经心脏和大血管的血流形成湍流，如瓣膜病（瓣膜狭窄或关闭不全），以及心脏和血管的分流缺损。

使用彩色多普勒可直接诊断中度反流或重度反流。若检查图像不佳，轻度反流

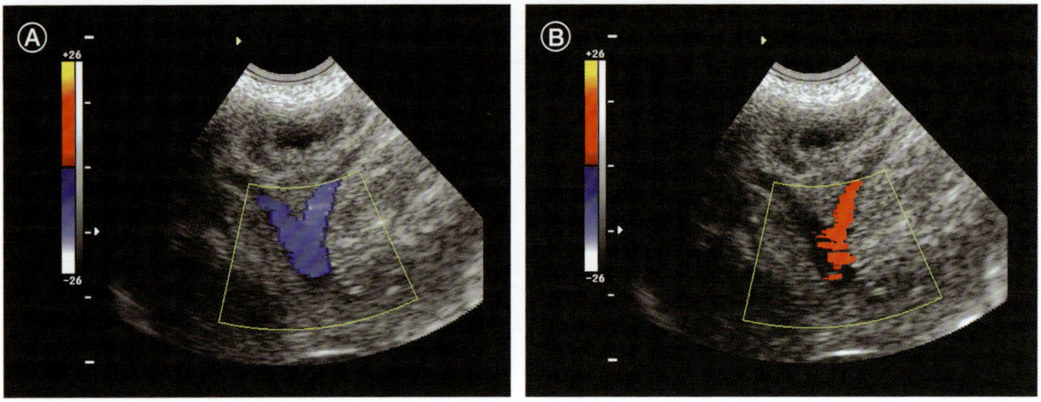

图 3.50　一只右心衰竭患犬较大肝静脉的彩色多普勒图像

A. 正常血流编码为蓝色因为它远离探头；B. 显示了继发于外周静脉充血的明显反流（红色）。

很容易被忽略。但是，彩色多普勒对湍流高度敏感，经常可以发现体格检查中不明显的反流（无法被听诊到的反流）。区分生理性或病理性反流需要经验和了解各瓣膜出现生理性反流的概率。实际上，在彩色多普勒问世后，临床医生发现许多瓣膜都有微量反流，并且常出现在收缩早期。

瓣膜病

彩色多普勒超声心动图可以突出显示瓣膜关闭不全和狭窄的血流动力学特征，显示不同于正常心脏中观察到的血流方向和其他特征。异常血流经常出现多普勒信号混叠和典型的湍流编码。常需多次扫查确认异常血流的来源、持续时间和范围。确定异常血流与心动周期相关的确切时间，一般需要进行频谱多普勒或彩色 M 型超声成像，获取血流剖面图（定量和定性），以及计算不同的压力梯度需要进行频谱多普勒超声检查。心脏腔室可以通过二维和 M 型超声心动图测量，提供异常血流的血流动力学的更多信息。

单独进行彩色多普勒超声检查能确定异常血流的存在、方向和湍流，但无法确定瓣膜病反流或狭窄的严重程度，即彩色多普勒可以定性但无法定量或半定量。而彩色射流的大小与通过关闭不全瓣膜的血流量几乎无关或相关性很小。因此，不能根据射流大小来判断反流是“重度”还是“中度”，但小的或细微的射流通常被认为是轻微病变。这与二尖瓣疾病的杂音类似，轻柔杂音基本上提示轻微病变，但强度更大的杂音不能反映疾病严重程度。

心脏分流缺损

心脏内外左 – 右分流都可以通过彩色多普勒超声心动图检查发现。在这些缺损中，湍流的程度与通过缺口的压力梯度成正比，与瓣口缺损的大小成反比。实际上，血流阻力较小的大的缺损可能呈现为层流或接近于层流。所有左 – 右分流都需要两个正交扫查和进一步的频谱多普勒确认。

通过评估反流束的表面来判断二尖瓣关闭不全。

反流束的大小和面积

在对怀疑患有二尖瓣疾病的动物进行检查时，评估反流程度很重要。左心室和左心房的大小是二尖瓣疾病严重程度最可靠的指标。扫查者需检查反流束的大小和反流束占据左心房的相对面积（图 3.51）。最初认为这些半定量评估代表了疾病的严重程度，但最新的研究显示这些指标都与严重程度无关。因此，根据反流束面积或大小评估疾病严重程度的报告和诊断，提供的信息并不可靠，也不能用作实施治疗或预后判断的依据。虽然反流束大小似乎直观地表示反流量，但超声医师应意识到彩色多普勒是评估流速而非血流量。

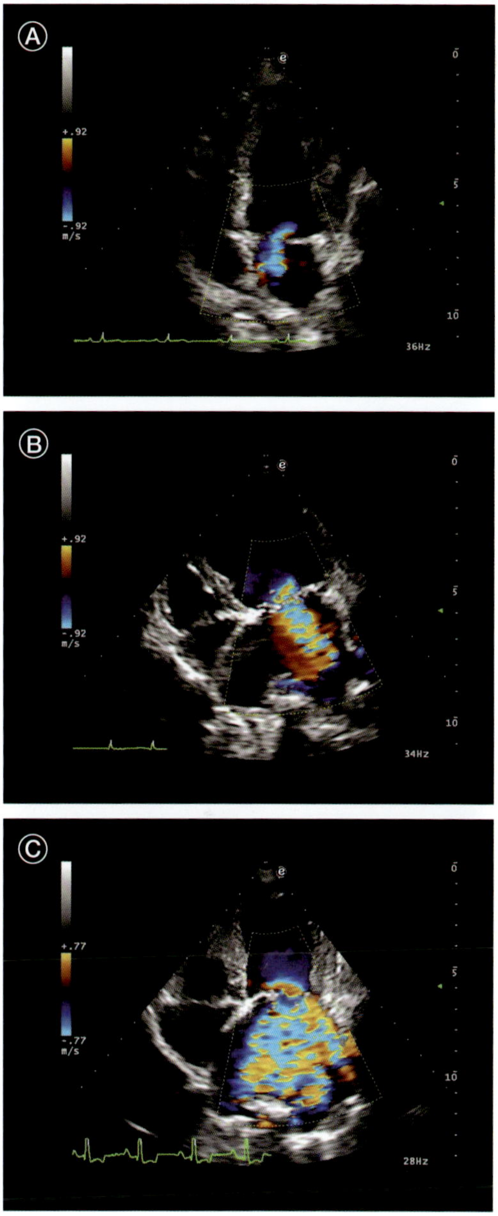

图 3.51　二尖瓣反流的彩色多普勒图像
A. 轻度反流；B. 中度反流；C. 重度反流。注意这个评估系统不能准确评估反流的严重程度。

近端等速表面积法（Proximal Isovelocity Surface Area，PISA）

PISA 是一种定量评估反流严重程度的彩色多普勒方法，但其技术上有难度性。该方法依赖和检查瓣膜缺损正上方的血流汇聚区。所有图像均通过左侧心尖四腔切面获得。当血流加速通过缺损（就像水坝中的水抵达坝墙的闸口），可以描画出相似速度（等速）的同心环，调整色图以使血流汇聚区的奈奎斯特极限形成单一混叠环，即混叠几乎马上就要出现（图 3.52B）。选择收缩中期的一帧图像，然后测量等速表面积的半径，并用其计算等速表面积。记录汇聚区的混叠流速（*V*），结合面积来计算体积流率（volume flow rate，VFR）。通过连续多普勒测量二尖瓣反流的速度 - 时间积分（velocity-time integral，VTI）和峰值流速（peak velocity，Vmax）（图 3.52A）。这样就可以计算二尖瓣的有效反流瓣口面积（effective regurgitant orifice area，EROA）。通过将 EROA 乘以 VTI 来计算反流量。经等速半圆的血流量等于经

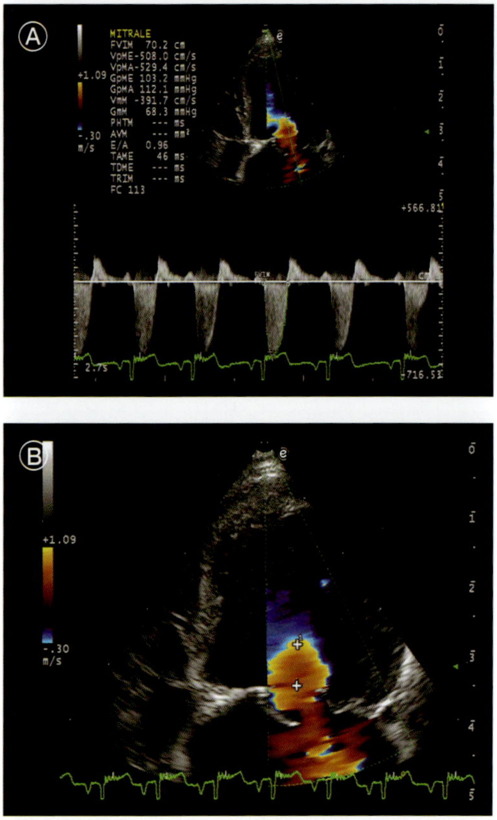

图 3.52　A. 一只重度二尖瓣关闭不全患犬的左侧心尖四腔切面的多普勒三维成像，用于研究多普勒参数。在图像的上半部分，彩色多普勒重叠于二维图像上，以评估瓣膜关闭时（收缩期）二尖瓣血流加速情况。图像的下半部分是二尖瓣流入血流和反流的频谱多普勒（连续多普勒）图像。B. 两个光标之间的区域用来计算反流量（使用 PISA）（图中所示标识的解释参见图 3.22 的说明文字）

关闭不全瓣膜口的血流量，可以通过半圆形汇聚区的近端血流的混叠流速乘以持续时间来估算。

首先，VFR 计算公式如下：

$$VFR\ (mL/s) = V \times 2\pi r^2$$

式中：V——混叠速度（cm/s）；

r——半圆的半径（cm）。

其次，EROA 计算公式如下：

$$EROA\ (cm^2) = VFR\ (mL/s) / V_{max}\ (cm/s)$$

式中：EROA——有效反流瓣口面积（cm^2）；

VFR——体积流率（mL/s）；

V_{max}——峰值流速（cm/s）。

最后，反流量使用以下连续性方程计算：

$$Volreg\ (mL/s) = EROA\ (cm^2) \times VTI\ (cm)$$

式中：Volreg——反流量（mL/s）；

EROA——有效反流瓣口面积（cm^2）；

VTI——速度－时间积分（cm）。

只有当加速度形成了清晰的半圆才能使用 PISA，否则，反流可能被高估或低估。PISA 测定的流量与二尖瓣反流的严重程度相关。但是，该方法的技术要求限制了其在兽医超声心动图中的日常应用。

组织多普勒超声成像

组织多普勒超声成像（tissue doppler imaging，TDI）是一种高级超声心动图技术，是对传统方法的一种补充，它可以通过测量心动周期内各时相的实时心肌速度来分析整体和节段性心脏功能。TDI 与脉冲多普勒和彩色多普勒超声成像原理相同，但与这两种方法不同的是，它检测的是高振幅、低速特征的心室壁运动。因此可以避免血流信号的干扰，获取高分辨率的心室壁运动图像。

TDI 有三种不同的模式，即脉冲 TDI（pulsed-wave TDI，PW-TDI）、彩色 TDI 和彩色 M 型 TDI。

PW-TDI 主要被用来在左侧心尖四腔

切面评估纵向功能（心肌朝向或远离探头运动，与超声束平行），提供心室舒张功能、充盈压和节段性收缩功能等信息。在左侧心尖四腔切面把取样容积放在靠近二尖瓣或三尖瓣瓣环的心肌水平，可以测量心室心尖 – 心基部的缩短和伸长来评估心室壁的纵向运动。与传统的脉冲多普勒一样，当心肌节段朝向探头运动，描记的信号是正向的，反之亦然。通过 PW–TDI 获取的心肌运动有三种不同的波，具体如下：

S 波（正向，位于基线上方），表示随着房室瓣瓣环向心尖移动（即朝向探头移动），左心室收缩减小。

E′ 或 Em 波（负向，基线下方）表示舒张早期心室充盈。

A′ 或 Am 波（负向，位于基线下方），表示随着心房收缩心室进一步舒张。

此外，还可以看到与等容舒张和等容收缩相关的快速运动。

进行 TDI 检查时应同时进行 ECG 采集，以准确识别特定征象的时间。使用 ECG 可以提供判断收缩期和舒张期的相关指标（S 波峰值流速、等容收缩时间和等容舒张时间、E′ 波和 A′ 波的振幅和它们的比值）。心肌峰值运动速度通常 <20 cm/s，正常时 E′ >A′，因为舒张早期充盈比心房收缩的作用更快、更强。

彩色 TDI 非常适合评估纵向和径向心肌功能。与传统彩色多普勒相似，图像通过彩色多普勒信号与二维图像重叠获得，红色表示心室壁朝向探头运动，蓝色表示心室壁远离探头运动，色彩越明亮表示速度越快。无法测量垂直于探头的心室壁运动速度。实时图像可以对心肌运动速度进行整体评估，也可以使用后处理软件进行离线分析，移动取样容积对特定感兴趣位置进行速度分析。因此，可以获得与 PW–TDI 相似的心肌运动图像，包括一个收缩波（S 波）和两个舒张波（E′ 和 A′）。通过选择和分析同一图像中的多个心肌区域（如游离壁中段、室间隔中段、心尖和瓣环区域），可以获得和同步显示不同部位的速度分布图，同时也可将其进行对比，用于评估多个节段的心肌同步性和相对运动情况。彩色 TDI 记录的速度比 PW–TDI 测定的速度低 20%，因为前者以平均速度表示，而后者以瞬时峰值速度表示。而彩色 TDI 的时间分辨率也低，因为彩色模式是叠加于二维图像的成像方法，会进一步降低时间分辨率（图 3.53）。

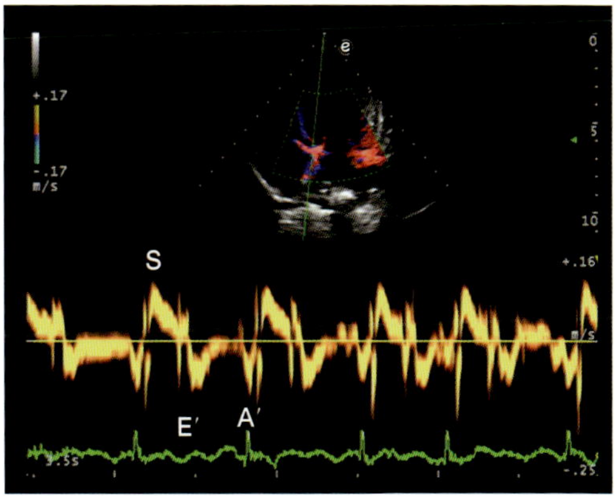

图 3.53　健康犬二尖瓣瓣环的 PW–TDI 评估，左侧心尖四腔切面

收缩期二尖瓣瓣环朝向心尖运动（S 波）。舒张早期，左心室充盈使瓣环远离心尖（E′ 波）；舒张后期，左心房收缩使瓣环进一步远离心尖（A′ 波）。取样容积放于室间隔和左心室游离壁的靠近二尖瓣瓣环的心肌。

彩色 M 型 TDI 模式可评估扫描线区域的心肌运动速度，使用离线分析时还可以量化不同心肌层的运动速度，进而计算心肌壁内的速度梯度，即用心内膜下和心外膜下心肌运动速度差除以壁厚。这个速度梯度是心室功能的一个指标，可在心动周期的每个阶段进行评估。

第 2 部分

心脏病的超声诊断

第4章

简　介

在兽医临床非侵入性诊断中，超声心动图有着不可取代的地位。

虽然我们强调超声心动图的重要性，但也要用客观的医学方法论来看待其作用。在进一步分析病理性超声检查结果之前，临床医生应了解，超声心动图与所有其他临床检查一样，可能会出现错误解读。错误解读通常由人为或机器程序错误引起，是可识别的。识别方法包括对扫查测量结果进行再分析，复查，或将结果与其他诊断获得的数据进行比较和验证。通过这些方法，临床医生可以减少假阳性或假阴性诊断。

对动物进行超声心动图检查的临床原因各不相同，但其中的主要原因是听诊到心杂音。如果临床医生的关注点只集中在主要临床体征（如杂音），却忽视了其他症状，则可能无法充分利用超声心动图。这对于确认发病机制和评估疾病的严重程度都有很大影响。因此，为充分发挥超声心动图的诊断潜力，应进行包括三种主要模式（M型超声、二维超声和多普勒超声）的检查记录，以获取完整的心脏解剖学、压力和血流动力学信息。全面的应用超声心动图检查技术，虽然耗时，但会显著增加评估的敏感性和特异性。

上文旨在强调仅通过单一检查模式（如通过彩色多普勒检查发现二尖瓣反流）来进行诊断是不够的，还需要评估相应的解剖位置、压力和血流动力学改变的结果（房室容量过载、收缩功能和舒张功能改变、肺动脉高压等），它们共同展现了心脏病的完整病理生理学特征。完整的超声心动图有助于临床医生准确地确定治疗方案和判断预后。

完整的超声心动图是快速、准确诊断某些先天性心脏病的唯一非侵入性手段，而其他方法则无法在活体动物中诊断这些疾病。我们并非高估超声的诊断潜力，而是想说明此方法可以阐明某些临床症状的致病机制，排除其他可能性，并为某些复杂的心脏病提供临床诊断。而在过去，这些信息主要甚至完全来源于解剖学家的剖检结果（图4.1）。

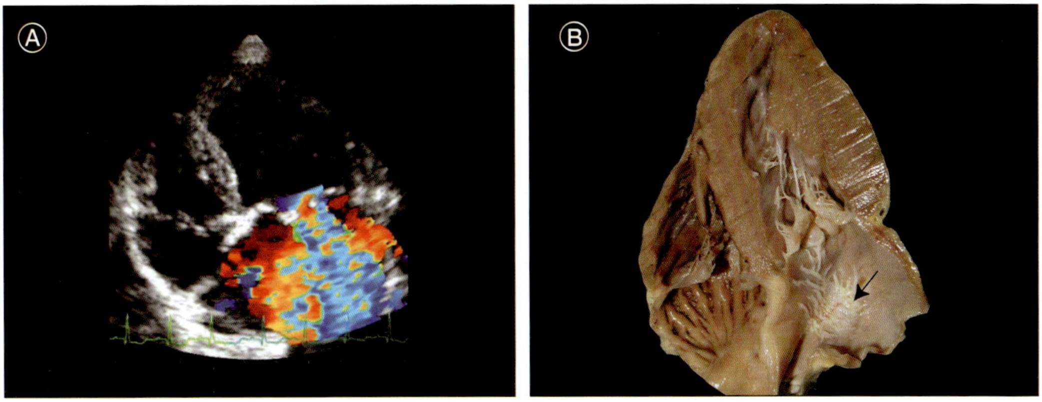

图 4.1　左侧心尖四腔切面超声心动图

可见二尖瓣反流（A），其相应的病理解剖如图 B。二维超声心动图可确切地显示解剖结构，在此基础上，实时彩色多普勒检查提供了更多信息，这有助于临床医生更好地管理心脏病动物。该病例大体解剖图中可见左心房心内膜上的喷射性病灶（B），其与超声心动图中看到的彩色血流（A）相关，图中血流代表了湍流性质的二尖瓣反流。

第5章

先天性心脏病

分类

先天性心脏病（PDA）可以通过不同方式进行分类，其中根据血流动力学结果可分为分流型（致容量过载）和梗阻型（致压力过载）；根据胚胎起源可分为间隔缺损、胚胎结构残留、腔室或瓣膜畸形。没有一种分类方式能够囊括所有，某些心脏病很难进行分类，同时还需注意某些疾病可能存在多项缺陷。

在先天性心脏病中，有一些已被证实或高度怀疑与遗传或基因变异有关。并非所有遗传疾病都是先天性的（在出生时就存在并可检测到），也不是所有先天性疾病都是遗传的（由基因突变导致的缺陷）。临床医生应该明确“先天性”和“遗传性”这两个术语的差异。例如，一些遗传性疾病或与品种相关的疾病会随着动物的成长而发生发展（如主动脉瓣下狭窄），而有些疾病到中老年才出现疾病表现，但这些疾病可能存在亚临床（潜伏或临床前）期，只能通过有针对性和精准的检查才能发现一些并不明显的临床征象。此时即使其典型表现尚未出现，也能进行疾病诊断。最典型的病例是杜宾犬的扩张型心肌病，该病高度怀疑为遗传性，在亚临床期，即使没有特征性超声心动图征象，24 h 内记录到 >50 个室性早搏也可作为诊断依据。

分流性心脏病

分流性心脏病是指血液由体循环至肺循环的分流，抑或是心腔之间出现异常的分流引起的心脏病。前者包括动脉导管未闭、房间隔缺损、室间隔缺损，而后者包括房室瓣膜畸形（发育异常），并伴有相应的瓣膜关闭不全。

总体来说，由体循环至肺循环分流（即左 – 右分流）的心脏病，比由肺循环至体循环分流（即右 – 左分流）的心脏病更常见。这是因为肺循环中的血流阻力比体循环小得多，而流体动力学表明流体总是沿着阻力最小的路径流动，所以血液通常自左侧分流到右侧。左 – 右分流导致体循环中血流减少，导致体循环血压短暂下降，但这将很快通过体液潴留改善，潴留的容积等于分流量的容积。因此，左 – 右分流不仅会增加总循环血量，还会使心脏腔室容量过载从而使心肌出现代偿性的离心性肥大。我们可以想象跟随一个红细胞，从分流开始，沿着循环树再回到分流点，即可明确哪些循环部位会受到分流的影响。而所有经过的心腔和血管都会受到容量过载的影响。容量过载的程度取决于分流的大小（即分流量）。但也有一些特殊情况需要考虑（详见后文相关部分的讨论）。

右 – 左分流的心脏病相对少见，这种情况通常是由于某种原因（严重堵塞或全身血管阻力增加）使血流流入肺循环的阻力超过体循环阻力，或右心室舒张顺应性下降（即右心室僵硬）。此时，体循环是相对低阻力区，由于每个收缩期进入主动脉的血量足够［根据短路位置不同，有的只绕过肺循环（如右 – 左房缺），有的会绕过肺循环和左心（如右 – 左 PDA）］，不会出现血压下降，因此，机体不会触发体液潴留和总血容量增加的机制，这与左 – 右分流时不同。

阻塞性心脏病

阻塞性心脏病通常表现为病变部位的血流阻力增加，进而导致病变上游腔室的后负荷增加，逐渐发展为代偿性肥厚。其中典型的疾病有主动脉狭窄和肺动脉狭窄，分别导致左心室和右心室的向心性肥厚。有些梗阻病变无法通过向心性肥厚的方式来代偿，会以离心性肥大或心腔扩张的方式代偿，最终结果是梗阻上游的心腔严重扩张。这种情况通常发生在心房处的病变，例如右三房心、二尖瓣瓣上狭窄或左三房心。

复杂心脏病 / 多种心脏缺陷

复杂心脏病 / 多种心脏缺陷通常指的是同时存在梗阻型和分流型血流动力学异常的病变，这些病变可以是一种类型中的多个或者两种类型的不同组合。

胚胎结构残留的分流性心脏病

左 – 右分流动脉导管未闭

流行病学

PDA 是犬最常见的先天性心脏病，高发的品种包括贵宾犬、德国牧羊犬、柯利牧羊犬、荷兰狮毛犬、美国可卡犬和马尔济斯犬。据作者的经验，其他易患品种还有爱尔兰长毛猎犬、马瑞玛牧羊犬、博洛尼亚牧羊犬、法国斗牛犬、杜宾犬和德国短毛猎犬。母犬比公犬患病率高（2 ∶ 1）。PDA 是遗传性疾病，但并不遵循简单的孟德尔遗传模式。

病理生理学

动脉导管是位于降主动脉和肺动脉间的导管，正常情况下在出生后几小时内发生功能性闭合，在随后的几天到几周内通过结构上的变化可以达到永久性闭合。对于患有遗传性 PDA 的动物，其导管壁组织结构异常，从而导致无法正常闭合。PDA 最常见的形式是左 – 右分流。血液从左心室射入主动脉，由于最初肺循环血管阻力较体循环低，会导致部分血液通过未闭合的动脉导管分流入肺动脉，进入肺循环。分流量取决于两个循环系统间的阻力差和动脉导管开口的大小。分流的血液通过肺循环系统重新返回到左心房，然后进入左心室。

与此同时，泵入体循环的血液减少，导致神经内分泌系统激活，随后出现体液潴留和血容量增加，使体循环输出量恢复正常。因此，最终左心室输出量包括有效的体循环输出量和分流量，导致肺循环、左心房和左心室的容量过载。

临床表现

可听诊到连续性心杂音，在收缩期心杂音最强，心音最强点位于左腋下（第2肋间隙的肋骨－肋软骨交界处）。通常还能听诊到收缩期二尖瓣杂音。有时在右侧胸壁也可以听到PDA杂音。分流发展到一定程度，会出现左侧充血性心力衰竭（肺水肿）。

超声心动图征象

二维超声心动图

由于容量增加，舒张期左心室扩张。一般来说，腔室增大的程度与PDA孔径的大小成正比（导管开口越大，左心室扩张越明显）（图5.1）。由于后负荷增加，收缩期左心室扩张。左心室缩短分数是正常的，但若出现心力衰竭，缩短分数会降低。因发生离心性肥大，左心室壁厚度正常，左心房因容量增加而扩张。根据作者的经验，在左心室扩张程度相似的情况下，PDA病例比二尖瓣关闭不全（先天性或获得性）病例左心房扩张程度小。

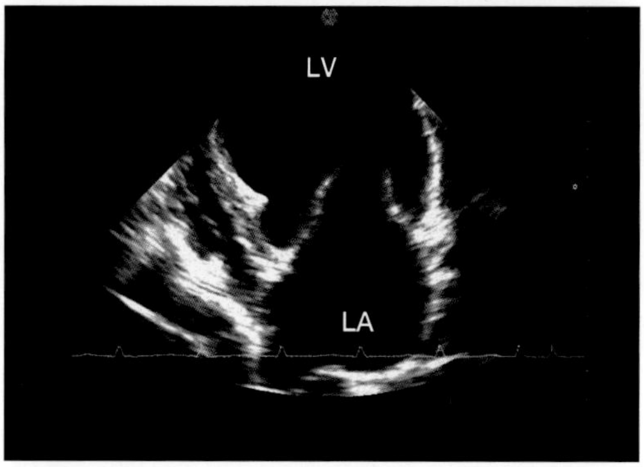

图5.1　一只7月龄雄性德国牧羊犬的左侧心尖四腔切面图像

该犬为PDA患犬，图中可见左心房（LA）、左心室（LV）扩张。

虽然有时从右侧胸骨旁短轴切面也可扫查到PDA（图2.67+视频），但最佳的扫查切面是从左侧长轴切面或左侧短轴切面调整而来的。且扫查此切面有一定难度，即使是对有一定经验的超声医师来说也是如此（对比图2.67+视频；图5.2A、B+视频）。

老龄犬发现左－右分流PDA时，心脏往往呈现扩张型心肌病的特征，通常伴有缩短分数降低。

因容量增加，肺动脉和肺静脉也会增粗（图5.2C+视频）。导管开口很小时，分流量较少，不会引起左心室离心性肥大。

M型超声心动图

左心室在收缩期和舒张期均增大，缩短分数正常或轻度降低（图5.3）。

频谱多普勒超声心动图

在右侧胸骨旁短轴肺动脉水平切面进行连续多普勒扫查时，会显示朝向肺动脉（即朝向探头）的持续高速血流信号，峰

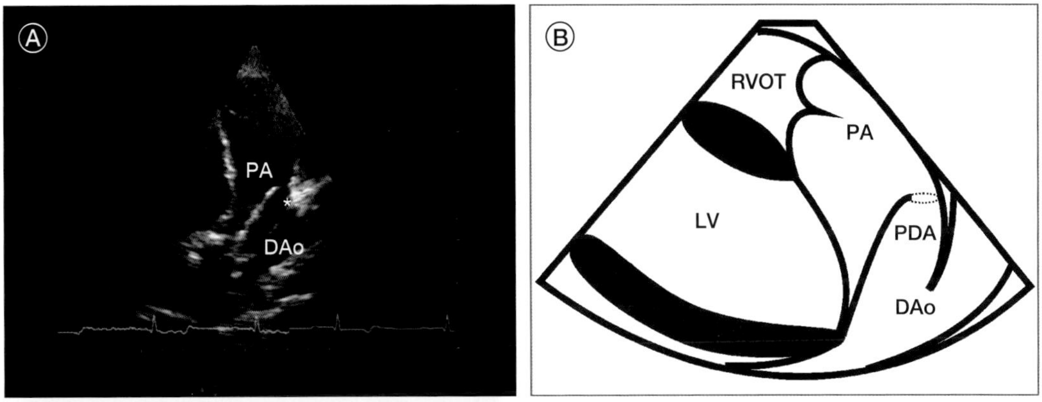

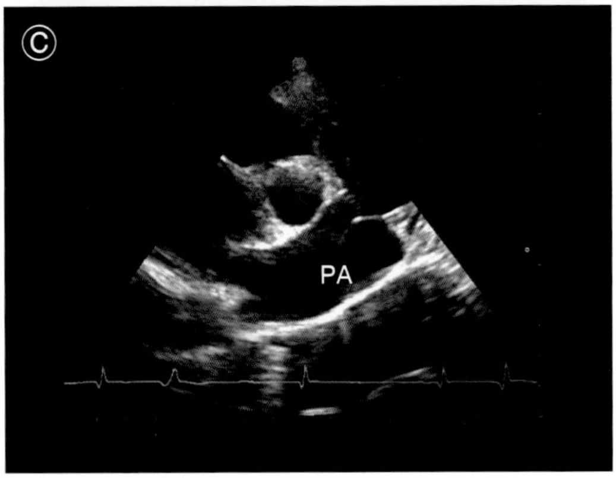

图 5.2　超声扫查（A）和示意图（B）显示 PDA 在肺动脉干的开口（*）

该缺陷可在改良的左头侧长轴切面观察到。从右侧胸骨旁短轴心基部切面（C）可更清楚地观察肺动脉，并比较主动脉与肺动脉干的直径。在正常情况下这两根血管的直径相近，而在本病例中可观察到肺动脉增粗。PA：肺动脉；DAo：降主动脉；LV：左心室；RVOT：右心室流出道；PDA：动脉导管未闭。

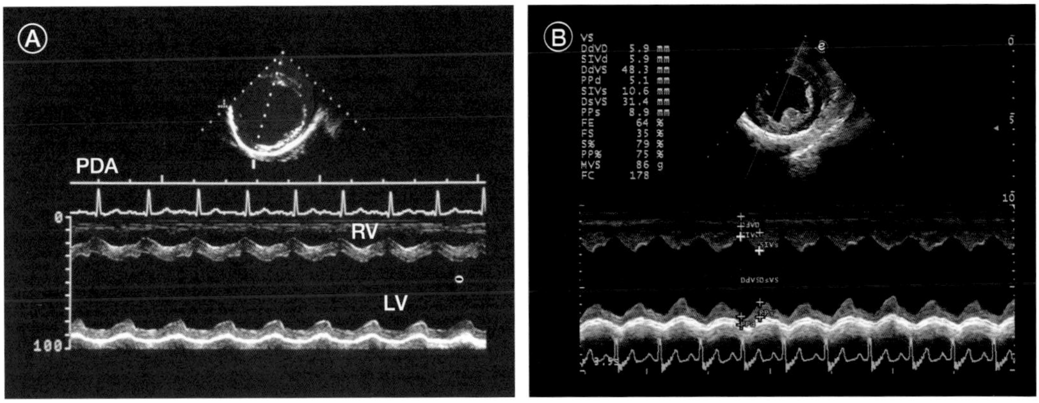

图 5.3　PDA 患犬左心室的 M 型超声心动图

A. 一只确诊为 PDA 的老龄大型犬。该犬的收缩功能下降，表现为缩短分数降低和收缩末期内径增加。B. 一只被确诊为 PDA 的年轻犬，图像显示收缩末期和舒张末期的内径增加，但缩短分数和射血分数仍在正常范围内。DdVD：舒张期右心室内径；SIVd：舒张期室间隔厚度；DdVS：收缩期左心室内径；PPd：舒张期左心室游离壁厚度；SIVs：收缩期室间隔厚度；DsVS：舒张期左心室内径；PPs：收缩期左心室游离壁厚度；FE：射血分数；FS：缩短分数；S%：室间隔增厚的百分比；PP%：游离壁增厚的百分比；MVS：左心室质量；FC：心率。译者注：B 图及其图注的缩写字母为意大利文首字母缩写，后文类似图同。

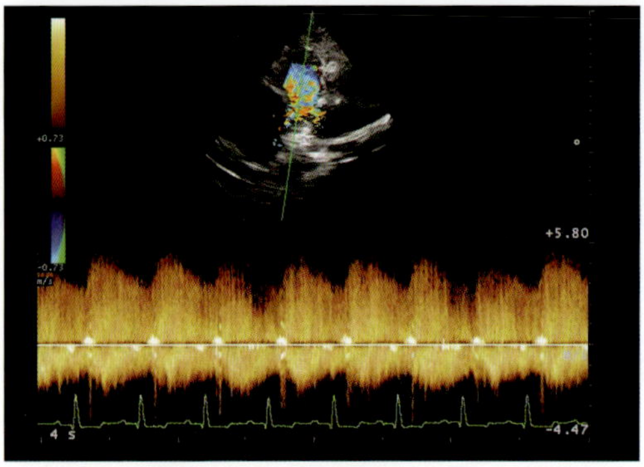

图 5.4　PDA 的连续多普勒图像

血流在整个心动周期中持续存在，但流速在收缩期升高，舒张期降低。

值流速通常大于 4.5 m/s（图 5.4）。如果动脉导管很窄或者孔径很小，血流也可能仅限于收缩期。在这种情况下，只能听诊到收缩期心杂音。

彩色多普勒超声心动图

在右侧胸骨旁短轴肺动脉水平切面进行彩色多普勒扫查时，同样会显示肺动脉干内持续性湍流（图 5.5A+ 视频）。通常会有肺动脉瓣或二尖瓣关闭不全（图 5.5B+ 视频）。

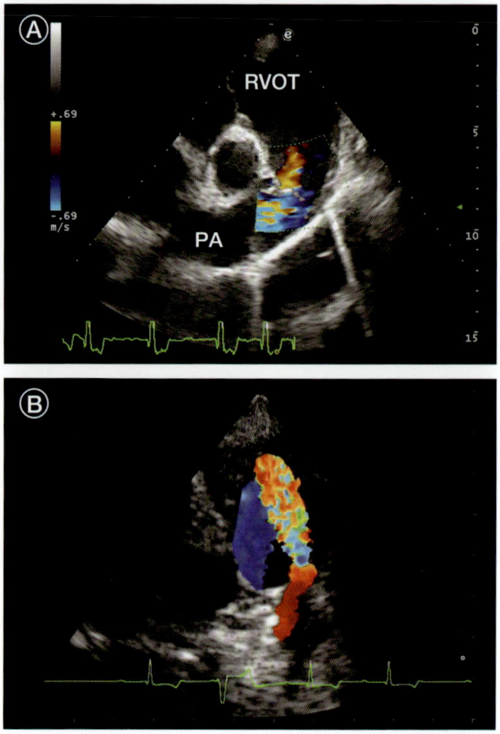

图 5.5　一只 PDA 患犬的彩色多普勒超声心动图，可见舒张期肺动脉内湍流（彩色马赛克）

A. 右侧胸骨旁心基部短轴切面，可见肺动脉瓣关闭不全，在图像中显示为从关闭的瓣叶接合处发出红色小“火焰”。B. 左头侧长轴切面，可能可见血流在动脉导管内加速（红色），然后延伸至肺动脉（彩色马赛克）。PA：肺动脉；RVOT：右心室流出道。

右 – 左分流动脉导管未闭（反向 PDA）

流行病学

右 – 左分流的 PDA 似乎更常见于美国可卡犬。

病理生理学

在胎儿的血液循环中，由于肺血管阻力较大，大部分血液不经过肺循环，而是经动脉导管和房间隔卵圆孔流过。在正常情况下，胎儿出生后不久，肺血管阻力会大幅下降，动脉导管闭合。若动脉导管未能闭合，则会出现左 – 右分流。若胎儿出生后，肺血管阻力仍然很大或左 – 右分流发展至肺血管阻力大幅增加，血液就会从肺循环流向阻力小的体循环，即右 – 左分流。虽然肺动脉压力升高，但仍与主动脉压力相近，所以没有湍流产生，因此右 – 左分流的 PDA 听诊不到心杂音。由于动脉导管开口于降主动脉，因此非氧合血只进入腹部等躯干的动脉循环而不进入头颈部区的动脉循环，导致差异性发绀。

临床表现

听诊无心杂音。临床症状通常在 1 年后出现，包括运动时后肢共济失调。差异性发绀可通过检查前躯和后躯的黏膜发现，即后躯黏膜发绀，前躯黏膜颜色正常。

超声心动图征象

二维超声心动图

由于肺血管阻力增加，使右心室后负荷增加，导致右心室向心性肥厚。左心室大小正常或减小，这是因为通过肺循环返回到左心的血流量减少（前负荷下降）。有时也能扫查到动脉导管，切面与扫查左 – 右分流 PDA 时相同。

多普勒超声心动图

舒张期肺动脉瓣处连续多普勒检查发现高速的肺动脉瓣反流，提示肺动脉高压。肺动脉高压的严重程度不同，相应的肺动脉反流速大小会有差异，可能会大于 2.5 m/s，甚至可高达 3.5 ~ 4 m/s。

心脏超声造影

右 – 左分流 PDA 常通过超声造影诊断，俗称发泡实验。通常经头静脉注射造影剂（最常见的是将生理盐水、几滴患病动物的血液与空气混合，然后剧烈振荡，在注射前将注射器中残留的空气排出；或者将少量 10% 的过氧化氢按 1 ∶ 9 的比例与生理盐水混合），同时观察心脏和升主动脉以排除心内分流。然后进行第二次造影剂注射，同时超声检查显示腹主动脉内气泡及其流动的征象（图 5.6+ 视频）。

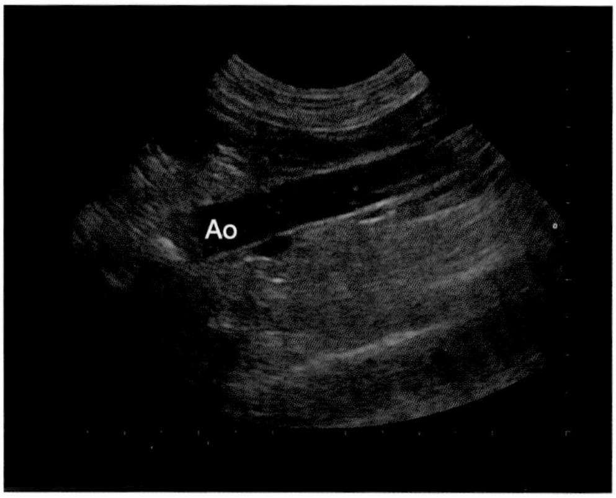

图 5.6　从外周静脉注入造影剂后，腹主动脉的超声造影

通过超声造影排除心内分流后，在腹主动脉观察到气泡则提示心外的右 – 左分流，也就是反向 PDA。Ao：主动脉。

永存左前腔静脉（Persistent Left Cranial Vena Cava，PLCVC）

流行病学

迄今为止，PLCVC 相关的流行病学信息不足。但由于该病不会引起临床症状，通常为偶然发现，其患病率肯定是被低估的。永存左前腔静脉环绕心脏左侧，然后在冠状沟汇入冠状静脉窦，最终通过冠状窦流入右心房。PLCVC 只对需要经颈静脉通路进行介入手术的动物有影响。患有该病的动物，左颈静脉会汇入左前腔静脉，而非进入右前腔静脉。因此，进行介入操作时插入左颈静脉的导管和装置最终绕过心脏达到冠状窦，无法进入右心室或肺动脉，此时便采取右颈静脉通路。

病理生理学

PLCVC 是一种胚胎结构残留造成的分流异常。正常动物躯体左头侧（头部左侧和左前肢）的血液原本会流入右前腔静脉，而患有该病的动物的血液会流入残留的左前腔静脉。在正常情况下，左前腔静脉在胚胎发育过程中会退化，形成冠状静脉和冠状窦，但有些动物并未退化，导致血液从左前腔静脉循环通过冠状静脉和冠状窦进入右心房。由于血液最终流向右心房，且不引起任何压力变化，因此该病通常为偶然发现，不引发临床症状。

超声心动图征象

二维超声心动图

PLCVC在右侧胸骨旁长轴四腔切面中最易被发现，在该切面图像中，呈现其为在二尖瓣环外侧房室沟处（左心房和左心室交界处）的低回声或无回声腔性结构。在短轴切面中，常可见管状结构环绕左心房尾侧，并在靠近后腔静脉和右心房交界处汇入右心房（图5.7）。

心脏超声造影

向左侧头静脉注射气泡造影剂或微泡造影剂，可先在永存左前腔静脉（左心房周围）发现气泡影像，随后在右心房出现（图2.89+视频；图5.8）。

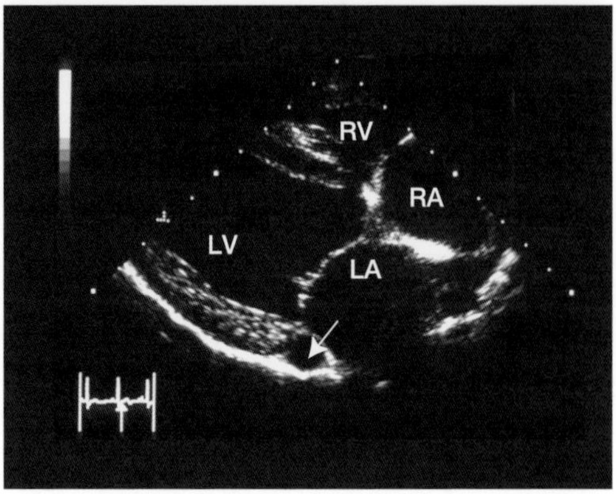

图5.7 患犬的永存左前腔静脉位于左心房壁和左心室游离壁之间（箭头）
RV：右心室；RA：右心房；LV：左心室；LA：左心房。

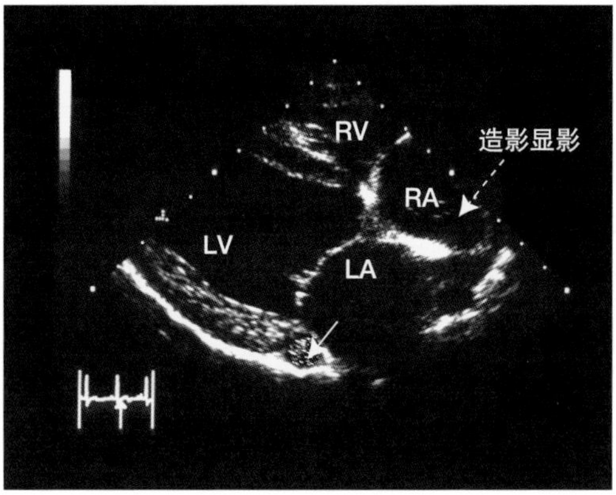

图5.8 向左侧头静脉注射气泡进行心脏超声造影后，可观察到永存左前腔静脉内出现气泡（箭头），同时也可观察到一些气泡进入右心房（虚线箭头）
LV：左心室；LA：左心房；RV：右心室；RA：右心房。

间隔缺损的分流性心脏病

房间隔缺损（Atrial Septal Defect，ASD）

流行病学

房间隔缺损在犬猫中并不常见，但有些品种可能易患此病（如拳师犬）。

病理生理学

ASD有3种类型：原发孔型（常见于猫）、继发孔型（又称中央型，常见于犬）和静脉窦型。此外，若原发隔（第一房间隔）和继发隔（第二房间隔）未融合，就会出现卵圆孔未闭（patent foramen ovale，

PFO）。原发孔型房间隔缺损位于较低位置，靠近房室瓣口；继发孔型房间隔缺损位于房间隔的中间位置；而静脉窦型房间隔缺损则邻近房间隔顶部，靠近肺静脉和前腔静脉侧。原发孔型房间隔缺损常与其他心脏缺陷并发，且缺口通常较大。卵圆孔是胚胎时期的一种单向阀，允许胎儿的血流从右心房流向左心房，通常在出生后的第一周左右发生纤维化，使其永久闭合。若没有发生这种纤维化，卵圆孔将保持开放，即卵圆孔未闭，但这只会导致解剖学上的异常，对血流动力学几乎没有影响，除非右心房的压力病理性升高，造成右心房压力大于左心房，此时血液便会通过卵圆孔出现右－左分流。

若没有其他心脏缺陷，单纯 ASD 的血流通常是左－右分流的，分流主要发生在舒张期（即心室充盈时）。与左心室相比，右心室顺应性高，使右心室更容易扩张和容纳更大容量。因此，ASD 通常会产生右心室和肺循环容量过载，心房相对不易容量过载，因为它们在舒张充盈时相当于一个通道。

临床表现

大多数 ASD 由于缺损太小不会引起临床症状，即使是血流动力学变化显著的 ASD 也较少出现临床症状。随着病程发展，右心室输出量增加，有时可听到相对肺动脉狭窄的心杂音或第二心音分裂，也可能会发展为右侧充血性心力衰竭。当发展为右－左分流时，会出现全身性（非差异性）发绀。

超声心动图征象

二维超声心动图

若 ASD 较大引起容量过载，则会出现右心室扩张（离心性肥大），缺损较小，心脏腔室大小可能会表现正常。如果循环血容量增加，肺动脉和肺静脉可能会增粗。心房通常不会因单纯的继发孔型房间隔缺损而扩张（图 5.9），但可能因较大的原发孔型房间隔缺损而扩张，因为房室瓣常受到原发孔型房间隔缺损的影响（作为心内膜垫缺损的一部分）（图 5.10）。

自右侧胸骨旁长轴切面、短轴切面，或左侧心尖切面、左侧短轴切面可观察到缺损，表现为房间隔缺损处明显的回声缺失。但有些缺损可能只在特定切面中才可显现。卵圆孔未闭在超声图像中表现为两个房间隔隔膜之间的椭圆形低回声（充满液体的）结构（图 5.11+ 视频）。

M 型超声心动图

在一些右心房、右心室明显容量过

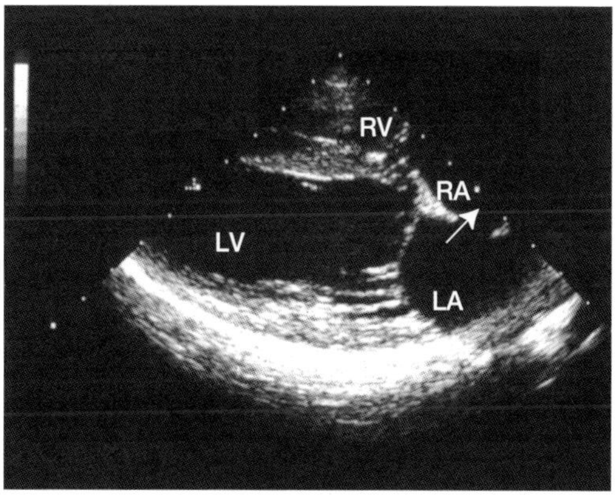

图 5.9　一只继发孔型房间隔缺损（箭头）患犬的超声心动图。如果缺损口很大，可导致右心房和右心室扩张

LV：左心室；LA：左心房；RV：右心室；RA：右心房。

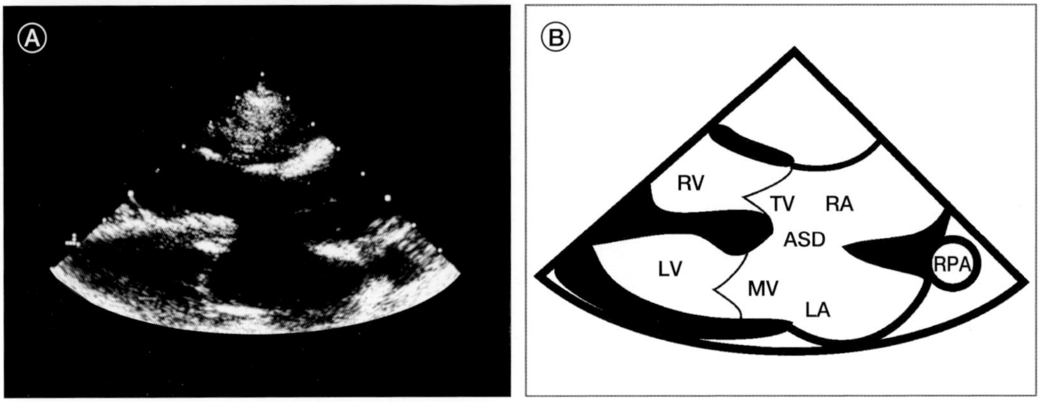

图 5.10　一只原发性房间隔缺损患猫的超声心动图

超声图像（A）和模式图（B）。RV：右心室；LV：左心室；RA：右心房；LA：左心房；ASD：房间隔缺损；TV：三尖瓣；MV：二尖瓣；RPA：右肺动脉。

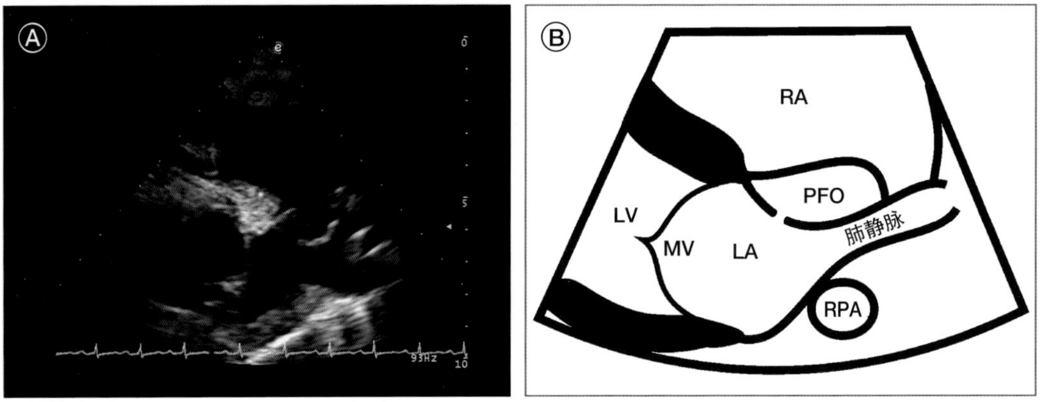

图 5.11　一只卵圆孔未闭患犬的超声心动图：房间隔内可观察到孔的两层膜结构。二维超声图像（A）和模式图（B）

RA：右心房；LV：左心室；LA：左心房；MV：二尖瓣；RPA：右肺动脉；PFO：卵圆孔未闭。

载的严重病例中，会发现室间隔矛盾运动——由于右心室舒张压升高和左心室舒张压降低，在舒张期，室间隔向左心室游离壁侧运动。

频谱多普勒超声心动图

通常很难分辨经 ASD 的血流。肺动脉干的脉冲多普勒超声心动图可能出现峰值流速和速度–时间积分增加。同样，在没有房室瓣关闭不全的前提下，三尖瓣处流入血流的脉冲多普勒超声心动图将显示 E 波和 A 波峰值速度升高，尤其是与二尖瓣处流入血流相比。

彩色多普勒超声心动图

彩色多普勒超声心动图可显示流经房间隔缺损处的舒张期层流信号，通常为左–右分流，也可能双向或右–左分流。分流的大小和方向（以及相应的彩色多普勒信号）取决于缺损的大小和两侧心房压差。若缺损较小，经房间隔的血流信号可能会被误认为静脉回流入心房的血流信号或被其掩盖，因此较难辨认（图 5.13）。但有时可以观察到分流呈湍流信号，尤其是 ASD 为小缺口时（图 5.12+ 视频）。如果 ASD 很大，肺动脉瓣处彩色多普勒超声心动图可显示高速层流，常伴有混叠。如果右心室压或右心房压升高，血流可能转为右－左分流。另外，彩色多普勒超声心动图也有助于发现伴发的房室瓣关闭不全。

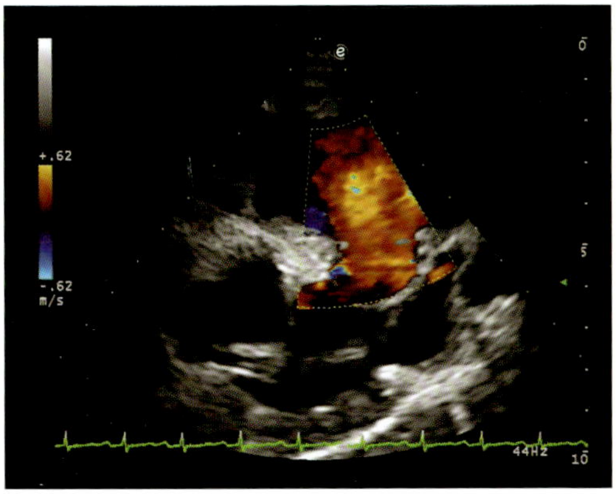

图 5.12 图 5.11 中患犬的彩色多普勒超声图像，显示通过卵圆孔的血流。明显的低速血流（红色）通过卵圆孔由左心房流向右心房

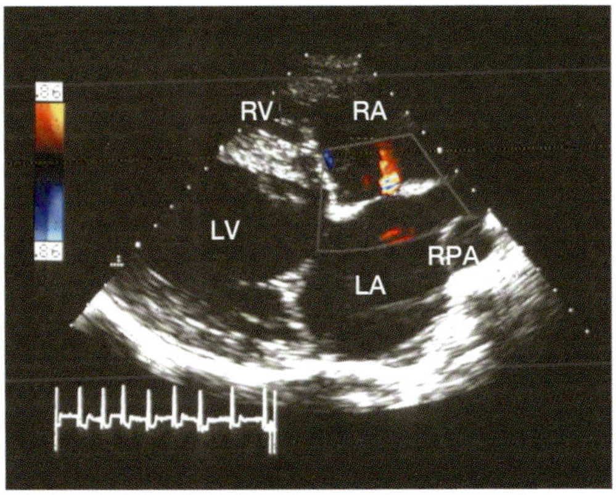

图 5.13 一只患有中度二尖瓣关闭不全的大丹犬的超声心动图，使用彩色多普勒超声心动图评估房间隔。图中的黄红色小湍流提示此处有一小的房间隔缺损。湍流的形成是由于左心房压力升高，使血液通过卵圆孔

RV：右心室；LV：左心室；RA：右心房；LA：左心房；RPA：右肺动脉。

心脏超声造影

检测 ASD 或卵圆孔未闭最敏感的方法是心脏超声造影（方法见第 2 章），此方法可显示房间隔和双心房，即使是左－右分流的缺损，也会有一些血液从右心房流至左心房。因此，注入全身静脉循环的微泡造影剂首先出现在右心房，然后经房间隔缺损处进入左心房。左心房内发现气泡可确定心房间相通（图 5.14）。

室间隔缺损（Ventricular Septal Defect，VSD）

流行病学

VSD 在犬中比较常见，英国史宾格犬易患。该病在猫和马中也相对常见。通常

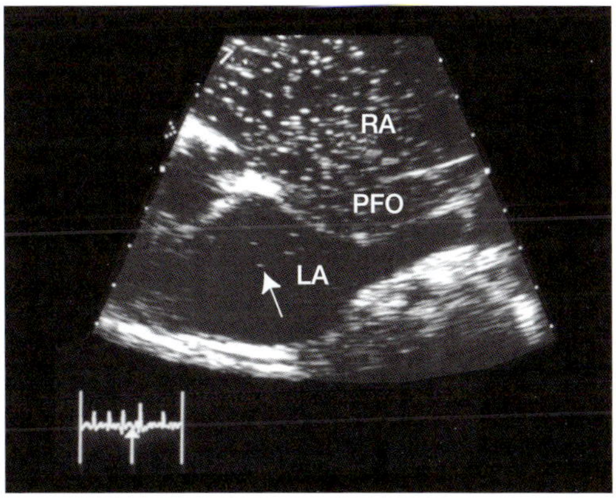

图 5.14 自头静脉注射气泡后进行心脏超声造影，发现气泡（箭头）通过未闭的卵圆孔（见图 5.11）进入左心房

RA：右心房；LA：左心房；PFO：卵圆孔未闭。

情况下为单一发病，也可能与其他先天性缺陷并发，如法洛四联症。

病理生理学

室间隔是由胚胎心肌壁自心尖侧和房室瓣侧向中间腔内延伸生长发育形成的。在小动物中，绝大多数VSD是单一膜周型，即位于室间隔膜部，紧邻右冠状窦和无冠状窦的主动脉瓣下方，在三尖瓣的隔叶下方。肌部型缺损（更靠近心尖）在犬猫中不太常见，在马中有时可见。

通过VSD缺口的血液分流主要发生在收缩期，特别是小型室间隔缺损或中型室间隔缺损，它们是阻力性的，即由于缺损处阻力较高而对血液流动产生较大阻碍。在心室收缩期，血液自两个心室分别向各自的流出道射血，由于收缩期右心室流出道的压力低于主动脉压力，所以一些血液自左心室经VSD流入右心室，但此时右心室正在收缩，血液不会进入右心室，而是直接通过右心室流出道进入肺动脉。因此，大多数VSD并不会导致右心室容量过载。分流的血液增加了右心输出量，导致肺循环容量过载，进而导致左心房和左心室容量过载。左心室的每搏输出量包括经主动脉进入体循环的血量和经缺损处分流的血量之和。

在大型VSD中，血液通过缺损处时没有阻力，且由于右心室舒张期顺应性增加，血液在舒张期（与ASD类似）和收缩期均会流入右心室。在这种情况下，心腔内的压力相等（此时两个心室在功能上相当于具有两个出口的单个腔室），右心室会发生向心性肥大和离心性肥大。在收缩期，由于肺血管阻力比体循环低，更多的血液会流向肺循环，导致肺血管床循环过度。由于血流量大幅增加和血管壁的慢性变化，肺动脉压力会升高，可能导致反向分流，即出现右－左分流（艾森曼格综合征）。

邻近主动脉的VSD往往会影响主动脉瓣，使主动脉瓣叶向缺损处脱垂，导致主动脉瓣关闭不全。

临床表现

左－右分流的VSD在听诊时通常会在右侧胸壁听到收缩期杂音。而右－左分流的VSD是听不到心杂音的。室间隔缺损的大小决定了充血性心力衰竭的发展速度。由大型室间隔缺损（非阻力性）继发的肺动脉高压，可发展为反向VSD，表现出黏膜发绀。

超声心动图征象

二维超声心动图

超声心动图检查结果最终取决于室间隔缺损的大小和位置。大型限制性VSD可能会出现左心室和左心房扩张（容量过载导致的离心性肥大），但小型限制性VSD的腔室大小正常。大型室间隔缺损也可能伴有肺血管增粗。

右侧胸骨旁长轴五腔切面或短轴切面通常最易显示室间隔缺损（图5.15）。二维模式下小型缺损通常无法显现，有些膜部VSD处可见一层薄膜样影像，在收缩期凸向右心室，称为室间隔膜部瘤，有些病例的膜部瘤是闭锁的，即不存在室间隔

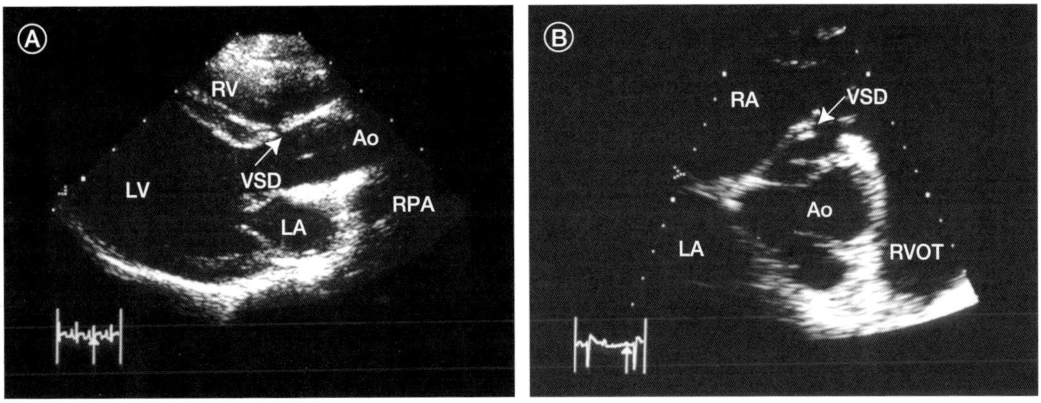

图 5.15　一只小型膜部室间隔缺损患犬的超声心动图。从右侧长轴切面（A）可能观察到缺损（箭头）位于左心室流出道的顶部，主动脉瓣和三尖瓣的下方。从心基部右侧短轴切面（B）也可观察到该缺损（箭头）

Ao：主动脉；LA：左心房；LV：左心室；RV：右心室；RA：右心房；VSD：室间隔缺损；RPA：右肺动脉；RVOT：右心室流出道。

缺损。

常出现主动脉瓣舒张期脱垂，收缩期异常打开，这在右侧胸骨旁长轴五腔切面中最易评估（图 5.16A+ 视频）。

在大型 VSD 中，会出现右心室增大、右心室壁增厚（即右心室离心性和向心性肥大）（图 5.17），这是因为此时同时伴有容量和压力过载。

M 型超声心动图

M 型超声心动图对于诊断 VSD 无特殊意义。

频谱多普勒超声心动图

在识别小型 VSD 时，频谱多普勒超声心动图通常比二维超声成像更敏感，临床上经二维超声成像怀疑缺损时，可使用频谱多普勒超声心动图进行确认。

在右侧胸骨旁短轴切面上，用脉冲多普勒模式仔细检查室间隔，将取样容积置于右心室内，可识别朝向探头的收缩期湍流。用连续多普勒进行扫查也能识别出类似的血流，峰值速度通常 >4.5 m/s，但若存在严重的肺动脉高压（这会使右心室收缩压升高），分流速度会偏低（图 5.18）。当然，这也取决于血流束与多普勒波束的方向是否平行，低峰值速度通常提示大量分流，或多普勒取样线方向未与血流束平行。多数情况下，右心室流出道短轴切面在连续多普勒模式下也会显示高速湍流，因为来自 VSD 的射流会环绕室间隔，并从远离探头流向肺动脉瓣。由于右心室射血量增加，脉冲多普勒模式下肺动脉的峰值速度和速度时间积分均增加。

彩色多普勒超声心动图

彩色多普勒模式是检测 VSD 最敏感的方法。可在右侧胸骨旁长轴切面或主动脉根部水平短轴切面中，检查三尖瓣下方的室间隔，如果是膜周型室间隔缺损或膜

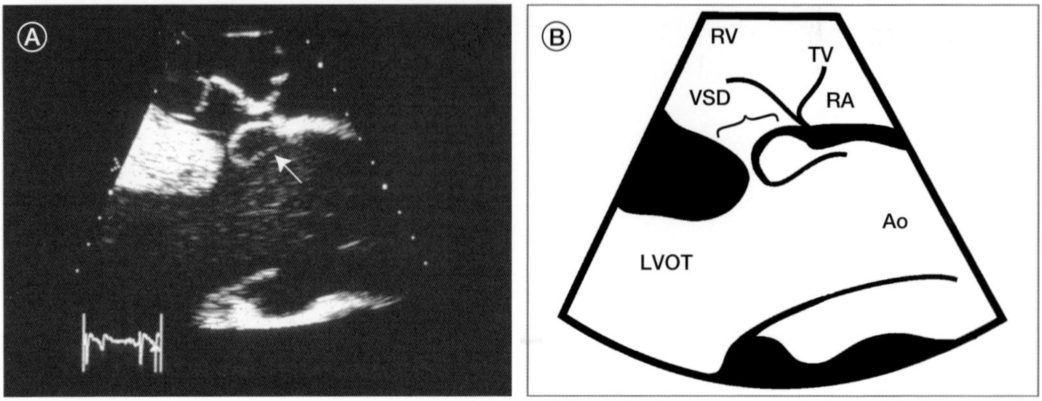

图 5.16　一只中型膜部室间隔缺损患马的超声心动图。可见主动脉右冠瓣（箭头）在收缩期脱垂进入缺损处，而无冠瓣则正常打开。二维超声图像（A）和模式图（B）

Ao：主动脉；RA：右心房；TV：三尖瓣；RV：右心室；LVOT：左心室流出道；VSD：室间隔缺损。

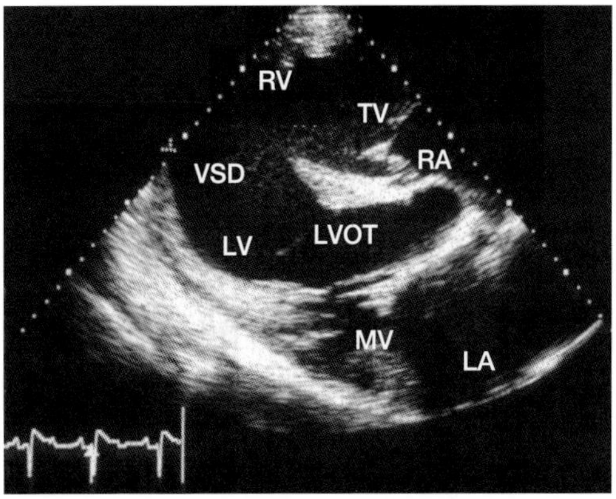

图 5.17　一只大型肌部型室间隔缺损患马的超声心动图

两个心室之间的缺口相当大，因此两个心室就像一个心室在工作。主动脉和肺动脉的血流由相应的血管阻力决定。RV：右心室；LV：左心室；MV：二尖瓣；TV：三尖瓣；RA：右心房；LA：左心房；LVOT：左心室流出道；VSD：室间隔缺损。

部室间隔缺损，通常会观察到左－右的收缩期湍流（图 5.19+ 视频）。对于大多数阻力性 VSD，其分流入右心室的高速湍流都流向游离壁侧，并流入右心室流出道（图 5.20+ 视频；马的 VSD）。如果是肌部型室间隔缺损，则需要仔细检查整个肌部室间隔，在短轴切面自心基部到心尖来回移动探头，以识别定位 VSD。对于非常小的室间隔缺损，这可能是唯一确定缺损的方法（图 5.21）。即使在非常偏心的喷射情况下，如三尖瓣黏附于室间隔时，彩色多普勒通常也能够识别出病变位置。

很多病例在彩色多普勒评估主动脉瓣时可观察到主动脉瓣关闭不全（图 5.22）。

心脏超声造影

尽管超声造影可以显示舒张期室间隔右－左分流，左心室出现气泡影像，但通常不会将其用作首选诊断方法，但如果无法进行多普勒评估，心脏超声造影可用于辅助诊断（见第 2 章）。

对于右－左分流的膜周型室间隔缺损，造影可观察到收缩期主动脉根部和升主动脉出现气泡或微泡影像，舒张期左心室流出道或左心室偶尔出现气泡或微泡影像。在肌部型室间隔缺损中，气泡常先出现在左心室，后出现在主动脉。

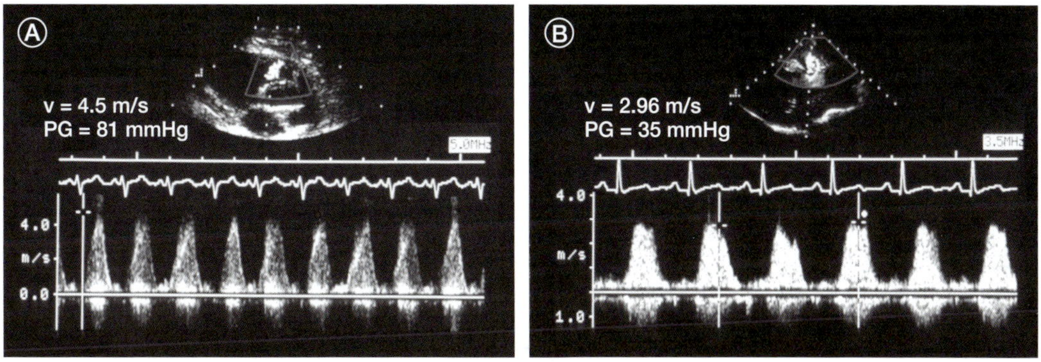

图 5.18　经中型 VSD（A）和大型 VSD（B）缺损处分流的连续多普勒超声图像，可见血流为朝向探头的高速血流

A. 峰值流速为 4.5 m/s，相应压力梯度（pressure gradient，PG）为 81 mmHg，表明右心室内压力相对较低。
B. 峰值流速为 2.96 m/s，相应压力梯度为 35 mmHg，表明中心室内高压，这是由严重的肺动脉高压导致的。

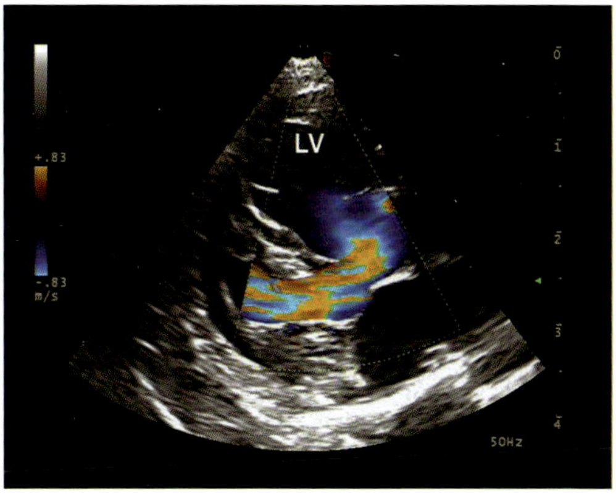

图 5.19　一只大型 VSD 患猫的超声心动图。图为优化后的左心尖四腔切面彩色多普勒图像。可见自左心室流入右心室的湍流信号

LV：左心室。

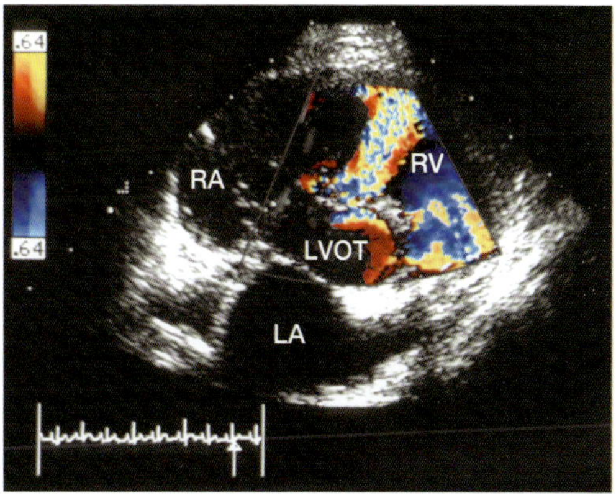

图 5.20　一只中型 VSD 患犬的彩色多普勒湍流图像。射流直接朝向右心室游离壁，这也解释了为什么该病会产生右侧收缩期杂音

RA：右心房；RV：右心室；LVOT：左心室流出道；LA：左心房。

瓣膜发育不良的分流性心脏病

房室瓣发育不良（Atrioventricular Valvular Dysplasia）

流行病学

二尖瓣发育不良最常见于大型犬，如藏獒，在牛头㹴中也有报道，可能伴有二尖瓣狭窄。二尖瓣发育不良常伴发主动脉瓣下狭窄。三尖瓣发育不良最常见于拉布拉多寻回犬，具有遗传性，也有一些关于波索尔犬患病的病例报道。猫的二尖瓣畸形和三尖瓣畸形绝大多数是复杂缺陷的一部分，如心内膜垫缺损。一些三尖瓣畸形患猫发现患病时已是中老年，类似于犬的

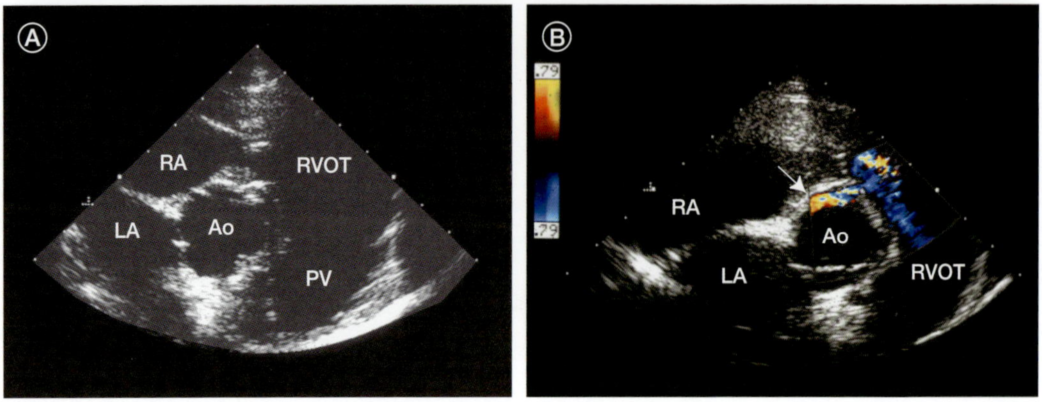

图 5.21　一只 VSD 患犬的二维超声心动图

右侧胸骨旁心基部短轴切面（A）。该缺损非常小（箭头），在彩色多普勒图像中才能被显示（B），图中可见明显的湍流。RA：右心房；LA：左心房；Ao：主动脉；RVOT：右心室流出道；PV：肺动脉瓣。

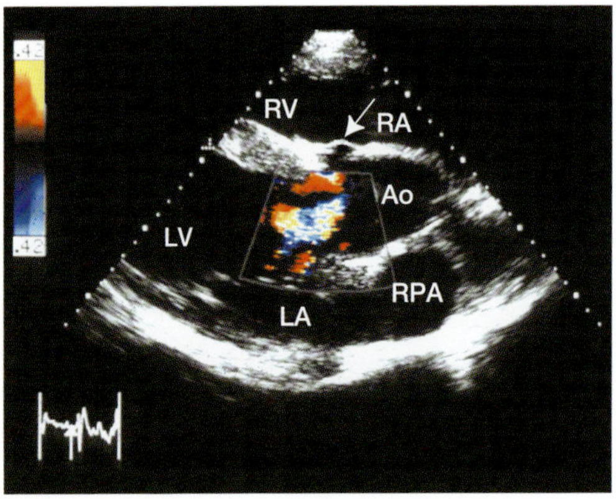

图 5.22　一只小型 VSD 和室间隔动脉瘤（箭头）患马的彩色多普勒图像。图中可见主动脉关闭不全，舒张期湍流（黄蓝色）自主动脉瓣中间接合处流向左心室

RV：右心室；LV：左心室；LA：左心房；RA：右心房；Ao：主动脉；RPA：右肺动脉。

三尖瓣发育不良，尽管它们在诊断时已有严重的三尖瓣反流和充血性心力衰竭，但这些猫显然已经活了十多年，且没有任何并发症，这与严重的三尖瓣发育不良是不符的。最近的研究表明，这些猫实际上患有右心室心肌病，继发了三尖瓣的重塑，而非先天性疾病。

病理生理学

收缩期房室瓣无法闭合导致血液从射出的心室反流回相应的心房，这与获得性瓣膜关闭不全的表现相似（见第 6 章）。因此，相应的心室和心房都会扩张以适应反流导致的容量增加（即由于容量过载而引起离心性肥大）。如果严重到一定程度，在相应的循环中会出现充血性心力衰竭。

临床表现

听诊可闻及二尖瓣或三尖瓣的收缩期心杂音。病情严重时会出现充血性心力衰竭。

二尖瓣发育不良（Mitral Valve Dysplasia）

超声心动图征象

二维超声心动图

二维图像中可以看到左心房和左心室扩张，心室壁厚度正常（由于容量过载而导致离心性肥大）（图 5.23）。若病情严重，随着时间的推移疾病逐渐进展，可能会出

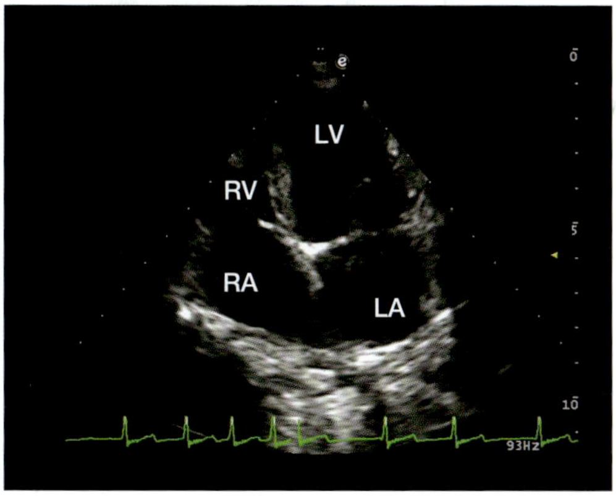

图 5.23　一只 2 月龄圣伯纳犬的左侧心尖四腔切面二维超声图像，该犬患有二尖瓣和三尖瓣发育不良。图中可见双侧心房扩张，这很容易诱发房颤，而图中的心电图也显示该犬出现了房颤
LA：左心房；LV：左心室；RA：右心房；RV：右心室。

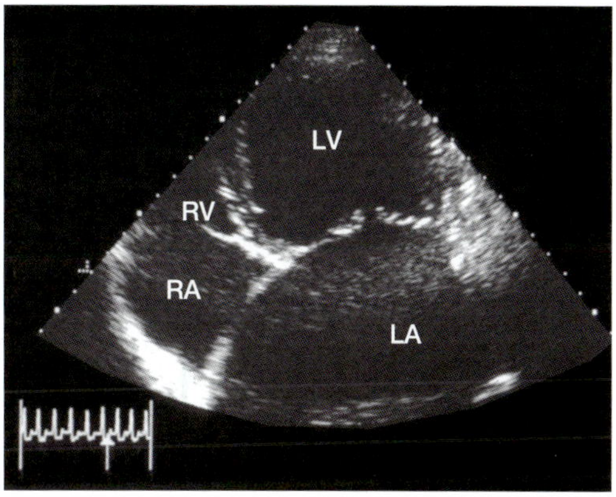

图 5.24　一只二尖瓣发育不良患犬的左侧心尖四腔切面二维超声图像，可见二尖瓣无法闭合
LV：左心室；RV：右心室；RA：右心房；LA：左心房。

现心力衰竭，其特点是左心室舒张末期直径增大、射血分数降低。

二尖瓣瓣尖形态看起来基本正常，但收缩期无法闭合，瓣尖之间有明显的间隙。最容易在左侧心尖四腔切面观察到（图 5.24）（译者注：英文版错误，中文译文中为更改后）。偶尔也会有腱索呈异常的强回声，但此征象与该疾病没有绝对相关性，不具备诊断价值。极少情况下会发现瓣膜形态异常，但这在获得性瓣膜病中很常见。

M 型超声心动图

随着疾病的发展，M 型超声图像可以观察到左心室舒张末期直径增大，左心房增大，继而使 LA/Ao 增大。当心力衰竭时，心室收缩末期直径也会增大，导致缩短分数降低（图 5.25）。同时舒张早期 E 点至室间隔距离（E-point septal separation，EPSS）可能增加。

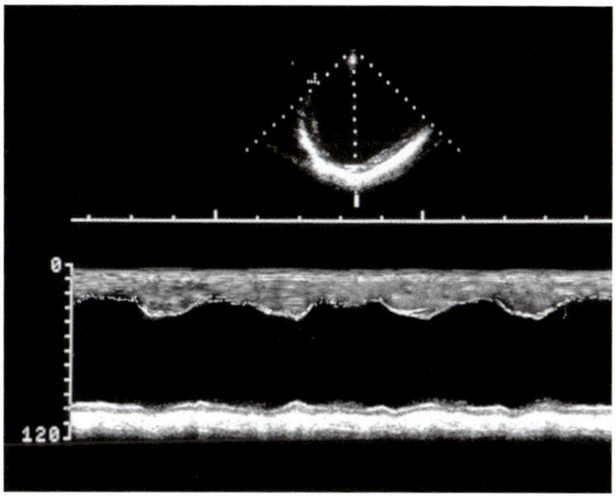

图 5.25　一只二尖瓣发育不良和心力衰竭患犬的左心室 M 型超声扫查。注意左心室收缩力下降，主要表现为收缩期和舒张期内径增大

频谱多普勒超声心动图

在左侧心尖四腔切面中对二尖瓣进行脉冲多普勒检查，将取样容积放于二尖瓣左心室侧，可发现 E 波升高（左心室被动充盈血量增加），在心室收缩期左心房内可观察到高速湍流。同一切面在连续多普勒模式下可显示朝向探头的收缩期高速反流（即反流自左心室到左心房），反流速度通常 > 5 m/s。二尖瓣的频谱多普勒检查不应在右侧切面中进行，因为该切面测量血流速度不准确。

彩色多普勒超声心动图

在右侧胸骨旁长轴切面或短轴切面，抑或左侧心尖切面中使用彩色多普勒模式检查二尖瓣，可观察到与获得性二尖瓣疾病相似的二尖瓣反流。患有双侧房室瓣发育不良时，彩色多普勒显示左、右心房内都有反向湍流（图 5.26+ 视频）。

三尖瓣发育不良（Tricuspid Valve Dysplasia）

超声心动图征象

二维超声心动图

二维图像中可观察到右心室和右心房扩张，室壁厚度正常（即容量过载引起的离心性肥大）。在严重的三尖瓣发育不良病例中，通常在多数切面中，右心房都会占据较大比例，并使心脏发生旋转移位，因此很难获得标准切面。同时病情严重者，左心前负荷减小，右心室压力相对增大，

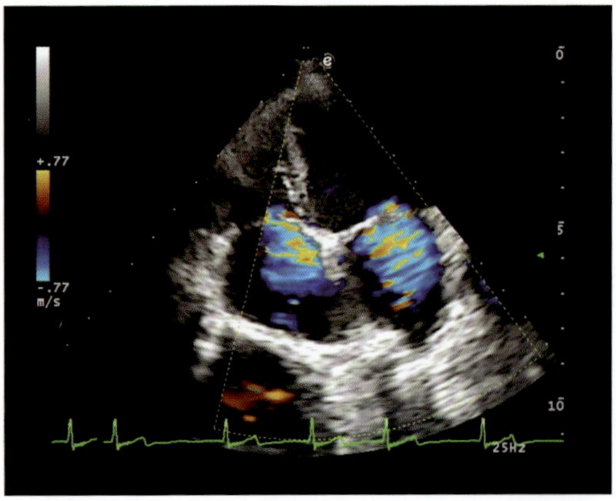

图 5.26　图 5.11 患犬的左侧心尖四腔切面彩色多普勒图像。发育不良的二尖瓣和三尖瓣处可见湍流信号

因此左心室通常缩小（图 5.27+ 视频 A、视频 B）。

大多数病例的三尖瓣形态异常。最常见的是，三尖瓣隔叶连接于室间隔上的腱索发育不良，表现为腱索明显偏短；非隔叶侧的三尖瓣通常呈“帆”状小叶，瓣叶增大，但收缩期三尖瓣口仍关闭不全，同样附着的腱索也偏短。在许多三尖瓣发育不良的病例中，收缩期瓣口和舒张期瓣

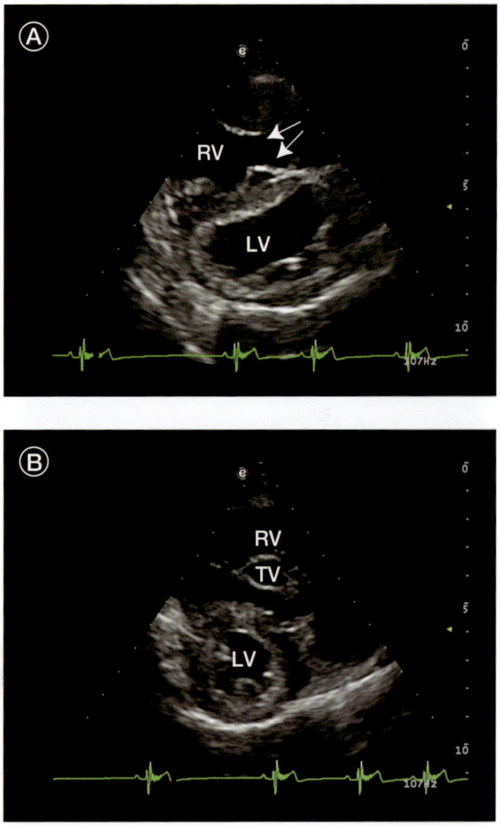

图 5.27　一只患严重三尖瓣发育不良的拉布拉多寻回犬的超声心动图

A. 右侧胸骨旁长轴切面，可见左心室内径比右心室小，且三尖瓣形态和瓣叶接合点（箭头）均异常。B. 心室水平的右侧胸骨旁短轴切面，可见三尖瓣位置异常，偏向心室内。同时由于发育不良，三尖瓣在收缩期无法关闭。LV：左心室；RV：右心室；TV：三尖瓣。

口形态几乎没有区别（图 5.27 ~ 图 5.29+视频）。

M 型超声心动图

M 型超声图像会发现不同程度的右心室舒张期直径增大，右心房直径增大。

频谱多普勒超声心动图

从左侧心尖四腔切面或右侧胸骨旁长轴切面对三尖瓣进行脉冲多普勒扫查，可见右心室舒张期 E 波升高（被动流入血量增加），心室收缩期右心房内反向湍流。在同一切面的连续多普勒模式下可见远离探头（即自右心室至右心房）的中速收缩期反流，血流速度一般为 2.5 ~ 3 m/s（跨瓣膜压力梯度为 25 ~ 36 mmHg）。

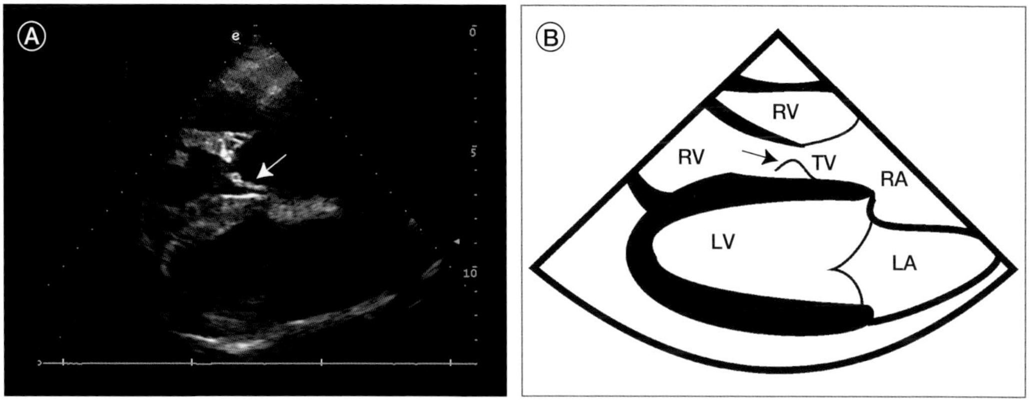

图 5.28　一只患三尖瓣发育不良的金毛寻回犬的超声心动图。其三尖瓣隔叶连接在室间隔上，运动受限（箭头）。同时可见乳头肌偏长，几乎直接与游离壁瓣叶相连，两者之间的腱索很短。超声图像（A）和模式图（B）

LV：左心室；RV：右心室；TV：三尖瓣；RA：右心房；LA：左心房。

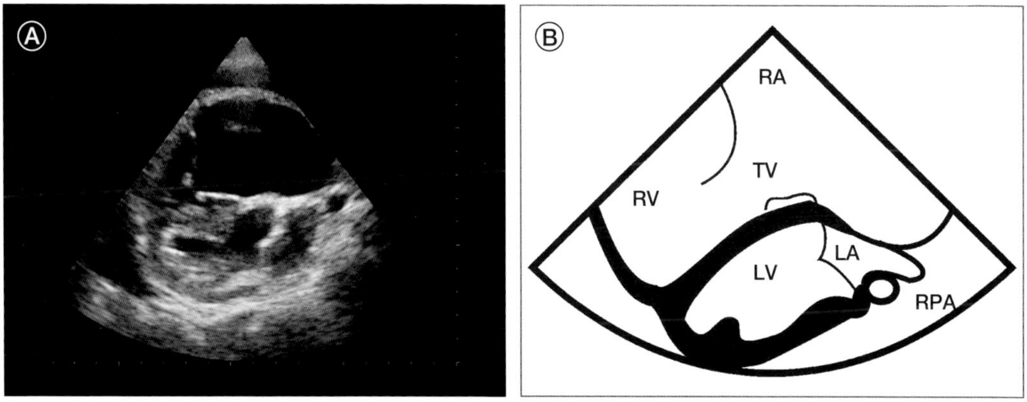

图 5.29　一只患三尖瓣发育不良的金毛寻回犬的右侧胸骨旁长轴切面图像

图中右心房占据了近场图像的绝大部分，是变形了的标准切面。收缩期三尖瓣隔叶连接于室间隔壁，导致收缩期三尖瓣无法闭合。由于右心室输出量减少，左心减小。超声图像（A）和模式图（B）。RA：右心房;RV：右心室;TV：三尖瓣；LV：左心室；LA：左心房；RPA：右肺动脉。

彩色多普勒超声心动图

在右侧胸骨旁长轴切面上，彩色多普勒扫查三尖瓣处可见反流，与获得性三尖瓣疾病相似，但通常获得性瓣膜病的反流更严重（图 5.30+ 视频 A、视频 B）。

主动脉瓣发育不良（Aortic Valve Dysplasia）

流行病学

主动脉瓣发育不良较罕见，作者曾发现苏赛克斯猎（枪猎犬）主动脉瓣畸形的发病率很高。该病常见于马。

病理生理学

作者所见的大多数主动脉瓣发育不良病例，是由主动脉瓣叶的异常分叶造成的，包括二叶式或四叶式主动脉瓣。这些瓣膜通常关闭不全，导致主动脉瓣反流。反流的严重程度决定了血流动力学后果，病情严重的，可发展为充血性心力衰竭和心肌衰竭。极少数情况下，可能会伴有瓣膜狭窄。

临床表现

有时在主动脉瓣区听诊可闻及舒张期心杂音，存在主动脉瓣狭窄时，也可闻及收缩期心杂音。若病情严重，还可能会发现脉搏亢进、肺水肿。

超声心动图征象

二维超声心动图

左心室增大程度与主动脉瓣反流程度成正比。若病情严重，则会因左心室舒张压升高而导致左心房增大，同时还会发生心力衰竭，其特征是收缩力下降和收缩末期直径增大。右侧胸骨旁短轴切面或左头侧短轴切面最易观察异常瓣膜形态，偶尔还能发现瓣膜关闭不全（图 5.31+ 视频 A、视频 B）。

M 型超声心动图

由于最开始前负荷增加，M 型超声心动图测量可发现左心室舒张期末期内径增大，而收缩功能下降时左心室收缩期末期内径也会增大，逐渐发展至心力衰竭。因

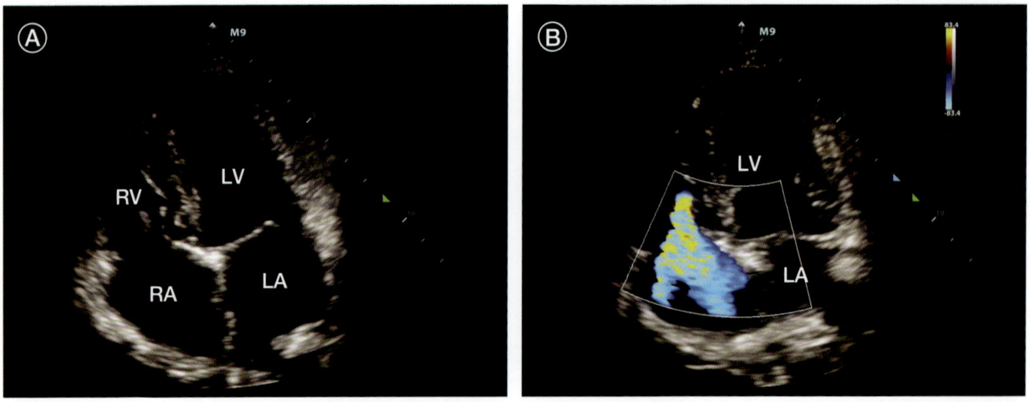

图 5.30 一只三尖瓣发育不良患犬的左侧心尖四腔切面的二维图像（A）和彩色多普勒图像（B）。收缩期三尖瓣彩色湍流提示三尖瓣反流

LV：左心室；LA：左心房；RV：右心室；RA：右心房。

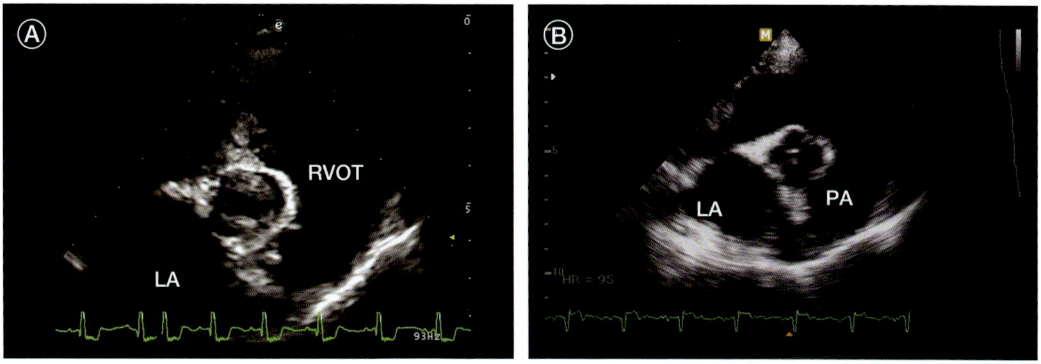

图 5.31　心基部右侧胸骨旁短轴切面的二维超声图像

A. 二叶式主动脉瓣患犬；B. 四叶式主动脉瓣患犬。注意瓣叶无法闭合，导致两个病例均出现主动脉瓣关闭不全。LA：左心房；RVOT：右心室流出道；PA：肺动脉。

此，缩短分数最初可能增加，并随着病情的发展逐渐降低。左心房和 LA/Ao 可能增大。在右侧胸骨旁短轴切面偶见主动脉瓣形态异常，伴舒张期主动脉瓣扑动。

二尖瓣处扫查（通常在右侧胸骨旁短轴切面）常可见舒张期二尖瓣扑动。这是因为舒张期主动脉的反流撞击二尖瓣瓣尖，使其振动（图 5.32）。同时，舒张早期 EPSS 也因此增加。

频谱多普勒超声心动图

在左侧心尖五腔切面进行连续多普勒检查，舒张期可见朝向探头的（即从主动脉到左心室）高速反流，其舒张早期峰值流速可达 5 m/s。患有轻度至中度关闭不全时，主动脉瓣反流从舒张早期到舒张晚期的峰值流速变化不大，频谱多普勒图像近似方形（图 5.33）；患有重度关闭不全时，由于主动脉舒张压降低和左心室舒张压升高导致的跨瓣膜压力梯度减小，反流峰值速度在舒张期也逐渐降低。因此，速度曲线的斜率可以用来估计反流的严重程度（图 3.34）。

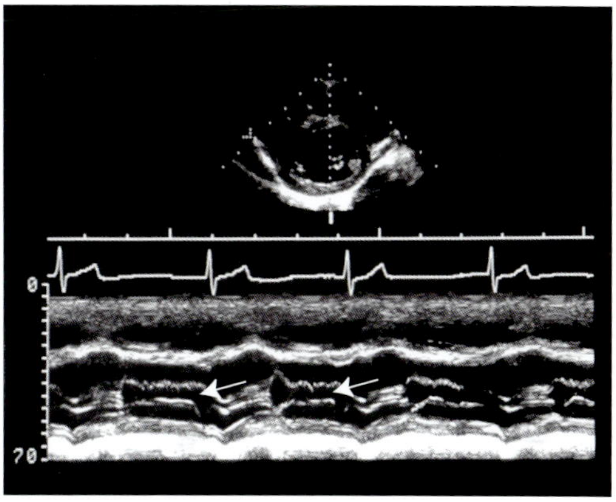

图 5.32　一只主动脉瓣发育不良和主动脉瓣关闭不全患犬的 M 型超声图像，可见二尖瓣瓣尖在舒张期扑动（箭头）

由于左心室的输出量增加，收缩期左心室流出道的脉冲多普勒检查可见峰值流速增加，如果同时存在狭窄，则可观察到湍流。

彩色多普勒超声心动图

主动脉瓣处彩色多普勒检查可见不同程度的反流，反流量取决于瓣膜关闭不全的程度。反流可能起源于瓣膜关闭的中心点，也可能起源于异常瓣叶间的连接处（图 5.34）。

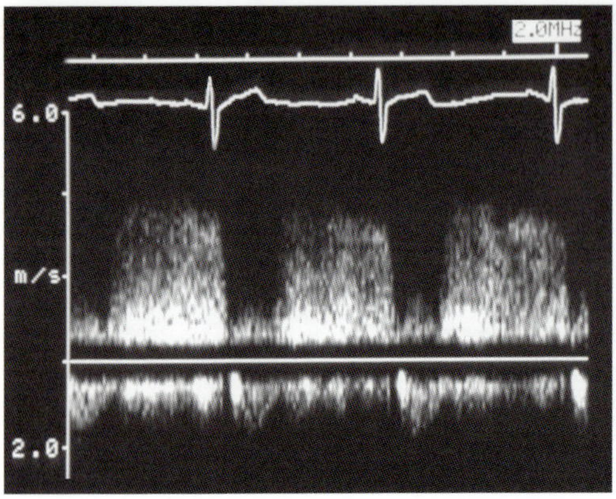

图 5.33　一只主动脉瓣发育不良和主动脉瓣关闭不全患犬，经主动脉瓣的连续多普勒超声图像。频谱多普勒图像显示高速反流，峰值平台的存在提示病情较轻

隔膜形成缺陷导致的阻塞性心脏病

三房心（Cor Triatriatum）

流行病学

三房心没有明显的品种倾向。右三房心（cor triatriatum dexter，CTD）只在犬中有文献记录，而左三房心（cor triatriatum sinister，CTS）只在猫中有记录。一些文献中记录了罗威纳犬和斗牛獒患有右三房心。

病理生理学

右三房心和左三房心是由静脉窦发育异常引起的，静脉窦是胚胎和胎儿期的一种结构，随着两侧心房的形成逐渐退化。因此，它们是隔膜的缺陷，不会导致典型的分流病变，而是阻塞性病变。如果静脉窦未能退化，则血液从后腔静脉（右三房心）或肺静脉（左三房心）流入心房会受

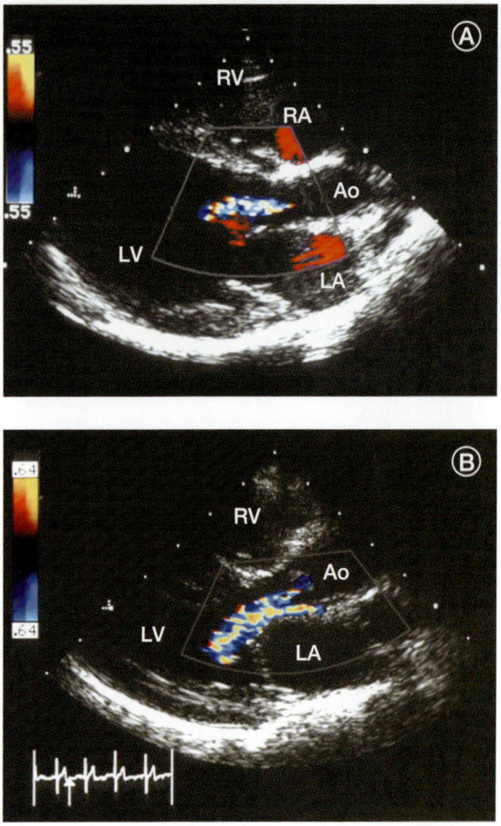

图 5.34　主动脉瓣发育不良的彩色多普勒超声图像，显示中间型反流（A）和偏离型反流（B）。图 B 中两束反流源于关闭不全的四叶式主动脉瓣，且均沿着二尖瓣的室间隔边缘流动

RV：右心室；RA：右心房；Ao：主动脉；LV：左心室；LA：左心房。

阻。左三房心与二尖瓣瓣上狭窄很难区分开，因此这两种情况在此统归为左三房心。

血液流入心房受阻会增加相应循环中的流体静力压（右三房心会使体循环静脉压升高；左三房心会使肺静脉压升高），如果病情严重，最终会导致充血性心力衰竭。患有左三房心的猫尽管从出生起肺静脉压就会升高，但通常在数年内不会出现充血性心力衰竭。这可能是随着代偿性（继发性）肺动脉高压的出现，作为一种保护机

制，机体会减少肺血流量。而大多数右三房心患犬会在几个月内出现腹腔积液。

右三房心需要将阻塞处周围的静脉血进行分流，因此会形成侧支静脉，通常通过椎静脉或奇静脉分流。若病变累及冠状静脉窦处（冠脉循环的静脉回流），会引起冠状静脉窦扩张。未退化的静脉窦瓣膜可能有孔或无孔。

左三房心常伴发房间隔缺损或卵圆孔未闭，导致左－右分流。

超声心动图征象

二维超声心动图

右三房心通常不能在标准的右侧胸骨旁长轴切面中看到，因为图像太靠近尾侧。在右侧胸骨旁短轴切面中可以看到。偶尔也能看到尾侧和头侧心房之间的开口。后腔静脉扩张。由于前负荷减小，右心室和左心通常较小（图 5.35+ 视频）。

右三房心也可以从左头侧右心室 / 右心房切面中看到（图 5.36+ 视频）。

此外，如果冠状窦阻塞，可以看到扩张的冠状静脉沿房室沟环绕左心房后侧。这通常看起来像永存后腔静脉（见上文）。

通常从右侧胸骨旁长轴切面或短轴切面观察左三房心。也可从左头侧短轴切面观察。二尖瓣瓣上狭窄在心房的位置比真正的左三房心低，这两种类型的病变都被视为位于二尖瓣环上方的横跨心房的“隔膜”。

M 型超声心动图

M 型超声心动图无法用于评估三房心。

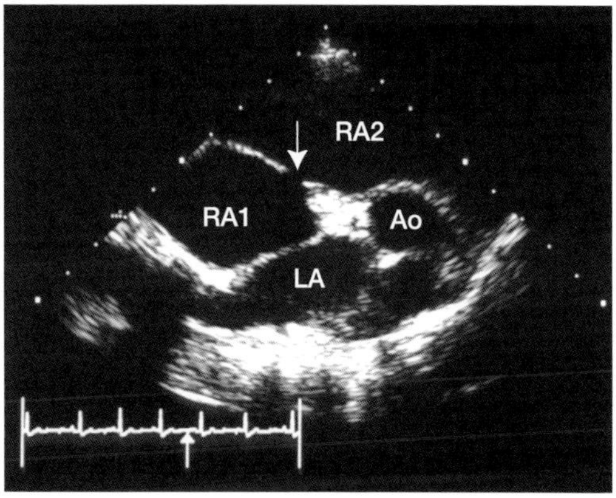

图 5.35　一只右三房心患犬的心基部右侧胸骨旁短轴切面的二维超声图像。可见隔膜将右心房分为头侧右心房（RA1）和尾侧右心房（RA2）。箭头所指为隔膜的开口

Ao：主动脉；LA：左心房。

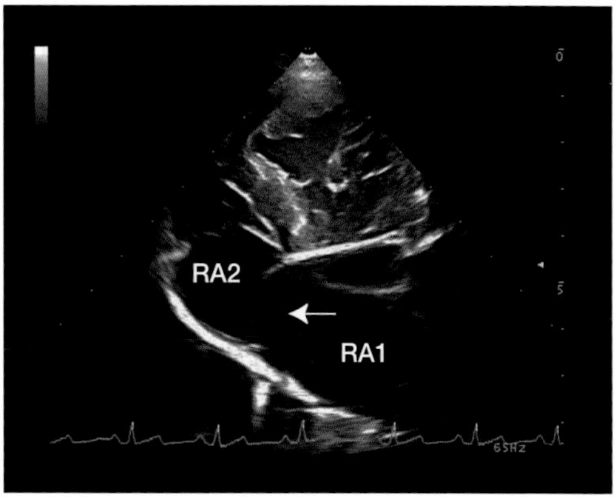

图 5.36　一只右三房心患犬的左侧心尖四腔切面图像。可见右心房被隔膜（箭头）分开［头侧右心房（RA1）和尾侧右心房（RA2）］

频谱多普勒超声心动图

对于有孔的右三房心，在仔细检查右心房时，可发现从尾侧心房到头侧心房的持续湍流（注意，流速很低以致不会产生任何可听到的杂音）。然而，该检查的敏感性相对不高。

同样，仔细检查靠近二尖瓣环的左心

房（从左侧心尖四腔切面）可发现朝向探头的高速舒张期血流。

彩色多普勒超声心动图

彩色多普勒超声心动图是识别有孔右三房心的最敏感的手段。检查尾侧右心房和头侧右心房之间的隔膜，可识别流经该区域的血流（图 5.37+ 视频）。

对于患有出现左三房心和二尖瓣瓣上狭窄时，可能观察到并发的房间隔缺损的血流（如果存在的话）。血流通常为湍流或类似湍流，频谱增宽（图 5.38+ 视频）。

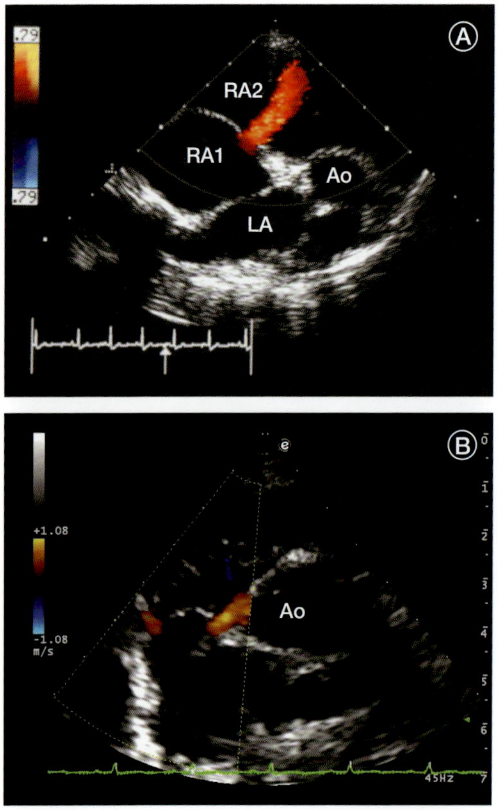

图 5.37　两只右三房心患犬的多普勒超声心动图，可见两个右心房之间（RA1 和 RA2）的显著血流信号

A. 两个右心房之间通过隔膜上的一个小孔相通。B. 可见两处彩色多普勒信号，提示隔膜至少有两个孔。LA：左心房；Ao：主动脉。

心脏超声造影

超声造影可用于辅助识别右三房心。必须通过隐静脉注射造影剂，从而使微泡先出现在尾侧右心房，然后通过隔膜上的孔或通过侧支循环出现在头侧右心房。

瓣膜和腔室畸形导致的阻塞性心脏病

房室瓣狭窄

流行病学

二尖瓣狭窄在英国斗牛㹴中有报道，也可以发生在猫中，以二尖瓣瓣上狭窄（见左三房心部分）的形式发生。三尖瓣狭窄没有明显的品种倾向性。这两种情况都可以作为反流性瓣膜发育不良或其他复杂先天性缺陷的一环发生，也可以独立发生。

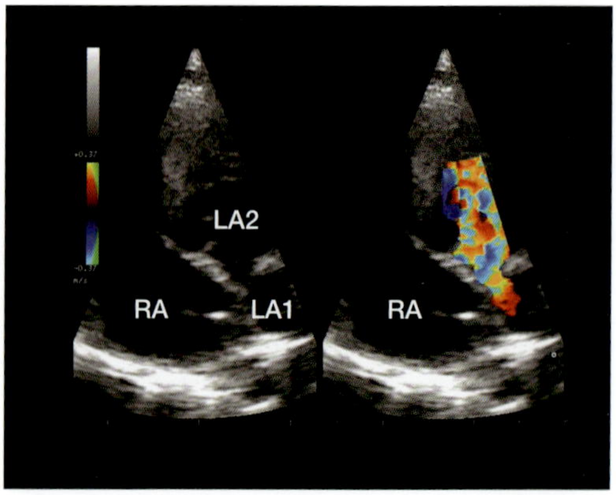

图 5.38　一只左三房心患猫的超声心动图。彩色多普勒图像显示一混叠的血流信号从头侧左心房（LA1）通过左心房之间的小孔流向尾侧左心房（LA2），再通过二尖瓣流向左心室

RA：右心房。

病理生理学

二尖瓣狭窄和三尖瓣狭窄导致心室舒张期心房排空受阻。这增加了心房及其依赖的静脉循环的压力。如果严重到一定程度，则会导致充血性心力衰竭，代表疾病的最后阶段。二尖瓣狭窄常发生继发性肺动脉高压，以防止肺水肿，但这反而导致获得性右心压力过载，引起右心心肌衰竭和右侧充血性心力衰竭。

超声心动图征象

二维超声心动图

二尖瓣狭窄导致左心房增大（由于后负荷增加）和左心室减小（由于前负荷减少）。因此，左心室壁测量值可能比正常厚，这种效应被称为假性肥厚。右心室可能增大或正常，伴有右心室壁增厚（向心性肥大）。如果有右心衰竭，右心房会增大。

二尖瓣不能正常打开，但在舒张期保持圆顶形状（二尖瓣膜呈万神殿屋顶样外观，在顶端有一个开口）（图 5.39+ 视频）。它们通常正常关闭，但也可能因为腱索异常而无法关闭。

三尖瓣狭窄导致右心房增大（由于后负荷增加）和右心室减小（由于前负荷减少）。左心也因前负荷减少而减小。

狭窄的三尖瓣在舒张期也呈圆顶状。

M 型超声心动图

患有二尖瓣狭窄时，随着狭窄程度逐渐加重，在二尖瓣水平的 M 型超声图像可见明显的 E 波和 A 波逐渐消失。2 个舒张期波形常被更方形的舒张期二尖瓣波形取代，E–F 斜率减小。这是由于没有舒张中期（在瓣膜处血流接近零的阶段），心房的持续压力导致了整个舒张期的血液流动。因为室间隔二尖瓣瓣尖不能完全打开，EPSS 增加。左心室通常减小，左心房和 LA/Ao 增大。

患有三尖瓣狭窄时，三尖瓣的 M 型超声检查显示的模式与二尖瓣狭窄相同。右心房增大，右心室可能减小。

频谱多普勒超声心动图

用脉冲多普勒检查病变瓣膜的流入血流时，将取样容积放在瓣膜的下方，可见 E 波和 A 波的间距明显变小，甚至融合，此时 E 波减速波峰无法显现。在许多情况下，A 波峰速大多升高。因此，频谱多普勒形状通常会让人联想到有塔的教堂轮廓。根据狭窄程度的不同，血流可能是层流或湍流。流入心室的血流峰值速度高于正常水平，严重狭窄时，则会缺少舒张中期。连续多普勒流入模式也相似。如果瓣膜关闭不全且狭窄，则还会出现反流（图 5.40、图 5.41）。

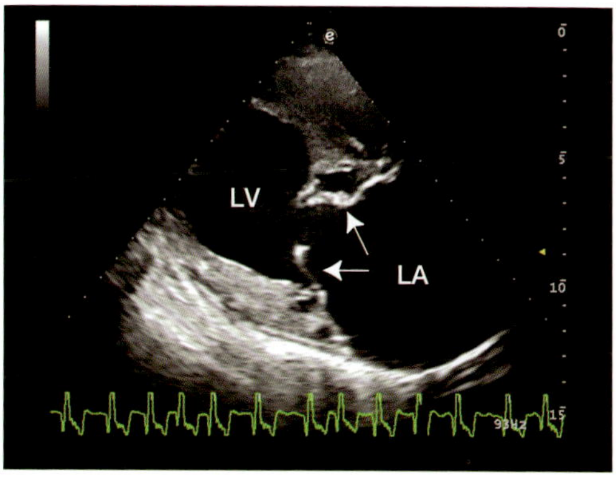

图 5.39　一只二尖瓣狭窄患犬的右侧胸骨旁长轴四腔切面图像。二尖瓣瓣尖呈圆顶状外观，在舒张中期两侧二尖瓣膜末端相对。左心房（LA）增大，但左心室（LV）大小相对正常

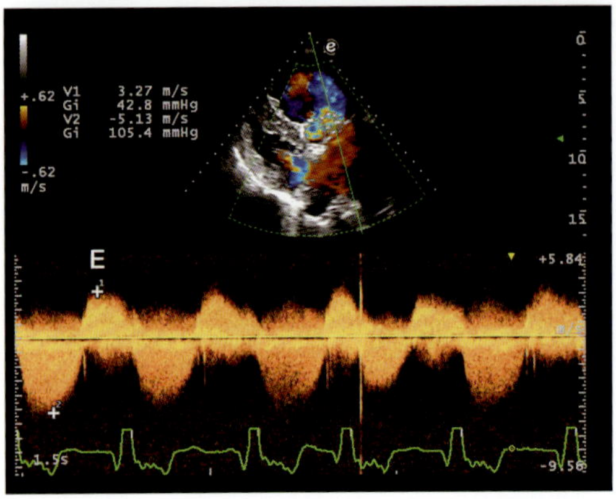

图 5.40　一只二尖瓣狭窄患犬的连续多普勒超声图像。E 波的峰值速度升高（3.27 m/s），压力梯度为 42.8 mmHg。由于患犬出现房颤，A 波消失。二尖瓣关闭不全，反流速度为 5.13 m/s，压力梯度为 105.4 mmHg

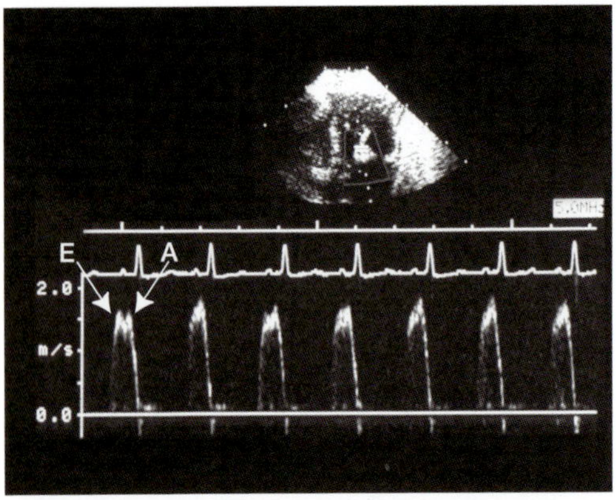

图 5.41　一只二尖瓣狭窄患猫的左心室血流脉冲多普勒。可见 E 波和 A 波的峰值速度均较高

从病变心室流出的血流速度往往降低，反映了前负荷降低。

彩色多普勒超声心动图

彩色多普勒检查显示湍流或加速的舒张期血流信号通过狭窄的瓣膜进入心室。通常最好在左侧心尖四腔切面中评估，但也可以在右侧胸骨旁长轴四腔切面中看到（图 5.42、图 5.43+ 视频）。

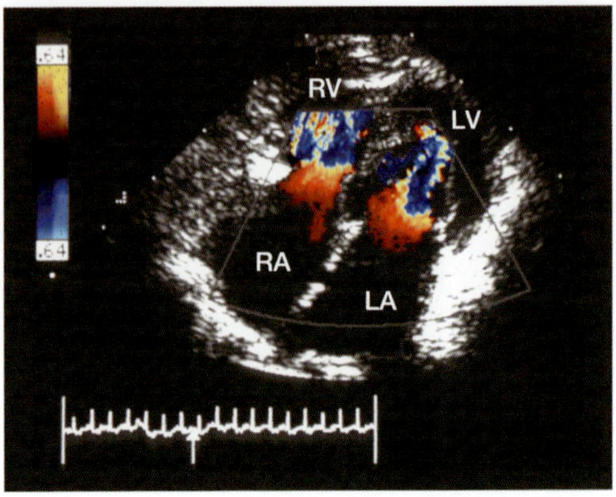

图 5.42　一只二尖瓣狭窄和三尖瓣狭窄患猫的左侧心尖四腔切面的彩色多普勒超声图像。在舒张期，二尖瓣和三尖瓣水平可见混叠的高速血流信号。双侧心房可见扩张

RV：右心室；RA：右心房；LA：左心房；LV：左心室。

主动脉狭窄

流行病学

先天性主动脉狭窄是犬仅次于 PDA 的第二大常见先天性心脏病。95% 以上的狭窄是瓣下狭窄，而瓣狭窄占 5%，瓣上狭窄极罕见。易患此病的犬种包括拳师犬、德国牧羊犬、纽芬兰犬、德国短毛波音达犬、斗牛獒犬、罗威纳犬和金毛巡回犬。主动脉狭窄在马和猫中非常罕见。

病理生理学

主动脉狭窄导致左心室内血液流出受阻，引起左心室压力增加，进而导致左心室心肌生理性肥大。这种狭窄可根据其与主动脉瓣的关系进行分类，分为瓣下狭窄、瓣狭窄或瓣上狭窄（罕见）。在最常见的主动脉瓣下狭窄中，病情较轻的病例在冠状动脉口下方的基底隔处有纤维肌性结节。随着狭窄程度加重，这些结节往往会融合并不同程度地包围流出道，形成纤

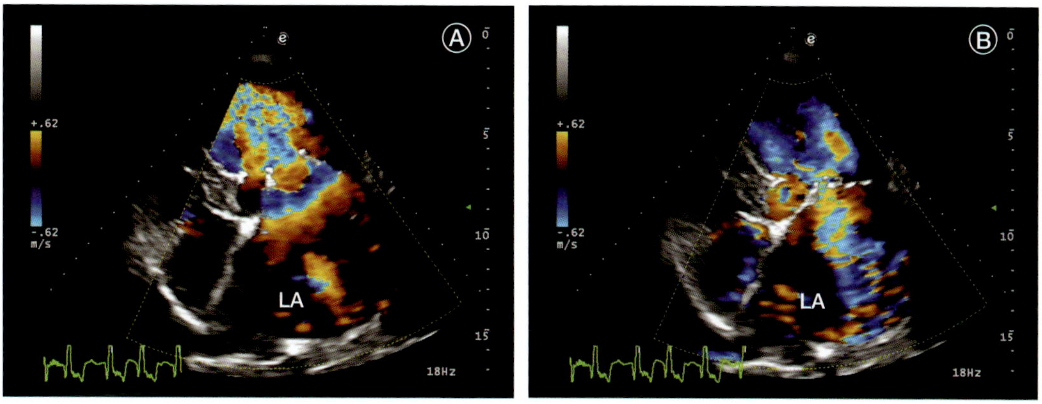

图 5.43　一只二尖瓣狭窄患犬的左侧心尖四腔切面的彩色多普勒超声图像

A. 由于二尖瓣狭窄，舒张期通过二尖瓣的血流速度升高。B. 可见通过二尖瓣的收缩期反流。左心房（LA）严重扩张。

维肌环、纤维带或隧道，可能会累及二尖瓣前叶。主动脉瓣狭窄只影响主动脉瓣尖，常表现为结节状或相互融合。主动脉瓣环也可能出现发育不良，因此很难与主动脉瓣下狭窄区分开来。主动脉瓣上狭窄是由于升主动脉发育不良所致。

主动脉狭窄常并发二尖瓣狭窄，尤其是严重的 SAS。左心室重塑可改变二尖瓣运动，引起收缩期左心室流出道动态梗阻。

将主动脉瓣下狭窄的病理分类与超声心动图结果进行了比较，以提供近似活体应用的分类方案（表 5.1）。

Pyle Patterson 将主动脉瓣下狭窄的解剖病理学分为三类，这种分类方式已经在人医中使用，与疾病严重程度的相对阶段有很好的相关性，并可以通过超声心动图进行诊断（表 5.1）。

对于主动脉瓣下狭窄的超声诊断，必须满足以下三个条件：

- 左心室流出道的解剖学障碍。
- 流出主动脉的血液湍流。
- 血流速 >2 m/s（表 5.2）。

临床表现

心基部听诊，可听到不同程度的收缩期心杂音。在极少数情况下，如果并发严重的主动脉瓣关闭不全，可听到舒张期心

表 5.1　主动脉瓣下狭窄分类

解剖学分类	大体剖检分类	超声心动图分类
Ⅰ级	主动脉瓣下方室间隔心内膜增厚，呈小结节样（1 ~ 2 mm），甚至出现在瓣膜基部	1 型 轻度主动脉流出道梗阻
Ⅱ级	左心室流出道纤维化增厚，累及二尖瓣隔叶和室间隔基部	2 型 “环”型梗阻
Ⅲ级	整个左心室流出道纤维化周向和纵向增厚	3 型 “隧道”型梗阻

表 5.2　主动脉狭窄严重程度分类标准

严重程度	压力梯度（mmHg）	血流速度（m/s）
轻度	20 ～ 80	2.25 ～ 3.5
中度	50 ～ 80	3.5 ～ 4.5
重度	＞ 80	＞ 4.5

杂音。在并发明显的二尖瓣发育不良时，可听到二尖瓣杂音。外周血管脉搏通常正常，但也可能微弱。

超声心动图征象

二维超声心动图

常在右侧胸骨旁长轴流出道切面观察狭窄性梗阻。在瓣下狭窄的病例中可能会观察到流出道侧室间隔的肌肉局部凸起或呈结节样、瓣下环形结构、瓣下区域的左心室流出道呈“隧道样”或管状狭窄（图 5.44+ 视频 A、视频 B 和视频 C）。而主动脉瓣狭窄时，由于持续高速的血流冲击，主动脉瓣小叶常呈高回声、可见增厚和异常运动（图 5.45、图 5.46+ 视频）。主动脉瓣狭窄最明显的特征是瓣膜的形态和运

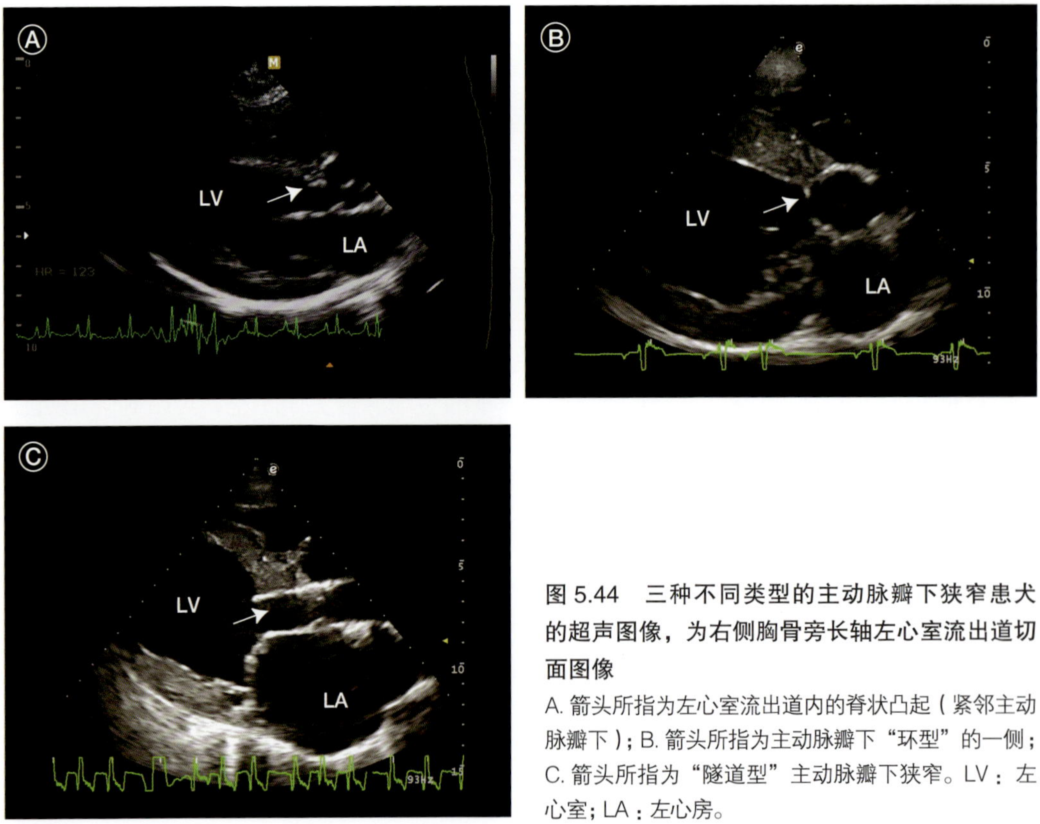

图 5.44　三种不同类型的主动脉瓣下狭窄患犬的超声图像，为右侧胸骨旁长轴左心室流出道切面图像

A. 箭头所指为左心室流出道内的脊状凸起（紧邻主动脉瓣下）；B. 箭头所指为主动脉瓣下“环型”的一侧；C. 箭头所指为“隧道型”主动脉瓣下狭窄。LV：左心室；LA：左心房。

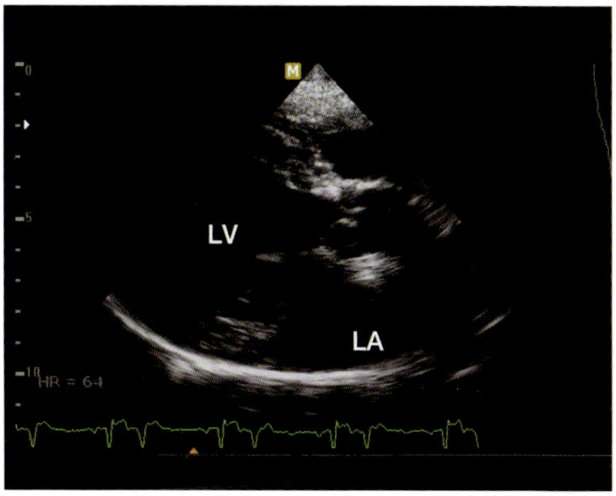

图 5.45　右侧胸骨旁左心室流出道切面超声图像，可见主动脉瓣尖增厚，呈高回声且运动障碍
LV：左心室；LA：左心房。

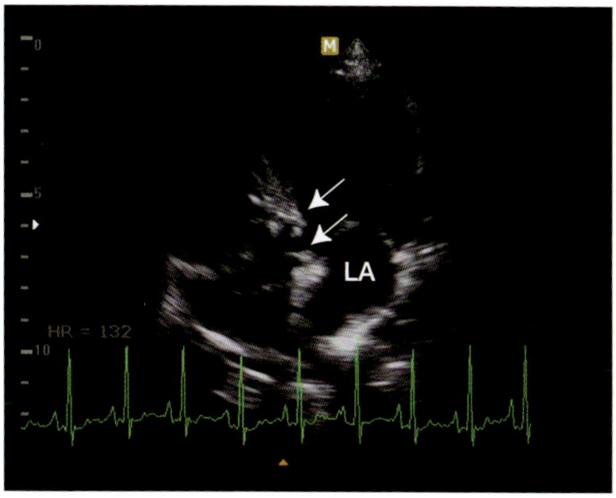

图 5.47　左侧心尖五腔切面超声图像，可见主动脉瓣明显增厚，并且在隔膜尖的基部可见一高回声的结节（箭头）
LA：左心房。

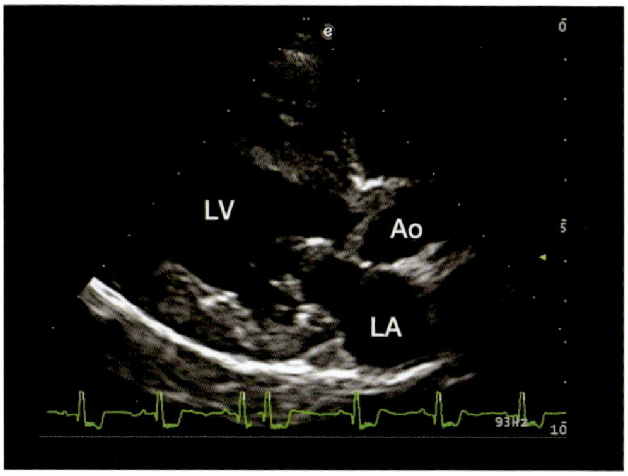

图 5.46　右侧胸骨旁左心室流出道切面，可见增厚、高回声、运动障碍和不对称的主动脉瓣尖
LV：左心室；LA：左心房；Ao：主动脉。

动异常，主动脉瓣狭窄后局部扩张。

对于主动脉瓣上狭窄，主动脉根部的直径小于瓣环直径。

右侧胸骨旁短轴切面也可很好地显示病变，并可对每个瓣尖进行评估。要注意 LVOT 变窄的影像，可以通过 LVOT 相对瓣环变窄的程度来评估狭窄的严重程度。

常可在左侧心尖切面看到瓣下异常（图 5.47+ 视频）。

在所有切面中，左心室壁均出现不同程度的增厚，其与狭窄的严重程度成正比。主动脉瓣狭窄较严重时，常可见心内膜下高回声区，尤其是乳头肌，提示心肌纤维化或缺血（图 5.48+ 视频）。

M 型超声心动图

左心室壁可能会有不同程度的肥厚。左心室的大小通常正常，但也可能减小。常可见主动脉瓣尖运动异常、无法完全打开、部分或全部瓣膜提早闭合（专栏 2.7）。在某些病例中，可以看到主动脉瓣和二尖瓣隔叶的收缩期和舒张期扑动（继发于主动脉瓣关闭不全）（图 5.49）。如果存在动态狭窄，可以通过二尖瓣 M 型超声成像发现。

频谱多普勒超声心动图

在左侧心尖切面，取样线可与左心室流出道方向一致。在 PWD 中，随着取样容积逐渐从病变下方的流出道移动到主动脉，可以检测到收缩期血流速度加快。严重狭窄时，病变上方会出现明显的混叠信

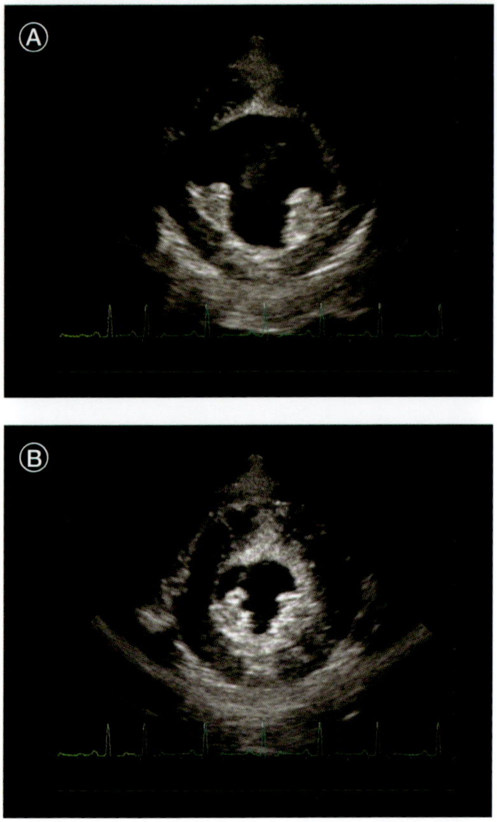

图 5.48　左心室右侧胸骨旁短轴切面超声图像，舒张期（A），收缩期（B）。两图中的心室壁都明显增厚，并且与心内膜下区域相比，心内膜心肌呈高回声。注意收缩期左心室腔减小

号。在瓣下取样可能发现主动脉瓣关闭不全，即舒张期高速反流。

相同位置的 CWD 可以精确测量收缩速度和压力梯度，如果存在主动脉瓣关闭不全，也可以准确诊断（图 5.50）。在大多数病例中，收缩期的射流形状并不能区分瓣下狭窄和瓣膜狭窄。伴发动态狭窄时，CWD 可出现固定和动态波形相互叠加（图 3.35）。

主动脉瓣下狭窄的分类或鉴别较为复杂，特别是在区分轻度狭窄和正常血流方面，会因检查动物的品种和操作者的不同而有差异。有些犬种，如拳师犬，其正常流速可能高于其他犬种。大多数犬种的正常主动脉流速上限为 1.7 m/s，而拳师犬的正常流速可能 >2 m/s。关于如何识别非常轻度主动脉瓣下狭窄的拳师犬存在争议，而且往往不能单纯评估左心室流出道的速度。

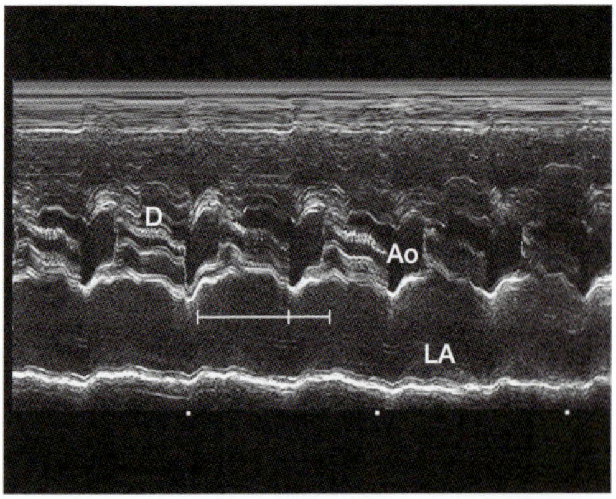

图 5.49　M 型描记主动脉瓣和左心房的运动轨迹，可见舒张期主动脉瓣瓣尖扑动（D）。在该切面可评估左心房和主动脉的比值，与主动脉（Ao）相比，左心房（LA）增大

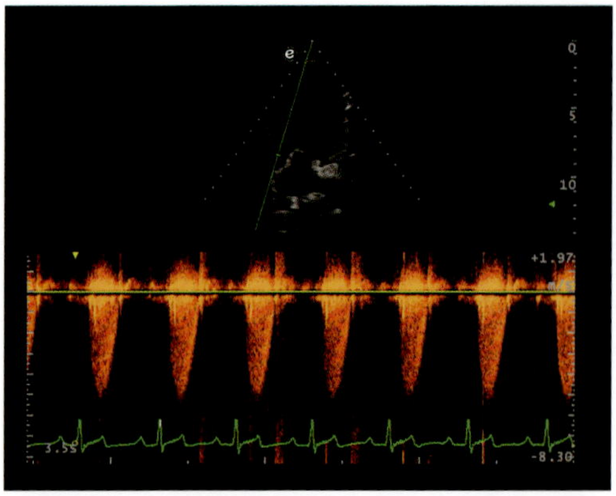

图 5.50　主动脉瓣的连续多普勒图像显示，在收缩期，左心室和主动脉的压力梯度峰值为 100 mmHg，通过主动脉瓣的相应血流速度峰值为 5 m/s，提示主动脉瓣重度狭窄

中度狭窄的压力梯度大于 50 mmHg（血流速度为 3.5 m/s），而重度狭窄的压力梯度大于 80 mmHg（血流速度为 4.5 m/s）。

彩色多普勒超声心动图

右侧胸骨旁左心室流出道长轴切面可用于观察收缩期湍流和任何相关的瓣膜关闭不全。收缩期湍流的起源有时可以通过射流紧缩口（血流加速区）与主动脉瓣的位置来确定（图 5.51+ 视频）。湍流射流通常延伸到主动脉内。起源于主动脉瓣的舒张性射流形态各异，可能呈羽状射流，并且可以通过比较两种射流的位置（收缩期和舒张期）来识别狭窄的位置。

在右侧胸骨旁短轴切面中也可发现湍流。此切面还可以识别舒张期射流的具体起源。左侧心尖五腔切面通常能使取样线与血流方向一致，但通常不需要彩色多普勒超声成像，而且可能会出现分辨率的问题。

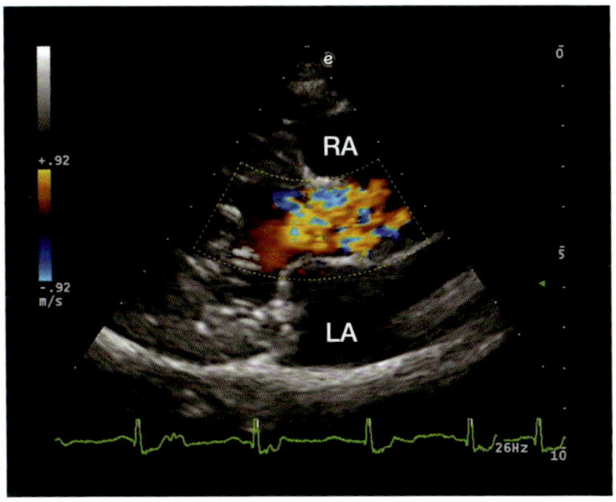

图 5.51　一只主动脉瓣下狭窄患犬的彩色多普勒图像。图中显示收缩期主动脉处为马赛克样血流信号，可见湍流起始于左心室流出道，并延伸至主动脉

RA：右心房；LA：左心房。

肺动脉狭窄

流行病学

比格犬、斗牛犬（包括法国斗牛犬和英国斗牛犬）、拳师犬、斗牛獒犬、迷你雪纳瑞犬、吉娃娃犬和各种㹴类犬都易患肺动脉狭窄。这种遗传特征在比格犬中似乎是多基因的。肺动脉狭窄在猫和马中很罕见。

病理生理学

肺动脉狭窄导致右心室流出道至肺动脉干梗阻，右心室压力增加，进而导致右心室心肌代偿性肥厚和狭窄后扩张。根据狭窄处其与肺动脉瓣膜的关系，将肺动脉狭窄分为瓣下狭窄、瓣狭窄、瓣上狭窄（罕见）。肺动脉瓣下狭窄的病理表现与主动脉的相似。漏斗型狭窄常见心肌肥厚，通常与更复杂的疾病相关（法洛四联症）。由于肺动脉瓣下狭窄的高速射流持续损伤，可能导致瓣膜的病理性变化。

最常见的是肺动脉瓣狭窄，包括瓣环发育不良（同时伴有肺动脉发育不良），或瓣叶的畸形融合。后者在大多数品种中更常见，而前者在拳师犬中常见。更常见的瓣环发育不良。肺动脉瓣狭窄中的瓣膜通常仍为三叶，但在瓣膜结合处有不同程度的融合，通常瓣尖边缘或连合处峡部也会出现纤维性结节。

肺动脉瓣上狭窄通常呈肺动脉带状狭窄，狭窄位置在肺动脉干内。最极端 / 最严重的肺动脉狭窄表现为肺动脉瓣闭锁或假性闭锁，累及右心室流出道的全部 3 个节段（表 5.3）。

表 5.3　肺动脉狭窄的解剖病理学分类

狭窄类型	解剖表现
瓣下病变轻微	· PA/Ao ＞ 0.7 · 肺动脉瓣轻度增厚（＜ 2 mm） · 瓣下没有明显的纤维组织，或轻度的纤维组织影像
瓣下病变明显	· PA/Ao ＜ 0.7（瓣环发育不良） · 肺动脉中度至重度增厚 · 右心室流出道周围可见纤维组织

一种特殊类型的瓣下狭窄发生于拳师犬和斗牛犬，供应左心室的异常冠状动脉起源于右冠状动脉，越过 RVOT 顶部，压迫 RVOT，形成纤维性瓣膜下狭窄（R2A 异常）。

肺动脉狭窄的严重程度可以按照与主动脉狭窄相同的标准进行分级：轻度狭窄（<50 mmHg）、中度狭窄（50 ~ 80 mmHg）和重度狭窄（>80 mmHg）。

临床表现

听诊左侧心基部呈不同程度收缩期心杂音，其强度与病变的严重程度成正比。严重的、病史较长的患病动物，偶尔会出现右心衰竭，在大多数情况下，右心衰竭会同时存在三尖瓣关闭不全。在这些病例中，可在右侧听到三尖瓣心杂音。

超声心动图征象

二维超声心动图

在大多数情况下，右侧胸骨旁切面通常能更容易观察肺动脉狭窄，显示为右心室和室间隔肥厚、右心室增大（罕见）、右心房增大（如果存在），还可以看到肺动脉瓣环、瓣尖和肺动脉干。在严重狭窄的情况下，由于心室间的收缩压相近，在短轴切面中可看到收缩期室间隔扁平（图 5.52+ 视频、图 5.53+ 视频）。左心可能比正常小，尤其是出现右心衰竭时。短轴切面最适合评估瓣膜、瓣上区和瓣下区。对于瓣下狭窄，可发现高回声的心内膜区向腔内凸出（图 5.54+ 视频）。

因瓣膜融合造成的狭窄（A 型），瓣膜通常可见结节或增厚，呈“D”形。融合的瓣膜在收缩期通常凸起呈圆顶状（图 5.55+ 视频）。有些肺动脉瓣水平狭窄的病例，其瓣膜尖并未融合，而是瓣环发育不

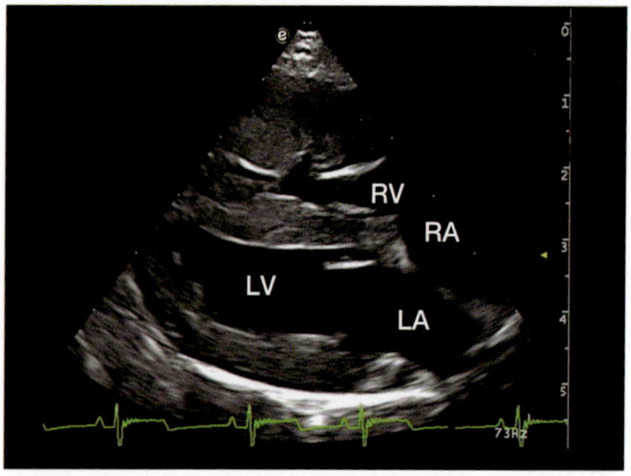

图 5.52　一只肺动脉瓣狭窄患犬的右侧胸骨旁短轴切面。右心室游离壁和室间隔向心性肥厚，室间隔扁平，收缩期左心室腔室变形

RV：右心室；RA：右心房；LV：左心室；LA：左心房。

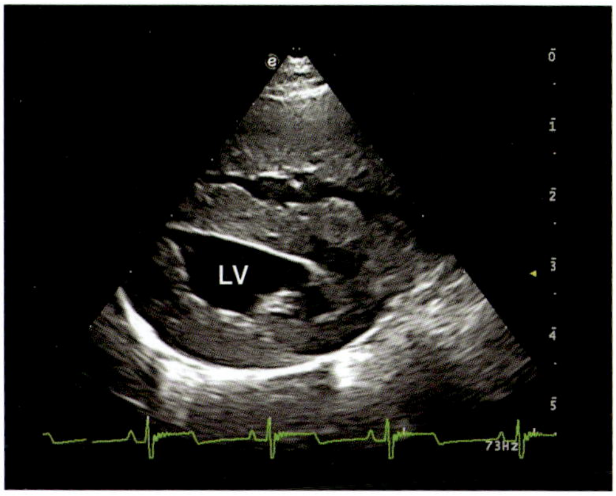

图 5.53　与上图同一患犬的右侧胸骨旁心室水平短轴切面的二维图像。除右心室游离壁和室间隔肥厚外，室间隔扁平，在收缩期使左心室变形

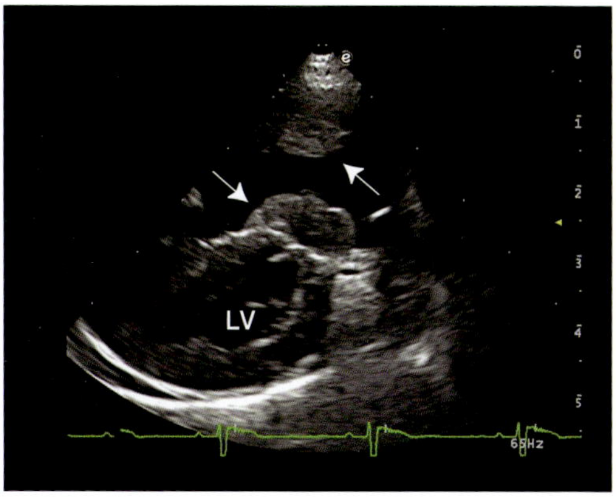

图 5.54　心基部水平的右侧胸骨旁短轴切面，注意右心室流出道和肺动脉瓣。箭头所指右心室流出道心肌肥厚

LV：左心室。

良（B 型狭窄）（图 5.56+ 视频）。另外还有混合型肺动脉瓣狭窄，即同时有 A 型狭窄和 B 型狭窄的特征。B 型狭窄对球囊瓣膜成形术治疗的反应较差。

肺动脉瓣狭窄和肺动脉瓣下狭窄通常在短轴切面上能观察到狭窄后扩张。而肺动脉瓣上狭窄时，其狭窄的长度和程度不同，很多病例中不会出现狭窄后扩张。

在左头侧短轴切面，也能很好地观察

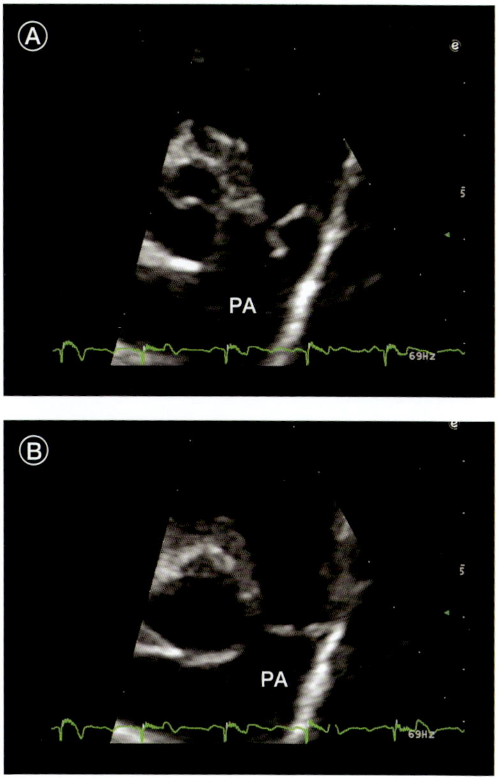

图 5.55　心基部水平的右侧胸骨旁短轴切面，放大观察瓣膜融合型肺动脉瓣狭窄患犬的肺动脉瓣。可见瓣膜尖增厚且呈高回声（A），收缩期瓣膜呈圆顶状（B）

PA：肺动脉。

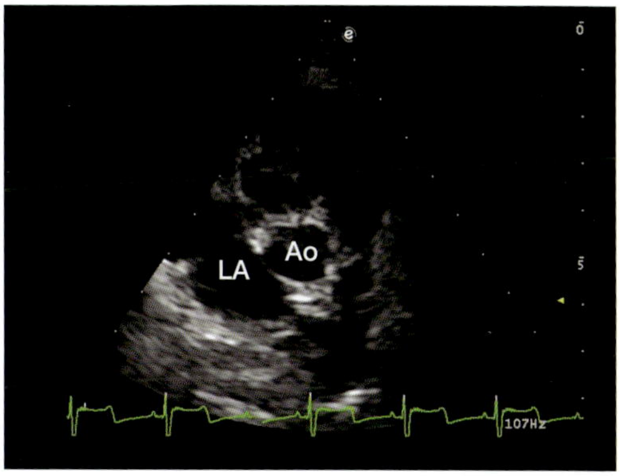

图 5.56　肺动脉瓣环发育不良肺动脉瓣狭窄患犬的心基部右侧胸骨旁短轴切面。肺动脉瓣环和肺动脉干比主动脉瓣环小非常多。肺动脉瓣增厚

Ao：主动脉；LA：左心房。

肺动脉瓣狭窄、肺动脉瓣下狭窄和肺动脉瓣上狭窄区域。

在肺动脉瓣狭窄伴冠状动脉畸形时，超声心动图不一定能识别冠状动脉病变。若在短轴切面中未见左侧冠状动脉口（通常位于左冠状动脉尖的中间位置），可怀疑冠状动脉畸形，但这并不足以确诊，需要进行其他侵入性诊断来确认冠状动脉异常。

M 型超声心动图

若存在肺动脉狭窄，可观察到由室间隔扁平引起的反向运动（图 5.57）。

频谱多普勒超声心动图

在右侧胸骨旁短轴切面，将取样容积自右心室流出道（RVOT）向肺动脉瓣移动进行脉冲多普勒（PWD）检查，多数情况下可通过识别狭窄部位的高速血流或出现混叠血流，发现狭窄的具体位置。如果同时存在肺动脉瓣关闭不全，则可在瓣膜下观察到舒张期湍流。同一切面下连续多普勒（CWD）可以确定狭窄处的最高血流速，用于评估肺动脉狭窄的严重程度（图 5.58）。

彩色多普勒超声心动图

右侧胸骨旁短轴切面的彩色多普勒图像显示从狭窄处开始的湍流，这可以帮助确定狭窄的位置。肺动脉瓣关闭不全可见舒张期肺动脉瓣处出现朝向探头的羽状（红色）血流（图 5.59+ 视频）。

复杂心脏病

法洛四联症（Tetralogy of Fallot，TOF）

流行病学

荷兰毛狮犬和斗牛犬易患 TOF。这是一种简单的隐性遗传病，单一基因相关。

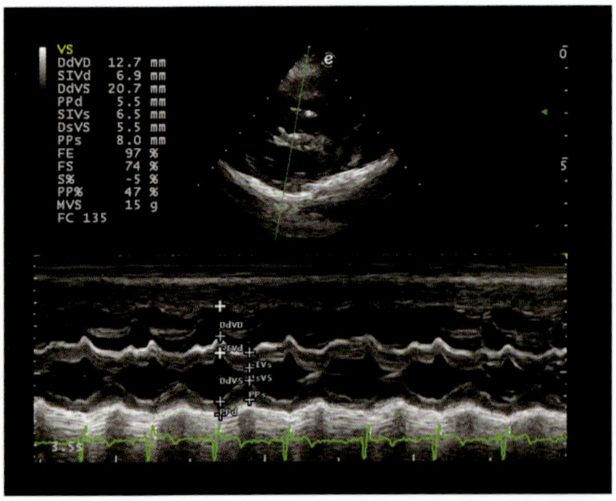

图 5.57 肺动脉瓣狭窄患犬心室运动的 M 型超声心动图。右心室异常增大和室间隔反向运动（室间隔舒张期向左心室游离壁运动，收缩期远离左心室）（图中缩写参见图 5.3）

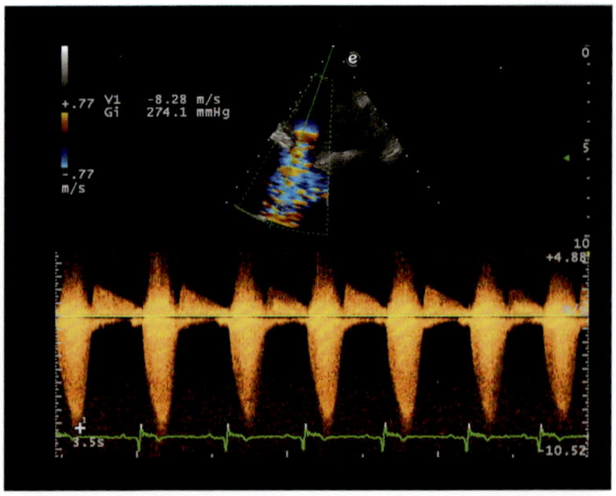

图 5.58 肺动脉瓣狭窄患犬的肺动脉血流连续多普勒图像。基线下可见高速的收缩期血流（8.28 m/s，压力梯度 274.1 mmHg），提示重度肺动脉瓣狭窄。由于肺动脉瓣关闭不全，基线上还可见舒张期血流信号

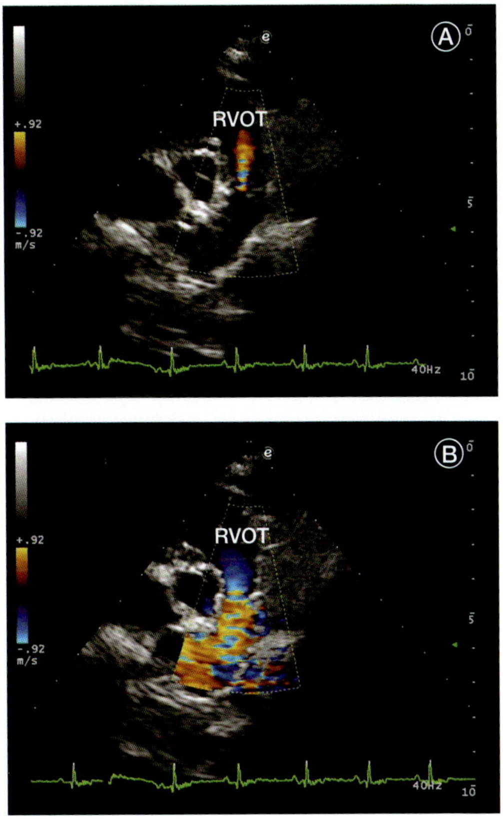

图 5.59　肺动脉瓣狭窄且关闭不全患犬的右侧胸骨旁短轴切面的彩色多普勒图像。彩色多普勒图像中在舒张期可见一小束反流从瓣膜流向右心室流出道（RVOT）（A），在收缩期可见自肺动脉瓣流向肺动脉干的湍流信号（B）

病理生理学

TOF 包括 3 个发育缺陷（肺动脉狭窄、主动脉骑跨、室间隔缺损）和 1 个代偿性变化（压力过载导致右心室向心性肥厚）。通常情况下，若肺动脉狭窄足够严重，室间隔缺损足够大，可使心室间压力相等。血液通过狭窄处射入肺动脉的阻力很大，导致血液从右心室通过非限制性室间隔缺损处进入体循环——即右 – 左的心室间分流，可引起全身性紫绀。

也有一些 TOF 与此不同，据 VSD 缺口大小和肺动脉瓣狭窄程度的差异，可能会出现小的左 – 右分流（“粉红色 TOF”，非紫绀型）和平衡型 TOF，即来自每个心室的血流主要流向相应的大血管（无分流）。有时动物可能会由于不同的缺陷（VSD 并发肺动脉狭窄，但没有主动脉骑跨；VSD 并发肺动脉闭锁或发育不良等），出现与 TOF 相似的情况。这些情况类似于 TOF 的血流动力学表现。

临床表现

典型的 TOF 会发展为全身性紫绀，因为肺动脉狭窄通常很严重。可听诊到收缩期肺动脉心杂音。出现继发性红细胞增多症。TOF 中没有与 VSD 相关的心杂音。

超声心动图征象

二维超声心动图

右侧胸骨旁长轴四腔切面可见右心室肥大。如果右心房增大，通常是轻度的，除非同时有三尖瓣关闭不全（图 5.60+ 视频 A、视频 B）。有时还可以额外观察到瓣膜下漏斗部心肌增厚。

二维超声心动图可见室间隔缺损，尽管其位置不是典型的室间隔缺损的发生位置。在许多病例中，主动脉似乎骑跨在室间隔缺损上，为两个心室服务（图 5.61）。肺动脉通常发育不良，很难被看到。肺动脉瓣常出现瓣膜尖增厚。这些最好在右侧胸骨旁短轴切面或左头侧长轴切面中评估。

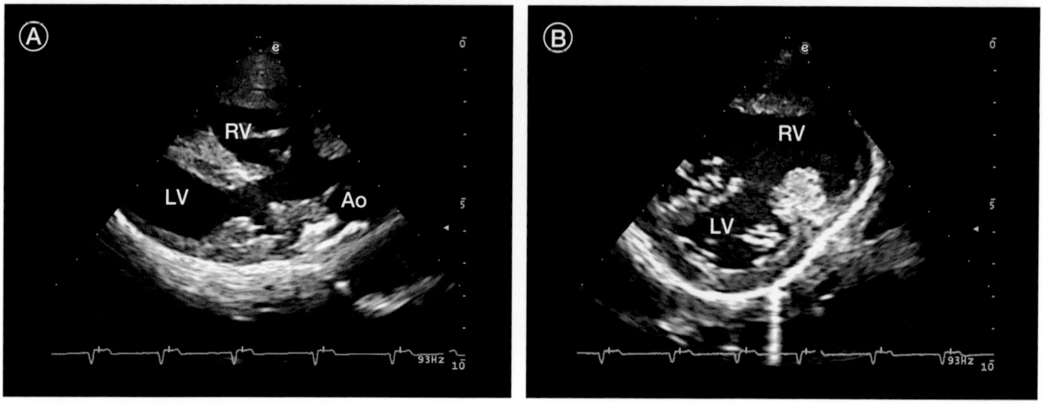

图 5.60　患法洛四联症的澳洲牧羊犬

A. 左心室流出道的右侧胸骨旁切面。可见室间隔缺损和主动脉骑跨。B. 右侧胸骨旁短轴切面。可见大的室间隔缺损。LV：左心室；RV：右心室；Ao：主动脉。

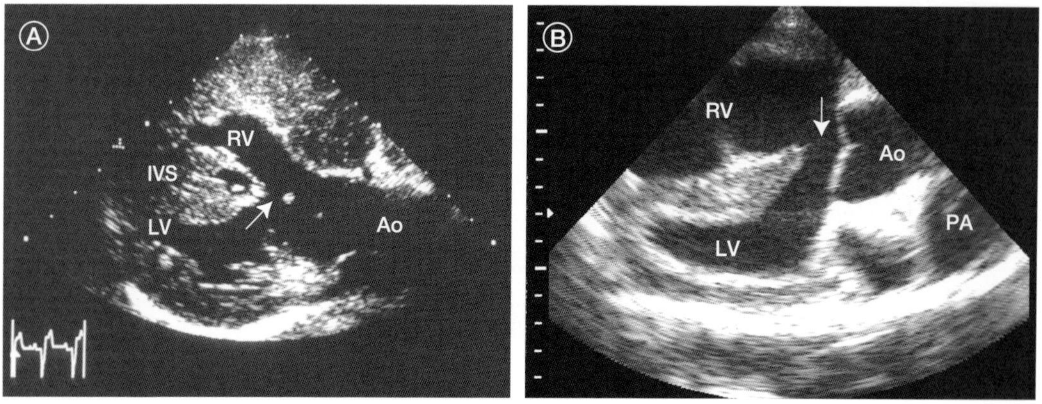

图 5.61　A. 患法洛四联症的罗威纳犬左心室流出道的右侧胸骨旁切面图像。主动脉位于室间隔基部，两个心室共用一个流出道。箭头所指的是在大的室间隔缺损处的三尖瓣瓣膜尖部分。B. 患法洛四联症的小马驹左心室流出道的右侧胸骨旁切面（箭头所指为室间隔缺损处）

Ao：主动脉；PA：肺动脉；RV：右心室；LV：左心室；IVS：室间隔。

M 型超声心动图

TOF 没有特定的 M 型超声心动图特征。

频谱多普勒超声心动图

右心室流出道的右侧胸骨旁短轴切面的脉冲多普勒可识别瓣上（漏斗部）狭窄，由于流出道的心肌梗阻，当光标置于狭窄区域时血流加速。当脉冲多普勒光标置于室间隔缺损区域时，可见远离探头朝向主动脉的层流。

肺动脉瓣的连续多普勒可见高速血流，通常 > 6 m/s。然而，由于主动脉异位和肺动脉发育不良，这种血流有时很难识别或很难与探头方向一致。

彩色多普勒超声心动图

彩色多普勒超声心动图评估肺动脉瓣

可见湍流通过漏斗部进入肺动脉。

对 VSD 进行检查可见从右心室至主动脉的层流（图 5.62+ 视频）。在严重肺动脉发育不良的情况下，彩色多普勒超声心动图可以帮助确定肺动脉的位置。

心脏超声造影

诊断 TOF 通常不需要进行心脏超声造影。在全身静脉循环中注射微泡造影剂，会显示在收缩期气泡通过右心经 VSD，进入主动脉，从而证实了右 – 左分流。

心包疾病

腹膜心包横膈疝

除腹膜心包横膈疝（pericardioperitoneal diaphragmatic hernias，PPDH）外，超声通常无法诊断心包缺损。

流行病学

PPDH 是一种最常在猫身上发现的缺陷。通常是在拍摄胸部 X 线片时偶然发现，但也会引起并发症。有一些证据表明，它可能与遗传相关（常染色体隐性遗传），还可能伴发其他先天性缺损，常见脐疝和漏斗胸，以及各种心脏缺损。

病理生理学

心包和隔膜分离不完全可导致腹膜腔和心包腔之间相通。腹腔脏器（最常见的是肝脏和脂肪）可通过缺损处进入心包腔。这通常不会对心脏造成损伤。然而，可能会发生腹腔脏器的扭转。此外，在某些情况下，由于胸腔被巨大的心包占据，呼吸系统可能受损。

临床表现

心音可能低沉或移位（通常是背侧）。在某些情况下可能会出现呼吸困难。如果心包内脏器扭转，可发生急腹症（肠梗阻等）。在许多情况下，可以触诊到胸骨柄畸形或漏斗胸。

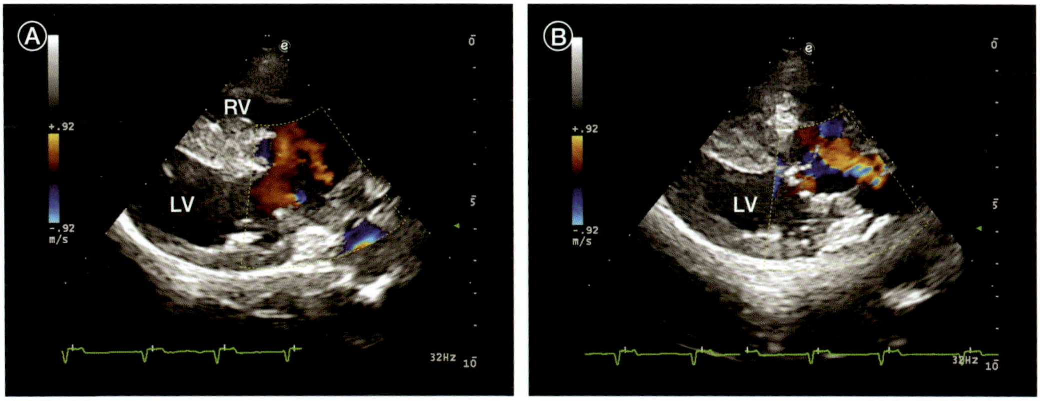

图 5.62　室间隔缺损（A）和主动脉瓣关闭不全（B）的血流彩色多普勒图像
注意室间隔缺损的血流是左 – 右的低速血流（非限制性）。RV：右心室；LV：左心室。

超声心动图征象

二维超声心动图

诊断只需要二维超声心动图成像。心脏结构出现移位，最初可能很难定位心脏，因此需要获取非常规的超声切面。在心脏结构旁可见类似于肝脏回声的软组织团块。如果充满气体的肠管占据心包腔，气体的干扰可能导致无法或难以看到心脏影像（图 5.63）。还可能看到心包积液（通常是轻度的）。

如果缺损较大，可沿横膈边缘进行腹部超声检查，以发现缺损部位。非常小的缺损可能无法通过超声检查发现。

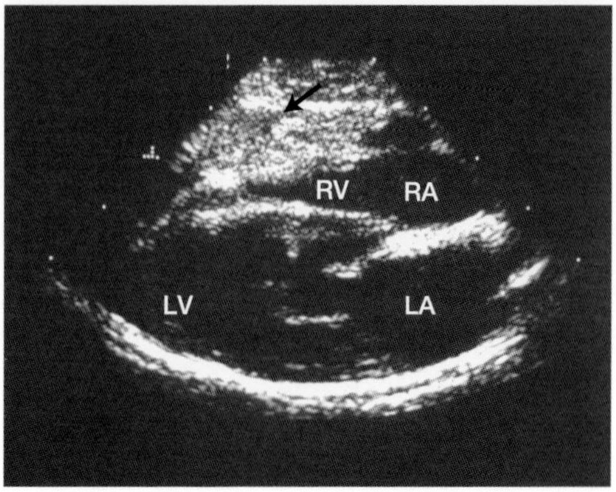

图 5.63　猫腹膜心包疝。注意肝脏与右心室游离壁接触（箭头）。在检查过程中，可见心包延伸包裹肝脏和其他软组织，从而诊断为腹膜心包疝

RV：右心室；RA：右心房；LV：左心室；LA：左心房。

第 6 章

介入心脏病学的超声心动图指南

介绍

微创血管内介入手术是人类和动物的某些心血管疾病的治疗方法的革命性进步。

几年前，我们还认为双向透视检查在介入手术中非常重要，因为多种手术中使用的导管是不透射线的，从而在透视指导下显影和定位。但是，这种方法的主要局限性在于其存在辐射暴露的风险，这对病患和每天参与多项手术的医务人员有一定危害。在人类医学中，遵循合理低剂量（ALARA）原则，包括使用不会产生电离辐射的替代诊断方法，如超声检查或磁共振成像，从而尽可能将辐射暴露风险降低至零。超声检查不仅是一种心血管疾病的确诊方法，也可以在介入心脏病学专家手术时进行安全地监护。

最近，经胸超声（TTE）和经食道超声（TEE）已成功应用于识别常规介入手术中的不同部件（导管、金属导丝和封堵器），以及实时监测微创介入手术的步骤，包括导引器和导丝的放置、球囊扩张的定位、封堵器和狭窄瓣膜扩张球囊的放置、心内膜活检。超声心动图已成功独立（无透视辅助）应用的疾病包括经血管 PDA 闭合封堵、经静脉肺动脉瓣成形术、右三房心的隔膜切割和单腔起搏器的放置。笔者已经发表并推广了这些技术，且认为超声引导的兽医介入心脏病学是一种非侵入性安全有效的方法。在避免使用透视的辐射风险的同时，超声还可实时查看手术中所用设备的位置情况。此外，对想要开展介入手术，但又缺少合适透视设备的临床医生来说，这也是一个很好的选择。

笔者及其同事已经开始探索开发超声引导下的介入手术，目标是消除对透视的依赖以大幅降低职业性危害。目前已将他们最初用于 PDA 闭合封堵和肺动脉瓣成形术的经验应用到以下情况：右三房心患犬的心房内隔膜球囊扩张、在需要心脏起搏犬的右心室中放置起搏器、使用活体钳切除右心阻塞性心肌纤维和心内膜活检。

超声引导下介入手术

超声引导下心脏介入手术可以在不同品种和不同体型的犬中进行。但是，为了能够安全高效地进行这些手术，需要丰富的超声心动图检查经验和介入心脏病学中使用超声的长期专项训练。

在使用 Amplatz® 犬导管封堵器（Amplatz® Canine Ductal Occluder，ACDO） 闭合封堵 PDA 时使用股动脉通路，能够承受此项介入手术的犬体重必须 > 3.5 kg（8 ~ 9 lb）；而其他能经颈静脉通路进入心脏的手术受体重的限制则较小。

在介入手术中使用超声引导时，具体医生的观察步骤的多少，并且没有特定的限制。但超声引导介入时，医生无法观察到导丝在腹腔中通过的路径的影像（在股动脉通路手术中），只能在导丝到达心腔或主动脉和肺动脉的近端时才能看到。以笔者的经验来看，在进行介入手术时，这个限制不会造成特定的问题或不便，因为虽然无法看到导丝，但无论导丝装置是从股动脉通路起点穿过大的腹腔血管进入心脏的，还是从颈静脉通路起点进入的，二者通常均无并发症或只需要微调即可使导丝等装置顺利转向。

需要注意的是，进行超声引导下介入手术需要有经验的团队，至少包括 3 位心脏病专家：2 位进行手术（定位和放置装置），1 位操作超声设备，确保装置在通过大血管和心腔时持续可见。

导管和金属导丝在经胸成像时很容易看到，在使用经食道超声时则能更精确显示其位置。期间使用的金属导丝和导管，虽不是专用于超声引导的，但都可以在心血管系统中清晰显示和被识别。另外，笔者注意到粗糙基底的“J”形金属导丝比表面光滑的直型金属导丝更容易显影。

进行超声引导下介入手术的动物通常侧卧在带孔的超声检查台上，从而使心脏超声医师可以获得相关图像。根据手术不同，动物可能左侧卧或右侧卧，后肢伸展以便于使用后肢血管通路，或是头部和颈部伸展以便于使用颈静脉通路。

下文是超声引导下介入治疗 PDA、肺动脉瓣狭窄、右三房心时，导丝、导管和装置，以及起搏器植入过程中起搏器导线的定位在超声下的征象。

超声引导的核心优势

- TTE 可以准确测量导管和肺动脉瓣环直径，以及后续的装置（ACDO）和瓣膜成形术球囊的选择。
- 所有导管、导丝和装置在 TTE 中清晰可见。
- TTE 引导可以提供高质量图像，允许在大多数动物的介入手术的任何阶段进行适当监测和校正。
- TEE 的横断面图像可以清楚的显示 PDA 解剖和大小，可替代 TTE，特别是在 TTE 显示 PDA 比较困难（如短头犬）时，TEE 可以更快速、更简单。
- TEE 可以准确测量 PDA 和肺动脉瓣，相比于 TTE 或透视，能更精确地确定结构的形状（如 PDA 口是椭圆形而不是圆形）。
- 可在手术的每一步骤，连续监测导管和导丝，以便进行适当定位和实时校正。
- 可实时进行超声检查和多普勒检查（术中），显示手术操作的结果；结果不理想时可以随时校正。

超声引导下介入手术的征象

PDA 闭合封堵

导管的形状从两个 TTE 切面（右侧胸骨旁短轴切面和左头侧胸骨旁切面）（图 6.1 和图 2.67+ 视频）或一个 TEE 切面（图 6.2）确认。从左头侧胸骨旁切面获得的二维图像评估动脉导管最小直径（孔）和壶腹直径（图 6.1），或者获取经食道长轴切面和短轴切面，可更精确。医生选择合适的 ACDO，通常盘间桥径是 PDA 导管最小直径（肺动脉端孔径大小）的 1.5 ~ 2 倍，近端封堵盘是壶腹直径的 1.7 倍（图 6.2）。

建立皮肤血管通路后，通过 Seldinger 技术将血管导引器插入，然后放入“J”形尖端的金属丝，向前通过股动脉、降主动脉，以及穿过 PDA 进入肺动脉。在所有的血管腔内（主动脉、动脉导管和肺动脉），金属导丝的“J”形尖端常显示为一个钩形的高回声线（图 6.3+ 视频）。我们可以很容易看到导丝尖端沿主动脉接近动脉导管位置，若导丝尖端未停留在动脉导管的壶腹部，而是通过了动脉导管的主动脉侧开口，通过旋转便可很容易引导其重新定位。

将导丝的“J”形端放入肺动脉干后，用扩张导管替换血管通路导管，其长度需大于从血管通路部位到肺动脉干之间的距离，直径则需允许插入 ACDO。沿金属导丝顺入导引导管，越过“J”形尖端，之后移除导丝，仅保留导管。其在超声下为

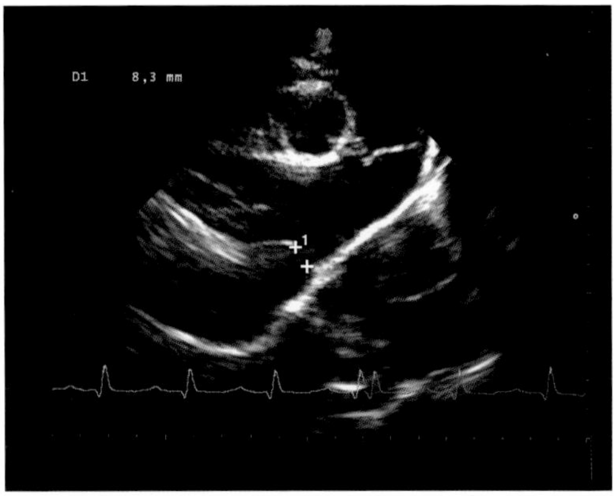

图 6.1　右侧胸骨旁短轴切面有利于显示 PDA。光标指示处为肺动脉端导管开口的直径（8.3 mm）

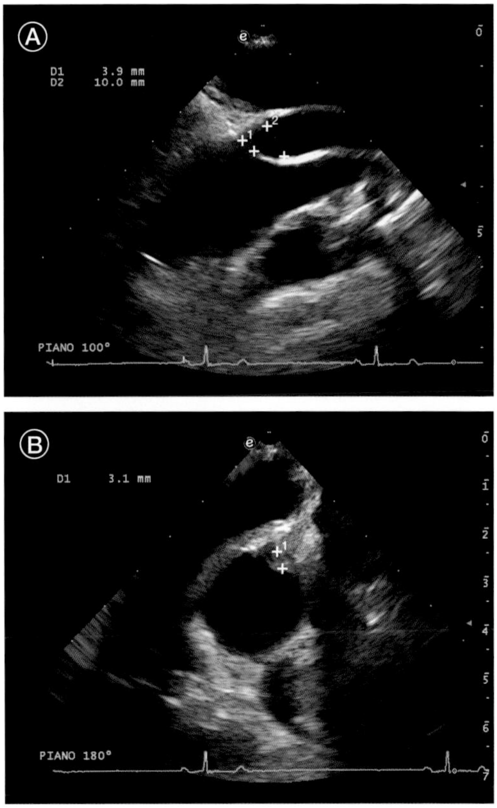

图 6.2　PDA 患犬心基部水平的经食道超声图像

A. 长轴切面，光标测量的位置为导管在肺动脉侧开口的孔径大小（3.9 mm）及导管壶腹部的直径（10 mm）。B. 短轴切面，光标指示 PDA 孔的横断面直径（3.1 mm）。图像左下角的文字表示扫查面旋转的角度（180°）。

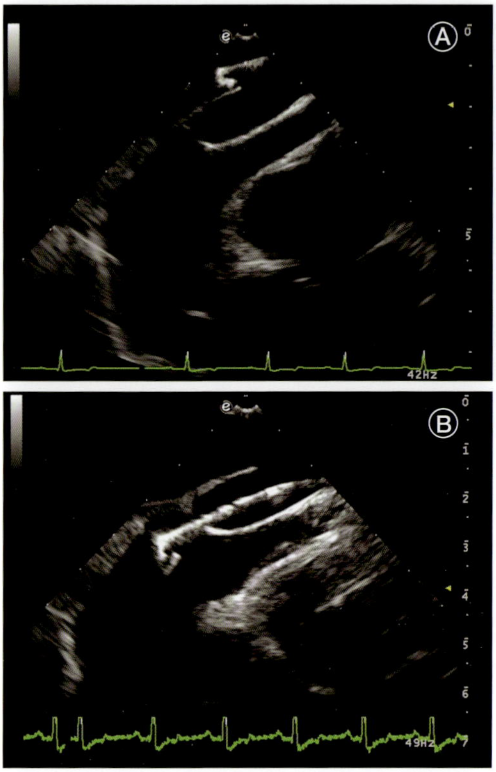

图 6.3　使用微创血管内技术封堵 PDA 时心基部水平的经食道超声图像。“J” 形尖端的金属导丝出现在降主动脉内（A），并且向前通过导管进入肺动脉（B）

两条平行的高回声亮线，与犬心丝虫成虫的超声影像相似（图 6.4+ 视频）。

将 ACDO 装置插入导引导管，与输送鞘一起顺入血管，将远端封堵盘输送至肺动脉干。此时，在超声下可能可以看到 ACDO 装置，在打开前在输送鞘的管腔内，呈高回声。此外，在远端封堵盘释放进入肺动脉之前，可以在肺动脉段看到封堵装置和输送鞘内的气泡影像。回撤部分打开的 ACDO 和带有释放钢丝的输送鞘，使 ACDO 的远端封堵盘到达 PDA 的肺动脉开口处（图 6.5+ 视频）。在释放钢丝牢牢固定在合适位置时，小心的回撤输送鞘打

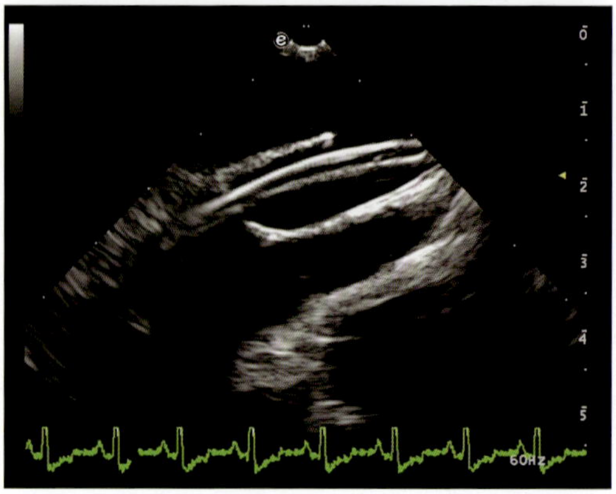

图 6.4　使用微创血管内技术进行 PDA 封堵时心基部水平的经食道超声图像。移除扩张器后，显示的为导引器导管的外壳，为导管和肺动脉内的两条高回声平行线

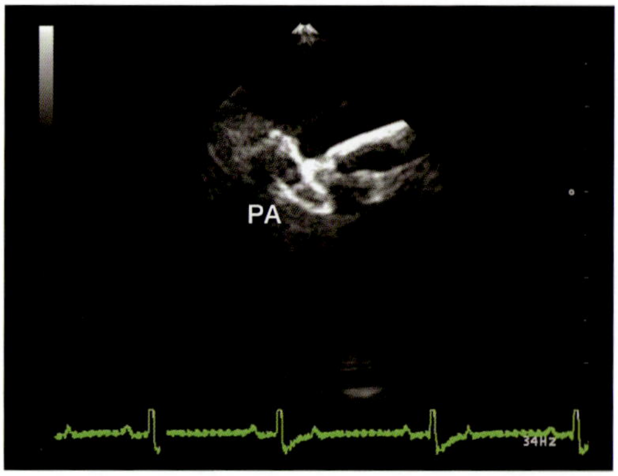

图 6.5　使用微创血管内技术封堵 PDA 时心基部水平的经食道超声图像。肺动脉内的高回声环形结构为封堵装置远端圆盘，小的圆形凸出尖端朝向动脉腔

PA：肺动脉。

开 ACDO 的近端封堵盘，使中央“桥”横跨导管开口，近端封堵盘位于动脉导管的壶腹部。封堵盘在 PDA 壶腹的位置可通过超声心动图监测进行确认（图 6.6+ 视频 A）。

此时可以通过彩色多普勒实时观察分流的逐渐减少，在装置准确放入后持续 4 ~ 5 min（图 6.7+ 视频 A、视频 B）。为

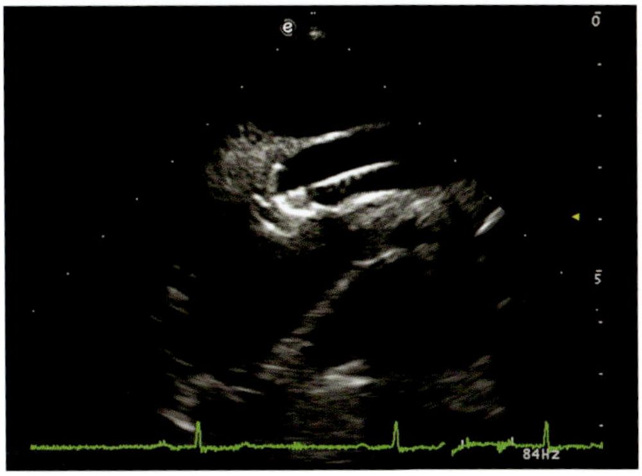

图 6.6　使用微创血管内技术封堵 PDA 时心基部水平的经食道超声图像。一旦放置，第二个封堵盘在导管壶腹内呈凸面、高回声半圆形，与导管开口和壶腹壁贴合

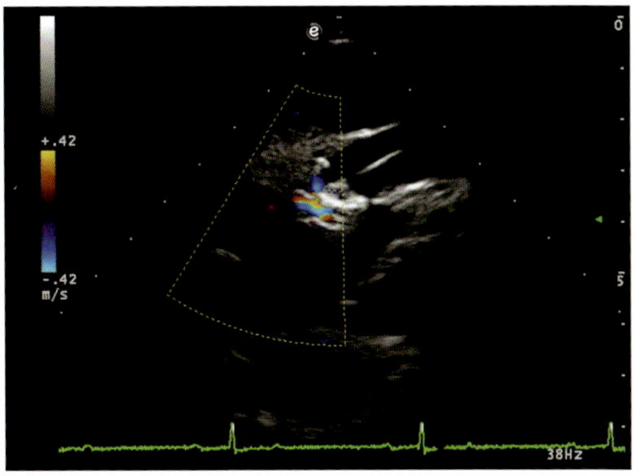

图 6.7　使用微创血管内技术封堵 PDA 时心基部水平的经食道超声图像。彩色多普勒超声成像可见放置两个封堵盘后，通过导管的血流逐渐消失

了测试装置的匹配度，可以慢慢地推拉释放导丝，同时用超声观察装置（图 6.6+ 视频 B），一旦确认 ACDO 的稳定性，就在超声引导下拧松和移除释放导丝（图 6.8+ 视频）。

肺动脉狭窄球囊瓣膜成形术

肺动脉瓣、瓣下及瓣上狭窄的形态特征，可以通过 TTE 切面（右侧胸骨旁短轴切面和左头侧胸骨旁切面），或可测量

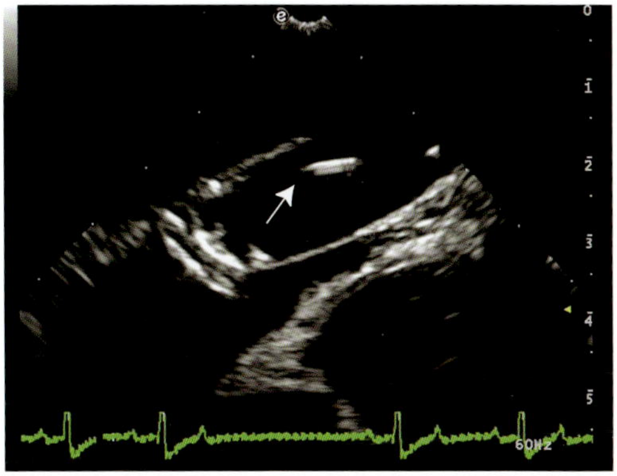

图 6.8　使用微创血管内技术封堵 PDA 时心基部水平的经食道超声图像。一旦确定了装置的稳定性，就拧松和移除释放导丝。释放导丝的拆卸在超声引导下完成。在该图像中，释放导丝已经从 ACDO® 装置中拆卸完成，朝向导管壶腹的顶部（箭头）。在导管开口可以见到两条高回声亮线，其为封堵盘

瓣的 TEE 前段切面进行评估。测量瓣环和确定瓣膜形态后（瓣膜融合、瓣环发育不良，或两者皆有），如果选择继续进行手术，医生则可以据此选择合适的瓣膜成形术球囊。一般来说，会选择肺动脉瓣瓣环直径 1.2 ~ 1.5 倍的球囊（图 6.9）。

打开血管（通常是颈静脉）通路，引入楔形压力（Arrow®）导管，通过给导管上的球囊充气，使其从右心房经右心室，穿过肺动脉瓣进入肺动脉。由于球囊内气体产生的混响伪影，很容易在前进过程中看到导管的尖端（图 6.10）。

一个硬的“J”形尖端金属导丝通过楔形压力导管向前进入肺动脉干，一旦就位，就将楔形压力导管替换为瓣膜成形术球囊导管。这个替换过程（包括监测导丝确保其位于肺动脉内）可以通过超声观察，直到瓣膜成形术球囊跨越肺动脉瓣，放气后的球囊的近端和远端仍然很明显，

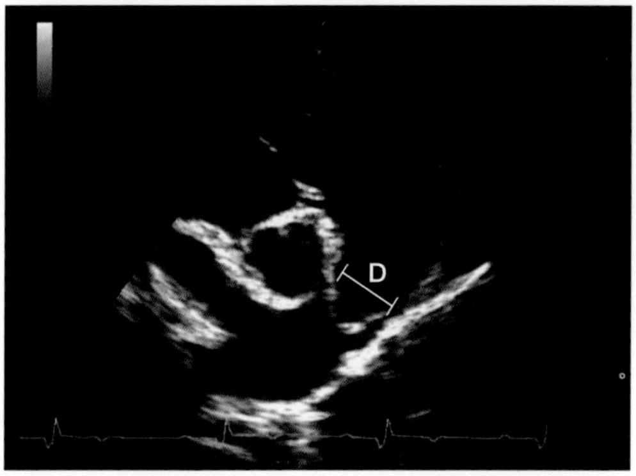

图6.9　肺动脉瓣狭窄患犬的右侧胸骨旁短轴切面，有利于观察肺动脉瓣和肺动脉。线段 D 表示肺动脉瓣瓣环的直径。该处的测量对于确定肺动脉瓣成形术中球囊导管的尺寸是非常重要的

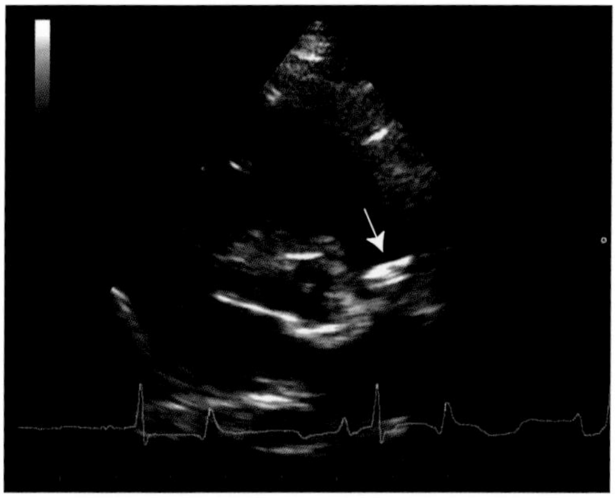

图 6.10　进行球囊瓣膜成形术患犬的术中右侧胸骨旁短轴切面，可观察肺动脉瓣和肺动脉。楔形压力导管的尖端由一个球囊构成，一旦充气，在通过心脏进入肺动脉的过程中很容易识别，因为球囊内气体产生了混响伪影。在该图像中，导管尖端放置于右心室流出道，就在狭窄的肺动脉瓣前方（箭头）

因为其不规则的边缘，以及装置褶皱间的微气泡会使装置呈不均匀、不规则的高回声影像（图 6.11）。

穿过肺动脉瓣放置球囊，球囊在充气过程中也很容易看到，即微气泡散布在充气用的盐水溶液中。实时超声监测可及时

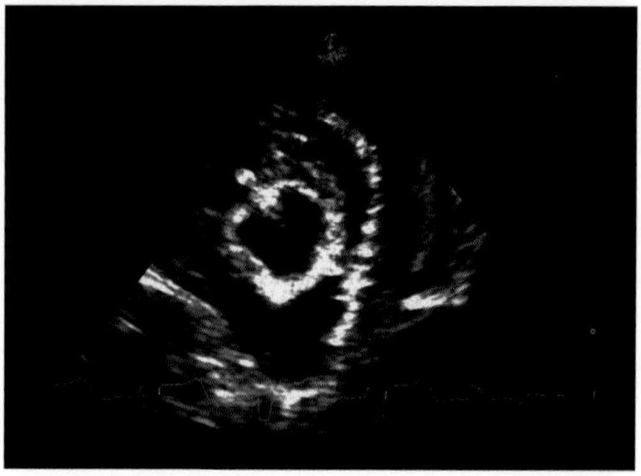

图 6.11　进行球囊瓣膜成形术患犬的术中右侧胸骨旁短轴切面，可观察肺动脉瓣和肺动脉。瓣膜成形术导管的远端部分包含放气的球囊，表现为不均匀、不规则的高回声结构

纠正球囊导管的位置，直到它被放置在理想位置。

右三房心球囊瓣膜成形术

右三房心球囊扩张术使用的方法及导管导丝的成像，与肺动脉瓣成形术相似。只是其病变的解剖位置不同，在右三房心病例中，病变位置为将右心房一分为二的隔膜，需要使导丝穿过隔膜处的孔隙，将其扩张和（或）切割。右三房心微创扩张术的超声图像见视频 CTD TTE1 和视频 CTD TTE2。

心房内的隔膜为纤维肌肉隔膜，单纯的球囊扩张操作无效时，可以使用心肌内活组织钳穿透或切割隔膜。此时通过超声，尤其是经食道超声可轻易查看介入装置及其操作过程（图 6.12+ 视频）。在这种情况下，活组织钳及其操作清晰可见，特别是使用经食道探头。一种尚未明确验证的备选方案是使用高压切割球囊撕裂隔膜。如果隔膜上没有容纳导丝或扩张球囊

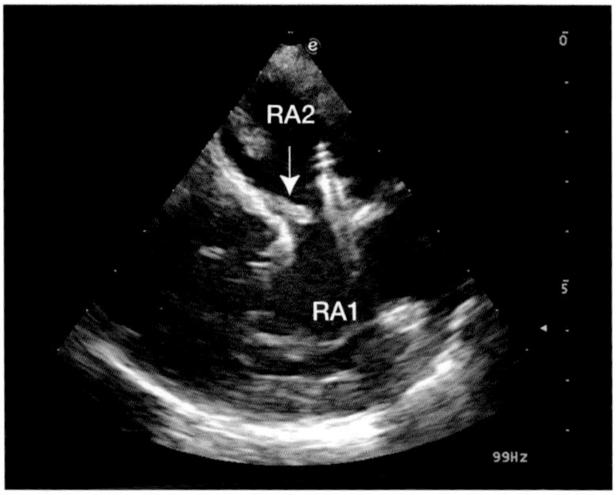

图 6.12　一只右三房心患犬的经静脉通路球囊扩张术时，经食道超声获取的右心房图像。图中箭头所指处为右心房内的纤维肌肉隔膜，将右心房分隔为尾侧右心房（RA2）和头侧右心房（RA1）。此时介入装置已放置于纤维肌肉隔膜处，可见金属活组织钳的末端形成的混响伪影

的孔，活组织钳法可以用来形成后续扩张所需的合适孔洞。一个尚未验证的想法是使用造口术管心针给隔膜扎孔，但这些设备在兽医介入手术中很少使用。

起搏器导线放置

在放置起搏器的过程中，超声下可以清晰地看到右心房及右心室起搏器导线的影像。放置起搏器导线期间，有以下两点至关重要：

- 尽可能将起搏器导线放置并固定在右心室心尖。
- 避免起搏器导线在腔室内过度弯曲成环。

起搏器导线的尖端有不同的超声征象，与它们是主动固定（金属螺丝拧进心肌壁）还是被动固定（硅胶倒钩固定于心肌小梁）相关。超声能够识别起搏器导线的类型，并可将其引导放置在目标位置（图 6.13+ 视频）。

虽然超声引导下有助于识别、纠正起搏器导线在腔室内的过度弯曲成环，但笔者建议使用透视或 X 线检查进一步确认心脏内导线的位置和走向是否合适。

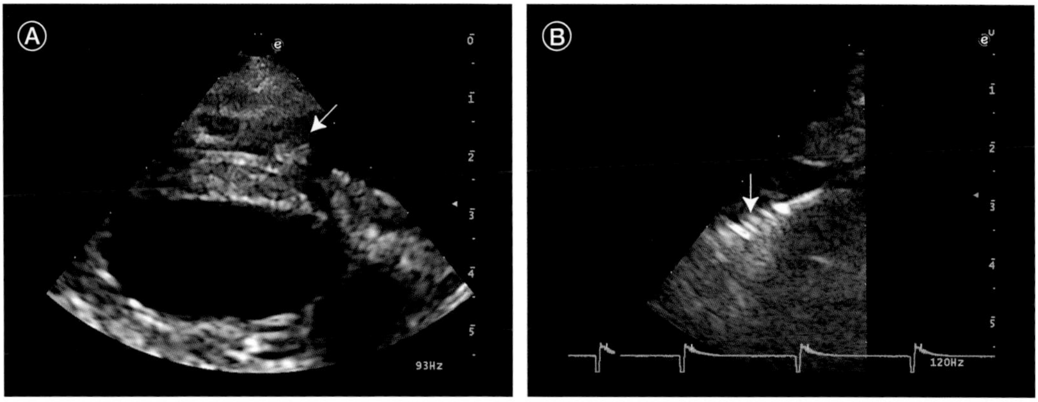

图 6.13　A. 一只正在进行起搏器放置的猎狐㹴的右侧胸骨旁长轴切面，优化右心室显影后的图像。箭头表示被动固定导线的尖端，以小的硅胶倒钩作为固定桩为特征。B. 一只进行起搏器放置的德国牧羊犬的右侧胸骨旁长轴切面，局部放大右心室壁后的图像。箭头所指处为主动固定导线的尖端，呈平行的高回声线，为嵌入心肌的螺纹影像

第7章

获得性心脏病

瓣膜病

黏液瘤样二尖瓣疾病

在小动物和马中，最常见的超声心动图异常是二尖瓣关闭不全。

多种先天性疾病或获得性疾病会影响二尖瓣结构，如黏液瘤样二尖瓣疾病、二尖瓣发育不良、心肌病（扩张型心肌病和肥厚型心肌病）、心内膜炎。这些疾病的潜在机制各不相同，病因通常可在病理学上进行区分。

人类的二尖瓣退行性病变通常被称作二尖瓣脱垂，这个术语指的是瓣膜和腱索出现进行性黏液瘤样病变所导致的结果。犬的二尖瓣疾病不论在大体还是超微结构上，都和人类非常类似。

黏液瘤样二尖瓣疾病是犬最常见的获得性心脏病，在老年犬中发病率为10%～25%，在部分犬种中可能更高。但是，仅有约40%患二尖瓣疾病的犬会因该病出现临床症状。

黏液瘤样二尖瓣疾病的确切病因不明。广为接受的一种假说是，它是一种遗传性疾病，因其表现出特定品种易感性，且存在家族遗传的证据。虽然一些证据提示，该病具有伴性别的显性常染色体遗传模式（雌性比雄性更易表达该疾病），且存在年龄相关影响（雌性比雄性发病晚），但其确切的遗传方式不明。另外，很有可能多个基因位点参与该病的表达。该病的多基因参与性在查理王小猎犬和腊肠犬中已得到证实。鉴于疾病发展的概率似乎与品种相关，不同品种是否受相同基因调控尚不明确。查理王小猎犬患该疾病的风险显著高于其他品种，且发病时间明显更早。

所有品种都可能发病，但小型犬至中型犬（＜20 kg）更易感。另外，混种的小型犬和中型犬也可能患病，因此该病不仅仅与品种相关。在多数犬中，发病时间相对较晚。

猫的黏液瘤样二尖瓣疾病的发病率尚不清楚，但似乎相对少见。绝大多数猫的二尖瓣关闭不全与二尖瓣隔叶（前叶）收缩期前向运动（systolic anterior movement，SAM）相关，这是由梗阻性肥厚型心肌病

> 在马中，二尖瓣关闭不全通常由瓣膜退行性病变引起，但也可继发于败血性心内膜炎、非感染性心内膜炎或先天性瓣膜发育不良。马的二尖瓣关闭不全是最常见的导致运动成绩不佳、运动不耐受、充血性心力衰竭的心脏病之一。但是，在文献报道中，这种疾病的发病率仅为 3.1% ~ 9%，许多患马处于亚临床状态，仍能参加竞技运动。

左心室流出道动态梗阻所致。黏液瘤样二尖瓣疾病多发生于老年猫。

根据临床症状、超声心动图和 X 线检查，美国兽医内科学协会（American College of Veterinary Internal Medicine，ACVIM）建立了黏液瘤样二尖瓣疾病的诊断与治疗指南（表 7.1）。

病理生理学

二尖瓣可能是整个机体中使用最多、压力最大的组织。

在犬中被广泛接受的发病假说认为，发生黏液瘤样退行性病变时，存在迷走神经张力过高，导致瓣膜收缩不足，引起一个或两个瓣叶突入左心房（脱垂）。瓣膜脱垂导致二尖瓣叶过度牵拉和水肿，瓣尖横向弹性拉力增加，随后发生的二尖瓣反流，可能是二尖瓣超微结构损伤、黏液瘤样退行性病变和典型结节样病变的原因。然而，需要注意瓣膜脱垂不是发病的必要条件，事实证明，许多二尖瓣反流患犬都没有明显或严重的瓣膜脱垂。与之相反，反流是其他瓣膜解剖学病变的结果，包括腱索断裂。

瓣膜脱垂和关闭不全，也与瓣尖边缘形态改变相关，是该病典型的功能和解剖学表现，也是导致瓣膜关闭不全的原因，引起血液从左心室反流入左心房。

反流的血流动力学后果包括心输出量减少（随后通过液体潴留和前负荷增加代偿）、进行性肺静脉充血，最终导致肺水肿。心输出量减少触发代偿机制，如液体潴留、血管阻力增加、脾脏收缩。左心房长期容量过载，出现进行性增大。另外，反流入左心房的血液和肺循环回到左心房的血液共同导致舒张期左心房容量过载，引起代偿性离心性肥大。在一定时期内，只要不超过顺应性的极限，心室心肌可代偿增加的工作负荷。然而最终，达到肥大的极限，继续增加的反流会导致左心室舒张压迅速

表 7.1 ACVIM 建立的黏液瘤样二尖瓣疾病的分期

A 期	具有二尖瓣疾病发病倾向的犬，但无发病迹象
B1 期	犬患有亚临床型瓣膜病且无心脏重塑
B2 期	犬患有亚临床型瓣膜病且有心脏重塑
C 期	充血性心力衰竭患犬
D 期	顽固性充血性心力衰竭患犬

升高，压力传递至左心房和肺静脉，导致肺水肿。室壁压力的持续增加有时会导致心肌衰竭。

因此在疾病病程中，可以看到不同程度的二尖瓣功能障碍、解剖学变化、腱索断裂，以及左侧心腔不同程度地增大。

临床表现

收缩期心杂音，有时伴有左侧心前区震颤，是二尖瓣疾病的特征。严重时可观察到左侧充血性心力衰竭。在部分病例中，由于三尖瓣关闭不全，也能听到右侧的心杂音，有时由于出现肺动脉高压，二尖瓣疾病也可出现右侧充血性心力衰竭。轻度二尖瓣疾病，可闻及收缩期咔哒音或左心尖高频音。随着疾病进展，杂音变得更大且持续时间更长，掩盖了第二心音。在罕见的情况下，由于左心室扩张、纤维化，第三心音会变得明显。

超声心动图征象

二维超声心动图

评估二尖瓣最好的二维切面为右侧胸骨旁长轴切面、右侧胸骨旁短轴切面和左侧心尖四腔切面。

二维超声心动图像可直接显示二尖瓣，以鉴别退行性瓣膜病与其他疾病病因。例如，发现腱索断裂（图 7.1+ 视频）、二尖瓣脱垂但瓣膜尖较为正常（图 7.2），或增生性病变（图 7.3）。前叶、后叶或二者均脱垂通常很容易识别（图 7.4+ 视频）。

通过二维超声心动图，还可观察到瓣膜尖和腱索的增厚、回声增强和运动异常（脱垂、过度偏移和收缩期震动），以及左心房和左心室的增大（图 7.5）。

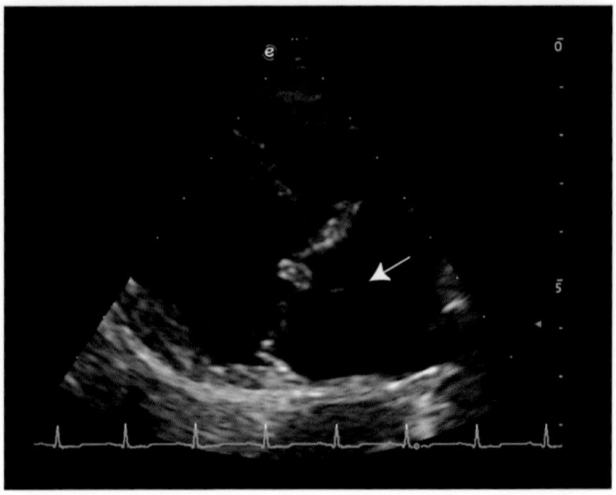

图 7.1　一只黏液瘤样二尖瓣疾病患犬的右侧胸骨旁长轴切面图像

箭头所指的是一根断裂的腱索，在心室收缩时进入左心房。注意到瓣膜增厚，瓣膜尖在收缩期指向心房（而非心室）。这种现象称为“连枷样”。

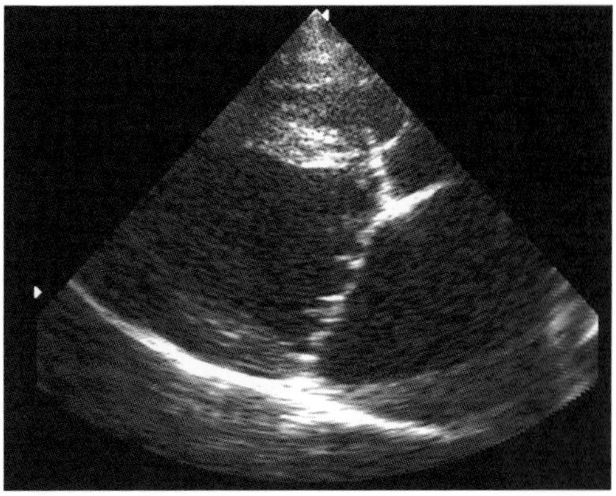

图 7.2　一只黏液瘤样二尖瓣疾病患犬的右侧胸骨旁长轴切面图像

虽然瓣膜无明显异常，但左心房已增大。

左心房扩张的程度通常由左心房直径（LA）和主动脉（Ao）的比值［也被称作左心房与主动脉比值（LA ∶ Ao）］确定，可通过右侧胸骨旁短轴切面或右侧胸骨旁长轴切面测量（图 7.6）。也有其他测量方法发表，但认知度较低。

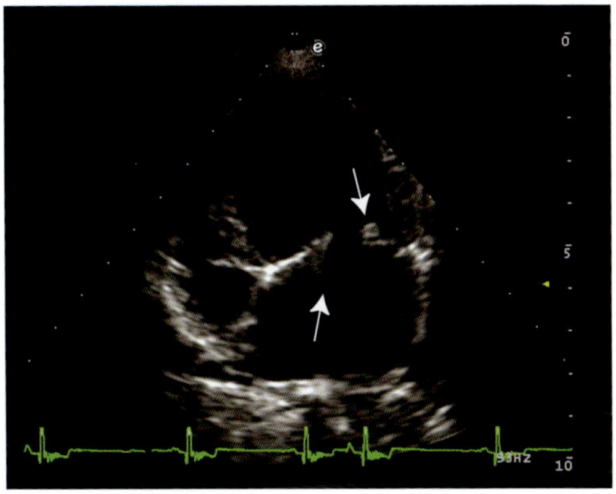

图 7.3　一只黏液瘤样二尖瓣疾病患犬的左侧心尖四腔切面图像

箭头指的是瓣膜增生，其回声强度与心肌类似。

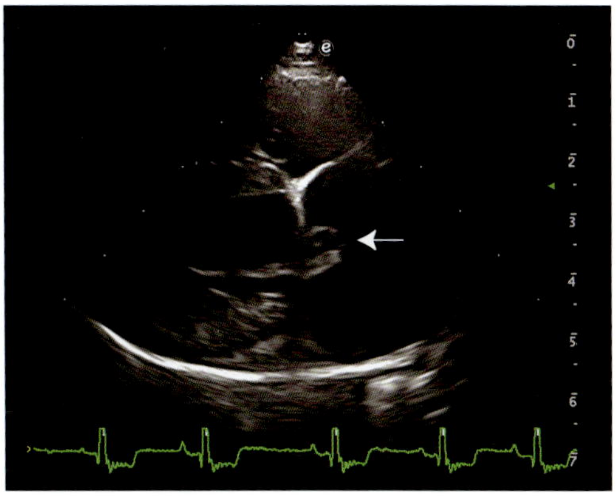

图 7.5　一只黏液瘤样二尖瓣疾病患犬的右侧胸骨旁长轴切面图像

瓣膜小叶显著增厚且发生形变，这是由黏液瘤样增生导致的（箭头）。

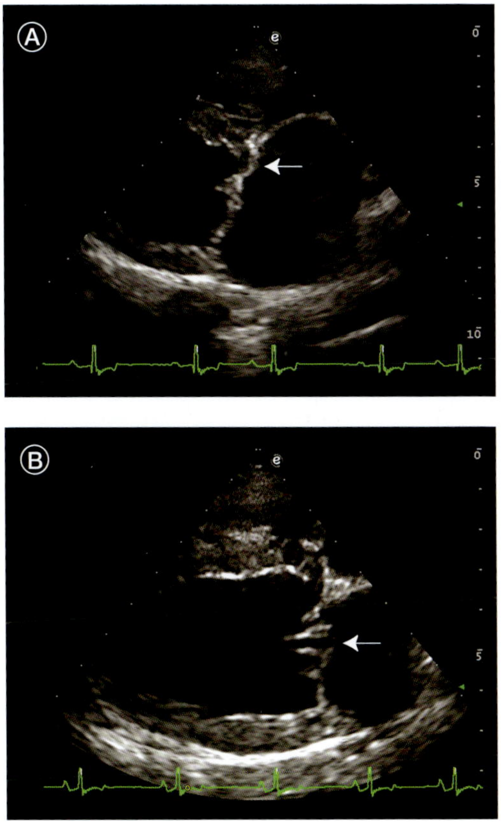

图 7.4　两只黏液瘤样二尖瓣疾病患犬的右侧胸骨旁长轴切面图像

A、B. 箭头指的是不同形式的收缩期二尖瓣前叶脱垂进入左心房。

M 型超声心动图

M 型超声心动图检查也能提供有用的信息，可用于测量心室直径，评估左心室缩短分数，观察瓣膜尖的异常运动（尤其是“E–F”波升高，提示舒张中期瓣膜关闭），这种异常运动是由左心房至左心室的血流速度增加导致的。而 M 型超声心动图不适用于评估 LA ∶ Ao，因为 M 型超声取样平面横穿的是左心耳，而非 LA 的最大直径。

患有轻度二尖瓣反流时，舒张末期左心室内径正常。但是，在急性腱索断裂导致大量反流时，由于心腔不会立刻进行代偿性扩张，舒张末期左心室内径也可能是正常的。另外，急性腱索断裂时收缩末期左心室内径可能减少，原因是后负荷突然降低（因为此时左心室内的血液不仅射入主动脉，还更容易射入左心房），且交感神经张力增加（图 7.7）。在轻度反流中，收缩末期左心室内径（和容积）正常。在

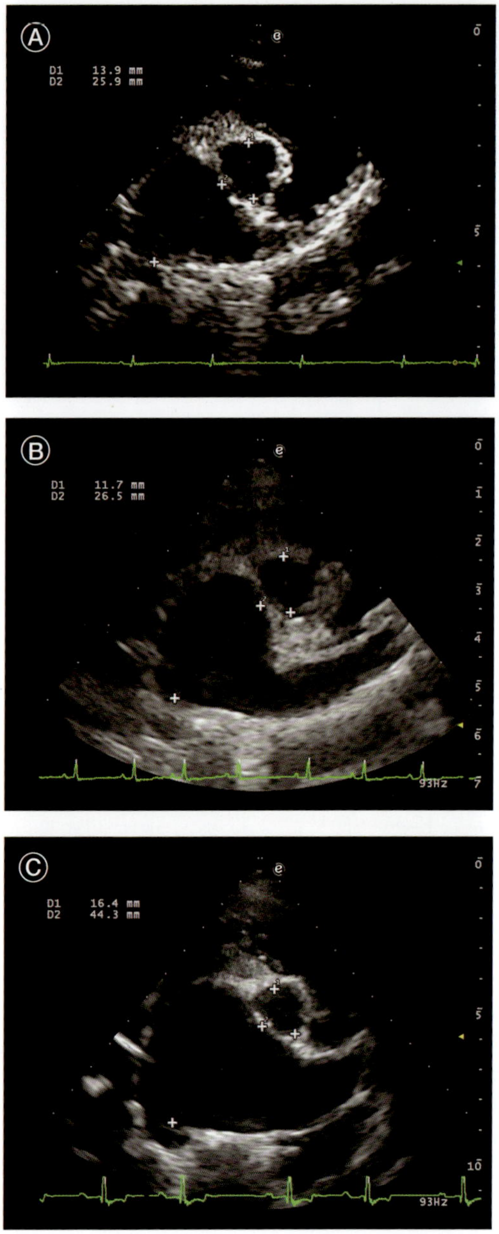

图 7.6　三只黏液瘤样二尖瓣疾病患犬的右侧胸骨旁短轴切面图像

左心房与主动脉比值提示左心房增大，其程度分别为轻度（A）、中度（B）、重度（C）。

慢性关闭不全中，舒张末期左心室内径和左心房大小均增加，且与反流量成正比。收缩末期左心室内径通常在参考范围内，

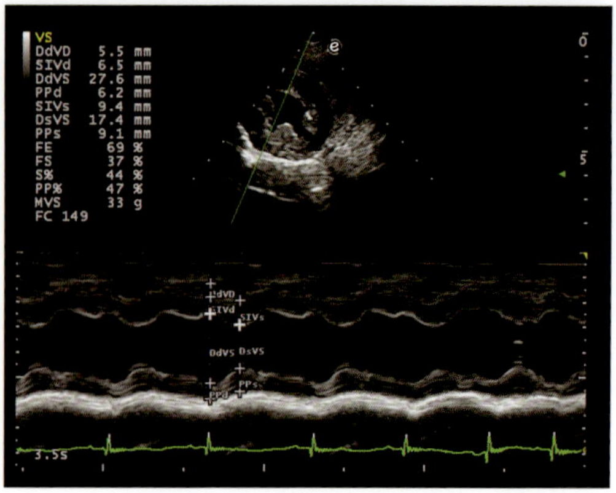

图 7.7　一只二尖瓣关闭不全患犬的 M 型超声心动图，该犬为混种犬，4 kg

图像左侧的测量值显示舒张末期内径在参考范围内，收缩末期内径较正常偏小。缩短分数接近参考范围上限，但没有室间隔的运动亢进。

直至疾病末期才出现异常。因此，健康犬的左心室缩短分数为 35% ~ 40%，且随着疾病进展而增加（在重度反流中可超过 50%）。在这些病例中，室间隔的运动像正弦波，提示严重的左心室容量过载（图 7.8）。在本病的末期，收缩末期左心室内径增加，这是由心室收缩力下降导致的，继而导致缩短分数下降，回到参考范围内（如 30% ~ 40%）（图 7.9）。

M 型超声心动图也可用于评估肺动脉和肺静脉的关系，在右侧胸骨旁长轴四腔切面和心基部水平的右侧胸骨旁短轴切面，微调以观察肺血管。左心容量过载时，PV/PA 比值增大，超出参考值（在犬中参考值约为 1.0，猫和马中约为 0.5）（图 7.10）。

在患梗阻性肥厚型心肌病的猫和部分犬中，二尖瓣前叶可能移位进入左心室流出道，称为收缩期前向运动，导致左心室流出道动态梗阻（图 7.11）。

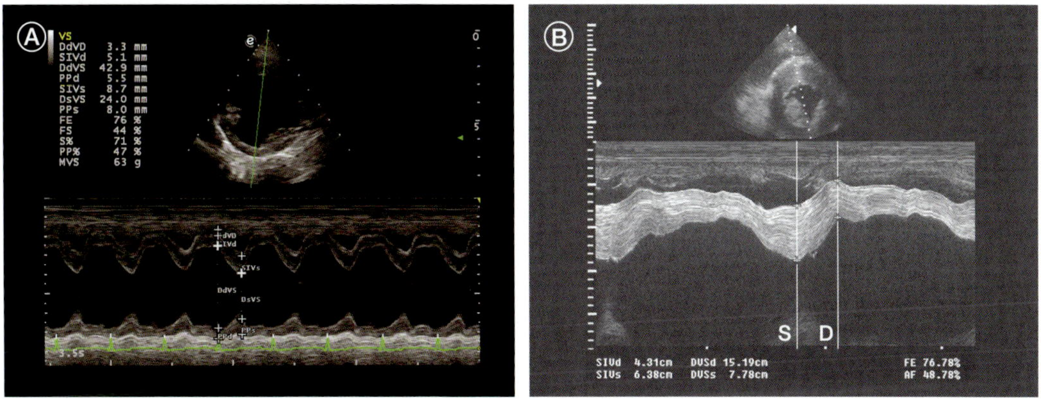

图 7.8　A. 一只慢性瓣膜病患犬的 M 型超声心动图，该犬为 9 kg 的查理王小猎犬。左侧的测量值显示舒张末期内径高于上限，收缩末期内径接近上限，缩短分数高于正常且室间隔运动亢进。B. 也存在上述现象，该图是一只严重二尖瓣关闭不全患马的 M 型超声心动图

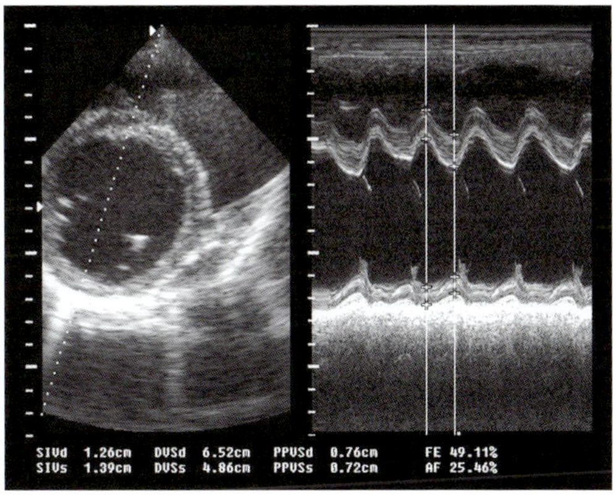

图 7.9　一只严重二尖瓣疾病患犬的超声心动图，该犬为 35 kg 的德国牧羊犬

图像底部的测量值显示心室收缩期和舒张期内径均超过参考范围上限。室间隔运动亢进，但是缩短分数下降，这与大型犬瓣膜病的心力衰竭特征相符。

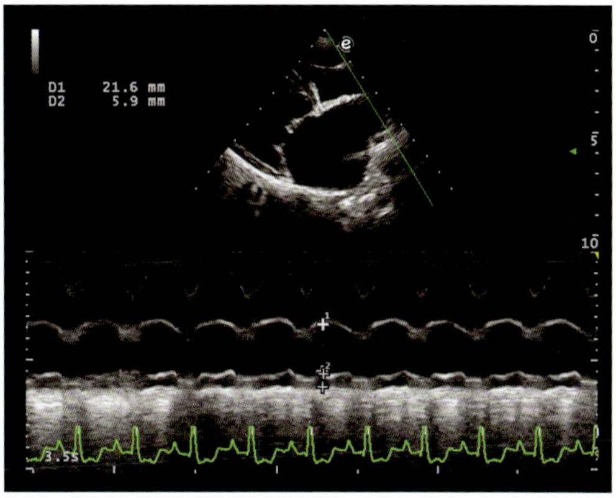

图 7.10　一只严重二尖瓣关闭不全和充血性心力衰竭患犬的 M 型超声图像，该犬为 10 kg 的混种犬

D1 和 D2 的距离分别指的是在 ECG 上 T 波对应的时间点测量的肺静脉直径和肺动脉直径。可见重度肺静脉扩张。

频谱多普勒超声心动图

对于二尖瓣疾病，在左侧心尖四腔切面进行脉冲多普勒检查，可以评估被动舒张期左心室血流流速的变化。随着反流量增加，舒张早期波（E 波）的峰值增至 1.2 m/s 以上（图 7.12）。严重的二尖瓣反流 E 波速度通常 > 1.5 m/s。另外，将取样框放在瓣上（即左心房内）可检测反流的湍流波束。有时湍流不能即时被检测到，因为反流可能为偏心方向，不易被多普勒取样线检测到。

连续多普勒检查可用于评估最大反流速度（通常 > 5 m/s），为远离探头的方向（图 7.13）。在极少数情况下，反流速度

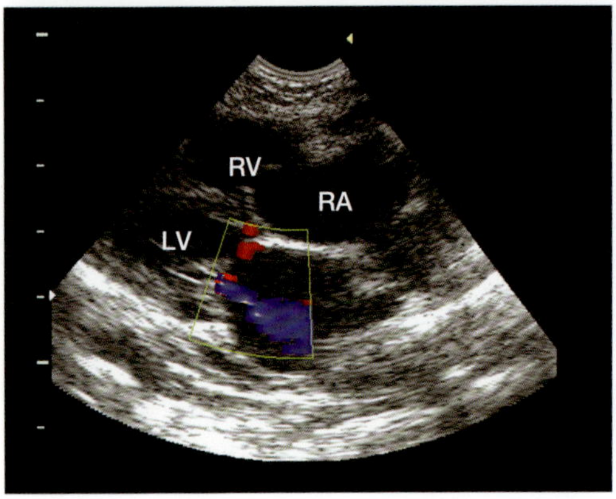

图 7.11　一只扩张型心肌病患猫的右侧胸骨旁长轴切面彩色多普勒图像

可见二尖瓣口有一较小的反流束（蓝色）。LV：左心室；RV：右心室；RA：右心房。

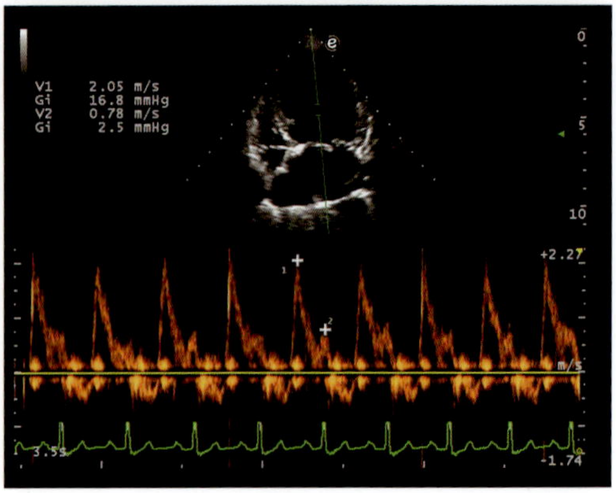

图 7.12　一只二尖瓣瓣膜病患犬二尖瓣口的脉冲多普勒血流图

被动舒张期血流（E 波 =2.05 m/s）高耸，提示反流量很大。A 波正常（0.78 m/s）。

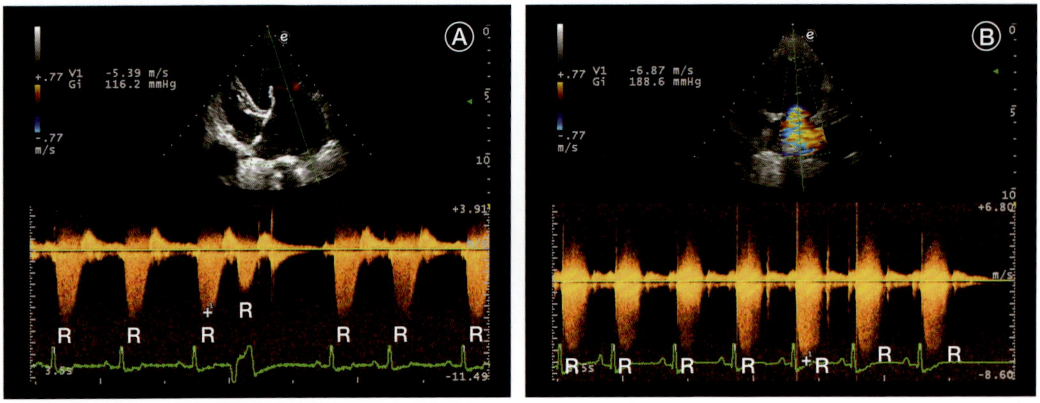

图 7.13　两只二尖瓣关闭不全患犬的经二尖瓣连续多普勒血流图

A. 基线以下标为 R 的频谱提示高速的反流。反流束的最高流速（5.39 m/s）提示压力梯度为 116.2 mmHg，与预期值相符（平均值为 100~120 mmHg）。第四个波形比其他波的速度更低，因为它是由一次室性早搏造成的。B. 压力梯度为 188.6 mmHg，符合系统性高血压的表现。

可能随着左心室收缩功能的恶化而降低。当左心房压力显著增加时，连续多普勒检测到的波呈现不对称形，特征为加速期和减速期提前，以及一个较大的 A 波（图 7.14）。

彩色多普勒超声心动图

彩色多普勒超声心动图显示的二尖瓣反流，表现为从二尖瓣向左心房内延伸的彩色马赛克形式，易于观察。观察反流束的最佳切面是左侧心尖切面。但是，由于我们不从彩色多普勒超声心动图中精确测量速度，所以从右侧胸骨旁长轴四腔切面也可以获得良好的图像。反流束通常朝向以下两个方向：朝向中央或偏向一侧（通

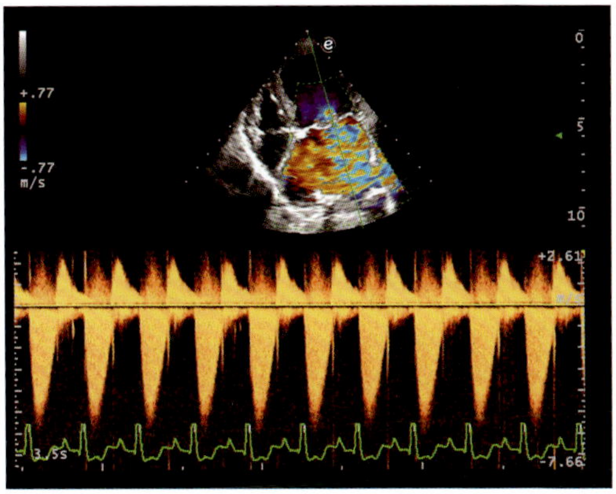

图 7.14　一只出现重度心房增大和左心房高压的二尖瓣反流患犬的连续多普勒图像

频谱图像的特点为反流束加速时间缩短，以及减速提前发生和减速延迟，导致出现不对称的反流图像。注意图像上边图像框中对应的二维图像，左心房和左心室显著扩张。

常朝向左心房游离壁，朝向房间隔较为少见）（图 7.15+ 视频）。用彩色多普勒超声心动图识别这些反流束的方向，有时与听诊发现的柔和的或响亮的杂音，甚至震颤相契合（图 7.16 + 视频）。

使用反流束面积评估反流的严重程度是不准确的。虽然许多人认为反流束的“大小”反映反流量，但这只适用于非常小的反流束（仅做微量或轻度反流的区分）。彩色多普勒超声心动图可测量速度并显示湍流，但这不能反映反流束容积，所以湍流程度、湍流面积与反流量无显著相关性。然而，经验不足的超声医师通常会根据反流束面积误判反流的严重程度（图 7.17）。

此外，在赛马中，房室瓣关闭不全通常只在休息时出现，在运动刚结束时不能被检测到。在这些病例中，瓣膜关闭不全是“生理性的”，因为赛马的心室容积相

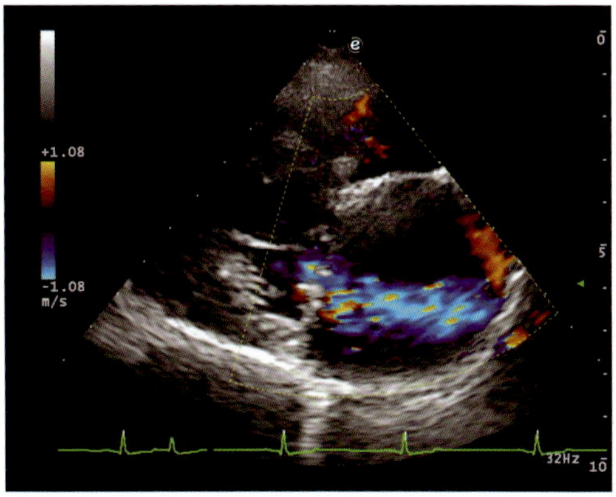

图 7.15　一只二尖瓣关闭不全患犬的右侧胸骨旁长轴切面图像

彩色多普勒图像可见左心房内朝向中央的收缩期湍流。

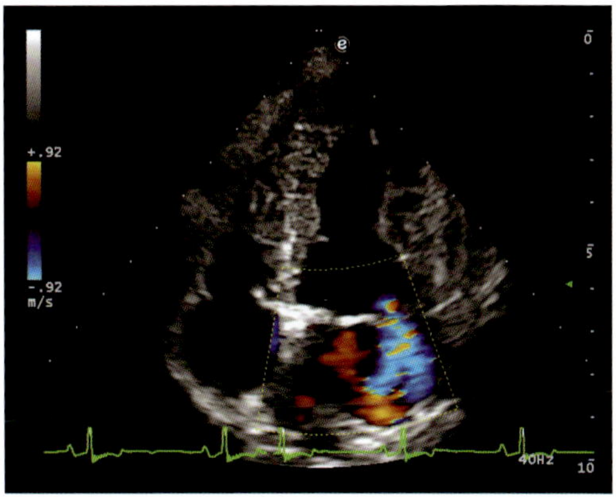

图 7.16　一只二尖瓣关闭不全患犬的左侧心尖四腔切面

彩色多普勒图像可见偏向一侧的收缩期湍流。

对较大，二尖瓣和三尖瓣环受到轻微牵张，与扩张型心肌病相似（图 7.17）。

三尖瓣关闭不全

二尖瓣的黏液瘤样退行性病变也可以导致获得性三尖瓣关闭不全。但是，在没有超声可检测到的解剖学病变时，也有很高比例的受试动物出现轻度三尖瓣关闭不

与慢性二尖瓣疾病相关的其他表现

瓣叶向左心房侧突出（二尖瓣脱垂）

犬的二尖瓣瓣环比人类的更平坦，在右侧胸骨旁长轴四腔切面通常能获得良好的图像，用于评估各种程度的二尖瓣脱垂。但是，应在至少2个切面上确认二尖瓣脱垂。

二尖瓣脱垂的程度与易感品种年轻犬二尖瓣反流的后续进展相关。

连接两个瓣叶的起始位置，并观察是否有部分瓣叶超过该连线所在的平面，进入心房。

瓣叶突出的程度与以下因素相关：

- 疾病阶段：瓣膜脱垂与左心房压力升高和舒张末期心室内径增大密切相关。
- 使用彩色血流多普勒评估反流束的边缘。
- 心杂音强度：只能作为评估脱垂严重程度的一个指标（通常关联性并不显著）。
- 左心房扩张，舒张末期左心室内径增大。

瓣叶增厚

疾病进展的基础是糖胺聚糖沉积，以及随之而来的瓣膜增厚。因此，瓣叶的厚度是黏液瘤样退行性疾病严重程度的重要指标。但是，当测量瓣叶厚度时，舒张期的增厚似乎比收缩期的更明显。在舒张期，由于张力较小时腱索松弛变形，所以显得更厚。瓣膜的厚度与疾病严重程度的其他评估指标（瓣膜脱垂程度、反流程度、心杂音强度）相关。

连枷样二尖瓣

当收缩期观察到瓣叶“扑动”进入左心房，同时伴有舒张期瓣叶运动混乱时，很可能出现了腱索断裂。在收缩期，瓣尖朝向左心房（而不是左心室），当反流束撞击瓣叶时会出现扑动。若瓣叶上连着一段腱索，且飘动的部分足够长，看上去会像鞭子。右侧胸骨旁长轴四腔切面或左侧心尖四腔切面最能清晰显示瓣叶收缩期的颤动。

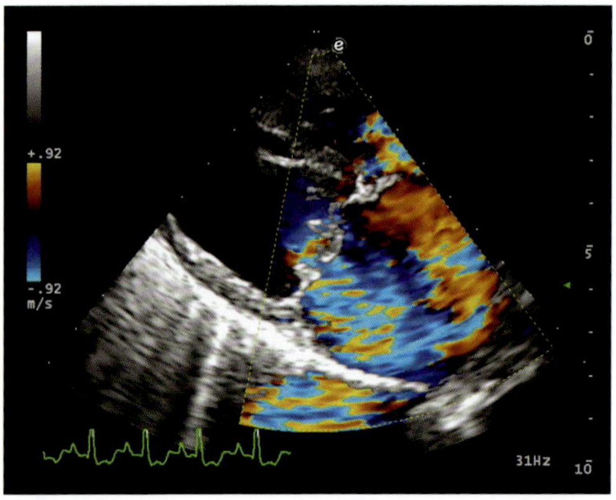

图7.17　一只二尖瓣关闭不全患犬的右侧胸骨旁长轴切面图像

彩色多普勒图像可见一朝向中央的收缩期湍流，为二尖瓣瓣膜病的典型表现，湍流几乎波及整个心房，并延伸进入肺静脉。

全。有时在犬和马中，在无心杂音的情况下也可观察到微量的三尖瓣反流。

应记住继发性三尖瓣关闭不全可能是由慢性肺脏疾病和严重的肺动脉高压引起的。

三尖瓣关闭不全也偶见于患肺动脉瓣狭窄、右心室肥大或心丝虫病的犬。

病理生理学

收缩期瓣膜的关闭不全导致血液从右心室反流入右心房。因此，右心房和右心室都会增大，以代偿收缩期反流入心房的血流和下个舒张期再返回右心室的血流（继发于容量过载的离心性肥大）。

临床表现

三尖瓣关闭不全时，可听诊到收缩期心杂音。在出现右侧充血性心力衰竭的病例中，将表现出典型的临床症状，主要包括腹腔积液，但在某些情况下，如猫和某些品种的犬，可能出现胸腔积液和心包积液。

超声心动图征象

二维超声心动图

评估三尖瓣首选的切面为右侧胸骨旁长轴四腔切面和左头侧短轴切面。随着反流量的增加，右心房和右心室通常呈离心性扩张（图 7.18）。右心室扩张在右侧胸骨旁短轴切面尤其明显（图 7.19）。然而，即使瓣叶有明显脱垂，右心房和右心室的大小也可能几乎正常。

总的来说，三尖瓣黏液瘤样退行性病变的超声心动图征象与二尖瓣退行性病变基本类似（图 7.20）。

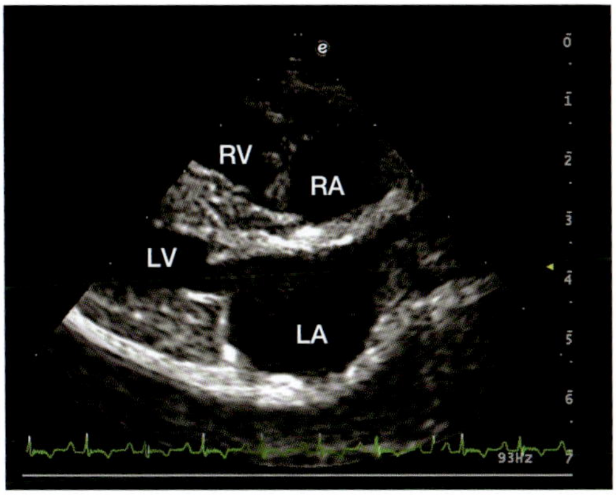

图 7.18　一只二尖瓣关闭不全、三尖瓣关闭不全患犬的右侧胸骨旁长轴切面图像

三尖瓣瓣叶增厚、结节样，右心室扩张且无室壁增厚（即容量过载导致的离心性肥大）。LV：左心室；LA：左心房；RV：右心室；RA：右心房。

M 型超声心动图

M 型超声心动图可显示右心室直径增大（图 7.21）。黏液瘤样三尖瓣疾病的 M 型超声心动图获得的信息很少。

频谱多普勒超声心动图

多普勒超声的检查与先天性发育不良类似，随着反流加重，右心室被动流入速

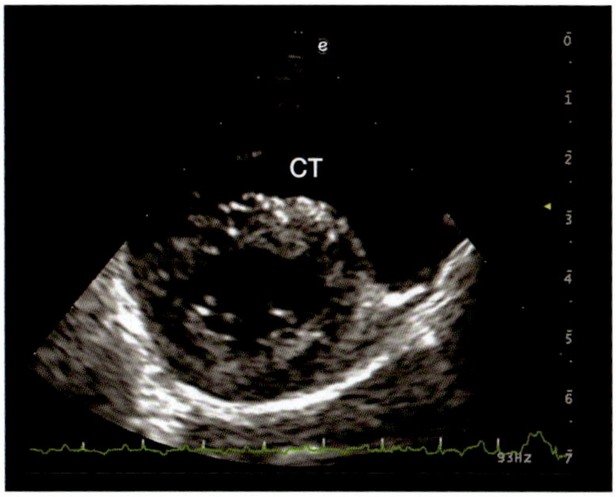

图 7.19　一只三尖瓣疾病患犬的右侧胸骨旁短轴切面图像

右心室增大（离心性肥大），心室内可见三尖瓣腱索（CT）。

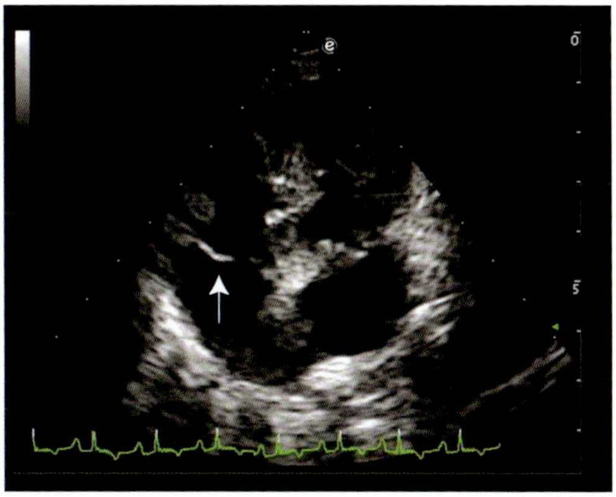

图 7.20　一只二尖瓣关闭不全、三尖瓣关闭不全患犬的左侧心尖四腔切面图像

可见三尖瓣脱垂（游离壁瓣叶）（箭头），箭头右侧瓣尖无法完全闭合。二尖瓣增厚，呈结节样。

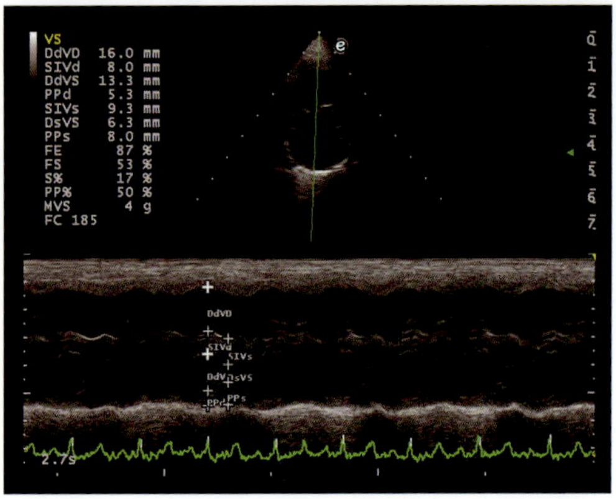

图 7.21　一只三尖瓣关闭不全患犬的 M 型超声图像

该图像中的左、右心室内径对比可用于评估右心室增大，本病例中舒张期内右心室径大于左心室（DdVD=1.6 cm；DdVS=1.33 cm）。

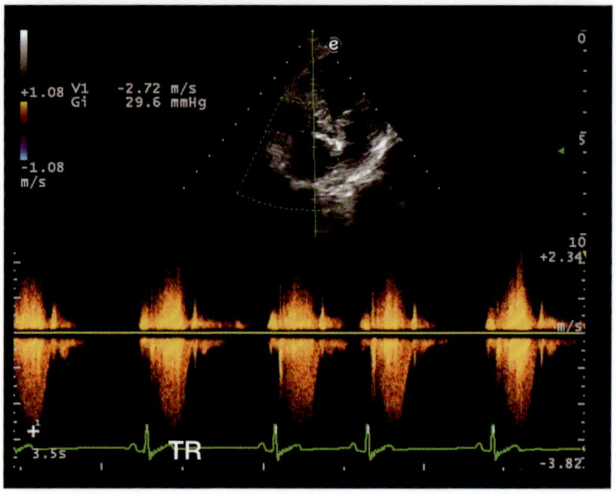

图 7.22 一只三尖瓣关闭不全（TR）患犬的连续多普勒图像

压力梯度为 29.6 mmHg，相对应的肺动脉压约为 35 mmHg。后者是由三尖瓣压力梯度加 5 mmHg 计算出的，5 mmHg 对应的是右心房的正常平均压力。

度增加，E 波高耸。右心房内可检测到收缩期湍流，但是存在轻度三尖瓣关闭不全时可能难以检测到。反流速通常 < 3.0 m/s，部分没有肺动脉高压的动物血流速度可高达 3.2 m/s。部分研究人员错误地将 2.8 m/s 或 2.9 m/s 作为参考范围的上限，这必然会导致肺动脉高压的过度诊断。在存在肺动脉高压的病例中，可使用连续多普勒测量远离探头的高速血流（> 3.2 m/s）。在无肺动脉瓣狭窄的情况下，使用这种方法测量的压力梯度应与肺动脉的收缩压相等（图 7.22）。但是，近期的研究表明这种方法并不完全可靠。

彩色多普勒超声心动图

三尖瓣和右心房的彩色多普勒超声心动图可显示反流束的大小，通常朝向房间隔或朝向中央，且伴有肺动脉高压时反流加重（图 7.23+ 视频）。

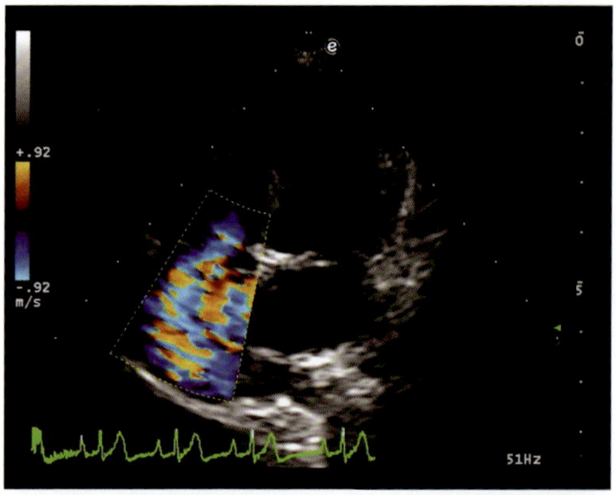

图 7.23　一只三尖瓣疾病患犬的左侧心尖四腔切面的彩色多普勒图像

彩色多普勒图像显示了三尖瓣反流束。

主动脉瓣关闭不全和肺动脉瓣关闭不全

获得性主动脉瓣关闭不全在小动物中较为罕见，通常是退行性病变或增生性病变的结果，可继发于细菌性感染性心内膜炎。非获得性主动脉瓣关闭不全可能是主

另外，主动脉瓣关闭不全是中老年马中最常发现的获得性瓣膜异常，发病率似乎 > 10%。在马中，主动脉瓣关闭不全是瓣膜尖退行性病变和炎症过程的结果，可导致瓣叶增生、萎缩和关闭不全。退行性病变最常见于左冠瓣，但是其他瓣叶均可发病。

严重的肺动脉瓣关闭不全在马中相对罕见，病因通常为感染性或高血压（可继发于原发性气道疾病或左心衰竭）。

动脉瓣下狭窄的结果，也可见于严重的系统性高血压、先天性瓣膜发育不良或室间隔缺损，但很罕见。在老年猫中，主动脉瓣关闭不全与主动脉瓣瓣环扩张相关，这是一种特发性的主动脉扩张，有时也可见于犬中。

肺动脉瓣也可出现炎症 / 感染引起的类似病变，但是肺动脉瓣在无结构性病变的情况下，也常出现轻微的关闭不全。有时，存在肺动脉高压时也可观察到肺动脉瓣关闭不全。

临床表现

主动脉瓣关闭不全通常表现为低频的舒张期心杂音，在左侧第 4 肋间隙最易听到，通常伴有心前区震颤，在严重的情况下还会出现快速的洪脉。有时，感染性心内膜炎导致的主动脉瓣关闭不全，可闻及主动脉瓣狭窄引起的收缩期心杂音。在马中，舒张期杂音通常表现为一种非常典型的伴随舒张期逐渐减弱、消失的声音。这在犬中不明显，因为犬的舒张间期短。

另外，肺动脉瓣关闭不全通常伴随轻柔的舒张期心杂音，在多数情况下听不到。

当这些关闭不全严重到一定程度时，可能会出现相应循环的充血性心力衰竭。

超声心动图征象

二维超声心动图

主动脉瓣瓣叶异常在长轴切面和短轴切面中均可观察到。感染性赘生物或增生性结节性病变（图 7.24+ 视频）的形态因病例而异，且可随着病程发展而出现明显变化。瓣叶除了发生外观的改变（图 7.25），也可能出现功能异常，伴有舒张期或收缩期的扑动，有时在舒张期出现脱垂进入流出道（图 7.26）。主动脉瓣关闭不全越严重，左心室的扩张就越明显。当左心室容量过载严重到一定程度时，左心房也可能出现扩张（图 7.27）。

肺动脉瓣病变的表现与主动脉瓣病变相似，但是通常没有那么明显（图 7.28）。

M 型超声心动图

M 型超声成像可记录不同病例的各种异常，将 M 型超声束放置于增生的瓣膜病灶处即可。瓣叶可能出现在其对应的流出道中。最易在 M 型超声成像中记录到病变结构的颤动（扑动）。另外，二尖瓣的 M 型超声成像有时可显示前叶的舒张期扑动，这是由主动脉瓣反流的血液冲击造成的（图 7.29），使得舒张早期 EPSS 增加。

在严重的病例中，左心室舒张期内径增加，而在收缩功能衰竭的病例中，使用常规方法测量，也可见左心室收缩期内径增加。

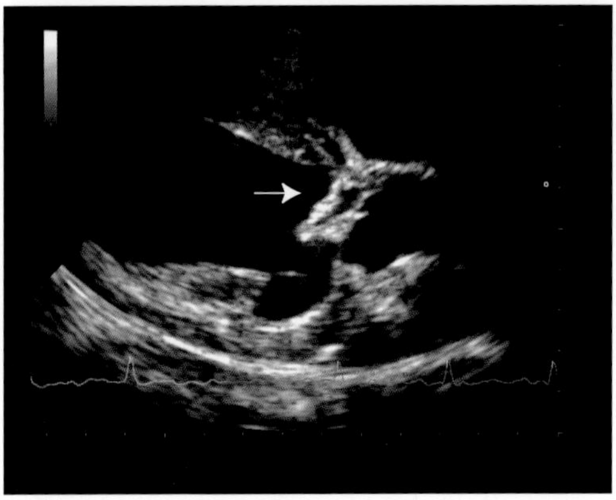

图 7.24　一只主动脉瓣心内膜炎患犬流出道的右侧胸骨旁长轴切面图像
箭头所指的是主动脉瓣瓣叶的增生和强回声病灶。

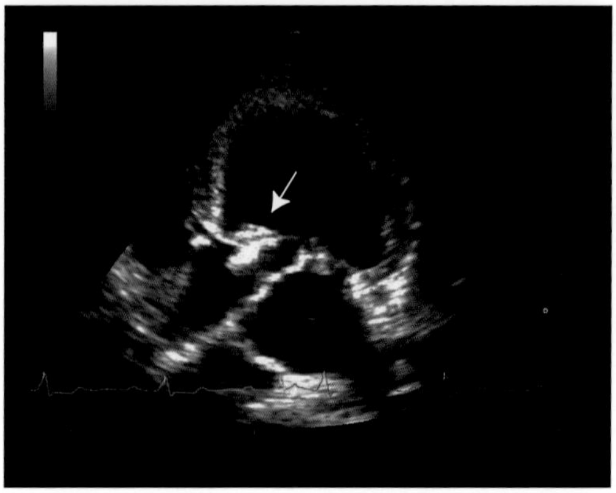

图 7.26　一只主动脉瓣心内膜炎患犬的左侧心尖五腔切面图像
箭头所指的是瓣叶的增生和高回声病灶。

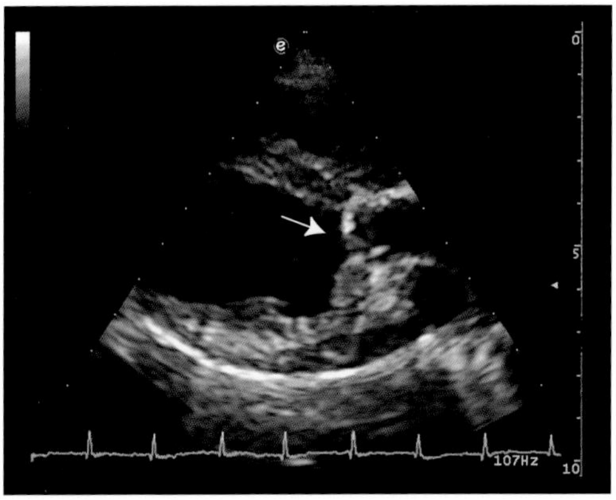

图 7.25　一只慢性主动脉瓣疾病患犬的右侧胸骨旁长轴切面图像
箭头所指的是高回声的右冠瓣，提示退行性病变。

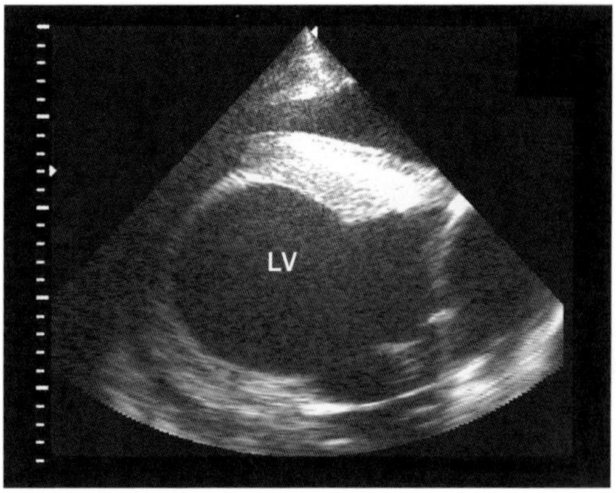

图 7.27　一只重度主动脉瓣关闭不全患马的右侧胸骨旁长轴切面图像
由于慢性容量过载，左心室变圆，左心尖侧尤其明显。LV：左心室。

频谱多普勒超声心动图

频谱多普勒超声心动图的检查结果与主动脉发育不良相似。

通过评估主动脉和左心室之间的舒张期压力梯度降低 50% 所需的时间（以毫秒为单位），又称压力减半时间，可半定量评估主动脉衰竭的程度。压力减半时间反映了主动脉和左心室之间舒张期压力平衡的快慢。主动脉衰竭越严重，舒张期左心室内压力增加得越快，因此压力梯度降低 50% 所需的时间越短，从图形上看，连续多普勒探头获得的主动脉反流的信号波形越陡。压力减半时间 < 200 ms 提示重度主动脉瓣关闭不全，压力减半时间为

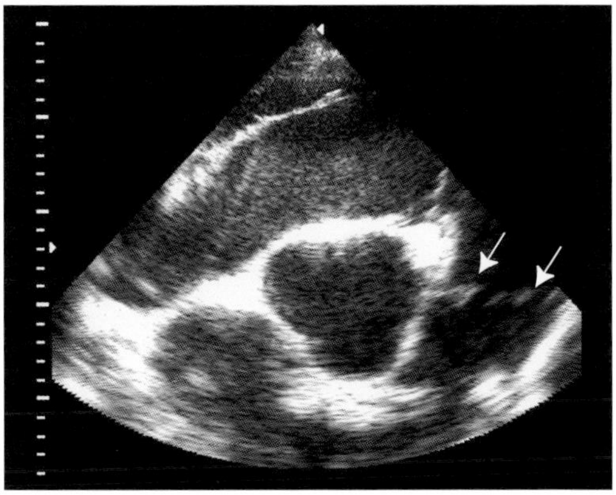

图 7.28　一只马流出道水平的右侧胸骨旁短轴切面图像

箭头所指的是肺动脉瓣瓣叶上的一个增生性病灶。

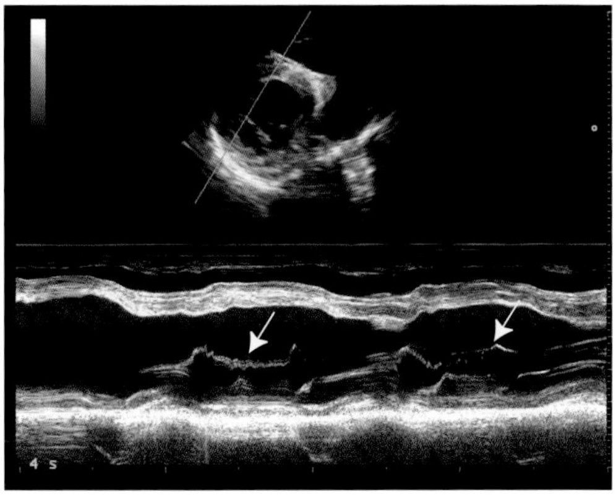

图 7.29　一只重度主动脉瓣关闭不全患马的二尖瓣 M 型超声图像

箭头所指的是二尖瓣前叶的舒张期扑动，这是由主动脉瓣反流导致的。

200 ~ 500 ms 提示中度主动脉瓣关闭不全，压力减半时间 > 500 ms 提示轻度主动脉瓣关闭不全。

在肺动脉瓣关闭不全中，频谱多普勒可基于最大反流速度计算肺动脉压力（图 3.33）。若测得最大三尖瓣反流速度是 4 m/s，肺动脉和右心室在舒张期的压力梯度是 64 mmHg，相当于肺动脉舒张期压力梯度至少为 64 mmHg，因为舒张期右心室压力梯度接近于零。这一数值则提示重度肺动脉高压，因为正常肺动脉舒张压大约为 10 mmHg。

彩色多普勒超声心动图

半月瓣关闭不全引起的反流在彩色多普勒超声成像中表现为舒张期朝向相应心室的信号（图 7.30）。这样就可以确定主动脉瓣反流的方向和大小，从而判断反流的严重程度。对于反流容积的半定量评估，应考虑以下因素：

反流束的横向宽度与心室流出道直径的比值。

评估其反流扩散程度。

作为一般标准，若主动脉反流信号在主动脉瓣水平结束，则可以认定为轻度反流；若反流信号可到达二尖瓣的瓣尖处，则可认定为中度反流；而超过二尖瓣瓣尖，向心室内延伸，则认定为重度反流（图 7.31）。

彩色多普勒超声心动图可与 M 型超声心动图结合使用（即彩色 M 型），以精确地显示反流随时间的变化（图 3.43）。主动脉瓣横切面彩色多普勒超声心动图可突出显示反流束的直径，直径取决于关闭不全的严重程度，反流可起源于主动脉瓣瓣叶的中央接合处，或异常瓣叶之间的接合处（图 7.32）。目前，尚未建立通过多普勒超声对肺动脉瓣关闭不全进行定量的精确标准。

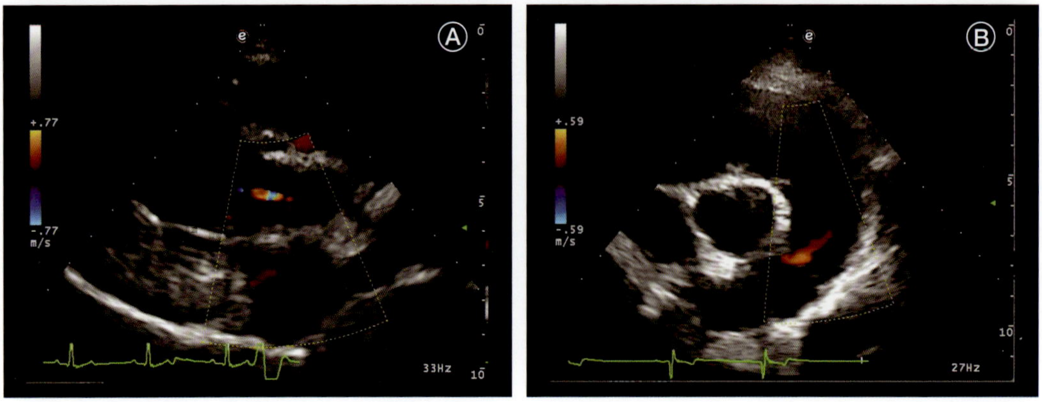

图 7.30　左心室流出道（A）和右心室流出道（B）的彩色多普勒图像。两者的图像均在舒张期采集，显示了对应半月瓣的舒张期反流

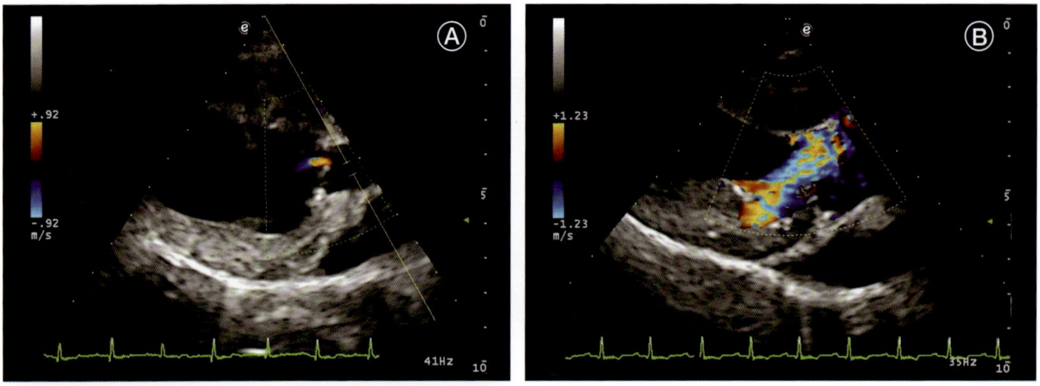

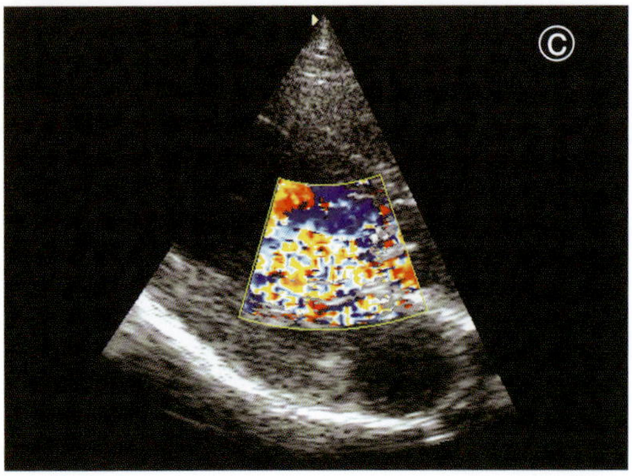

图 7.31　不同严重程度的主动脉瓣关闭不全患犬的左心室流出道切面彩色多普勒图像

A. 轻度反流；B. 中度反流；C. 重度反流。

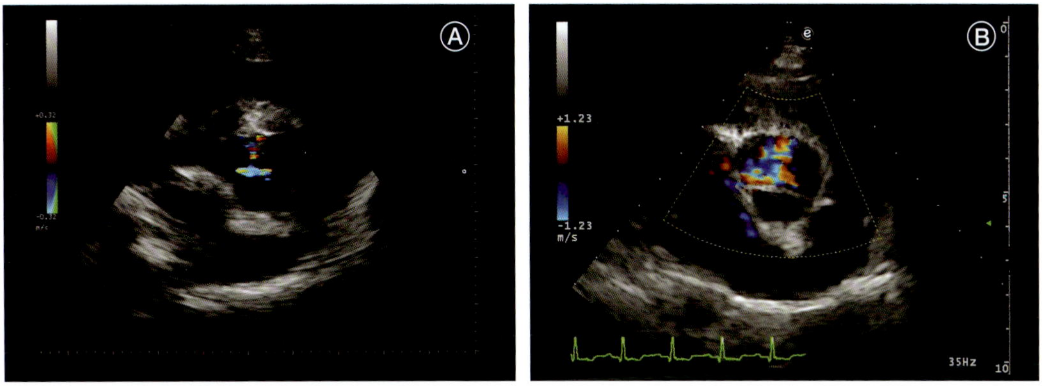

图 7.32　主动脉瓣右侧胸骨旁短轴切面的彩色多普勒图像
A. 舒张期反流，起源于瓣叶接合处；B. 舒张期反流，起源于右冠瓣和无冠瓣接合处，以及左冠瓣和无冠瓣接合处。

心肌病

犬扩张型心肌病

扩张型心肌病是一种单侧或双侧心室进行性扩张，且伴随收缩功能异常的综合征。病因不明（原发性或特发性），但其与基因显著相关，因为存在品种易感性（即大丹犬、杜宾犬、爱尔兰猎狼犬、圣伯纳犬、斗牛獒、拳师犬和可卡犬）和家族性发病。

另外，其他心脏病的终末期都继发扩张型心肌病的征象，最终出现一侧或双侧心室扩张。

原发性或特发性扩张型心肌病通常见于较年轻的犬（即 3 ~ 5 岁），更常见于雄性，但更年轻或更年老的犬也可发病。

左心室和右心室的扩张，可见于多种毒性、代谢性、传染性、浸润性、寄生虫性病因，而无品种或年龄易感性。持续性或阵发性心动过速（如房颤或房性心动过速）可导致可逆性的心肌衰竭，称为心动过速诱导性心肌衰竭。

从超声心动图的角度，原发性病变和继发性病变在很大程度上无法区分，超声心动图也不能区别潜在病因。

病理生理学

这种疾病最本质的特征是心脏的收缩功能下降。导致与舒张末期容积相比，每次收缩时射出的血量相对减少。因此，为了尽可能恢复射血量，舒张末期容积会慢慢增加。继而导致左心室壁压力增加，增加已经衰竭的心肌的工作负荷，使收缩功能进一步恶化。这些变化是缓慢进行的，早期不一定出现临床症状，这些症状在相对晚期才出现。

心脏的进行性扩张导致二尖瓣（有时为三尖瓣）瓣环被拉伸，导致瓣膜关闭不全和房室瓣的轻度反流。在绝大多数病例中，反流量相对较小。

随着疾病的进展，肾素－血管紧张素－醛固酮系统被激活，通过水钠潴留增加前负荷，并且通过全身性动脉的收缩增加左心室的后负荷。这些机制的长期激活也导致了心肌纤维化的发展，最终导致心室顺应性降低。

最终，临床症状随之而来，多数病例表现为充血性心力衰竭。在极罕见的情况下，出现前向衰竭。

临床表现

原发性扩张型心肌病可在相当长的时间内保持亚临床状态或潜伏状态，通常长达几年。在出现症状前数月甚至数年，唯一的症状可能是心率增加，但难以发现，更有可能的症状是室性异位搏动或室上性异位搏动。在杜宾犬中，室性心律失常的出现，早于超声心动图的异常表现。因此，动态心电图监测应该成为该品种诊断筛查的一部分。

在疾病晚期，主要的临床表现为充血性心力衰竭，通常为左侧（偶尔为右侧）。其他临床表现主要是由心室扩张和心肌纤维化导致的，可能包括轻柔的收缩期心杂音、舒张期奔马律和心律失常。这些表现在继发性扩张型心肌病中也存在。

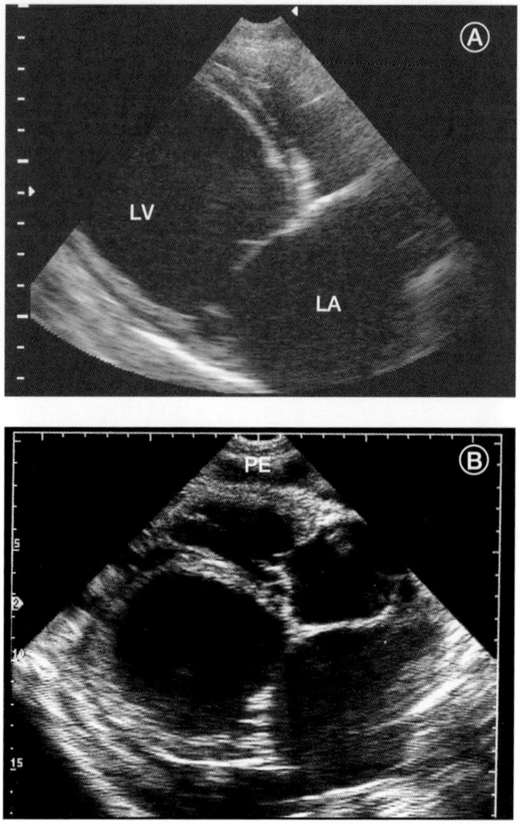

图 7.33　一只扩张型心肌病患犬的右侧胸骨旁长轴切面图像

A. 只有左心增大；B. 双侧心室（双侧心房）均增大。在远场可见中量心包积液，提示充血性心力衰竭。

超声心动图征象

二维超声心动图

由于前述的病理生理学变化，超声检查可以详细地记录扩张型心肌病的心脏病变的程度。从右侧胸骨旁切面和左侧心尖切面获得的二维超声心动图，可显示心室增大的程度，主要是左心室，室间隔和游离壁运动幅度的减小，导致射血分数和缩短分数降低（图 7.33+ 视频 A、视频 B）。通过二维的辛普森法计算射血分数更加准确，比使用 M 型的 Teichholz 方程更好。一些作者认为，计算收缩末期容积指数（ESV- Ⅰ）可为评估犬的收缩功能提供一个额外的参考指标。健康犬的收缩末期容积指数 < 30 mL/m^2，而收缩末期容积指数 > 80 mL/m^2 提示收缩功能异常。随着收缩期容积和舒张期容积的增加，左心室的形状也随之改变，心尖通常由长变圆（图 7.34）。超声心动图的球形指数（心尖变圆的程度）为右侧胸骨旁长轴切面中 M 型模式下左心室的长度与左心室舒张期

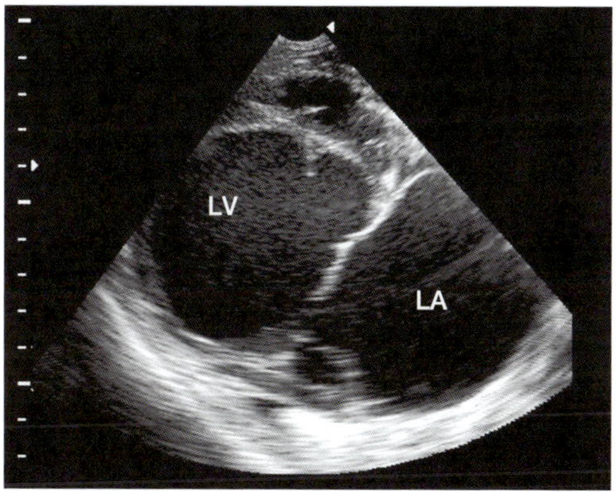

图 7.34　一只重度扩张型心肌病患犬的右侧胸骨旁长轴切面图像

左心房扩张并接近于球形，心室情况类似，失去了正常的长椭球形形态。左心室心尖心肌壁具有较大的曲率半径，导致左心室球形指数增加。LV：左心室；LA：左心房。

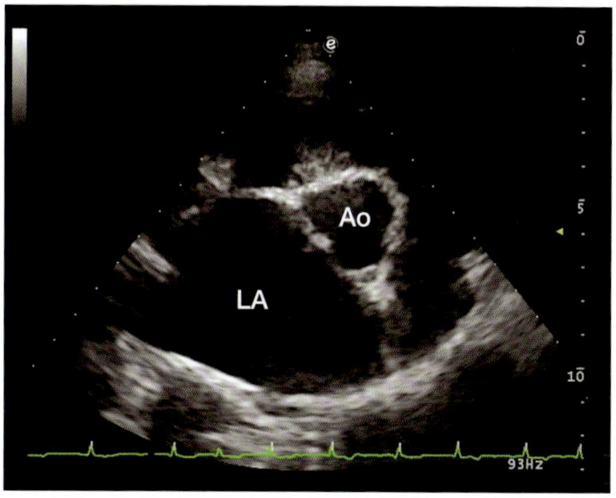

图 7.35　一只扩张型心肌病患犬的心基部流出道水平的右侧胸骨旁短轴切面图像

左心房扩张（与主动脉相比），导致左心房与主动脉的比值增加。LA：左心房；Ao：主动脉。

内径的比值。健康犬的该比值 > 1.65，因此，低于该数值提示左心室变圆。

有时只有一侧心室出现扩张，但是左心室的扩张通常更占主导（仅右心室扩张很罕见），且掩盖了右心室的扩张。心房通常随着相应心室的疾病进展而逐渐扩张，尤其是出现严重的心室扩张时，中度心房扩张并不少见。

由于收缩功能下降，舒张早期二尖瓣瓣尖分开的程度也降低，导致 EPSS 增加（图 7.35）。

从左侧心尖切面获得的二维图像，除心肌广泛性的运动幅度降低以外，还能看到腔室大小的变化，以及更不明显的收缩期心壁增厚。除此之外，通过评估心室壁的动力学，可发现无运动或运动减弱的节段，提示存在缺血性病因（图 7.36）。在其他病例中，心室壁节段可表现出与预期

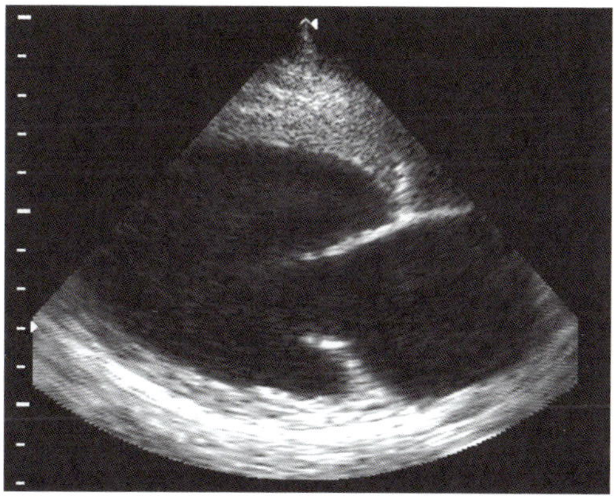

图 7.36　一只重度扩张型心肌病患犬舒张期左心室的右侧胸骨旁长轴切面图像

收缩期心室排空不良，导致舒张末期容积增加，引起二尖瓣瓣叶“悬浮”，远离室壁，EPSS 增加。

相反的运动（反向运动）。有时可见左心房内血栓。

M 型超声心动图

在 M 型超声心动图中，从右侧胸骨旁切面可观察到收缩期心室内径（LVIDs）和舒张期心室内径（LVIDd）增加。可见 EPSS 减小（图 7.37），心脏射

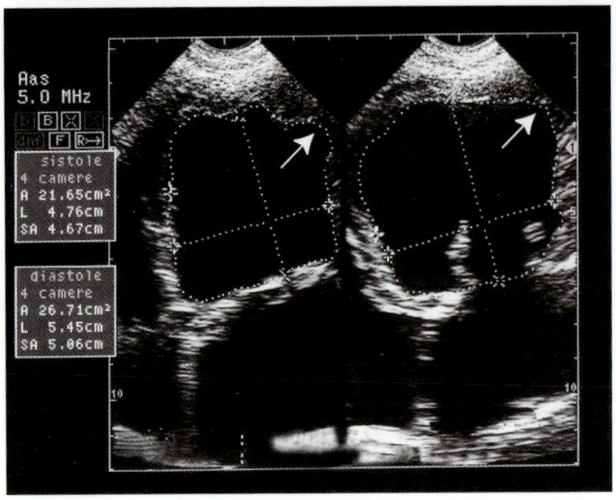

图 7.37　一只扩张型心肌病患犬的左侧心尖四腔切面图像

左心尖附近（箭头）出现动脉瘤样扩张，侧壁明显偏移。根据上述图像，该区域可能为心肌缺血。

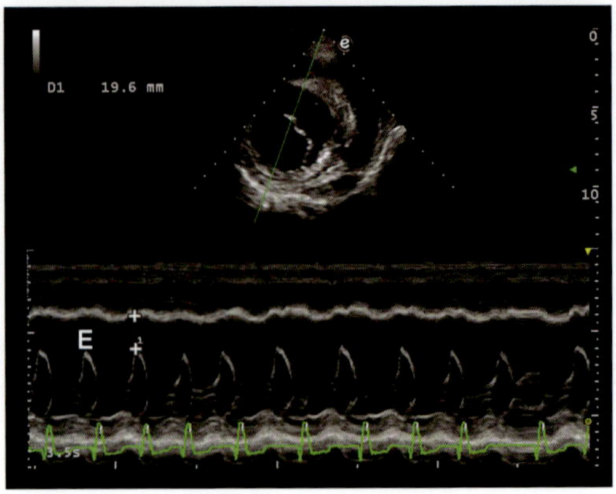

图 7.38　一只扩张型心肌病、房颤患犬的二尖瓣 M 型超声图像

二尖瓣前叶瓣尖舒张期最远点（E 点）与室间隔之间的距离大于正常，为 1.96 cm（正常 < 0.7 cm）。注意，在二尖瓣的舒张期运动中未见 A 波，与房颤相一致。

血前期（pre-ejection period，PEP）延长，周径纤维缩短率（velocity of circumferential，Vcf）降低，缩短分数降低，收缩期室间隔和游离壁厚度减小（图 7.38）。在一侧心室受累比另一侧更严重的病例中，RV/LV 比值也各不相同。

由于 PEP 缩短、射血时间延长，PEP/LVET 也可能增加。在猫中，总收缩时间（QAVC）变化尤其重要。

室间隔和游离壁增厚程度通常减少。从经心室和经二尖瓣的一维图像可见图 7.38 和图 7.39 中的典型变化。任何心律失常都可以让图像变得更复杂，特征为心脏运动杂乱（图 7.39）。应注意，这些改变可导致舒张期内径和收缩期内径（以及缩短分数）的测量误差。因此，在这些病例中可测量多次心搏的数值并计算平均值。由于心房扩张，LA/Ao 比值通常增加（图 7.40）。

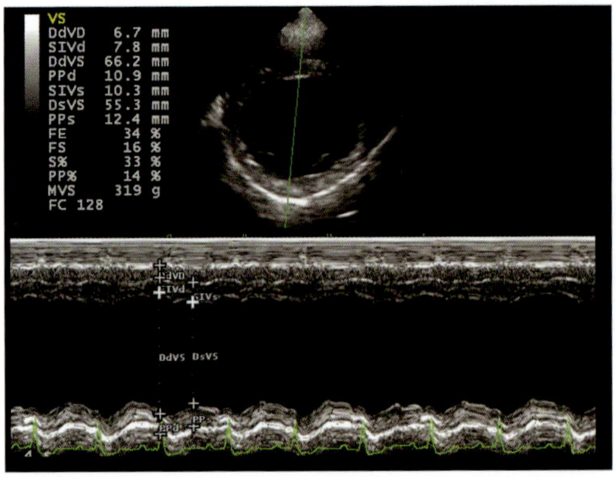

图 7.39　一只扩张型心肌病患犬的心室 M 型超声图像

可见舒张期左心室内径（DdVS=6.62 cm）和收缩期内径（DsVS=5.53 cm）显著大于右心室舒张期内径和收缩期内径，舒张期室间隔厚度（SIVd=0.78 cm；PPd=1.09 cm）正常。收缩末期内径与舒张末期内径相近，导致缩短分数和射血分数显著下降（FS=16%；FE=34%）。

多普勒超声心动图

使用脉冲多普勒测量经二尖瓣的舒张期血流的图像，可见 E 波和 A 波高耸，提示临床前期扩张型心肌病患犬的左心室

欧洲兽医心脏病协会（European Society of Veterinary Cardiology，ESVC）已提出了诊断犬扩张型心肌病的指南，其包含了主要条件和次要条件。

主要条件如下：

- 左心室收缩末期内径或舒张末期内径 > Cornell 等人（2004）提出的 95% 置信区间或大于品种特异性参考范围。
- 球形指数 < 1.65。
- 左心室缩短分数 < 20%（M 型超声）和左心室射血分数 < 40%（B 型超声）。

次要条件如下：

- 易感品种（如杜宾犬）出现心律失常。
- 房颤。
- EPSS 增加。
- PEP/LVET > 0.4。
- 左心室缩短分数位于临界值。
- 左心房或双侧心房增大。

ESVC 规定每个主要条件为 3 分，每个次要条件为 1 分，总计达到 6 分可诊断为扩张型心肌病。

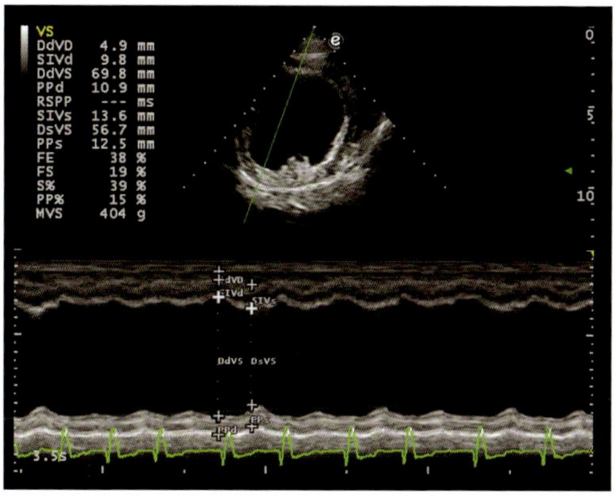

图 7.40　一只扩张型心肌病、房颤患犬的心室 M 型超声图像

注意到无规律的不规律性心律失常，每次去极化都出现心室收缩。舒张期左心室内径和收缩期内径（DdVS=6.98 cm；DsVS=5.67 cm）均增加，导致缩短分数和射血分数下降（FS=19%；FE=38%）。

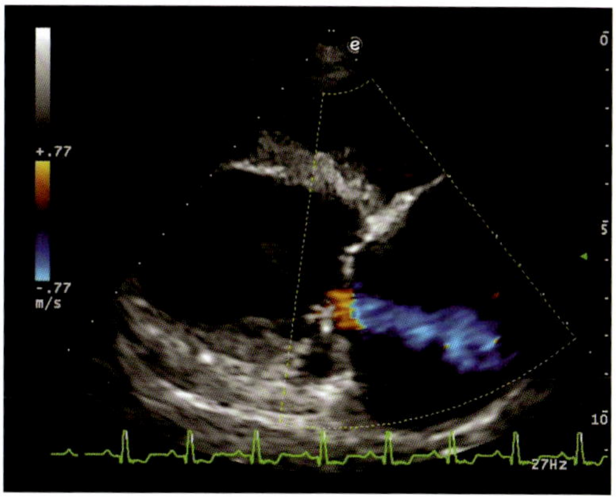

图 7.41　一只扩张型心肌病患犬的左侧心尖四腔切面彩色多普勒图像

左心房内可见明显的二尖瓣中央反流束。

舒张不足。在扩张型心肌病患病动物中，出现“限制型心室充盈模式”与预后较差相关。

彩色多普勒超声心动图有助于显示继发性二尖瓣反流，通常朝向中央（图 7.41+ 视频）。

致心律失常性右室心肌病

犬致心律失常性右室心肌病（Arrhythmogenic right ventricular cardiomyopathy，ARVC）的特征为右心室收缩功能异常，出现室性心律失常和猝死，这是右心室心肌退行性变化，发生纤维脂肪代偿的结果。

该病主要见于拳师犬和英国斗牛犬，但在其他品种中也有零星报道。超声心动图在 ARVC 中的诊断作用有限，因为很多患犬通常不表现出心超异常。但是，由于瓣环变形，也可出现明显的右侧房室扩张、运动障碍型动脉瘤和三尖瓣关闭不全（图 7.42+ 视频、图 7.43+ 视频）。在英国斗牛犬中，有一种右心室流出道水平的 ARVC 形式，特征为肺动脉瓣下水平流出道的动脉瘤样扩张。较少出现左心室病变，但也偶见腔室扩张和收缩功能下降。

在无结构性变化的室性心律失常的疾病表型中，心电图检查，尤其是动态心电图检查，为诊断的首选方法。

通过心内膜心肌活检进行活体采样做出诊断，组织病理学可见心室心肌被纤维结缔组织和脂肪组织取代，可表现为局灶性或弥漫性。

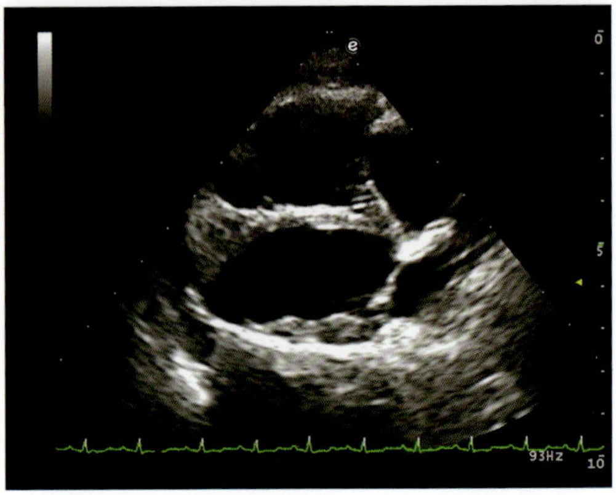

图 7.42　一只致心律失常性右室心肌病患犬的右侧胸骨旁长轴切面图像

可见右心室和右心房明显增大。

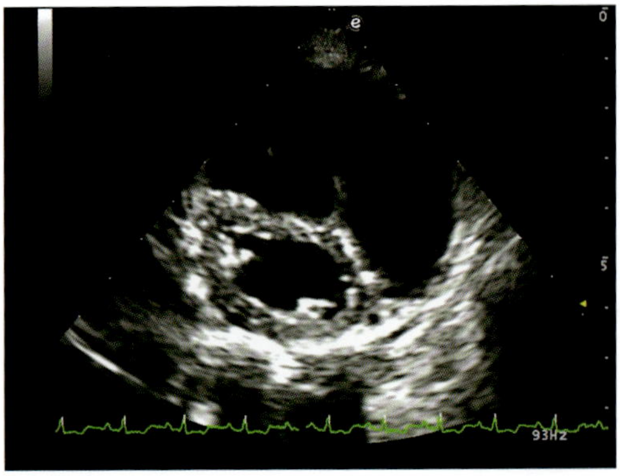

图 7.43　一只致心律失常性右室心肌病患犬的右侧胸骨旁短轴切面图像

可见右心室明显增大。

肥厚型心肌病

向心性心肌肥厚可分为原发性或继发性。继发性肥厚是由心脏或心外病变引起的，这些病变增加了心室收缩负荷（即后负荷增加），病变原因包括心室流出道梗阻或系统性高血压。在患有甲状腺功能亢进的猫中，由于甲状腺激素的直接作用和间接作用，心血管系统会发生部分结构和功能上的变化。这些原因造成所有心肌节段均匀一致的“代偿性”肥厚，但不会达到显著肥厚型心肌病的程度。由于老年猫经常发生甲状腺功能亢进或系统性高血压，若心肌肥厚的程度较轻，需排查左心室向心性肥厚是否由这两个原因造成。

肥厚型心肌病的病因不明，其特征是在没有可引发这种变化的系统性疾病的情况下，左心室或其某些节段（如乳头肌、流出道、中隔、心尖等）发生向心性肥厚，由此导致心室腔缩小、肌量增加。它是最常见的心肌病类型，其表现形式上有诸多不同。该病特有的组织学特征是纤维性结缔组织浸润，破坏心肌细胞的组织结构（排列紊乱）。

若肥厚型心肌病主要影响室间隔或左心室游离壁，即定义为“不对称性”；若室间隔和左心室游离壁肥厚程度一致，则定义为“对称性”。如果仅特定结构，如乳头肌或确切的壁区（节段）变厚，部分学者也会称之为节段性肥厚型心肌病。

> 该病常见于猫，在部分品种（缅因猫和布偶猫）中，遗传倾向似乎很明显。在犬中（图 7.45、图 7.51），原发性疾病或特发性疾病很罕见，表现出与猫相似的特征。

病理生理学

肥厚型心肌病的主要特征是舒张功能障碍，是由心室顺应性（伸展能力）和舒张性（肌动蛋白和肌球蛋白丝解耦能力）降低造成的。这种功能障碍导致左心室压力升高，传导到左心房和肺静脉，最终导致肺水肿。在某些情况下，由于冠状动脉壁内退行性病变会使冠状动脉流量减少，有时会出现恶性心律失常发生猝死。肥厚的心室内冠状动脉循环不足还会造成缺血性和纤维化病变，使心室功能恶化。

此外，收缩期流出道梗阻可进一步加重舒张功能障碍，导致动态主动脉瓣下狭窄。这最常见于室间隔二尖瓣瓣膜尖的收缩期前向运动（但不是唯一的），而这种心肌病被称为梗阻性肥厚型心肌病。

左心房的血液停滞会促进血栓形成，如果血栓脱落排出，就会离开心脏，引起外周动脉区域（最常见的是腹主动脉）的血栓栓塞。

临床表现

宠主发现的主要临床症状通常是呼吸困难和（或）呼吸急促。另外，兽医发现的肥厚型心肌病的主要临床表现是心杂音，但仅部分病例会有。这种收缩期杂音最常见的原因是二尖瓣收缩期前向运动，是由心室流出道梗阻和伴随的二尖瓣关闭不全导致的。偶尔也可听诊到奔马律。

舒张功能障碍的直接后果是充血性心力衰竭，血栓栓塞可能造成患肢急性疼痛、麻痹或瘫痪。

超声心动图征象

二维超声心动图

超声心动图检查意在确定特发性疾病的典型解剖变化，其特征是室间隔和左心室壁不同部位的厚度增加。如上所述，心室壁可呈对称或部分增厚。这些变化在右侧胸骨旁长、短轴切面和左侧心尖四腔切面中都很明显。短轴切面通常是呈现心肌节段性肥厚的最佳切面（但不总是）。在最显著的病例中，可以发现收缩期内径显著减小，最终可导致收缩时心腔完全闭塞（图 7.44）。在这种情况下，射血分数明显高于参考范围，而在疾病晚期，左心室舒张期内径可能正常、减少，甚至增加（图 7.45+ 视频）。根据肥厚是不对称性还是对称性，可观察到左心室流出道室间隔肌肉异常生长和（或）一侧或两侧乳头肌冗余，而在收缩期，这些似乎占据了整个心室腔（图 7.46）。

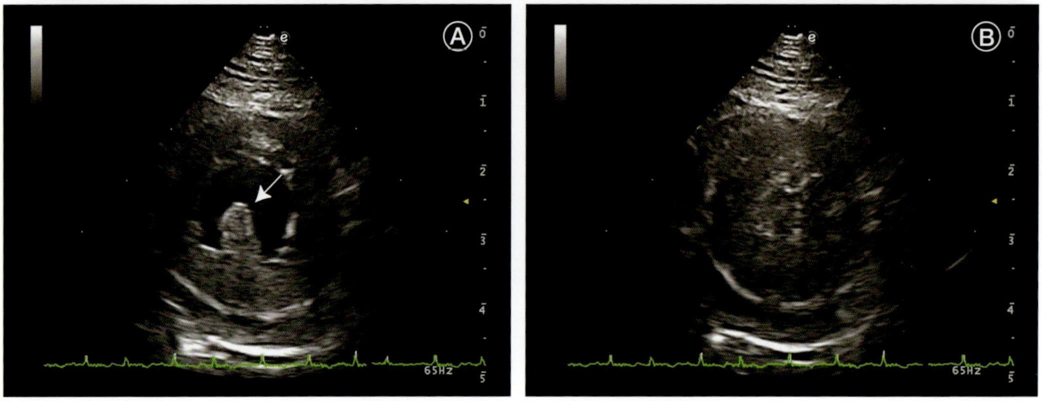

图 7.44　一只肥厚型心肌病患猫的经心室右侧胸骨旁短轴切面图像

左心室腔在舒张期（A）和收缩期（B）均减小。收缩期容积接近零（腔室闭塞），部分原因是乳头肌过大，在舒张期才能看清乳头肌（箭头）。

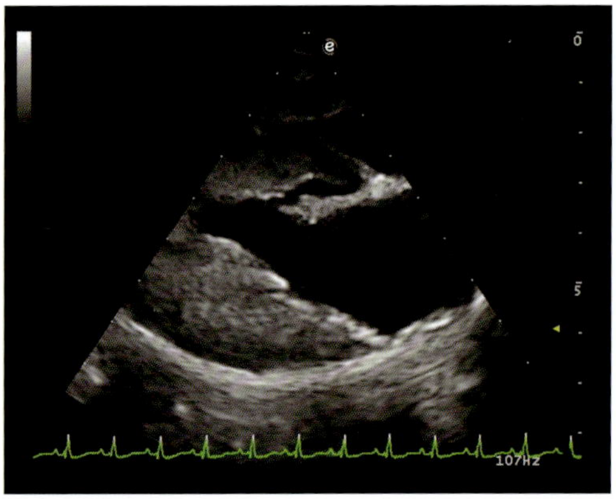

图 7.45　一只肥厚型心肌病患犬的右侧胸骨旁长轴切面图像

左心室腔缩小，室壁明显肥厚。

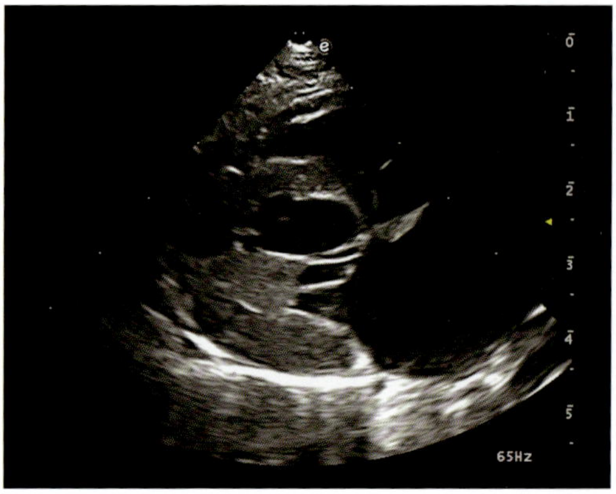

图 7.46　一只不对称性肥厚型心肌病患猫的右侧胸骨旁长轴切面图像

乳头肌和左心室游离壁明显肥厚。室间隔厚度小于 5.5 mm（正常），室间隔顶端有动脉瘤样扩张。

肥厚型心肌病室间隔和左心室游离壁舒张厚度≥ 6 mm。5.5 ~ 6 mm 则为可疑，需要进行一系列评估来监测疾病潜在的进展，特别是当这些猫的品种存在已知的遗传倾向时。心室壁厚度的测量不应包含假腱索（也可能存在于健康个体中），否则可能高估心室壁增厚的程度。

从左侧心尖五腔切面，或流出道右侧胸骨旁切面，一般可以注意到在左心室流出道内室间隔突出，如果存在收缩期前向运动（SAM），通常在舒张期和收缩期早期，由于与二尖瓣前叶尖（隔叶，同前叶）的反复撞击（“触吻病变”），室间隔突起呈现为高回声的心内膜边界（图 7.47）。然而，需要强调的是，检查时心率和交感神经状态会影响 SAM 征的表现，因此

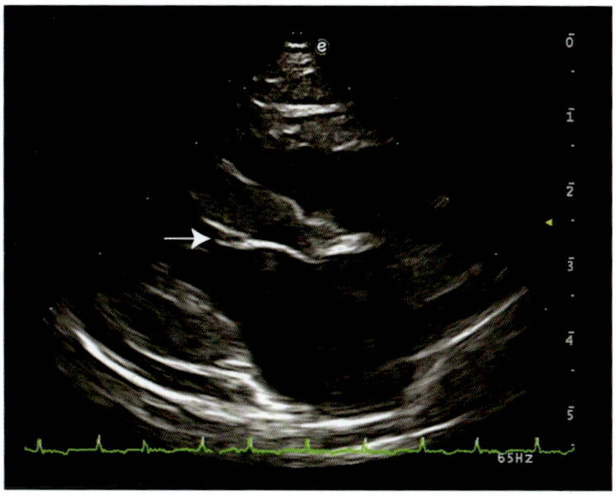

图 7.47　一只肥厚型心肌病患猫的右侧胸骨旁长轴切面图像

箭头所指的是高回声“触吻病变”，由二尖瓣前叶与室间隔持续碰撞引起。

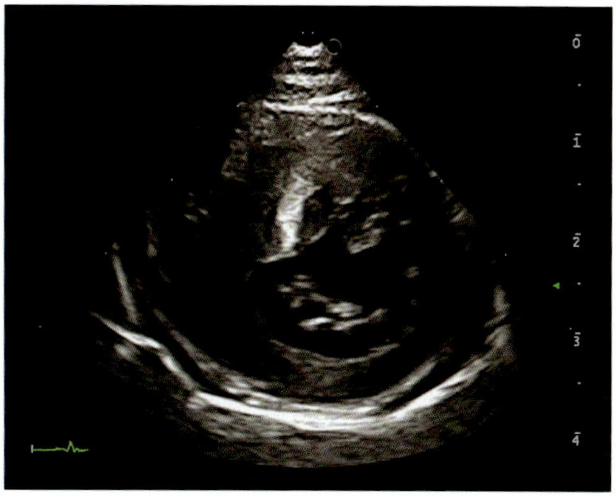

图 7.48　一只肥厚型心肌病患猫的左心室右侧胸骨旁短轴切面图像

心内膜回声明显增强。

SAM 征可能是多变的（SAM 在心率较慢时趋于消失）。

肥厚型心肌病常表现为心内膜和与之相邻的心肌区域的回声增强，这是由于左心室壁肌明显肥厚和舒张压高导致心肌和心内膜下灌注不良，而出现纤维化和缺血（图 7.48）。另外，由于心尖距离冠状动脉起点较远，可能出现继发于缺血的动脉瘤样扩张。此外，还可能出现左心室壁梗死，如明显的运动性降低、部分心肌变薄和呈高回声的征象。

根据疾病严重程度的不同，可能出现左心房扩张。严重时，还可能在左心房内检测到血栓。在左心房内血栓形成之前，通常可以观察到左心房内产回声影像（“烟雾征”），尤其是在左心耳区域，这是因为此处的血流特别缓慢，红细胞自发聚集显影所致（图 7.49+ 视频 A、视频 B）。

M 型超声心动图

M 型超声图像显示室间隔和左心室游离壁增厚（图 7.50、图 7.51）。室间隔的厚度可能等于或超过左心室游离壁的厚度。对于局灶性心肌增厚的不对称性肥厚型心肌病，用 M 型超声心动图测量可能无法进行充分的评估。先前会认为使用 M 型超声心动图测量猫心室壁和心室大小更好，但现在超声仪的二维超声成像帧率优于第一代和第二代机器的 M 型超声成像，可以避免应激的猫心率过高带来的干扰。因此，通常可以从二维图像中获得比 M 型超声图像精确度更高的测量结果。

在许多病例中，右心室腔因室间隔增厚而局部缩窄，不过，通常可以检测到 RV/LV 的改变，左心室内径减小时该比值增大。尽管左心室舒张程度可能很小，但由于剧烈收缩，缩短分数通常保持正常。缩短分数降低通常提示预后不良，因为它通常表明收缩功能下降，这是心肌失代偿

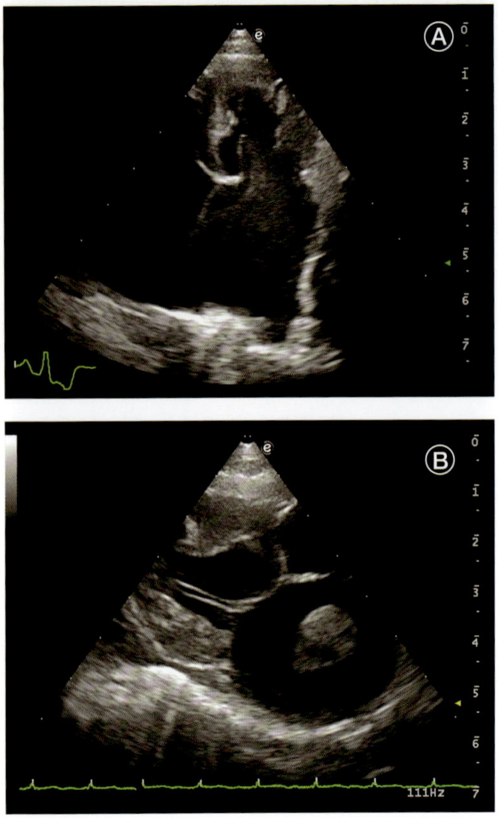

图 7.49　A. 一只肥厚型心肌病患猫的左侧心尖四腔切面图像。左心房明显扩张，心房腔内可见产回声影像（“烟雾征”）。这种现象通常可以通过左侧心尖切面或左头侧切面中扫查左心耳的特定斜切面观察到（视频 A）。该扫描是通过将探头定位于心尖切面和头侧切面之间的肋间隙来完成的。探头朝向头背侧方向，直至看到左心耳位于超声束中心。B. 一只肥厚型心肌病患猫的右侧胸骨旁长轴切面。左心房明显增大，左心房中部可见一个圆形结构，为血栓征象

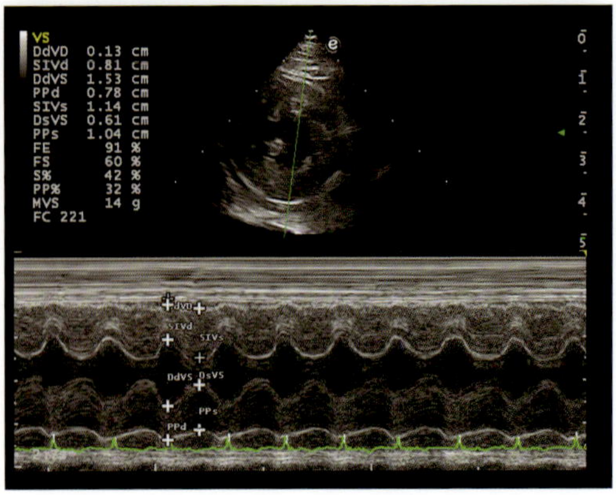

图 7.50　一只肥厚型心肌病患猫的心室 M 型超声心动图

舒张期左心室室间隔（SIVd）和游离壁（PPd）厚度分别为 0.81 cm 和 0.78 cm。

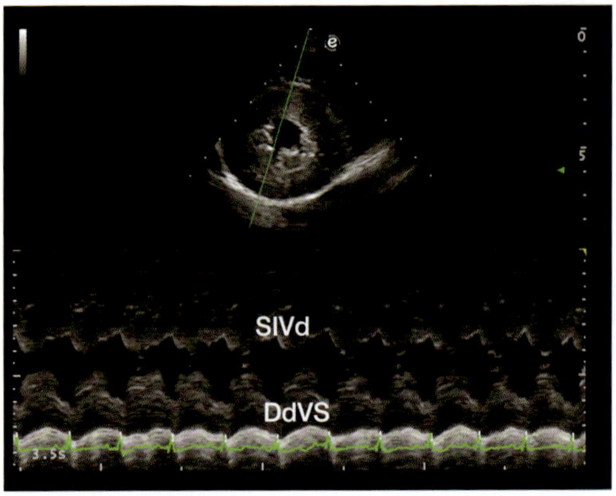

图 7.51　一只肥厚型心肌病患犬的心室水平 M 型超声心动图，该犬为一只 6 kg 幼犬

左心室壁厚度增加（SIVd 和 DdVS=1.13 cm）。

的结果，是终末扩张期的前期阶段。

经二尖瓣口的 M 型超声扫查显示 EPSS 减少，通常达到闭塞的程度（但是这也偶见于健康猫）（图 7.52），二尖瓣前叶的收缩期前向运动（SAM），即收缩期二尖瓣前叶向室间隔侧移动（图 7.53）。主动脉瓣的 M 型描记可显示主动脉瓣瓣膜尖不完全打开，在左心室流出道动态梗阻的情况下，主动脉瓣瓣膜尖会振动并提前关闭（图 7.54）。

多普勒超声心动图

通过主动脉瓣进行频谱多普勒检查可以检测左心室流出道动态梗阻，其特征是频谱波形有凹痕和不对称，也通常称之

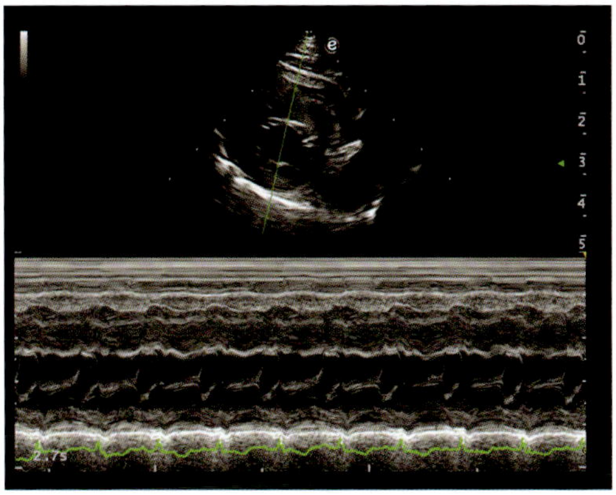

图 7.52　一只肥厚型心肌病患猫的二尖瓣 M 型超声心动图，显示“EPSS=0 mm”
E 波和 A 波由于高心率（HR=214 bpm）而融合。

图 7.53　一只肥厚型心肌病患猫的二尖瓣 M 型超声心动图，显示二尖瓣前叶收缩期前向运动（箭头）

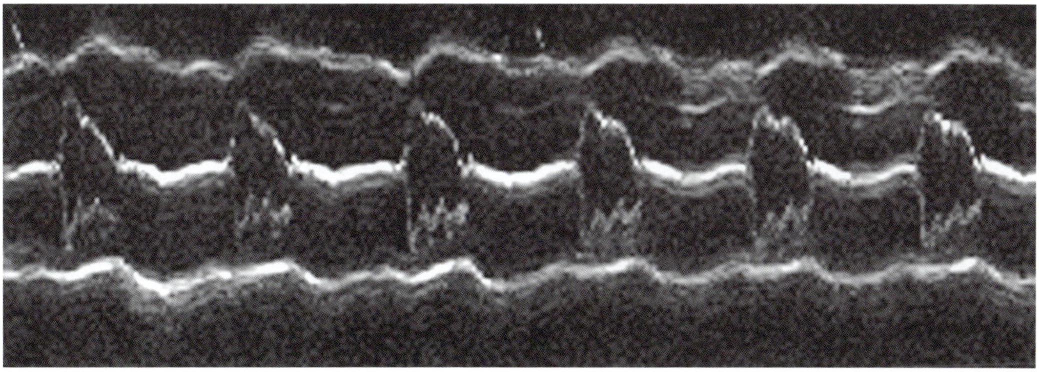

图 7.54　一只肥厚型心肌病患猫的主动脉瓣 M 型超声心动图
在收缩期，主动脉瓣容易提前关闭，主动脉瓣瓣叶未完全打开，有明显的收缩期扑动。

为匕首样波形。这是由于在收缩期早期血流加速减慢，而在收缩期晚期血流速度才能达到峰值。经二尖瓣舒张期血流频谱可以检查到 E 波和 A 波。根据疾病的阶段，这些波的比例可变，包括正常期（E 波略高于 A 波或接近 A 波）、倒置期（A 波高于 E 波；图 7.55）、假性正常期（E 波与 A 波相似）或终末期（E 波远高于 A 波），这种心肌舒张的紊乱也导致 E 波减速时间延长。

从左、右长轴切面扫查二尖瓣和主动脉流出道的彩色多普勒超声心动图可以显示二尖瓣收缩期前向运动，特别是在 M 型超声图像显示不清晰时。这与二尖瓣、左心室流出道和主动脉同时存在的湍流有关（图 7.56+ 视频）。

在左心耳水平使用频谱多普勒获取血流波形，可以发现左心房严重增大的动物血流速度降低（0.25 m/s），提示腔内血栓发生的风险很高。

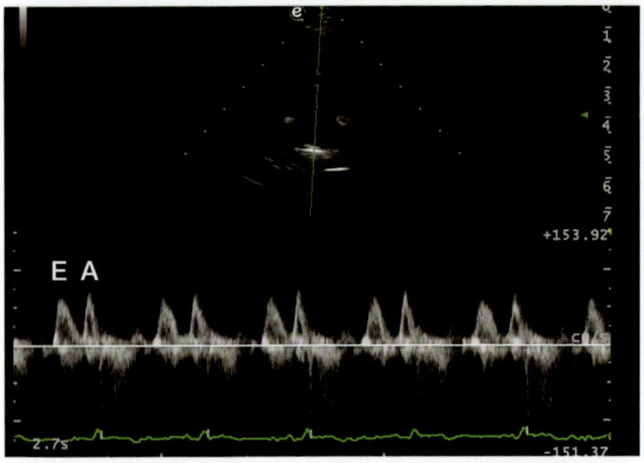

图 7.55　一只肥厚型心肌病患猫二尖瓣血流速度的脉冲多普勒超声心动图

被动舒张期血流受到心室舒张障碍的影响，产生小的 E 波和较长的 E–F 斜率。然而，由于左心房高压引起的舒张期血流速度增加，A 波显著升高。

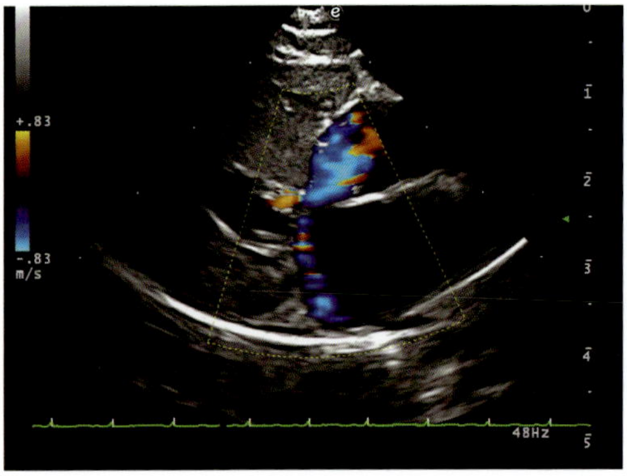

图 7.56　一只肥厚型心肌病患猫出现二尖瓣收缩期前向运动，从左心室进入主动脉的湍流束和同时进入左心房的湍流束（即二尖瓣反流）的彩色多普勒图像

组织多普勒、应变和应变率超声心动图

二尖瓣瓣环的组织多普勒超声成像常显示左心尖处心室游离壁水平第一个负舒张性偏转（Em）的速度降低（< 7.2 cm/s）。在肥厚型心肌病患猫中，室间隔 TDI 检测到的速度与左心室游离壁（室间隔速度 > 顶壁速度）之间的生理性不协调也不存在。此外，应变和应变率分析显示伴发的收缩功能障碍。

猫心肌病

猫心脏病非常复杂，超声心动图检查必不可少，既可以确定亚临床或不明心杂音的病理性质，也可以区分猫可能发生的多种心脏病类型。猫的胸部 X 线片和 X 线片中心脏病相关征象的解读有一定难度，也因此凸显了超声心动图的必要性。超声心动图除了可以对猫心脏病的特征进行探查外，也可预估并发症（如主动脉血栓栓塞）出现的风险。

流行病学

波斯猫、缅因猫、柯尼斯卷毛猫和布偶猫等品种已确认具有肥厚型心肌病的品种倾向性，戴维斯分校（加利福尼亚）对一群患有肥厚型心肌病的缅因猫进行的研究表明，该病的遗传性为常染色体显性，外显率为 100%。猫的扩张型心肌病既有营养性的（牛磺酸缺乏），也有特发性的（与牛磺酸无关）。对于其他类型的心肌病，如限制型心肌病和致心律失常性右室心肌病，其病因尚不清楚。这些猫的心肌病虽然没有明显的年龄相关性，但似乎更易发生于 4 ~ 7 岁的公猫。

临床表现

心肌病患猫的临床表现多种多样，包括与肺水肿和胸腔积液相关的呼吸困难，由全身血栓栓塞引起的肢体瘫痪或麻痹，或者仅在体检中发现的心杂音。心杂音几乎没有明显的特征（如性质或定位）表明某个精确的血流动力学异常。在大多数情况下，可听诊到音调相对较高的杂音，在胸骨边缘最强。还可听诊到奔马律。在肥厚型心肌病中，当向心性肥厚较明显，且心肌舒张延迟，舒张期心音就会变得明显。临床上不能区分第三心音和第四心音，尤其是在心率较快时，这种奔马律通常被简单地称为“3–4”连音。

心肌病患猫相对多发胸腔积液，很少出现腹腔积液。而腹腔积液最常见于致心律失常性右室心肌病（ARVC）。

扩张型心肌病

猫的扩张型心肌病与犬的类似，其特征是心肌收缩力显著下降，舒张期内径和收缩期内径增加。它曾经是猫最常见的心肌病，但在发现并解决疾病的饮食来源问题（牛磺酸缺乏）后，扩张型心肌病现在在猫中是一种罕见的疾病。然而，在肥厚型心肌病的终末期也可以观察到扩张型心肌病，这是心室心肌渐进性缺血损伤的结果。

超声心动图征象

左心室舒张期内径和收缩期内径增大，长轴切面呈球形。缩短分数 < 25%，舒张期内径 > 18 mm，收缩期内径 > 11 mm（图 7.57）。另一个特征是左心房增大，常可见血栓性团块。二尖瓣运动减弱，可量化为 EPSS 增加（ > 4 mm）。

多普勒超声心动图

脉冲多普勒检查左心室流出道偶见主动脉流速降低，甚至二尖瓣反流速度也下降到 < 5 m/s，并出现减速期缩短，这是左心房的高压所致。彩色多普勒超声心动图可见流入左心房中心的继发性二尖瓣反流（图 7.11）。

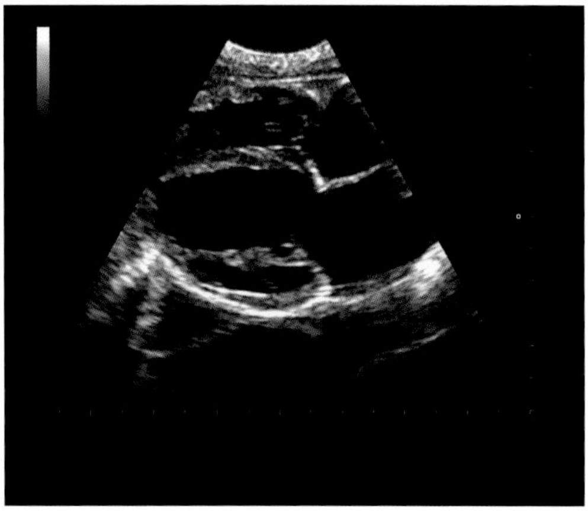

图 7.57　一只扩张型心肌病患猫的右侧胸骨旁长轴切面图像，该猫为 3 kg 欧洲猫，图中可见所有心腔扩张

限制型心肌病

大多数限制型心肌病患猫都有以下临床表现：一般情况下，严重的双侧心室舒张功能障碍，引起双侧心房严重扩张，导致相应循环充血。这种心脏病根据心室心肌纤维化的位置分为两种形式。

心内膜型限制型心肌病：心内膜和心内膜下心肌纤维化，常在室间隔和心室壁的心内膜之间有纤维化带，通常位于心尖或心室中部区域。

心肌型限制型心肌病：整个心室壁心肌都存在纤维化。

通常，出现淋巴单核细胞浸润会提示疾病过程涉及炎症或感染（心肌炎）。

超声心动图征象

这两种类型的心肌病通常影响心室心肌的回声，且左心室严重重塑（通常也包括右心室），在心内膜组织中更显著，但超声检查难以定位（图 7.58）。虽然左心室壁的某些区域可能增厚，但增厚程度达不到肥厚型心肌病的水平。同样，可能会观察到轻微的收缩功能障碍，但不会达到扩张型心肌病的水平。某些心肌节段的运动可能减弱，表明之前存在心肌浸润。双心房扩张为此疾病的特征之一，在心房内可以观察到回声增强的影像（烟雾征），或存在血栓。

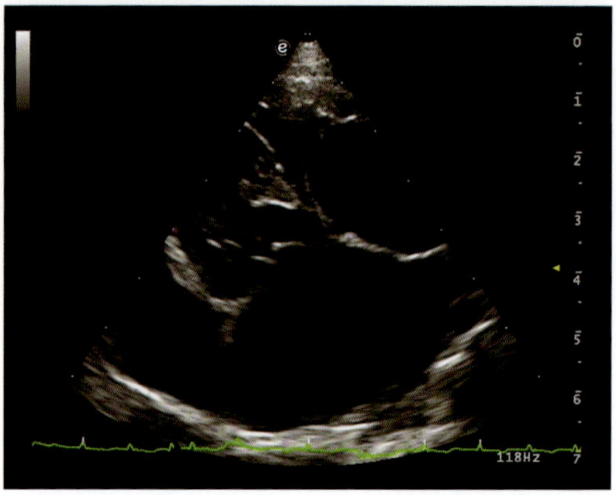

图 7.58　一只限制型心肌病患猫的右侧胸骨旁长轴切面图像

双侧心房明显增大，左心室心内膜下回声增强。

多普勒超声心动图

限制型心肌病的脉冲多普勒检查主要针对二尖瓣和三尖瓣进行。“限制型心室充盈模式”的特征是 E 波与 A 波峰值速度的比值增加。A 波通常很小（< 0.4 m/s），而 E 波非常高（> 1 m/s）（图 7.59）。

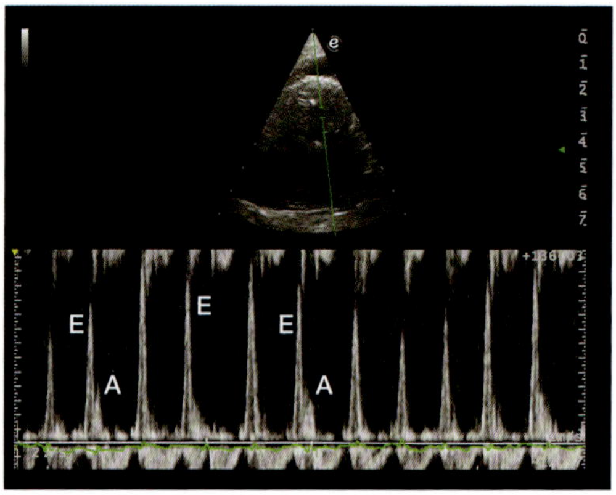

图 7.59　一只限制型心肌病患猫的二尖瓣血流速度的脉冲多普勒超声心动图

E 波很高，A 波不清晰，符合限制型心肌病的特征。

连续多普勒可以评估二尖瓣关闭不全。

除了典型的轻度二尖瓣关闭不全外，彩色多普勒还能显示收缩期和舒张期湍流，这是由于左心室纤维带和心内膜形成的各种“次级隔室”之间存在压力梯度。

致心律失常性右室心肌病

致心律失常性右室心肌病是一种近些年发现的心肌病，与人的此类疾病具有相似性，根据其组织病理学特点也称为右心室心肌脂肪纤维化。右心室壁心肌组织被脂肪细胞和纤维结缔组织取代，在临床上出现右心充血性心力衰竭（腹腔积液）和快速性室性心律失常，常导致晕厥发生。然而，大多数猫并没有表现出犬和人上常见的心律失常。通常，初诊即是成年猫或老年猫出现腹腔积液。

超声心动图征象

从超声心动图的角度来看，右心室心肌病与三尖瓣发育不良有许多相似之处，大部分超声图像特征为明显扩张的右心，尤其是右心房。因此，左心看起来比右心小，这也是由于左心流入的血液较少（图 7.60）。通常情况下，右房室扩张引起三

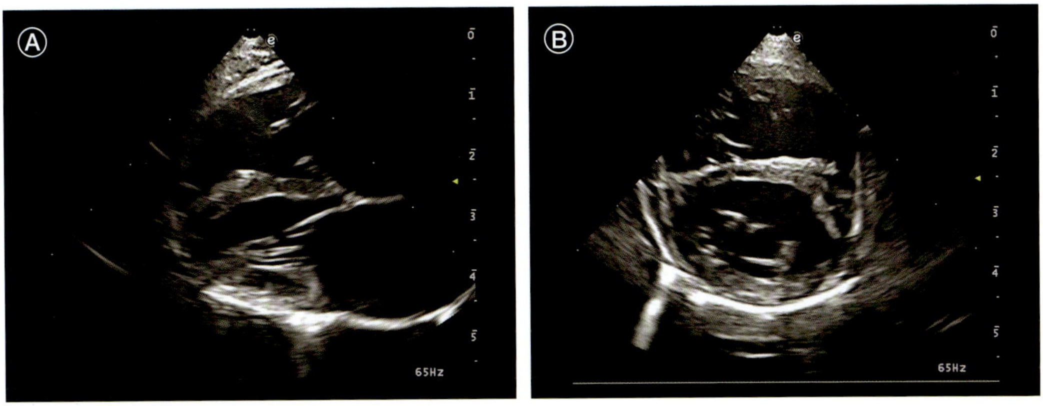

图 7.60 一只致心律失常性右室心肌病患猫的超声心动图

A. 右侧胸骨旁长轴切面，主要显示心室：右心室和右心房明显扩张，左心房扩张。B. 二尖瓣水平的右侧胸骨旁短轴切面。右心室扩张在图中也很明显。

尖瓣无法关闭，因此往往瓣膜运动不明显。在有些情况下，可以看到心尖侧室壁心肌肥厚，与右心室壁广泛性变薄形成对比（图 7.61）。需要与三尖瓣发育不良和肺动脉高压鉴别。

多普勒超声心动图

脉冲多普勒检查和连续多普勒检查无法为致心律失常性右室心肌病的诊断提供特别有用的信息，只能显示三尖瓣关闭不全。反流速通常较低（可排除肺动脉高压）。同时还可见右心房高压的特征。在右侧胸骨旁声窗，彩色多普勒超声成像模式下在右心房中无彩色马赛克影像，而是出现了一个朝向探头的低速层流，证明右心室和右心房间无明显压力梯度（图 7.62）。

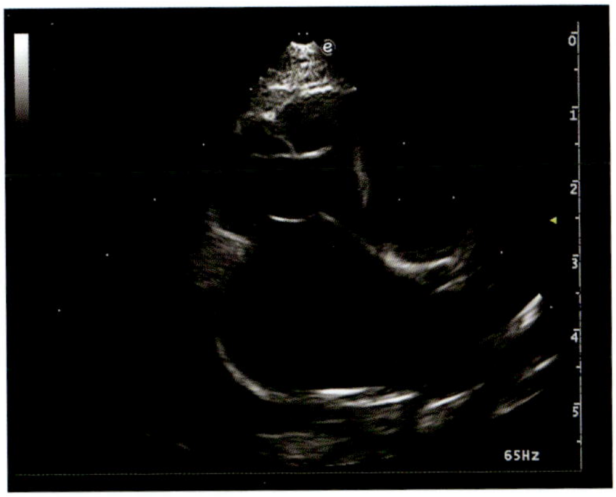

图 7.61 一只致心律失常性右室心肌病患猫的左侧心尖切面，图中主要显示右心

右心室游离壁变薄，伴有明显的心尖附近的心肌小梁。

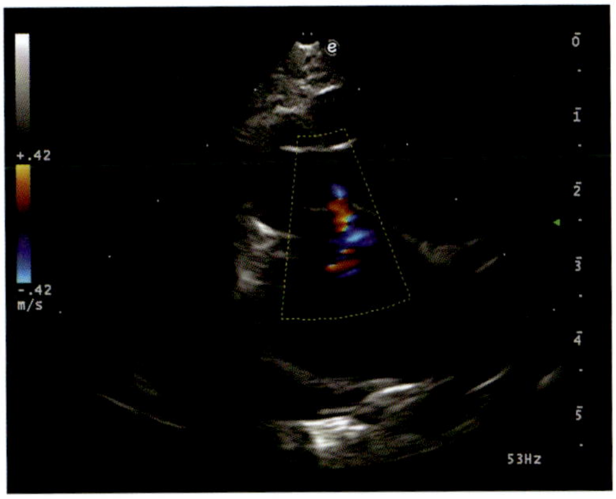

图 7.62 一只致心律失常性右室心肌病患猫的超声心动图，收缩期三尖瓣血流的彩色多普勒可见中央一小束三尖瓣反流进入右心房

对猫进行超声心动图检查的注意事项

- 健康猫心脏的成像深度很少会超过 5 cm。
- 猫的心脏倾向于从胸骨由心基部到心尖“平躺”。为了获得各种超声心动图扫查结果，宜将探头绕其纵轴向 0° 方向轻微旋转（图 2.41）。
- 出于单纯的解剖学原因（与犬和马的情况相反），右侧胸骨旁长轴五腔切面（左心室流出道）通常比四腔切面更容易获得。
- 在对有心杂音的猫进行超声心动图检查时，应评估右心室流出道的血流量，因为它是最常见的心室肌动态狭窄的部位。这种血流动力学障碍也可能发生在一些无心脏病的猫上。此外，在临床水平上，与这种血流障碍相关的杂音往往是动态的，并随着心率的降低而消失（应与 SAM 相关的杂音区别开来）。
- 猫的左心室 M 型超声测量通常比较困难，因为左心室腔径较小，以及解剖结构重塑（例如，纤维瓣膜或腱索，或非对称性肥厚型心肌病）。在这些情况下，应该使用二维超声心动图进行测量，从右侧扫查心脏的短轴和长轴，并尽可能沿着垂直于心室壁的角度进行直径测量（图 7.63）。
- 必须评估左心耳内是否存在血栓形成。心内血流缓慢引起的所谓“烟雾征”，或回声增强，是红细胞、白细胞和血小板聚集的标志，因此，提示出现血栓栓塞的风险增加。全身性血栓栓塞倾向于局限在髂内动脉的分叉处，引起后肢痉挛性麻痹或瘫痪。猫在这些情况下表现出的疼痛通常被动物主人误认为受到创伤。
- 脉冲多普勒检查可评估左心室血流，辅助鉴别各种形式的心肌病。然而，猫的心率通常较高，E 波和 A 波重叠或融合，往往无法区分。这种 E–A 融合在心脏病患猫中非常常见，且高心率通常是心输出量减少的代偿机制。
- 左心房直径也可从右侧胸骨旁长轴四腔切面测量（图 7.64），如图 7.64 所示，健康猫左心房直径 < 16 mm。

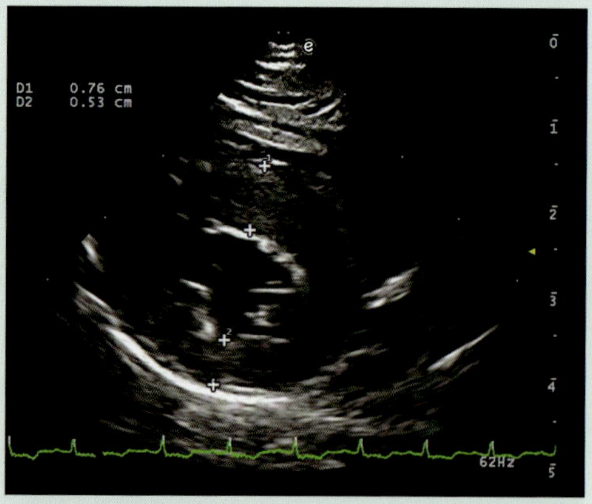

图 7.63　心室水平的右侧胸骨旁短轴切面图像
在猫中，一般测量心室壁最好采用 2D 模式（如图所示），而不是 M 模式。尤其是评估患有非对称性肥厚型心肌病的猫时。

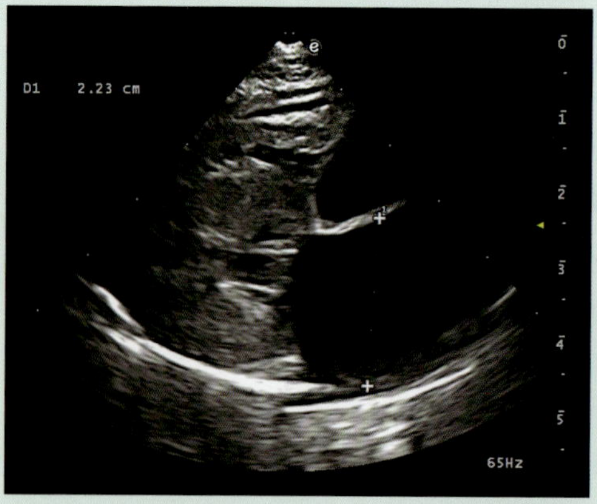

图 7.64　一只肥厚型心肌病患猫的右侧胸骨旁长轴切面图像
测量标记处显示的是左心房直径，可见其 >2 cm（可与参考刻度进行比较，如图右侧所示）。

未分类心肌病

本分类包含上述心肌病的终末期，因此，根据具体的征象，它们可以被称为“倾向于肥厚型或限制型或扩张型”的心肌病。

心包积液和填塞

心包积液

心包疾病通常是指心包腔内产生积液。积液性质可以是血清性、血性、纤维蛋白性或脓性的，取决于潜在的原因。

心包积液分为原发性（或特发性）或继发性。在犬中，约 50% 的心包积液与恶性肿瘤有关，最常见的是血管肉瘤，通常起源于右心耳或右房室交界处，主要影响年龄大于 6 岁的公犬。

心基部肿瘤，多为源于主动脉基部的化学感受器细胞（chemodectomas），主要见于老年犬（10 ~ 14 岁），多见于雄性，也常见于特定品种，如拳师犬、斗牛犬、波士顿㹴。心基部肿瘤也有可能是异位甲状腺癌和血管肉瘤，但比较少见。

间皮瘤起源于心包脏层的间皮层，其发生频率和遗传倾向尚未得到证实。

有些心包积液是由特发性心包炎引起的，即病因不明的炎性疾病，更常见于 1 ~ 14 岁的雄性德国牧羊犬、金毛寻回犬、大丹犬、大比利牛斯犬和圣伯纳犬。渗出性心包炎的其他病因与多种感染性疾病有关，在犬感染诺卡氏菌、放线菌、巴氏杆菌和钩端螺旋体时可能会出现。

左心房穿孔引起的心包积液较罕见，有时与二尖瓣黏液瘤样变性有关，也可能与尿毒素性心包炎和右心衰竭有关。这些积液可能是血性的，也可能是浆液性的，取决于病因和发生后采样的时间。

猫罕见心包积液，通常与充血性心力衰竭有关。其他原因包括猫传染性腹膜炎、淋巴肉瘤、细菌性脓肿和心包囊肿。

病理生理学

积液的直接后果是心包内压力增加，通过压迫心脏，在收缩功能尚存的情况下引起舒张功能障碍。虽然心包内的压力分布均匀，但由于右心腔室壁较薄，因此受影响最大的是右心。这导致了全身性静脉高压和心脏压塞。心脏压塞是心包积液最严重的后果，如果不及时排完心包积液进行救治，会导致动物在短时间内死亡。

当心包内压力超过右心室舒张压，阻碍右心室充盈时，就会发生心力衰竭。此时，除了积液量之外，积液增长的速度也有很大影响。有时快速产生 50 ~ 100 mL 心包积液比缓慢聚积 2 L 心包积液的后果要严重。

超声心动图征象

超声心动图是诊断心包积液最敏感、最特异的方法，即使只有几毫升液体，也能够检测到心包积液的存在。超声心动图还可以评估心脏血流动力学，确定积液的病因，因为它可以扫查到多种类型的肿瘤。

在正常情况下，心包的壁层和脏层贴合在一起，而在有积液的情况下，由于积液的存在，心包的脏层和壁层被分开。当心包脏层粘连，并随心室游离壁移动时，心包壁层保持不动，因此与心包脏层分离，二者中间可见低回声区域。利用二维超声成像可以评估积液量，积液分布在心脏周围，严重到一定程度时，在四腔长轴切面或短轴切面中可见右心室和右心房受压迫（图 7.65+ 视频）。

存在大量心包积液时，可以观察到心脏在充满液体的心包内晃动，以及右心房和右心室舒张障碍（所谓的心包填塞）（图 7.66+ 视频）。有时在心包液中很容易识别到飘荡的纤维蛋白丝（图 7.67）。

M 型超声成像显示心包积液为心室游离壁和心包脏层之间的低回声区域。

心包积液时通常会出现明显的舒张期容积减少、射血分数降低和缩短分数降低。此外，可以观察到心脏运动幅度过大使心脏结构出现与心动周期同步的夸大表现（图 7.68）。

心包填塞

前向性心力衰竭是一种综合征，当心包积液量非常大或形成非常迅速时，它首先影响了右心室的舒张充盈，继而影响了心室射血。心包内压力升高超过心室舒张压时，可能会出现全身性静脉高压和低动脉压，甚至休克。心包内压和心室充盈压力相等，导致两个心室舒张容积明显降低，心输出量下降。最初，心输出量的减少可由肾上腺素能紧张性增加所抵消，心动过速和射血分数增加在初期都有助于维持心输出量。

严重前向输出衰竭时，当血流速度下降，代偿机制不足以维持全身血压时，重要器官的灌注就会受到影响。冠状动脉灌注下降，导致心肌选择性灌注降低。

超声心动图征象

从超声心动图的角度来看，心包填

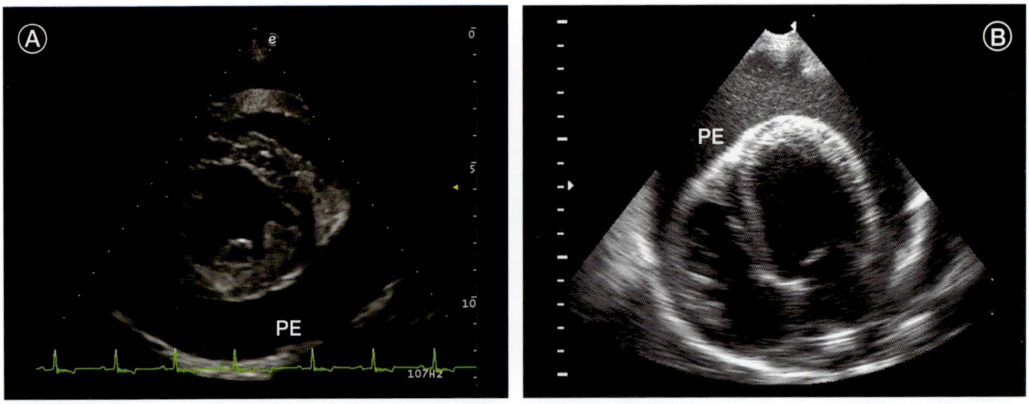

图 7.65　A. 一只心包积液患犬心室水平的右侧胸骨旁短轴切面图像。B. 左侧心尖四腔切面图像。两幅图像均可见心包积液，即心脏周围的低回声区域（PE），该区域被圆形的高回声结构（心包）包围

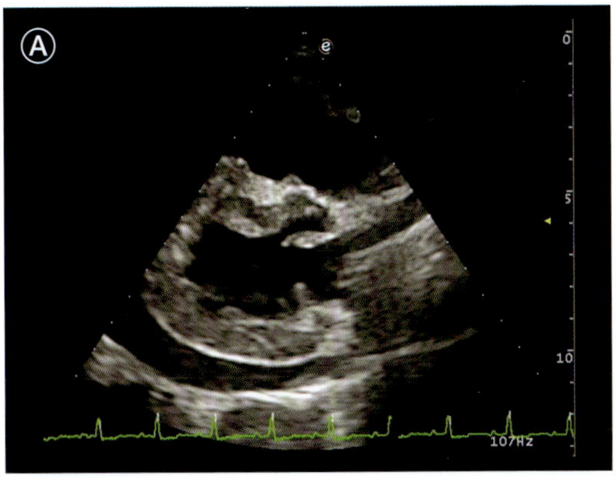

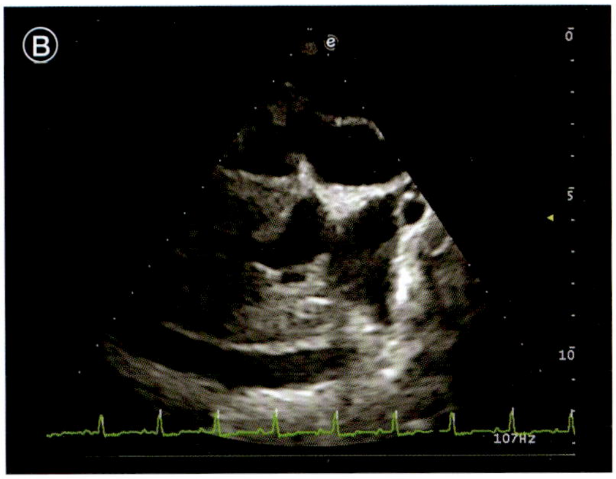

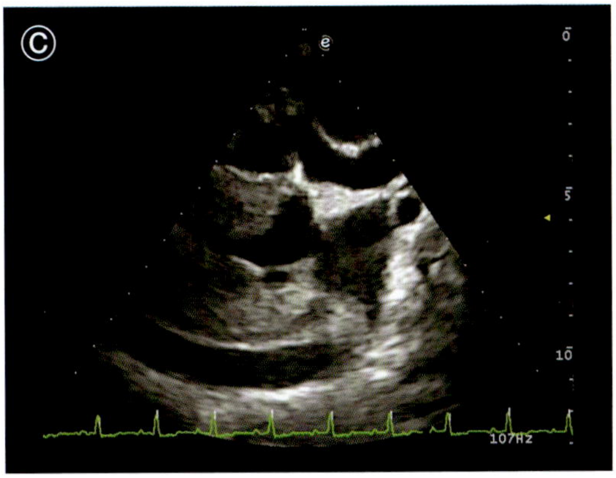

图 7.66　一只心包积液患犬的右侧胸骨旁长轴切面图像，为心脏周期的三个不同阶段（A ~ C），以及对应的心房和右心室充盈不良的表现

A. 右心房看起来正常；B. 右心房壁移向房间隔侧；C. 中心房看起来几乎完全“塌陷”。

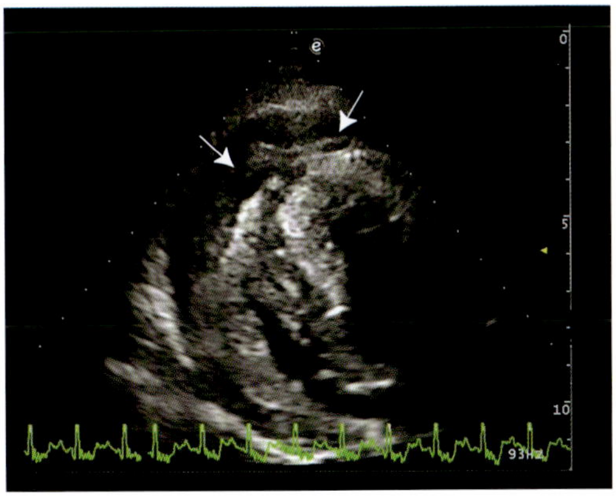

图 7.67　犬纤维性胸膜心包炎：箭头所示的高回声絮状物，为附着于心外膜的增厚的纤维蛋白

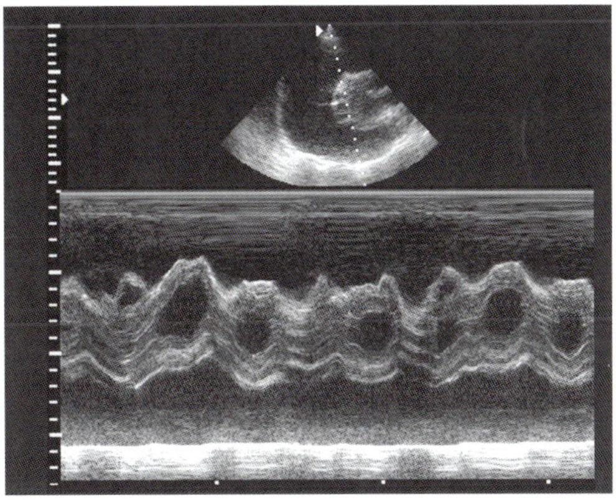

图 7.68　一只大量心包积液患犬的 M 型超声心动图

当心脏在心包液中晃动时，心脏运动幅度被夸大了。

塞的表现与上文提到的心包积液相似，由于右心房和右心室明显的舒张充盈不足而加重（图 7.69）。特别是右心室，从外部看起来像“被压扁了”，犹如蛇形。在 M 型超声成像中，右心室缩到最小尺寸（图 7.70）。后腔静脉明显，并有充血表现（图 7.71）。肝脏的二维超声成像可以看到肝静脉充血，在彩色多普勒模式下，由于呼吸动作引起的胸腔内压力变化而出现血液的反向流动（图 7.72）。后腔静脉过度充盈，表现为腔静脉模式，即吸气相无腔静脉塌陷（正常情况下，吸气时腔静脉直径减小 50%）（图 7.73）。然而，这种模式并不是心包积液的病理征象，而是右心房压升高的表现。多普勒检查显示，在经二尖瓣和经主动脉血流中，呼吸引起的变化更大。

在治疗过程中超声心动图的监测作用

扩张型心肌病的治疗

由于通常无法通过干预来消除扩张型心肌病的病因，但考虑到扩张型心肌病的进行性发展，标准的治疗包括使用正性肌力药物，如洋地黄苷（如地高辛）或匹莫苯丹，以增加收缩力；利尿剂（如呋塞米、螺内酯）；静脉扩张剂（如硝酸甘油），以降低前负荷；动脉血管扩张剂（如 ACE 抑制剂），以降低后负荷，间接地降低二尖瓣反流速。在房颤或室性心律失常的情况下，可考虑使用抗心律失常药物。

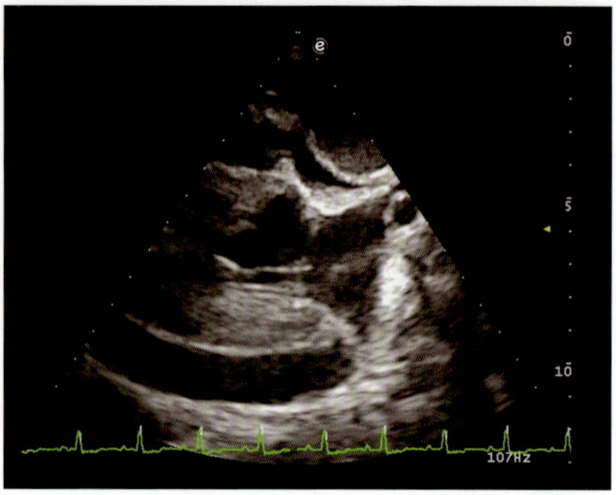

图 7.69　一只心包填塞患犬的右侧胸骨旁长轴切面图像。心包内压力超过右心房和右心室舒张压，使其无法正常充盈

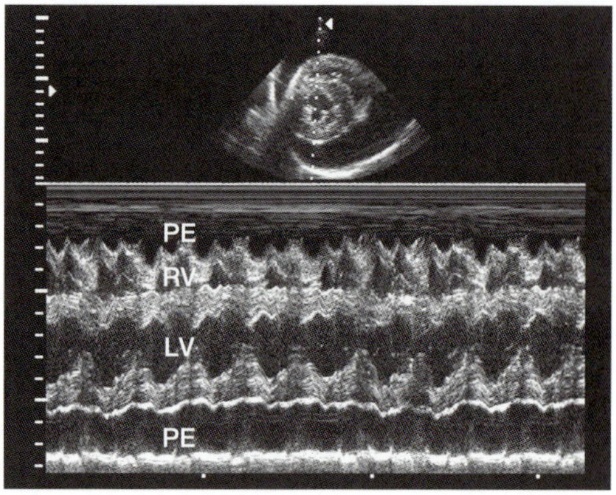

图 7.70　一只心包填塞患犬的 M 型超声心动图：右心室内径显著减小

RV：右心室；LV：左心室；PE：心包积液。

除了用药以外，还建议减少活动和低钠饮食。

超声心动图监测

通过超声心动图检查可以验证治疗方案的有效性，超声心动图检查应注意有些可确诊疾病的病理指标出现减小或稳定。心室功能指数（射血分数和缩短分数）升高、室间隔和游离壁增厚、左心室收缩期

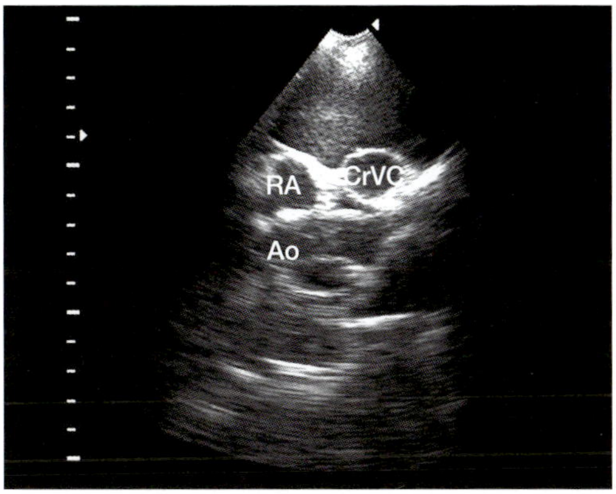

图 7.71 一只心包积液患犬的右侧胸骨旁短轴切面图像。心包积液使前腔静脉显影，可见其扩张

RA：右心房；Ao：主动脉；CrVC：前腔静脉。

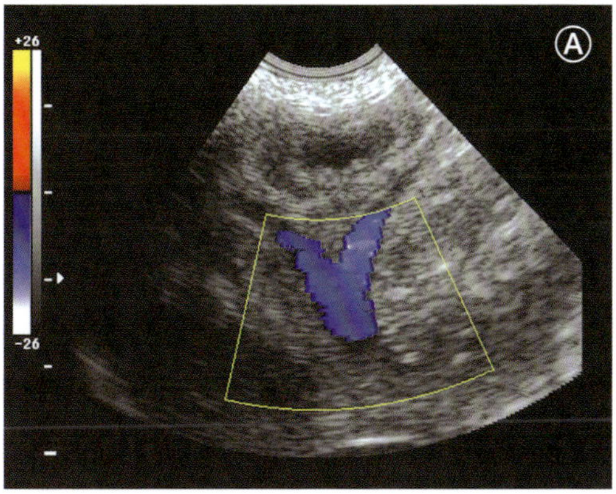

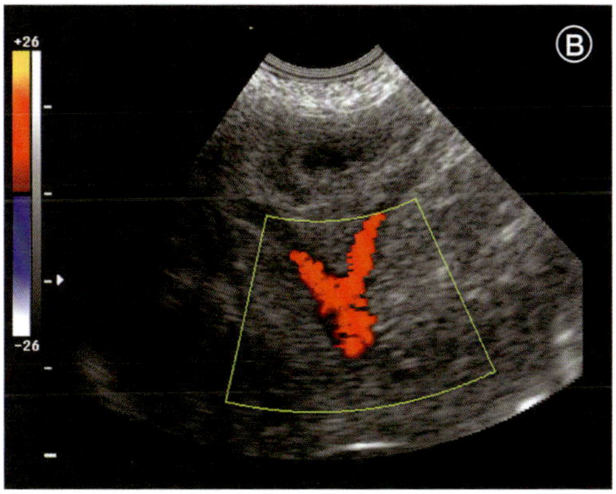

图 7.72 一只心包积液患犬肝静脉血流的彩色多普勒超声图像

A. 蓝色标记表示血液流向后腔静脉；B. 红色信号显示了血流的异常反向流动。

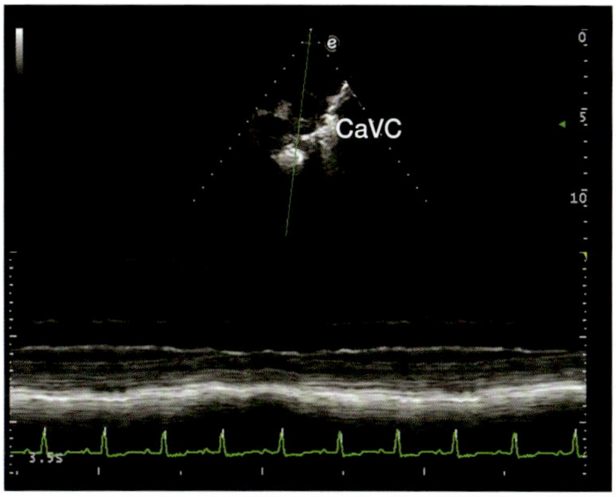

图 7.73 犬胸段后腔静脉的横断面 M 型超声心动图

通过将探头从右侧心脏声窗向尾侧移动 1 ~ 2 个肋间隙可获得此图像。可见所谓的腔静脉增粗（caval plethora）征象，这是由于继发于心包填塞的右心房压升高，在血液流入时不出现腔静脉塌陷的表现。CaVC：后腔静脉。

容积和舒张期容积降低，以及 LA/Ao 比值和 EPSS 的减小（图 7.74），均可反映出药物治疗的疗效。

在接受正性肌力药物治疗的猫中，总收缩时间（Q–AVC 为 ECG 显示的 Q 波到主动脉瓣关闭之间的时间）是评估治疗反应的重要参数。收缩功能改善时，Q–AVC 是缩短的。

肥厚型心肌病的治疗

为了降低心室收缩力，增加心室壁的顺应性，从而改善心室舒张充盈，通常会使用 β – 受体阻滞剂（如阿替洛尔）或钙通道阻滞剂（如地尔硫卓）。受体阻滞剂具有负性肌力效应和负性心率作用，作用于 β – 肾上腺素能受体，使舒张期延长。另外，钙通道阻滞剂通过阻滞慢钙通道并在细胞水平上减少钙离子，以抑制心室的

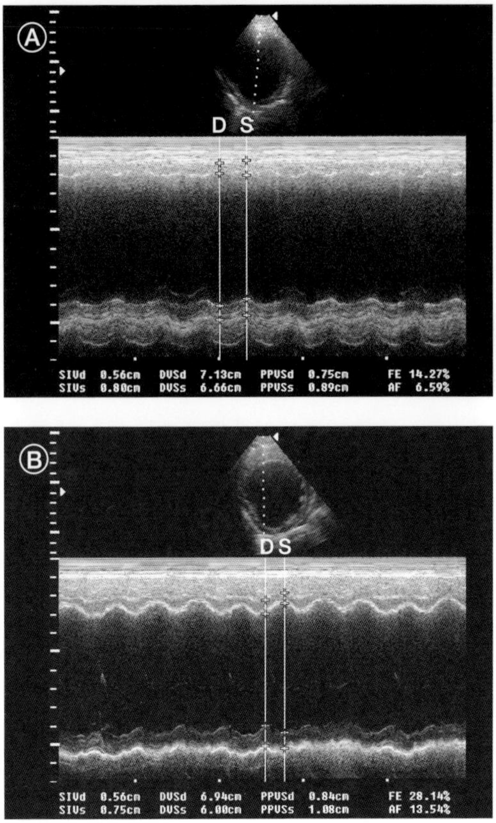

图 7.74　患有扩张型心肌病的雌性杜宾犬在诊断时（A）和治疗过程中（B）经心室的 M 型超声心动图

注意治疗后左心室收缩期内径（S）和舒张期内径（D）均减小。缩短分数由 6.59% 增加到 13.54%（见图片下方空白处所示测量值）。

收缩力，有利于舒张。在临床上，这两种药物均未能改变肥厚型心肌病的预后。

超声心动图监测

心输出量和舒张期心室内径的增加可反映治疗效果。

在图 7.75 中，显示了一只患有肥厚型心肌病的 7 岁雌性混种犬在接受地尔硫卓治疗 35 天后的参数变化。在治疗后，患犬的射血量从 0.9 mL 增加到 1.7 mL，心输出量从 0.17 L/min 增加到 0.26 L/min。

心包积液：超声引导下心包穿刺术

如果在心包积液期间出现心输出不足，则必须使用心包穿刺术清除积液。在这种情况下，临床医生可以借助超声引导穿刺心包，并确认其是否排空。通常临床症状会马上改善，上述各项指标也会迅速恢复正常。因此，如果无法消除心包积液的病因，后续的监测较简单，主要在于检查积液量有无改善。

心包穿刺也可获得积液的样本，用于生化和细胞学分析，以确定积液的病因。右侧心前区为准备区（包括剃毛和外科擦洗），在患病动物左侧卧位或站立状态下进行心包穿刺。

经皮穿刺部位位于第 4 和第 5 肋间隙，靠近肋软骨连接处。建议右侧进针，因为较大的壁外冠状动脉位于左侧。然后使用超声引导针头或导管进入心包腔。通常情况下，导管套在 14 ~ 16 G 的针上，长度为 5 ~ 12 cm，在导管远端 1/3 处刻有 1 ~ 3 个小侧孔。也可使用商用穿刺导管。用 2% 利多卡因浸润皮肤和肋间肌，并在皮肤上做一个小切口，将针头连接到延长管和连接三通阀的注射器上，然后将针刺入肋间隙。关闭三通阀，这样可以防止穿刺针进入胸腔时将空气吸入胸腔。将导管推入胸腔直至心包，在超声的引导下监测其通路（图 7.76）。针头可能会接触到心外膜，这可能导致室性早搏，此时稍微撤回针头即可自行缓解。可以经导管注射少量无菌生理盐水模拟心脏超声造影来确认导管的位置是否正确。放置导管后，尽量排空积

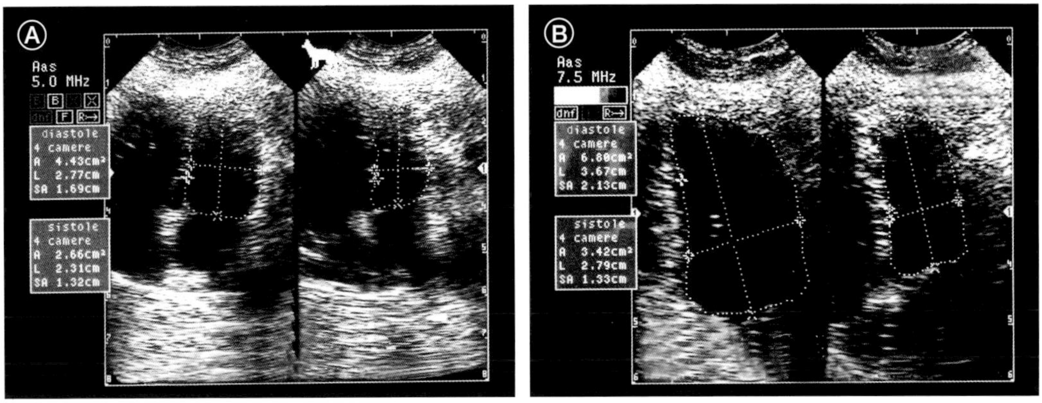

图 7.75　一只 7 岁雌性混种犬的超声心动图监测结果，该犬表现出肥厚型心肌病的相关症状。超声心动图检查是在钙通道阻滞剂治疗前（A）和治疗后（B）分别进行的。左心室的所有测量值（A：面积；L：长轴；SA：短轴）在舒张期和收缩期均增加，每搏输出量从 0.9 mL 增加到 1.7 mL，而心输出量从 0.17 L/min 增加到 0.26 L/min

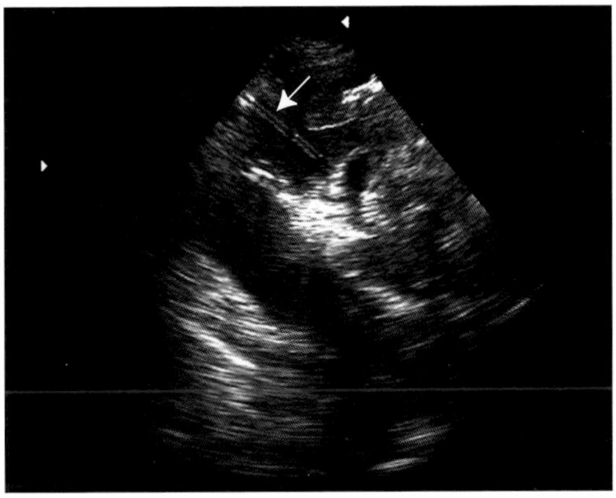

图 7.76　犬心包穿刺过程中的二维超声图像。箭头指示的是套管针影像，以准确定位，进行积液引流

液。随着液体被抽出，心包内压降低，心脏周围的低回声区域减少，M 型超声参数也逐渐正常（图 7.77）。

心脏肿瘤和其他“团块”病变

二维超声心动图

二维超声心动图是一种非常灵敏、非侵入性的心脏肿瘤诊断技术。它可以显示并定位团块，确定其大小、移动性，以及与其他心脏结构的关系，偶尔还可以通过回声性质判断其可能的组织病理学种类。在大多数情况下，根据被成像组织的不同形态和结构，很容易将肿瘤与脓肿、囊肿、肉芽肿或腹膜心包横膈疝区分开来。超声心动图的优点是检查效率高，且不需要麻醉。

超声心动图还能显示出团块引起的其他改变，如心包积液、房室或流入血管受压迫、心室壁变形和瓣膜运动的改变。在这些情况下，多普勒超声心动图可对任何由此产生的血流动力学改变进行定量评估。

由于肿瘤经常改变胸腔内器官的常规解剖位置，应在患病动物不同的位置进行扫查，并使用非常规声窗，尽量优化团块的成像。超声心动图检测心脏实体瘤的特异性 > 90%，敏感性 > 60%。敏感性较

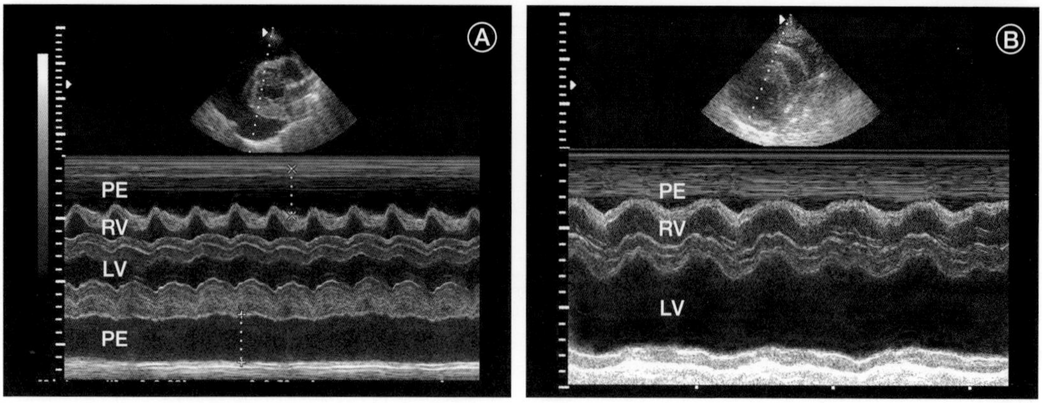

图 7.77　在犬心包穿刺过程中进行 M 模式监测

A. 心包穿刺前；B. 心包穿刺成功后。积液量（PE）明显减少，而收缩期内径和舒张期内径均增加。RV：右心室；LV：左心室。

低的原因可能是有时团块较小，团块位于不易被扫查的位置，或团块虽然位于成像区域，但与正常心脏和心包结构相似的组织组成。心包积液可使心外膜或心包实体瘤更易显影，因此，应在全面扫查肿瘤后，再将积液排空，除非患病动物病情严重，需要迅速排空以稳定体况。

心内团块可因周围血液低回声衬托而突显。

另外，如果位于心基部的肿瘤很小，且未出现心包积液，又因其位于背侧位置，可能很难发现。升主动脉和周围区域的最佳扫查切面为左头侧胸骨旁切面。右心房壁和右房室交界处的肿瘤，多从左侧心尖切面和右侧胸骨旁切面进行检查。在没有心包积液的情况下，犬的右心耳区域很难扫查，可能需要斜切面来获取最佳图像。

血管肉瘤表现为混杂回声的团块，不均匀、不规则，有些呈球形或椭圆形，附着在右心房壁或心耳壁上，与心房的运动同步。这些肿瘤可延伸入心脏或心包腔内，团块内常包含低回声区域。

化学感受器瘤表现为均匀的等回声或高回声团块，与主动脉和（或）肺动脉紧密贴合。它们通常没有低回声区域，偶尔会压迫相邻的血管。因为这些肿瘤生长缓慢，不会迅速转移，所以它们的大小可能超过心脏。

异位甲状腺肿瘤在位置和回声特征上与化学感受器瘤相似。

黏液瘤表现为心腔内的有蒂团块，边缘不规则。它们表现为混杂回声，类似于心肌，有时伴有小范围的纤维化的高回声区域和病变内出血的低回声区域。其存在会阻碍血液流动，使其呈湍流，可通过彩色多普勒检查证实。

淋巴瘤引起的浸润可导致心室心肌广泛性或节段性增厚，有时看上去像壁内囊性病变。

横纹肌肉瘤是最常累及心肌壁的肿瘤。其特征为局灶性高回声壁内病变。其形状和大小较多变，病变凸出心腔内的程度可导致不同程度的血流阻塞。

而囊肿和脓肿一般为圆形、椭圆形团块，呈高回声薄壁、中央低回声囊腔。囊肿中含有均匀的低回声液体，而脓肿由于有细胞碎片而有絮凝状内容物。

图 7.78 ~ 图 7.84 为笔者所在医院观察到的心脏肿瘤的超声图像。有些病例的肿瘤的超声图像由后续剖检印证。这些剖检图是由佩鲁贾大学兽医学院兽医解剖与病理学系的教学人员提供的。

超声引导下经静脉活组织检查

超声引导下经静脉活组织检查是一种非常有用的技术，可用于采集样本进行组织病理学检查，进而诊断心肌病和患病动物心脏内团块的性质。与该技术相关的发病率和死亡率很低，与肝或肾活检相似。

该技术与超声的结合显著简化了经静脉活组织检查。准确定位活检探针（活检刀）和典型病变，是正确采样的必要条件。必须对动物进行麻醉，并将其置于仰卧位，头部向左旋转。对右颈静脉进行无菌备皮，作为通路。

放置一根经皮导管，通过导管，将活检钢针（改良的 Stanford®）引入颈静脉。该探针的顶端大约呈 70° 弯曲。笔者还使用过顶端带有鳄鱼采样钳的柔性钢探针（图 7.85）。这种探针的选择与需要活检的病变解剖位置有关。

轻柔地将探针经颈静脉送入右心房。此时，超声成像可以帮助引导探针接近团块（图 7.86）。为了到达右心室，需将探针向腹侧旋转，穿过房室瓣。如果要到达室间隔，该操作必须轻柔地进行，然后再旋转 90°。

需要采集多个样本，因为被检查的肿瘤表面通常附着大量血凝块，如黏液瘤。

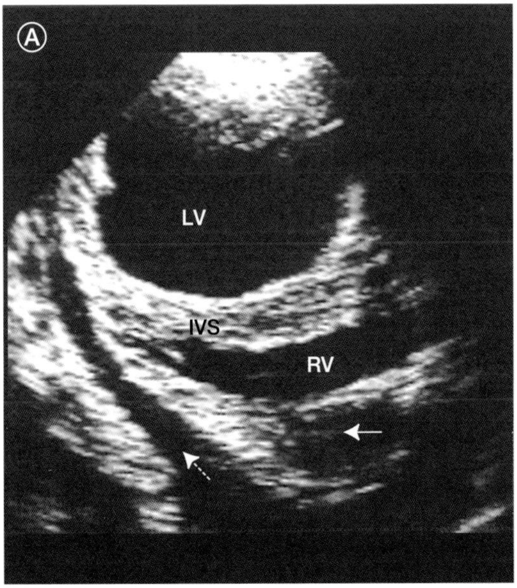

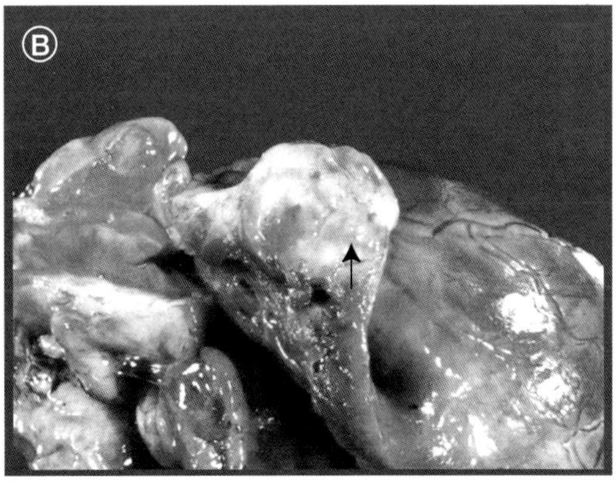

图 7.78　犬胃肠道淋巴瘤的心脏转移

A. 常规箭头所指的右心室壁内边界不清的椭圆形低回声结构，使心室壁的轮廓发生了改变。虚线箭头所指处为少量心包积液。B. 同一壁内肿瘤病变的大体病理剖检图（箭头）。LV：左心室；RV：右心室；IVS：室间隔。

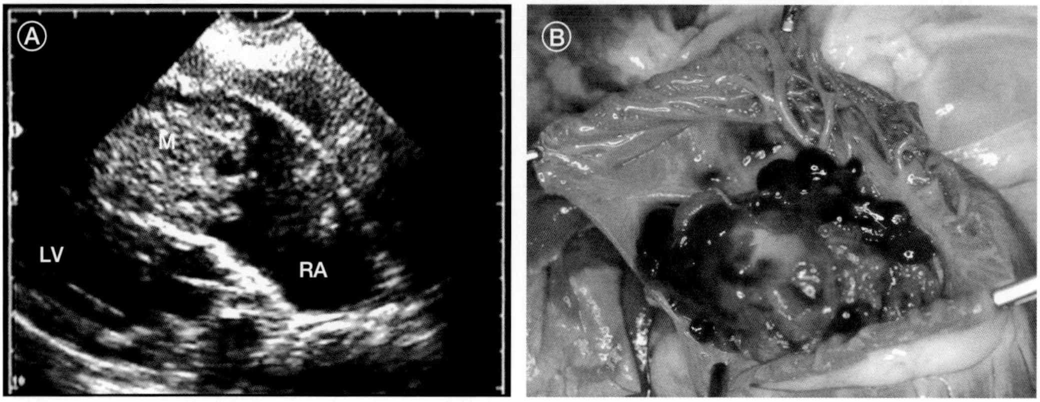

图 7.79　犬的三尖瓣黏液肉瘤的右侧胸骨旁长轴切面图像

A. 团块（M）形状不规则，边缘呈锯齿状，可见大量高低回声间隔区，整体呈混杂回声。B. 大体病理剖检图与超声图像相符，病变特征为半透明胶状外观，间隙夹杂着血凝块。LV：左心室；RA：右心房。

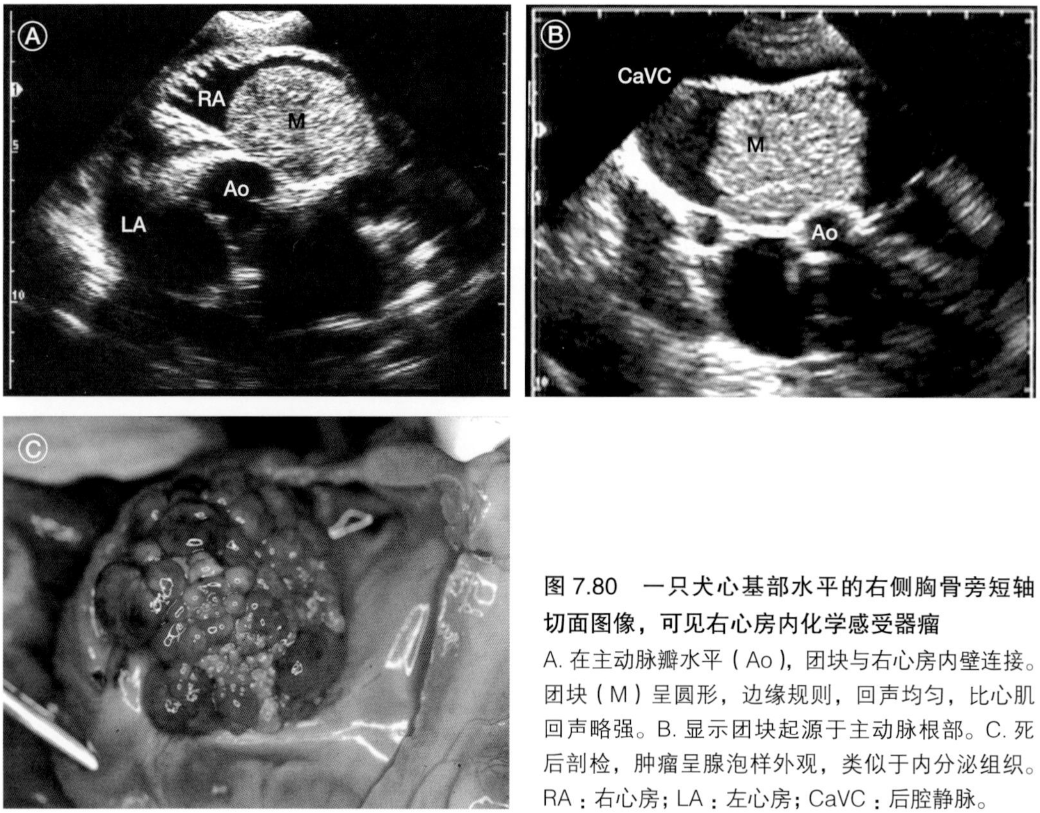

图 7.80　一只犬心基部水平的右侧胸骨旁短轴切面图像，可见右心房内化学感受器瘤

A. 在主动脉瓣水平（Ao），团块与右心房内壁连接。团块（M）呈圆形，边缘规则，回声均匀，比心肌回声略强。B. 显示团块起源于主动脉根部。C. 死后剖检，肿瘤呈腺泡样外观，类似于内分泌组织。RA：右心房；LA：左心房；CaVC：后腔静脉。

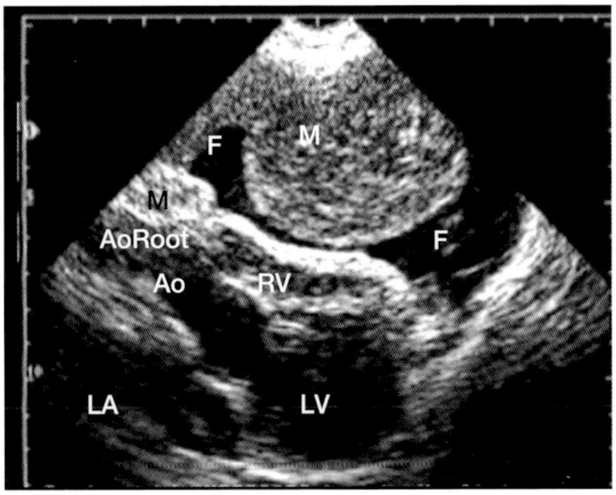

图 7.81　犬的化学感受器瘤从主动脉根部延伸至心包腔内，阻碍了右心室的充盈。团块（M）呈高回声，包裹主动脉根部，并延伸入心包内一处更大的团块，呈不规则低回声，周围可见心包积液（F）

AoRoot：主动脉根部；Ao：主动脉；RV：右心室；LV：左心室；LA：左心房。

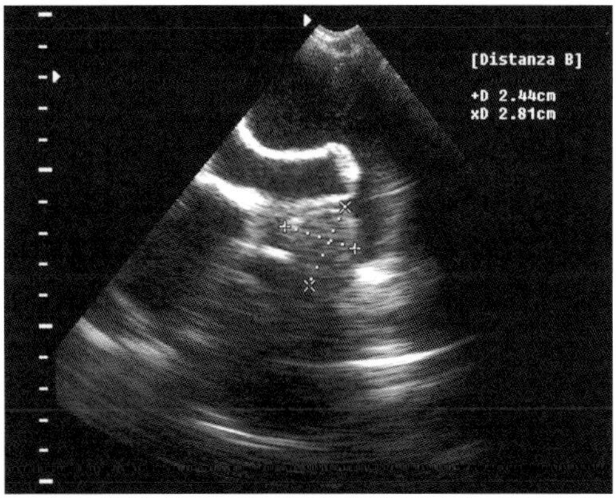

图 7.82　犬的结节状肿瘤，大小为 2.5~3 cm，位于主动脉和右心房之间的心包腔内由于心包积液的存在，超声诊断这种类型的小肿瘤是比较容易的

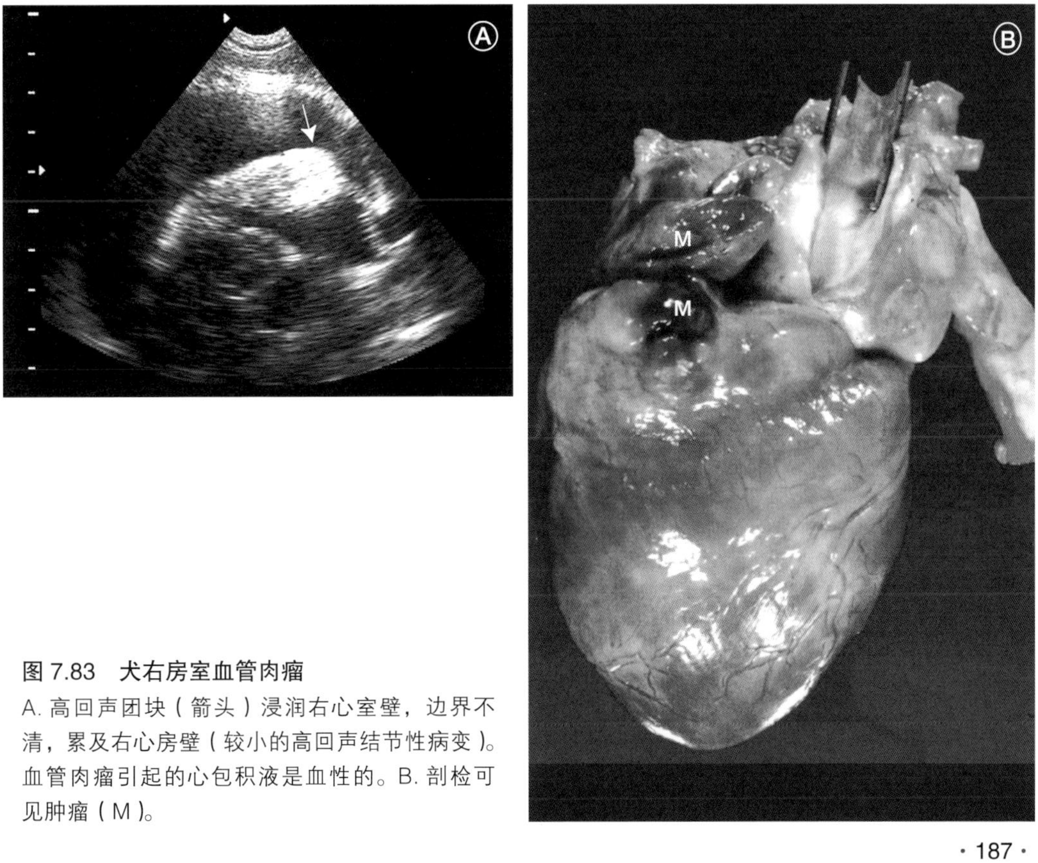

图 7.83　犬右房室血管肉瘤

A. 高回声团块（箭头）浸润右心室壁，边界不清，累及右心房壁（较小的高回声结节性病变）。血管肉瘤引起的心包积液是血性的。B. 剖检可见肿瘤（M）。

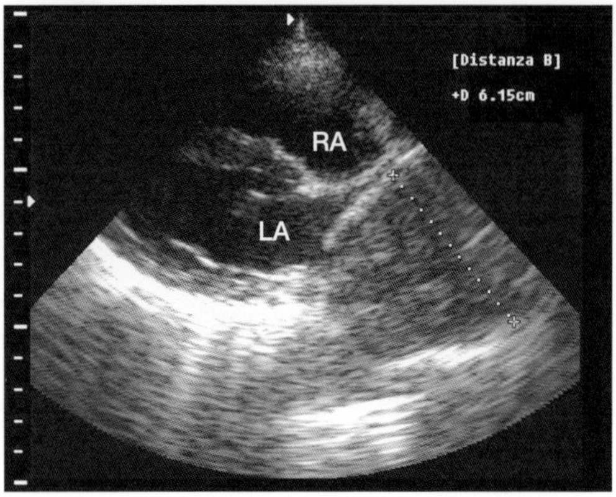

图 7.84 犬右侧胸骨旁长轴切面可见团块。白色虚线为对团块的测量（6.15 cm），团块呈均匀的中等回声，与心基部相邻。通常很难根据超声来确定这种肿瘤是心源性的还是心外的

RA：右心房；LA：左心房。

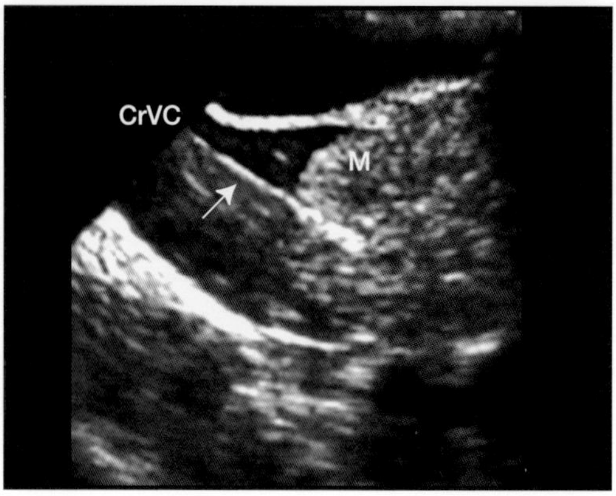

图 7.86 与图 7.80 为同一例心脏肿瘤的超声图像，可以看到活检探针（箭头）与团块（M）接触。探针通过颈静脉插入，并经前腔静脉（CrVC）进入右心房

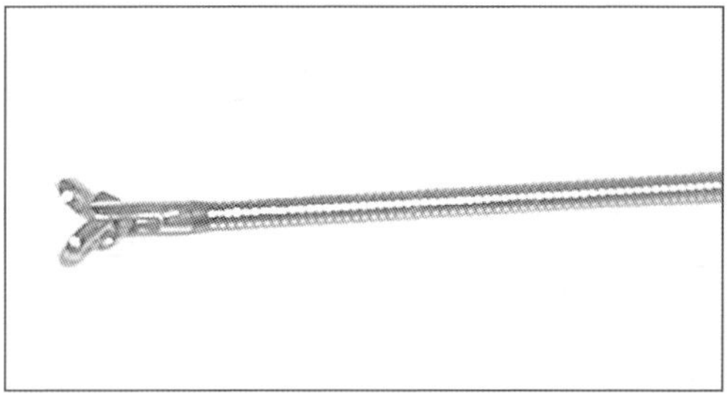

图 7.85 带有“鳄鱼”口的柔性钢探针，用于经颈静脉进行心内的活组织检查

犬心丝虫

心丝虫病和血管圆线虫病

犬心丝虫属成虫的感染，在大多数情况下都会引起肺动脉压增加（肺动脉高压），导致右心室后负荷增加和右心室获得性肥厚。有时也会出现肺血栓栓塞或右侧充血性心力衰竭的急性症状。轻症患病动物的超声心动图征象不明显。然而，随着肺动脉压的增加，右心室扩张和肥厚，肺动脉增粗，左心因前负荷降低而相对变小（也可能绝对变小）。此外，随着肺动脉高压的加重，室间隔开始变平。这些变化可以从右侧胸骨旁长轴切面和短轴切面的二维图像观察，这与其他原因导致的肺动脉高压病例中的征象相似。

由于右心的解剖学变化而引起肺脏的变化被称为“肺源性心脏病”。存在任何三尖瓣反流和（或）肺动脉瓣反流时，超声医师都可以使用三尖瓣关闭不全和肺动脉瓣关闭不全章节中描述的标准，来量化评估肺动脉循环中的压力。

从右侧短轴扫查心基部，可充分评估肺动脉，有时可在右肺动脉内看到成虫。该声窗可评估右心室流出道、肺动脉瓣、肺动脉干和两个肺叶的大动脉。成虫在超声下为两条高回声平行线，中间间隔无回声带（图 7.87+ 视频）。右心室、右心房和后腔静脉偶见成虫（图 7.88+ 视频 A、视频 B）。

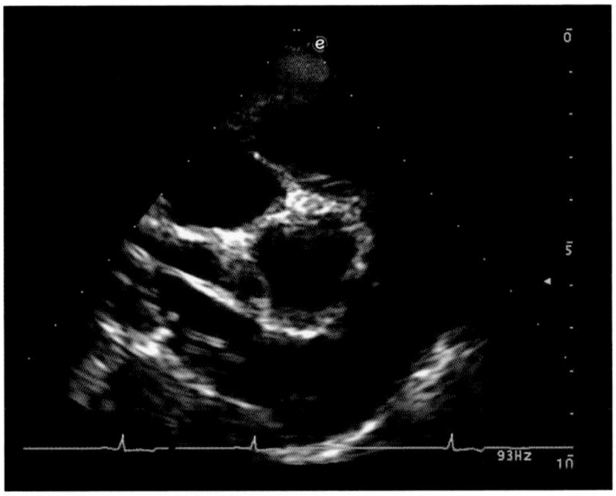

图 7.87 一只心丝虫病患犬肺动脉分叉水平的右侧胸骨旁短轴切面图像

右肺动脉内可见小的平行“轨道状”高回声结构，为心丝虫成虫影像。

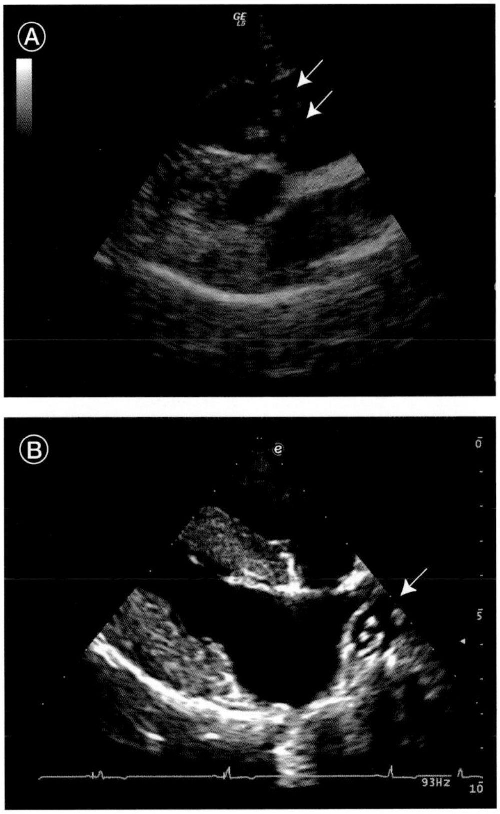

图 7.88 犬右侧胸骨旁长轴切面图像

A. 可观察到右心房和右心室扩张。箭头指示的高回声结构与图 7.87 相似，为右心房和右心室中的心丝虫成虫影像。B. 肺动脉内可见高回声的虫体影像（箭头）。

但只有 50% ~ 60% 被感染的犬在超声心动图中发现了犬心丝虫。血管圆线虫的终末宿主是犬，其超声征象与犬心丝虫相似。但它们的蠕虫很小，无法通过超声心动图检测到，只有当虫体感染至右心后才能被发现。

肺源性心脏病和系统性高血压性心脏病

肺源性心脏病的定义是，由于肺动脉高压，肺实质广泛病理改变引起右心增大。最初，肺动脉高压被右心室的向心性和离心性肥大抵消，但这会引起舒张性心室高压和三尖瓣扩张，从而导致三尖瓣关闭不全。这最终导致右心房扩张和右侧充血性心力衰竭。

肺源性心脏病

虽然与肺动脉瓣狭窄相似，但肺源性心脏病有一些特殊点。首先，心室既有向心性肥大，也有离心性肥大。其次，与严重程度相似的肺动脉瓣狭窄相比，向心性肥大不那么明显。最后，肺动脉的扩张更缓慢，而不是狭窄后立即扩张。在疾病的最晚期，心房扩张。三尖瓣瓣尖常脱垂入右心房，其外形发生改变。乳头肌也很明显，常呈高回声。在右心室压力等于或超过左心室压力的情况下，室间隔在收缩期和舒张期变平（图 7.89+ 视频 A、视频 B、视频 C）。M 型超声成像显示室间隔矛盾运动，三尖瓣环收缩期位移减少（TAPSE ： Ao < 0.66）。脉冲频谱多普勒

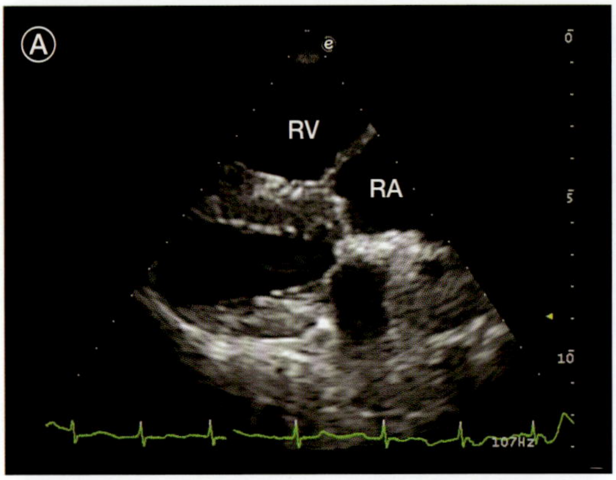

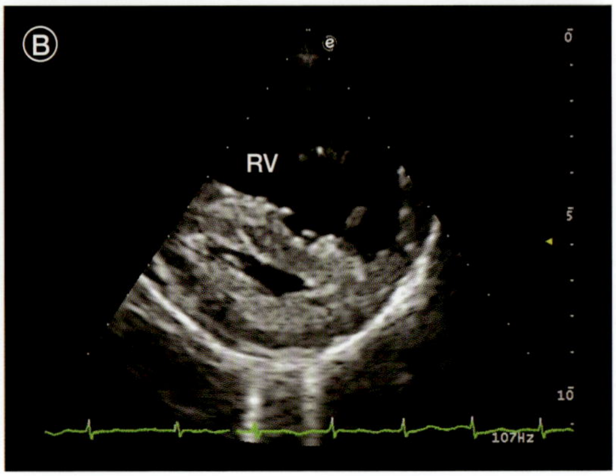

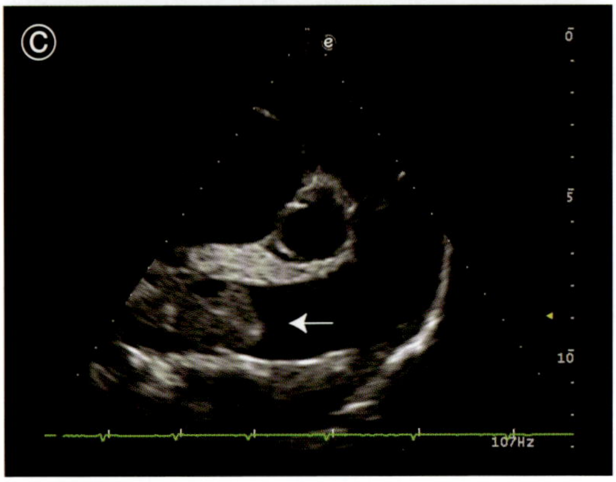

图 7.89　一只肺动脉血栓栓塞患犬的右侧胸骨旁长轴切面（A）和短轴切面（B）图像。右心房和心室明显扩张。B. 可见室间隔扁平，向左心室腔移位。C. 肺动脉分叉水平的右侧胸骨旁短轴切面，可见右肺动脉扩张，伴血管内大量中低回声结构，为血栓影像（箭头）

RV：右心室；RA：右心房。

检查显示肺动脉血流加速时间缩短（AT < 58 ms），肺动脉血流加速时间与射血时间的比值下降（AT ∶ ET < 0.31）。也可以观察到肺动脉收缩期血流剖面图的改变，收缩中期可见切迹，其波形可能变得更加不对称。

连续频谱多普勒通常通过测量经肺动脉瓣和三尖瓣的反流峰值速度来间接估计肺动脉压（图 7.22）。肺动脉瓣反流时阈值约为 2 m/s，三尖瓣反流时阈值约为 3 m/s，分别对应 20 mmHg 的舒张压和 36 mmHg 的收缩压。超过阈值即可诊断为肺动脉高压。通过测量三尖瓣反流速度，可以将肺动脉高压的严重程度分为轻度（速度为 3 ~ 3.5 m/s；压力梯度为 36 ~ 49 mmHg）、中度（速度为 3.6 ~ 4.5 m/s；压力梯度为 51 ~ 80 mmHg）和重度（速度 > 4.5 m/s；压力梯度 > 80 mmHg）。

彩色多普勒可用于检测肺动脉瓣反流和三尖瓣反流，从右侧胸骨旁短轴切面（或长轴切面，这可以更好地评估三尖瓣）或左头侧四腔切面很容易检测到。

组织多普勒的 TDI 分析已被证明可以预测肺动脉高压（值 < 11.8 cm/s 显示敏感性为 89%，特异性为 93%）。

系统性高血压性心脏病

患有系统性高血压性心脏病时，左侧心肌量增加，初期左心室对称性向心性肥厚。同时，如果高血压持续存在且比较严重，可注意到乳头肌和心内膜下心肌的高回声，为纤维化和缺血的表现。右侧胸骨旁长轴切面可见主动脉根部扩张（图 7.90+ 视频）。

与肺动脉高压一样，连续多普勒检查可以通过测量主动脉瓣反流和二尖瓣反流速度来估计全身血压，这类反流可在右侧胸骨旁长轴切面和左侧心尖切面的彩色多普勒超声成像中观察到。如果二尖瓣反流速度 > 7 m/s，临床医生应考虑测量血压。

左心室流入的脉冲多普勒检查可反映左心室舒张功能。系统性高血压患者的心室充盈特征为早期舒张频谱的改变（E 波变小，A 波升高，等容舒张时间延长，E 波减速时间延长）。

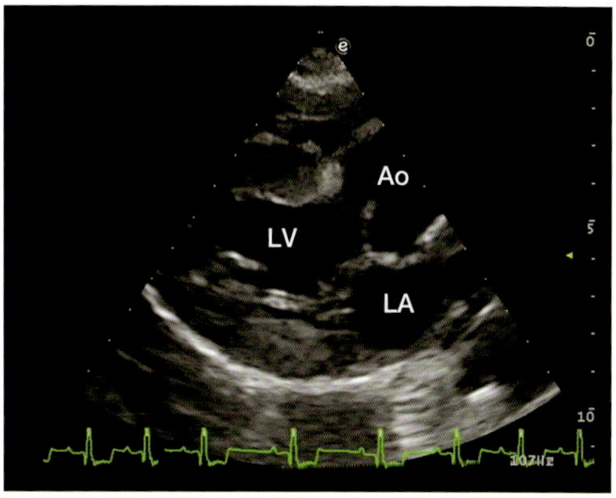

图 7.90　患有系统性高血压的灵缇犬的右侧胸骨旁长轴切面

左心室室间隔和游离壁向心性肥大，主动脉根部扩张。

第8章

马超声心动图检查的设备和检查前准备

在对马进行超声心动图检查时，超声医师需了解马的心脏比犬猫的更深，以正确设置超声设备。

成年马应使用频率为 2.25 ~ 3.5 MHz 的超声探头、马驹应使用 3.5 ~ 5 MHz 的超声探头，这样既能提供足够的清晰度，也能满足深层结构的成像。目前的低频相控阵探头可以保证一定的扫查深度（一般为 25 ~ 35 cm）。但目前超声技术的发展在满足了人类心脏病学的需要之后，发展速度便开始减缓，所以目前还没有足以完整扫查大型马心脏深度的探头。为了获得良好的图像，通常需要剃除覆盖声窗部位的被毛（图 9.1）。备皮工作是为了尽量减少探头与皮肤之间残留的空气。而短毛马通常不一定要剃毛，仅使用超声耦合凝胶就足够了。在涂布凝胶前，用水、肥皂和（或）酒精清洁皮肤可去除油脂和污垢，可使凝胶与被毛和皮肤接触更好。凝胶的黏度应保证适中，以满足易于涂抹于皮肤，又能持续覆盖探头。

通常情况下只需在笼头系上缰绳，不需要其他保定。将待扫查侧的前肢向前轻拉，防止肘部遮盖声窗。不能将前肢用力抬起或向前移，前者会导致鹰嘴部遮盖声窗并阻碍探头移动，后者会使马反复试图逃脱保定，使该部位肌肉收缩，从而无法有效检查，并可能导致人员受伤或设备损坏。因此需让马保持站立并且安静地操作，从而保持马的冷静和放松。建议预先大力揉擦超声探头将要接触的皮肤区域以降低局部敏感性，防止表皮肌肉的持续收缩。准确的超声心动图检查，应同时连接心电图仪。因此必须连接心基 – 心尖的心电电极（负极位于右颈静脉沟中，正极位于左半胸壁上方，在任何方便位置接地）。

第 9 章

马的声窗和成像切面

介绍

与人和小动物不同，马可用的声窗和成像切面更少。由于马的心尖位于胸骨上方，因此无法进行左侧心尖长轴切面的扫查。这对给马进行完整的超声心动图检查造成了障碍，例如，无法获得准确的主动脉和房室瓣的多普勒血流速度。虽然在大多数情况下，使用目前的超声设备能够满足基本检查及诊断，但其他物种常用的一些收缩期功能和舒张期功能指标无法在马中测量到。另外，与兽医或骑手具有临床相关性的马心脏病（包括先天性异常、瓣膜关闭不全和导致充血性心力衰竭的心腔扩张）大多可以进行成像或诊断。

尽管左侧声窗无法看到心尖，但超声医师可以使用扫查深度为 30 cm 的探头从右侧扫查心尖。

马的声窗解剖位置如下（图 9.1）：

右侧胸壁，第 4 或第 5 肋间隙，紧靠尺骨鹰嘴背侧。

左侧胸壁，第 3 或第 4 肋间隙，尺骨鹰嘴尾背侧。

最常使用右侧声窗，前提是探头的穿透力足以使心脏结构良好成像。当左心显示不完全或是进行频谱多普勒超声成像时

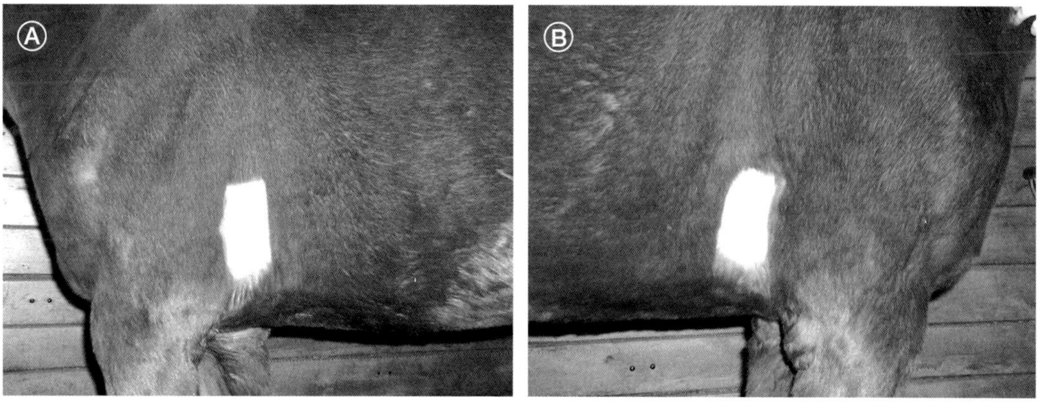

图 9.1　对马左侧（A）和右侧（B）心脏声窗上方皮肤剃毛以优化成像

都需要使用左侧声窗，因为需要尽可能与血流方向成一直线。通过将探头放置在这些位置而使超声束进入胸部，通常可使心脏成像。如果因为没有伸展近侧前肢而从太靠背侧的位置成像，或是在患有严重呼吸系统疾病的马上，成像可能会受到很大影响。

超声心动图切面

将探头置于合适位置后，需依照类似于本手册第一部分中为犬猫所描述的方法移动探头。从右侧胸壁获得的切面与犬的切面相似，但由于解剖学上的差异，以及心腔和心壁的特殊构象，还是需要了解马可以获得的主要超声心动图切面。此外，左侧切面是马所特有的。

右侧长轴切面

右侧长轴四腔切面

在右侧第 4 肋间隙处将探头稍向鹰嘴背侧倾斜以获得垂直于超声束方向的心脏长轴切面。在实际操作中，探头的位置与水平面呈 80° 角，主轴位于水平面（图 9.2），并或多或少地直接对准胸壁。

这将获得心脏的长轴切面（图 9.3+视频），与探头的长轴垂直，可以突出显示以下结构：

右心室（RV）和右心房（RA），由三尖瓣（TV）隔开。

左心室（RV）和左心房（RA），由二尖瓣（MV）隔开。

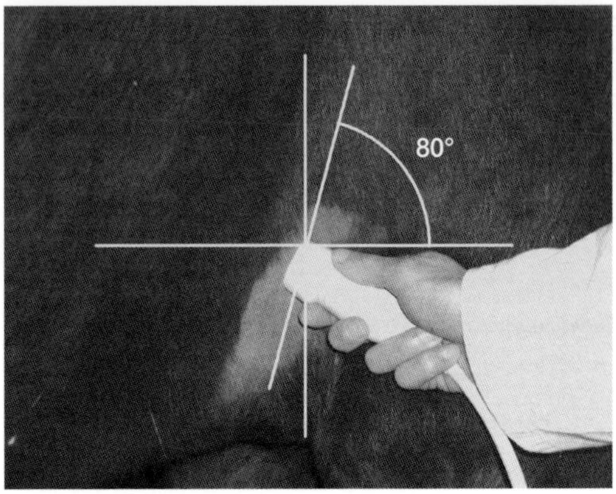

图 9.2　定位超声探头（旋转 80°　）以获得马的右侧长轴四腔切面

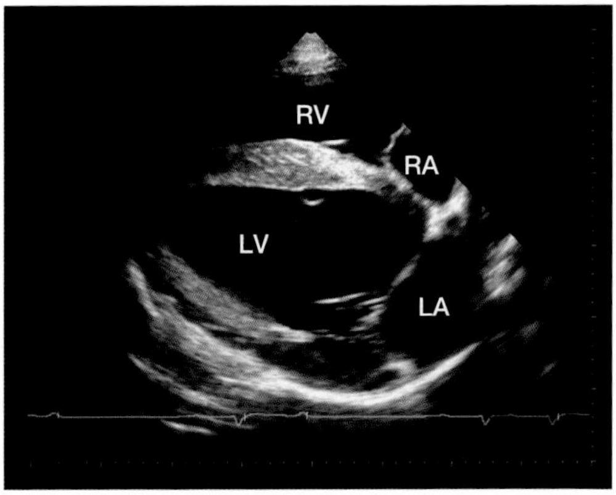

图 9.3　右侧长轴四腔切面，图中处于心室收缩期，可见房室瓣关闭

LV：左心室；LA：左心房；RV：右心室；RA：右心房。

室间隔（IVS）和房间隔（IAS），分别隔开两个心室和两个心房。

左心室游离壁（LVW）。

这个切面可以测量心脏大小和运动，并可评估房室瓣功能。

右侧长轴主动脉流出道切面

为了获得左心室流出道和主动脉的长轴切面，在不改变探头方向的情况下从四腔切面顺时针旋转 5°　～ 10°　（图 9.4）。

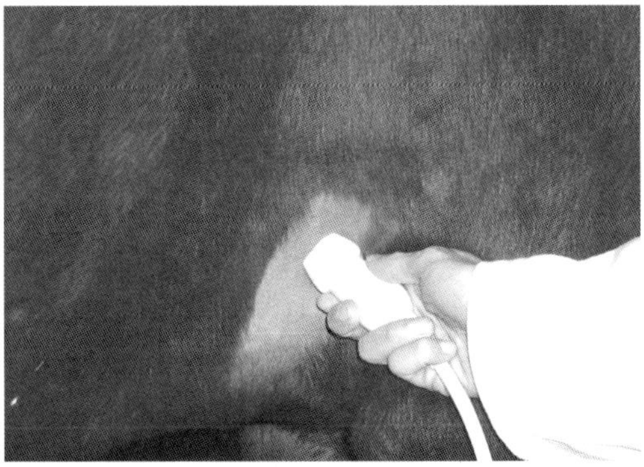

图 9.4　定位超声探头调整到左心室流出道的右侧长轴切面

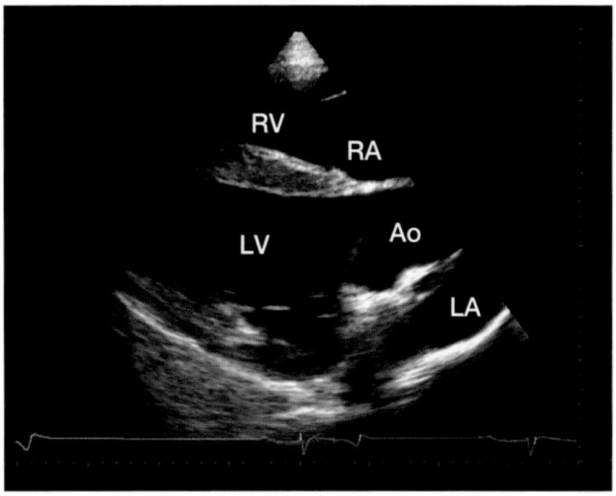

图 9.5　右侧胸骨旁长轴切面的二维图像，调整至可看到左心室流出道和主动脉根部

RV：右心室；RA：右心房；LV：左心室；LA：左心房；Ao：主动脉。

除了上述结构外，在这个切面可以清晰辨别左心室流出道（LVOT）和主动脉根部（AoRoot）的影像（以牺牲房间隔的影像为代价）。这两个区域之间的是主动脉瓣（AoV），该切面下主动脉显示为长轴（图 9.5+ 视频）。这个切面对于评估主动脉球与主动脉瓣的变化非常有用。

肺动脉瓣水平右侧长轴斜切面

为了获取这一在犬猫上很少看到的额外切面，需将探头倾斜，使探头尾侧接近胸壁，将超声束由头侧指向心基部（图 9.6）。

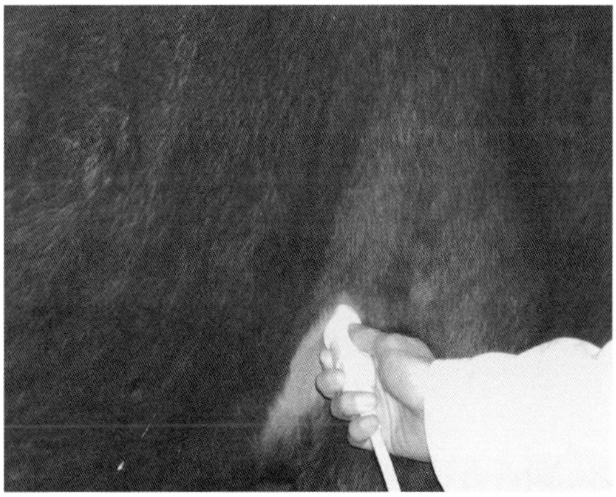

图 9.6　定位超声探头调整至马的右侧长轴斜切面以扫查肺动脉瓣

该切面突出显示了右心室流入道和右心室流出道（图 9.7+ 视频），以及其他结构，具体如下：

右心房和右心室，由三尖瓣隔开。

主动脉瓣和右冠状动脉（RCA）起始处的斜切面。

肺动脉瓣（PV），将右心室与肺动脉（PA）隔开。

扫查该切面可以收集右心室内、三尖瓣和肺动脉瓣变化的数据。

右侧短轴切面

扫查马心脏的不同短轴切面可引导进行 M 型超声成像。首先获得长轴切面，将探头逆时针或顺时针旋转 90° 后即可变为短轴切面（图 9.8）。旋转以后倾斜探头或沿虚拟直线移动，使超声束由尾腹侧指向背头侧。探头的不同倾斜程度能改变超声束方向，获得在心尖和心基部之间的多个心脏短轴切面。大多数临床问题可通

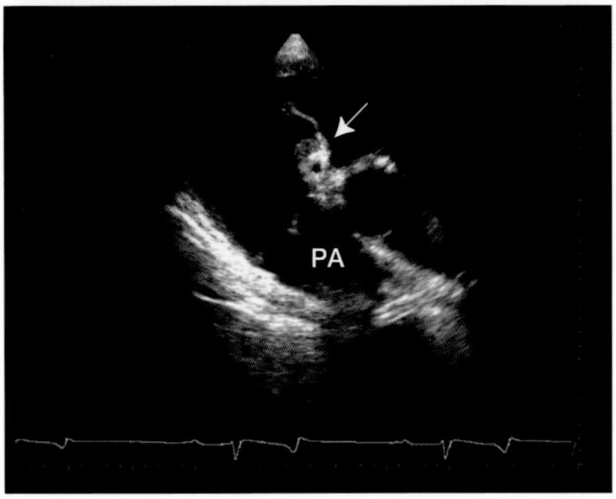

图 9.7　右侧胸骨旁斜切面，调整至可看到右心室流出道、肺动脉瓣和肺动脉（PA），箭头所指位置是右冠状动脉横断面

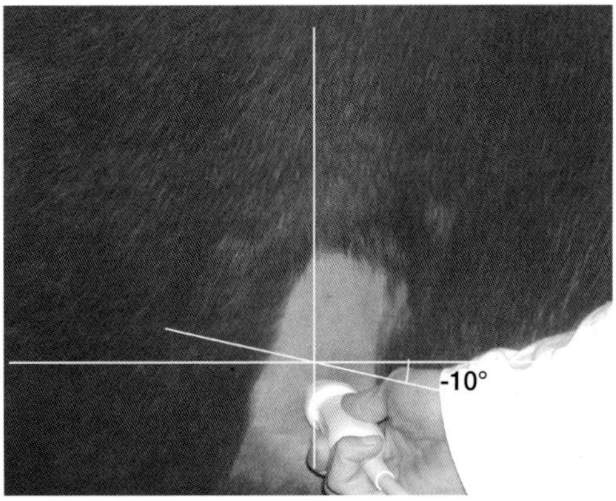

图 9.8　定位超声探头（旋转 –10°）以获得马的右侧短轴切面，图中适用于获取左心室乳头肌水平短轴切面以扫查心室

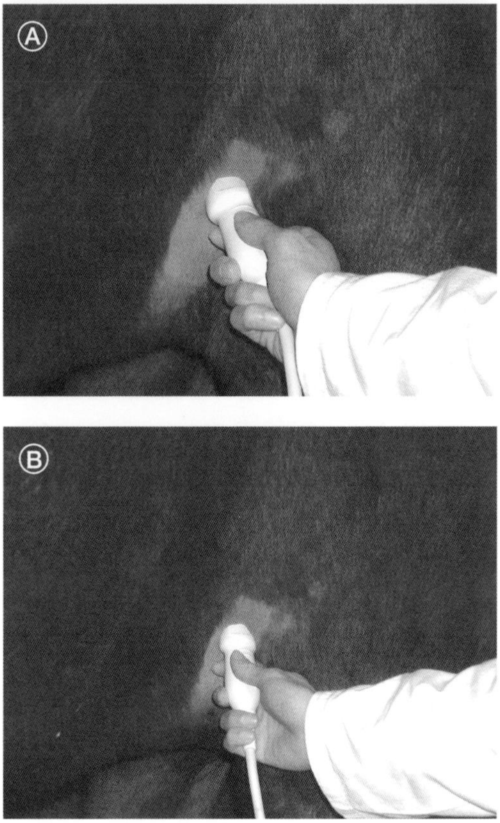

图 9.9　倾斜探头以获得右侧短轴切面
A. 用于二尖瓣切面；B. 用于主动脉 – 心基部切面。

过以下 3 个位置的扫查来识别，如图 9.9 所示放置探头以获得切面。

乳头肌水平右侧短轴切面

该切面可以看到左心室和乳头肌（PM）的横断面（图 9.10+ 视频）。稍微向背侧倾斜可看到乳头肌腱索。在该切面中将取样线置于两个乳头肌之间获得 M 型图像以测量左心室直径（图 9.11），因此取样线必须与室间隔垂直。

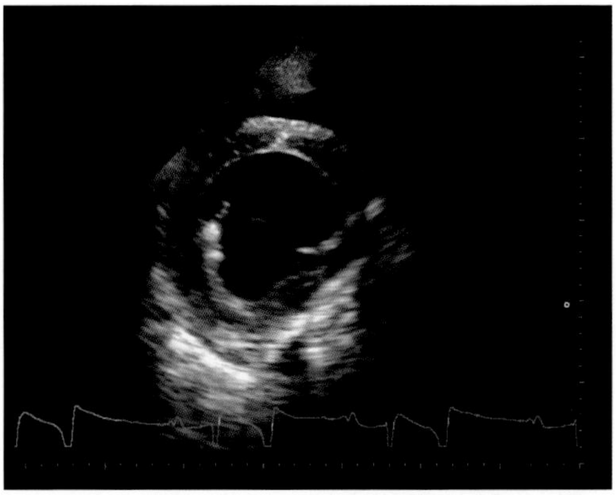

图 9.10　马乳头肌水平的右侧短轴切面

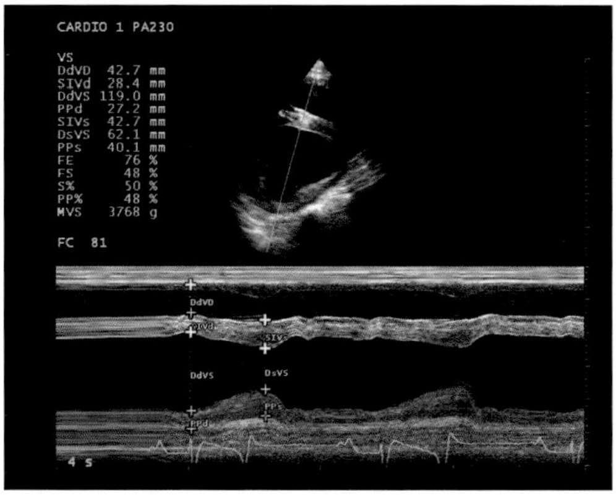

图 9.11　一匹健康马的心室 M 型图像，从乳头肌水平右侧短轴切面的二维图像获得

图像左侧是左心室收缩期和舒张期不同结构的测量值，包括射血分数（EF）和缩短分数（FS）（有关图中数值的解读请参阅图 5.3 的说明）。

二尖瓣水平右侧短轴切面

该切面可以看到左心室和二尖瓣，其外观和运动类似于“鱼嘴”。M 型超声图像显示瓣膜小叶的打开和关闭。其中二尖瓣前叶的路径呈“W”形，与之对应，后叶呈“M”形，前叶的两个峰分别为 E 点和 A 点，代表心室舒张早期位移和心房收缩。E 点和 A 点之间的区间代表心室舒张期，A 点和 E 点之间的区间代表心室收缩期（图 9.12）。收缩期时二尖瓣关闭，两个瓣叶的 M 型超声图像叠加为单条线。M 型超声成像可提示瓣膜运动的持续时间、幅度和同步性的特征，这些特征可随二尖瓣血流或二尖瓣病变的改变而改变。

主动脉瓣水平右侧短轴切面

该切面可看到主动脉瓣口，它由主动脉瓣瓣尖之间的联合组成，主动脉瓣瓣尖在舒张期会形成类似三叶草的形状。主动脉球周围是右心室流入道和右心室流出道，还有三尖瓣、肺动脉瓣，远场是左心房和左心耳（图 9.13+ 视频）。主动脉瓣的 M 型超声图像显示瓣膜在收缩期打开，在舒张期关闭：关闭时瓣尖在主动脉管腔内产生一条位于中心的高回声线；打开时会产生一个四边形图像，通常称之为主动脉盒（图 9.14）。与二尖瓣切面一样，主动脉瓣 M 型超声图像可以提供关于瓣膜运动持续时间、幅度和同步性的数据。

左侧长轴切面

在所有动物中，使用适当的设备可以从右侧胸骨旁声窗看到整个心脏。然而对于大型动物或心室异常扩张的动物，需

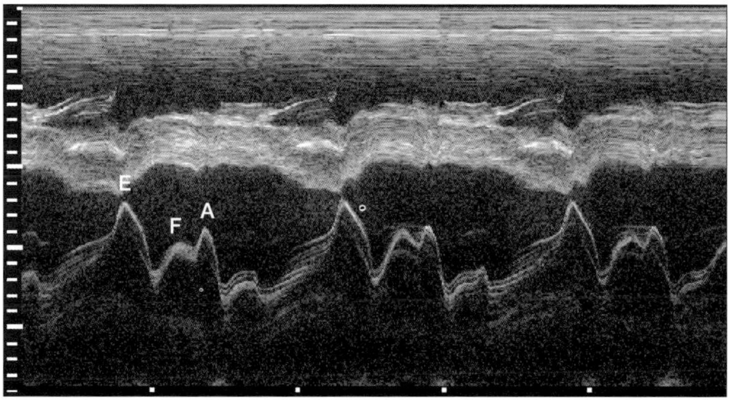

图 9.12　一匹健康马的心室 M 型超声图像，从二尖瓣水平右侧短轴切面的二维图像获得

E 点和 A 点分别代表与二尖瓣前叶舒张早期和舒张晚期位移有关的波，F 点表示舒张中期的生理性扑动。

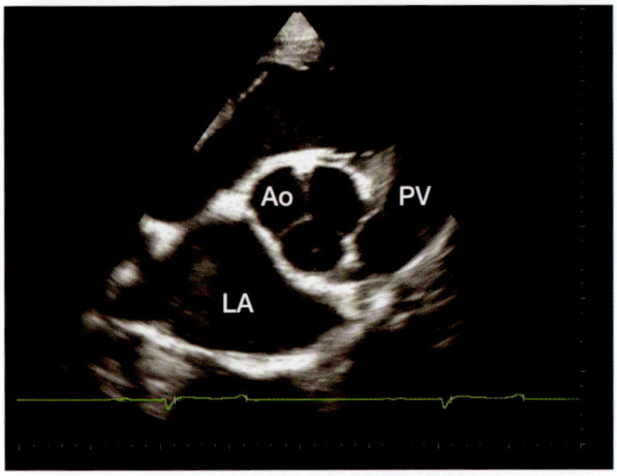

图 9.13　一匹健康马的右侧短轴切面的二维图像，图中央是主动脉瓣（Ao），3 点钟方向是肺动脉瓣（PV），8 点钟方向是左心房（LA）

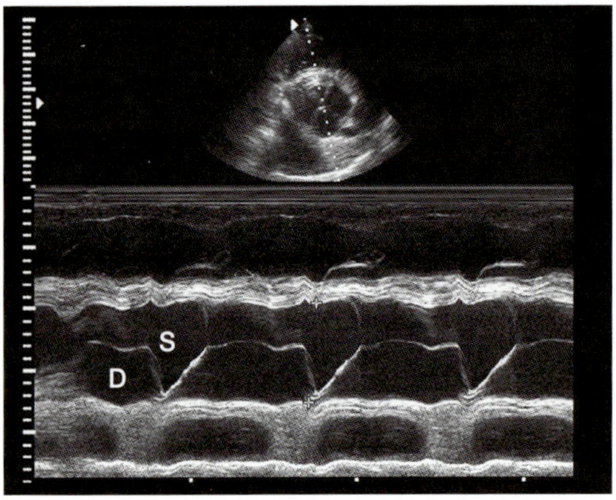

图 9.14　马主动脉瓣的 M 型超声图像
D：主动脉瓣闭合，S：主动脉瓣打开。

要结合左侧声窗才能进行完整检查。将探头垂直于胸壁，中轴略微偏向头侧，旋转 70° ~ 80°（图 9.15）。从该角度通常很容易观察到左心室流入道的长轴切面，二尖瓣位于图像中央（图 9.16+ 视频）。通过倾斜探头来使超声束指向背侧以显示左心房，可用于测量左心房直径，如图 9.17 所示。如果向头侧移动一个肋间隙，保持相同的旋转角度和方向，就可看到心基部、肺动脉瓣和肺动脉干的长轴切面（图 9.18）

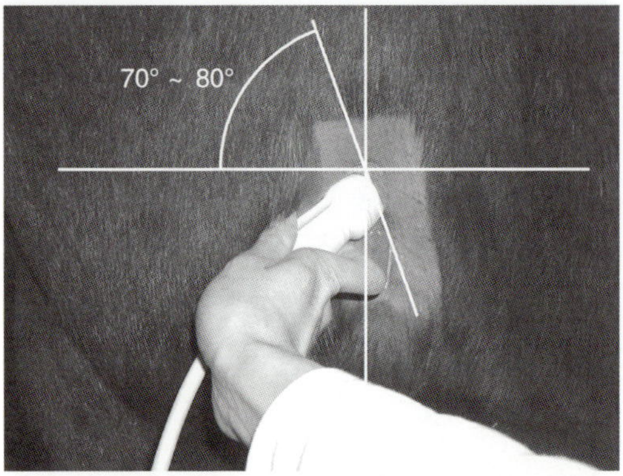

图 9.15　定位超声探头（旋转 70° ~ 80°）以获得马的心脏左侧长轴切面。图示为适合扫查二尖瓣的位置，如图 9.16 所示

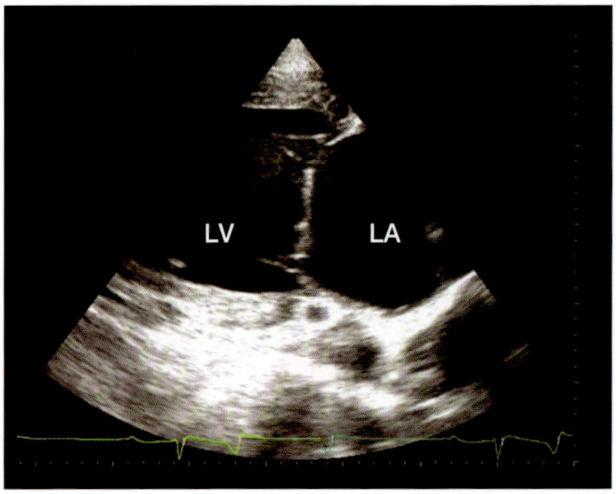

图 9.16　马左侧胸骨旁声窗的二维超声心动图图像，图为左心室（LV）的长轴切面。当心室位于左侧时，左心房（LA）位于图像的右侧

左侧短轴切面和斜切面

左侧短轴切面和右侧短轴切面相似（请参阅前文）。该侧另一个切面是左心室的斜切面，需将探头尽可能向腹侧移动，然后让探头主轴指向头背侧（图 9.19）。像获得犬的左侧心尖五腔切面那样旋转探头（图 2.58）可显示左心室流入道和左心室流出道，用于主动脉和二尖瓣血流的二维评估，以及频谱多普勒超声成像（图 9.20+ 视频）。

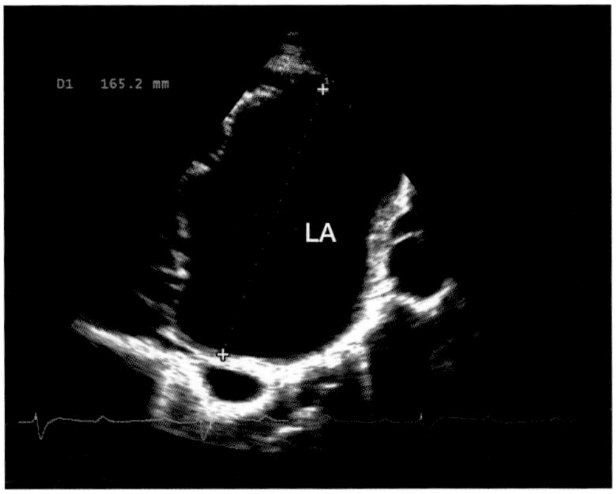

图 9.17　马左侧胸骨旁声窗的二维超声心动图图像，图为左心室的长轴切面，调整以显示和测量左心房（LA）。该病例的左心房舒张期内径为 16.52 cm，超出参考范围上限

图 9.19　定位探头，从左侧胸骨旁声窗获得左心室斜切面。探头位于心前区腹侧，倾斜纵轴以将超声束指向头背侧

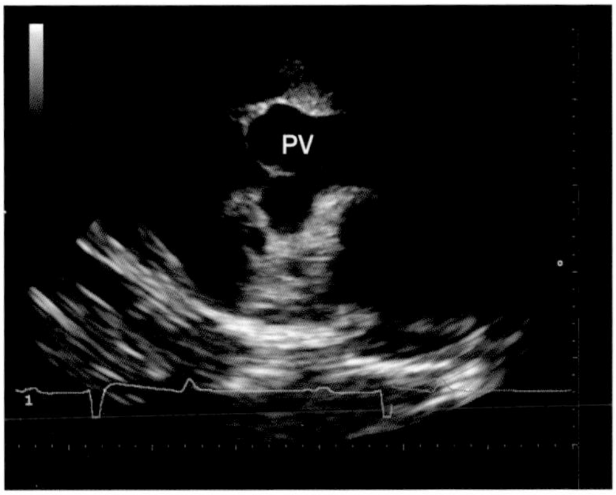

图 9.18　马左侧胸骨旁声窗的二维超声心动图图像，该切面可显示肺动脉瓣（PV）和肺动脉干

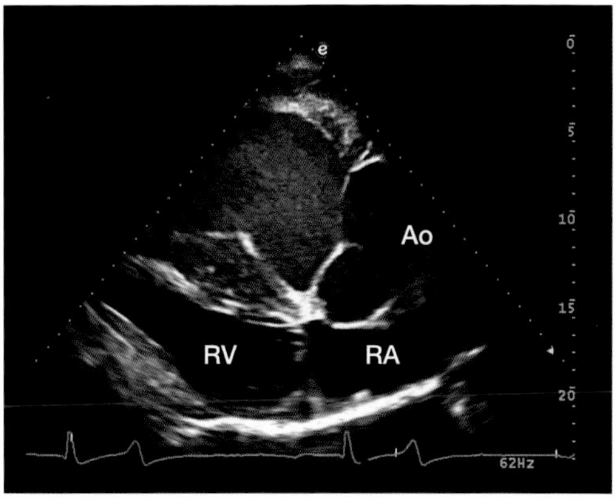

图 9.20　马左侧胸骨旁声窗的二维超声心动图图像，图为左心室斜切面

该病例的主动脉瓣和主动脉球清晰可见，视野远场还可见一部分右心房（RA）和右心室（RV）。Ao：主动脉。

第 10 章

马的多普勒超声心动图

介绍

彩色多普勒首次应用于评估马的心内血流可追溯到 20 世纪 80 年代末，但该方法仍在不断发展。作者想强调尽管该技术有助于评估马的心脏血流，但其具有一定难度。然而，其他超声心动图技术只能通过推定来评估血流异常，彩色多普勒却能提供直接证据。迄今为止，科学界有关马彩色多普勒超声心动图的报道和记录表明，该技术在心脏疾病检查的敏感性和特异性方面表现出显著的前景。

应用彩色多普勒对赛马进行心脏评估，临床医生通常可获得关键数据以判断心杂音的主要血流动力学和临床意义。彩色多普勒改进了对于表现不佳马的评估方式。

通过考虑上述因素，多普勒超声心动图是决定赛马是否适合竞技活动的基础。

多普勒图像的解读

经二尖瓣血流和经三尖瓣血流

根据定义，正常情况下通过瓣口的血流都是单向的。舒张期时血液只从心房流向心室。为了便于描述，将舒张期分为 3 个阶段，可使用彩色多普勒超声成像从右侧长轴切面评估三尖瓣血流，从左侧长轴切面评估二尖瓣血流。

舒张前期（舒张早期）：舒张期第一阶段，血流以约 1 m/s 的峰速从左心房流入左心室。在彩色多普勒模式下，速度呈现为色谱极限时的鲜红色，而接近奈奎斯特极限时显示为混叠。舒张前期结束时血流颜色通常变为暗红色，因为流速显著减慢（图 10.1）。

舒张中期（舒张期）：舒张期第二阶段，血流速度减至低速或停滞，以至于彩色多普勒几乎检测不到血流存在。这一阶

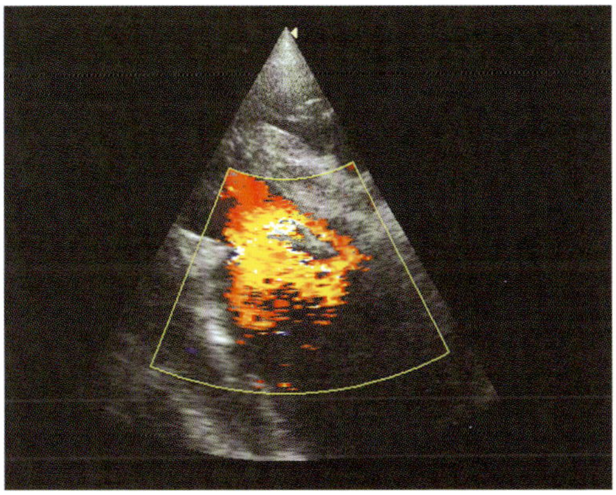

图 10.1　左心室流出道舒张早期右侧胸骨旁长轴切面的彩色多普勒图像，鲜红色提示血流方向朝向探头，且流速接近尼奎斯特极限

段末期血流开始改变方向，以低速沿着心尖和室间隔流动，血流方向改变后以蓝色编码显示（图 10.2）。

舒张末期（舒张晚期）：舒张期第三阶段，由于心房收缩，血流再次加速通过房室瓣。该血流再次显示为鲜艳且均匀的红色。在心室开始收缩之前，血流速度将会再次降为零（图 10.3）。

经主动脉瓣血流和经肺动脉瓣血流

血流通常只在收缩期通过半月瓣，彩色多普勒显示为远离探头的血流（蓝色）。这种蓝色在强度和明暗上有所不同，取决于要评估的收缩期时间点。在收缩期的前半段，随着心室收缩，彩色多普勒信号增强；在收缩期的后半段，当心室收缩快结束时，彩色多普勒信号减弱（图 10.4）。流经半月瓣的血流速度通常比流经房室瓣的血流速度高，因此更常出现混叠。舒张期开始时出现的非常微弱、短暂的反流，显

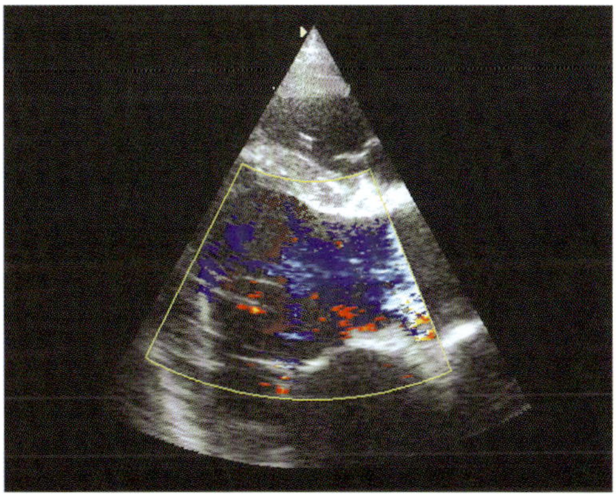

图 10.2　左心室流出道舒张中期右侧胸骨旁长轴切面的彩色多普勒图像。蓝色血流信号提示血流方向远离探头，从心尖沿室间隔流向左心室流出道

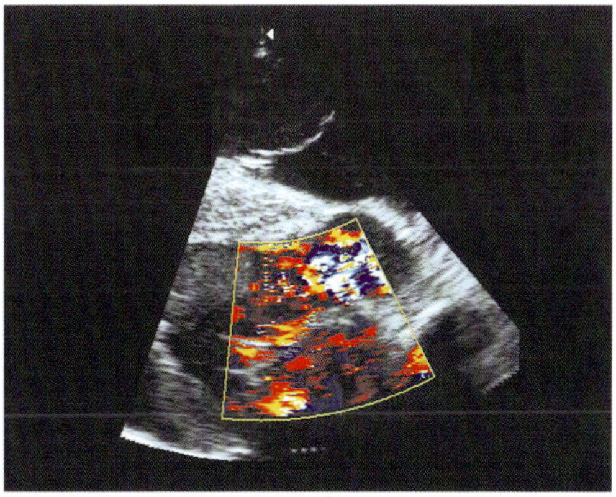

图 10.3　马左心室流出道收缩早期右侧胸骨旁长轴切面的彩色多普勒图像。此阶段左心室流出道内的血流开始加速，如图中红蓝混杂区域所示

示为几个像素点，通常被认为是生理性的。

下文提供了马的各种先天性疾病和获得性疾病的超声心动图信息和多普勒信息。这些图像列举了马的各种心脏病的异常血流情况，每个图像都有注释、最终诊断和预后（图 10.5+ 视频 ~ 图 10.10+ 视频）。

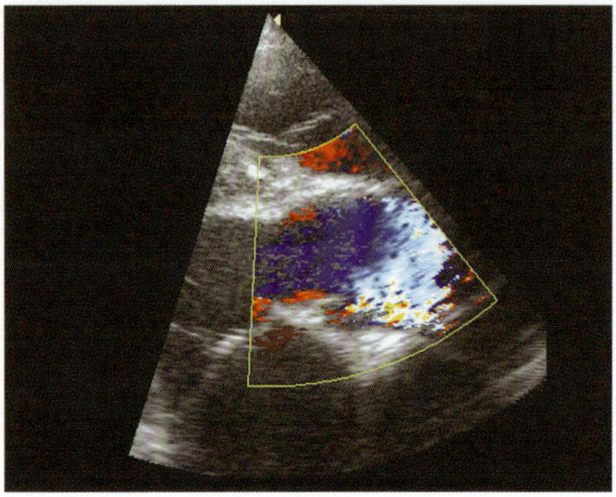

图 10.4　马左心室流出道收缩早期右侧胸骨旁长轴切面的彩色多普勒图像。蓝色的血流经开放的主动脉瓣进入主动脉根部（收缩期的特征），并持续至主动脉瓣关闭

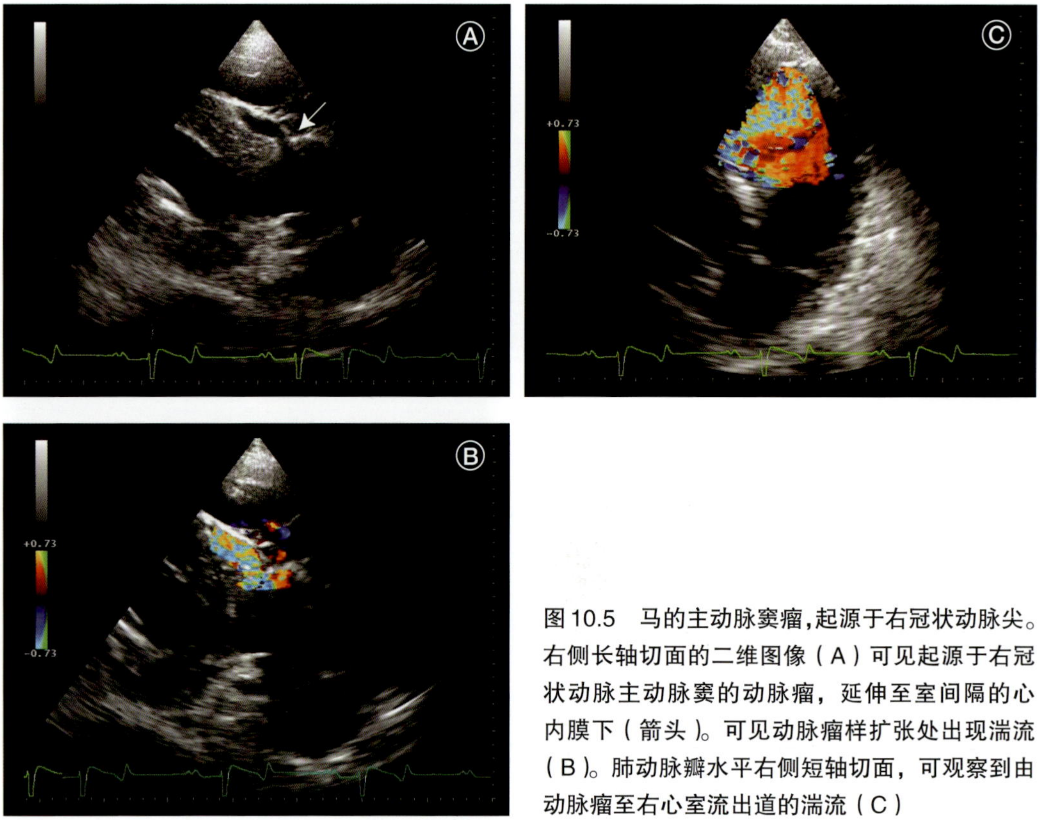

图 10.5　马的主动脉窦瘤，起源于右冠状动脉尖。右侧长轴切面的二维图像（A）可见起源于右冠状动脉主动脉窦的动脉瘤，延伸至室间隔的心内膜下（箭头）。可见动脉瘤样扩张处出现湍流（B）。肺动脉瓣水平右侧短轴切面，可观察到由动脉瘤至右心室流出道的湍流（C）

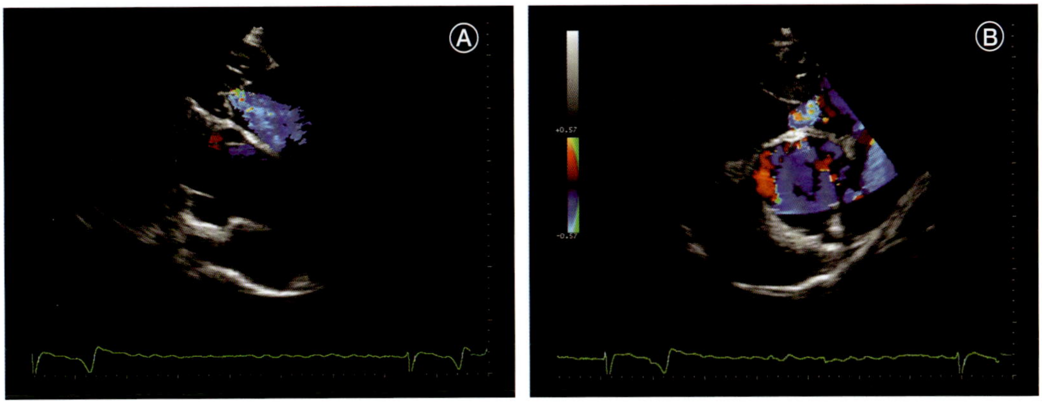

图 10.6　马的三尖瓣关闭不全。右侧胸骨旁长轴切面的彩色多普勒图像（A）显示三尖瓣反流。反流起源于瓣尖接合处并延伸至右心房中央，这种反流也可从心基部水平右侧胸骨旁短轴切面观察到（B）。二维图像未发现瓣膜形态异常，考虑到患马的心电图波形提示房颤，三尖瓣关闭不全可能继发于右心房扩张导致的瓣环扩张

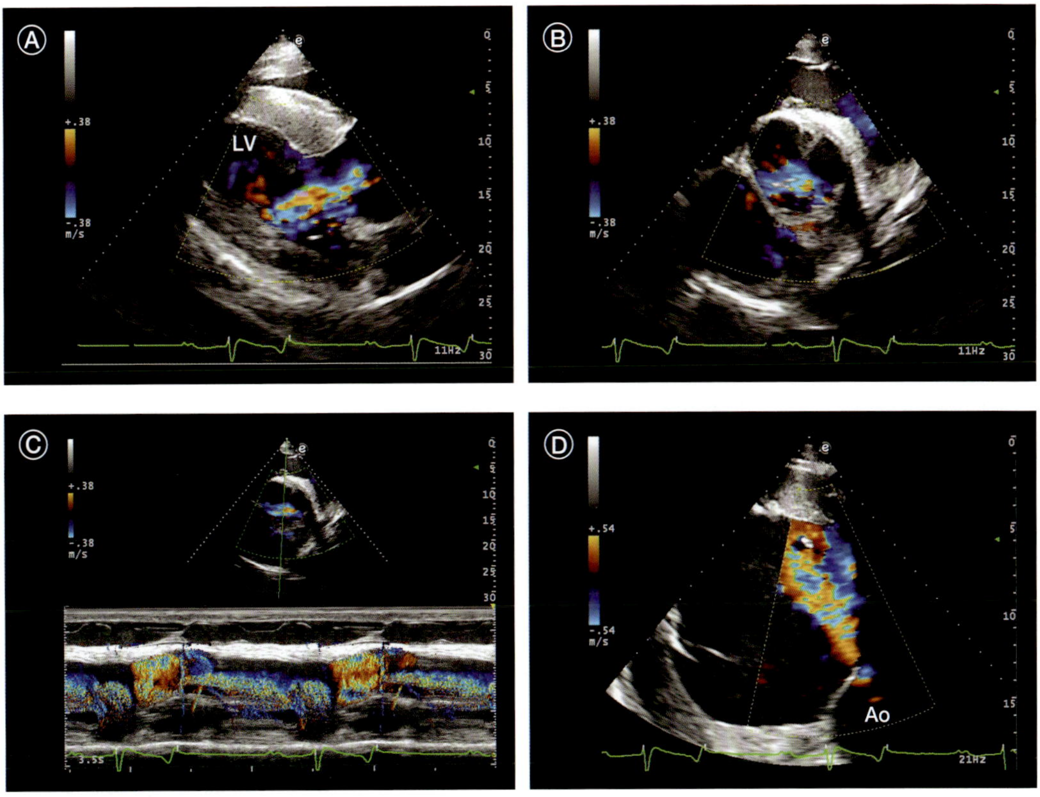

图 10.7　马的中度主动脉瓣关闭不全

A. 主动脉瓣的右侧长轴切面，彩色多普勒图像可见主动脉瓣反流。后者显示为源自瓣膜并指向左心室游离壁的彩色马赛克。B. 短轴切面可见 3 个闭合瓣尖之间的湍流，其中左冠状动脉尖受累最严重。C. 彩色 M 型模式可评估整个心室舒张期的主动脉瓣反流程度。D. 主动脉瓣（Ao）水平的左侧胸骨旁声窗显示主动脉瓣反流。

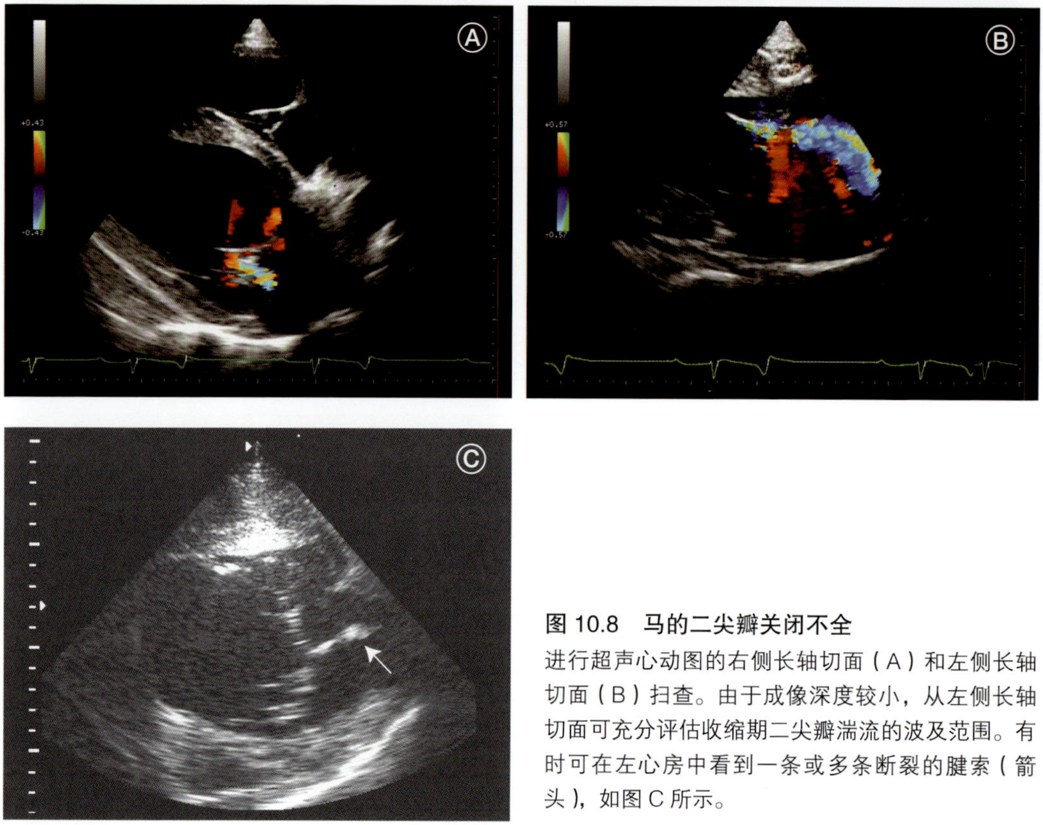

图 10.8　马的二尖瓣关闭不全

进行超声心动图的右侧长轴切面（A）和左侧长轴切面（B）扫查。由于成像深度较小，从左侧长轴切面可充分评估收缩期二尖瓣湍流的波及范围。有时可在左心房中看到一条或多条断裂的腱索（箭头），如图 C 所示。

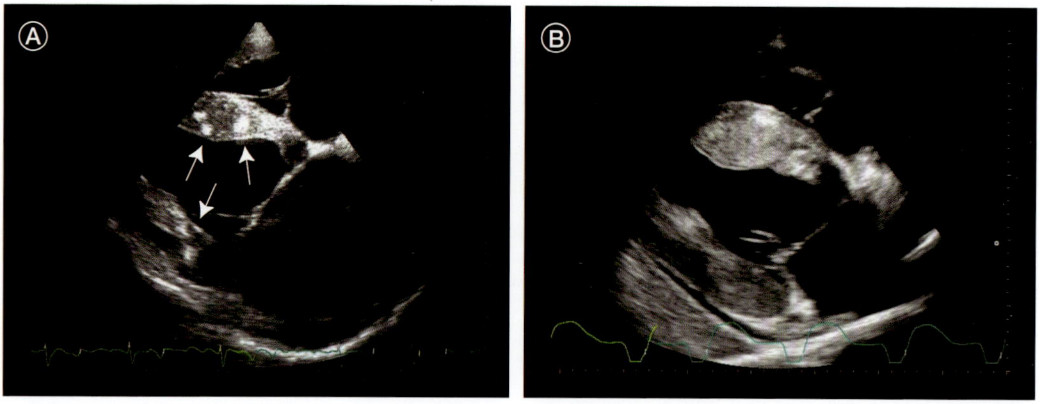

图 10.9　2 匹血清心肌肌钙蛋白 I 浓度升高的心肌炎患马的超声心动图图像

A. 右侧长轴切面显示左心房、左心室显著扩张，与房颤相关。在室间隔和左心室游离壁中可见高回声圆形病灶（箭头），与炎症或感染过程一致。B. 右侧长轴切面显示左心室心肌不均匀增厚，可见明显的少量心包积液。心电图显示存在室性异位搏动。

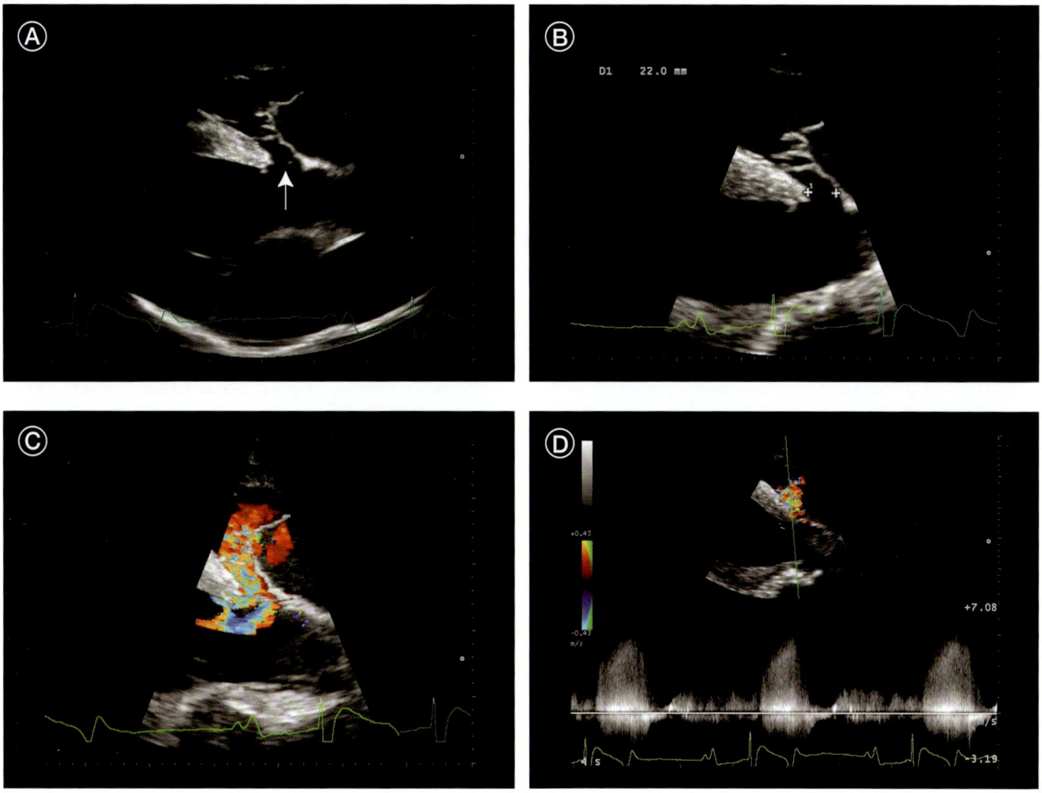

图 10.10 马的膜周型室间隔缺损

A. 左心室流出道水平的右侧长轴切面，显示近主动脉瓣侧的室间隔不连续（箭头）。在图 B 和图 C 中，通过减小扇区和深度以提高帧率来评估缺损处的尺寸（两个游标表示直径为 22 mm），通过彩色多普勒评估缺损处的血流。使用连续多普勒测量缺损处的血流速度，如图 D 所示。记录到的收缩期血流速度为 5 m/s，因此可以认为该缺损是有阻力的。

第 11 章

马超声心动图的测量

介绍

超声心动图是评估马心脏功能的一种非侵入性的有效检查方法。检查马的心脏功能时，需测量一系列指标，这些指标可按照前文描述的方法从 2D 或 M 型超声心动图图像中获取。

对马进行超声心动图检查的困难之处不仅在于难以获取可用于测量的图像，还涉及超声系统中测量软件的应用尚未被开发用于马。20 世纪 80 年代末到 20 世纪 90 年代初，研究人员验证了其他动物使用的测量算法、方法和公式在马上的适用性。

Vörös 等人对马活体和摘除后的心脏进行检查，试图确认 2D 成像在测量心脏腔室方面是否与 M 型超声一样可靠。但当时的可用探头超声波无法穿透胸壁，因此无法测量左心室长度或其长轴切面的面积。然而作者证明了解剖数据与超声心动图数据之间的一致性，具有较高相关系数（$p < 0.001$；$r^2=0.879 \sim 0.926$）。

Lord 和 Croft 用 30 只马的心脏验证了用于估算左心室容积的 7 个公式的适用性，以及与解剖数据的一致性。他们确定马左心室的精确模型是一个椭球体，即使长度无法测量，也可根据外径的比例来确定。值得注意的是，椭球体既可以由横截面直径计算（短轴），也可以使用左心室长轴切面的面积计算。后者更准确，因为其不受单一维度（横截面的直径）外扩的限制，而是使用更复杂的形状（左心室长轴切面的面积）进行计算，该面积很容易通过 2D 超声图像获取。

总之，上述的两个模型均能可靠地计算左心室容积，无须使用更复杂的成像方法（如 Simpson’s Discs 法）。

M 型超声下的左心室功能指标

以下指标可通过 M 型模式测量计算得到：收缩期室间隔厚度（IVSs）和舒张期厚度（IVSd）；收缩期左心室内径（LVDs）和舒张期内径（LVDd）；左心室

游离壁收缩期厚度（PPs）和舒张期厚度（PPd）。计算方法与本书第一部分中描述的方法相同，该章节对心脏功能评估进行了更全面的讨论，请参阅相关部分以进一步讨论各个参数。

马需要在舒张晚期（舒张末期）和收缩晚期（收缩末期），以及室间隔最厚处（图 11.1），测量左心室容积。测量左心室短轴直径时，在腱索水平将 M 型光标垂直穿过室间隔，指向二尖瓣正下方，然后测量室间隔和壁层心内膜之间的距离。在马的舒张期，这个值通常为 80 ~ 130 mm，在收缩期，其为 43 ~ 79 mm。左心室缩短分数用于评估其整体收缩功能，通常为 32% ~ 55%，随着年龄（成年马的缩短分数较马驹的高）、心率（心动过速时缩短分数远高于参考值）的变化而变化，可能还与马受到的训练类型有关。表 11.1 为不同研究人员报道的马的缩短分数参考值。

表 11.1　马缩短分数的参考值

作者	参考值 (%)
Koenig et al.（2017）	40 ± 5
Huesler et al .（2016）	40 ± 5
Ven et al .（2016）	43.1 ± 6.1
Zucca et al .（2008）	36.2 ± 3.9
Kuramoto et al .（1989）	35.7 ± 4

左心室游离壁厚度（心内膜和心外膜之间的距离）根据测量位置的不同而不同，在二尖瓣水平测量时厚度最小，在乳头肌水平测量时厚度最大。当在紧邻乳头肌、腱索水平测量时，舒张期正常值为 20 ~ 40 mm，收缩期为 32 ~ 56 mm。室间隔厚度，舒张期为 19 ~ 43 mm，收缩期为 35 ~ 62 mm。这些参考值与年龄、品种、体重、检查时的心率，以及训练程度均相关。

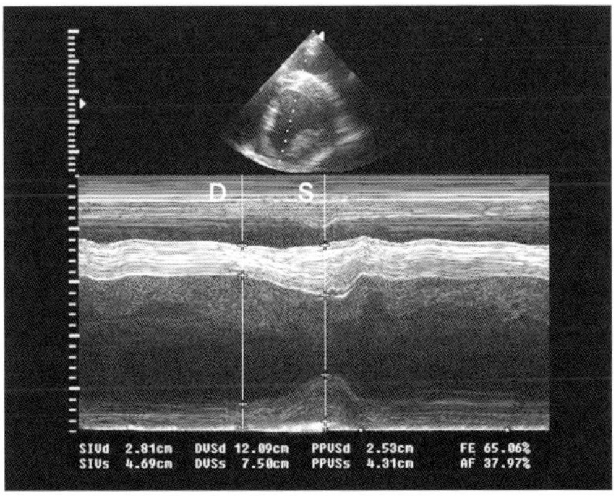

图 11.1　心室 M 型超声图像，该图像是健康马乳头肌水平的右侧胸骨旁短轴切面的二维图像（图片底部空白处为测量参数缩写）

使用上述线性数据通过应用 M 型超声推导的椭球体公式可以估算舒张期左心室容积和收缩期左心室容积，并通过其差值来计算射血量。

该方法基于以下几个假定条件：

腱索水平左心室大小即左心室短轴中部大小。

两个短轴长度相等。

长轴约为短轴的 2 倍。

基于上述假设的 Teichholz 公式（专栏 2.8）已在马的超声心动图中反复应用，例如，Ferro 和 Barelli 应用该公式计算出 20 匹平均体重 350 kg 的马每搏输出量为 918 ~ 985 mL。

Kuramoto 等人检查了 45 匹纯种马，根据年龄和比赛表现分为 4 组，根据其左心室内径确定心室容积和每搏输出量。幼年马（2 岁）的平均每搏输出量为 1144 mL，4 ～ 5 岁、竞技表现优异的马平均每搏输出量为 1678 mL。

值得注意的是，上述作者将其结果与染料稀释法估算的心输出量进行比较后验证了所得结果，二者相关系数为 0.956。

二维超声图像下的左心室功能指标

M 型超声成像对于左心室功能的评估可能并不准确，特别是在室间隔或左心室游离壁存在运动障碍的情况下。因此作者利用二维图像对心室功能进行了一些研究，结果如下：通过应用“面积－长度”椭球体公式（或 Dodge 单平面）得知二维测量是以计算出的左心室收缩末期容积和舒张末期容积为基础的。这个公式需要测量左心室长轴切面面积。因为马无法像人和犬那样从左侧心尖四腔切面看到心尖，所以必须获取右侧胸骨旁长轴切面。可通过描记左心室的内周长及其长轴来计算面积（图 11.2）。根据美国超声心动图学会的指南，以及 Long、Bonagura 和 Darke 的建议，该类型切面无法同时突出显示心室尖端和心室底部，所以无法显示真正的心尖。因此测量到的可能是心室的“假性心尖”。作者比较了一组玛雷玛马在两个时间点测量的左心室长轴相关数据，

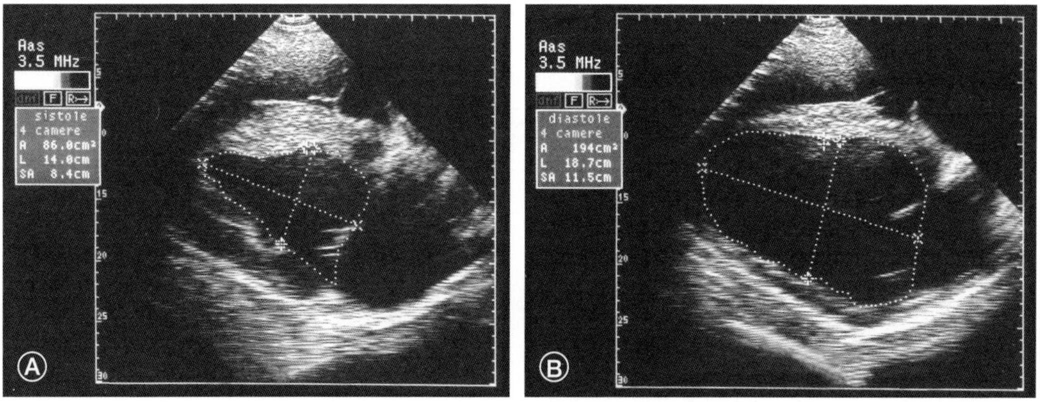

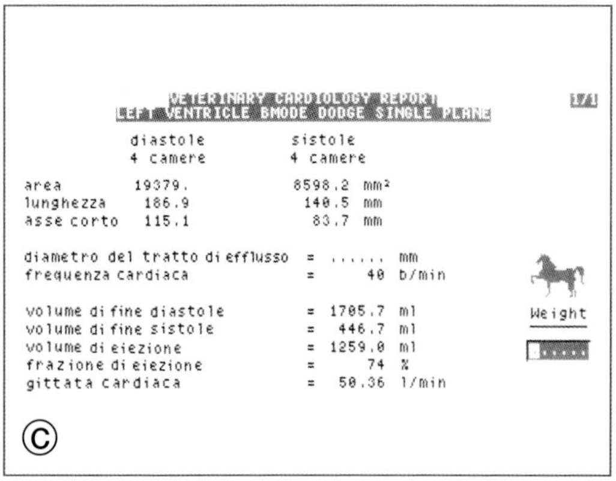

图 11.2　利用二维超声图像评估马的心室功能

在收缩末期（A）和舒张末期（B）的两张图像上测量心室周长和长轴，通过“面积－长度”公式（或 Dodge 单平面）计算容积（C）。检查对象是一匹 2 岁、450 kg 的马，正在为第一个赛季进行训练。

运动马左心室功能的参数

每搏输出量（SV）：左心室功能指标之一，单位为 mL，计算公式为 SV=LVVol.d−LVVol.s，其中 LVVol.d 为舒张末期左心室容积，LVVol.s 为收缩末期左心室容积。

心输出量（CO）：左心室功能指标之一，单位为 L/min，计算公式为 CO=SV×HR，其中 SV 为每搏输出量，HR 为心率。

射血分数（EF）：左心室功能指标之一，单位为%，计算公式为 EF=［（LVVol.d − LVVol.s）/ LVVol.d］×100，其中 LVVol.d 为舒张末期左心室容积，LVVol.s 为收缩末期左心室容积。

每搏指数（Stroke Index，SI）：Kuramoto 等人认为非常重要的一种心室功能指标，计算公式为 SI=SV/ 体重，其中 SV 为每搏输出量，体重单位为 kg。

心脏舒张指数（DI）：计算公式为 DI=LVVol.d/ 体重（mL/kg），其中 LVVol.d 为舒张末期左心室容积。根据 Porciello 等人的研究，该指数与英国纯种马的运动表现相关性最高。

统计学上没有显著差异（表 11.6、表 11.7）。

以下是这些研究的结果和其提供的一些参考值（样本量较少），需要强调的是我们需严格地进行心功能指数的评估，需考虑不同变量对实际获取的指标数据的影响。然而对于一些群体（考虑到它们的同质性）来说，受试动物的数量已经足够具有代表性。马超声心动图的参考数据不能简单地基于受试动物的体重，必须在考虑影响数据因素（品种、性别、年龄和运动状态）的同时进行评估。

表 11.2 ~ 表 11.14 汇总了不同品种、年龄、性别、体重和训练条件的马的左心室功能超声心动图指标数据。

表格说明

体重，单位为 kg。

心率，单位为 bpm。

LVLd= 舒张期左心室长度，单位为 mm。

LVLs= 收缩期左心室长度，单位为 mm。

LVDd= 舒张期左心室内径，单位为 mm。

LVDs= 收缩期左心室内径，单位为 mm。

LVVol.d= 舒张末期左心室容积，单位为 mL。

LVVol.s= 收缩末期左心室容积，单位为 mL。

PADd= 舒张末期肺动脉直径（右侧胸骨旁长轴切面）。

AoDd= 舒张末期主动脉直径（右侧胸骨旁长轴切面）。

LAAmax= 收缩末期左心房最大面积，二尖瓣打开前（右侧胸骨旁长轴切面）。

LADmax= 收缩末期左心房最大直径，与二尖瓣瓣环平行（右侧胸骨旁长轴切面）。

LVFS= 左心室缩短分数（右侧胸骨旁长轴切面）。

SPRd= 舒张期心室壁相对厚度，计算公式为（SIVd+PPd）/LVDd（右侧胸骨旁长轴切面）。

MWTd= 舒张末期左心室游离壁平均厚度，计算公式为（SIVd+PPd）/2（右侧胸骨旁长轴切面）。

SV= 每搏输出量，单位为 mL。

EF= 射血分数，单位为%。

DI= 舒张指数，单位为 mL/kg。

表 11.2　第一组，4 匹 2 岁英国纯种公马的超声心动图数据

变量	平均值	SD	最小值	最大值
体重（kg）	445	17.3	430	460
心率（bpm）	36	3.4	32	40
LVLd（mm）	168	8	159	178
LVLs（mm）	118	5.2	115	126
LVDd（mm）	110	2.4	107	112
LVDs（mm）	50	2.1	48	53
LVVol.d（mL）	1.250	99	1.173	1.396
LVVol.s（mL）	220	20.3	201	239
SV（mL）	1.029	88	972	1.158
SI（mL/kg）	2.31	0.16	2.12	2.51
EF（%）	82	1.5	80	83
CO（L/min）	37	6	32	46

表 11.3　第二组，7 匹 2 岁英国纯种母马的超声心动图数据

变量	平均值	SD	最小值	最大值
体重（kg）	378	38	330	430
心率（bpm）	42	3.4	40	48
LVLd（mm）	168	13.5	146	182
LVLs（mm）	117	13.6	96	139
LVDd（mm）	99	8.3	81	105
LVDs（mm）	58	8.4	45	66
LVVol.d（mL）	1.043	208.5	753	1.314
LVVol.s（mL）	241	99.8	149	438
SV（mL）	801	137.5	590	993
SI（mL/kg）	77	5.2	67	81
EF（%）	2.11	0.28	1.63	2.39
CO（L/min）	34	6.6	23	45

表 11.4　第三组，5 匹 15 月龄英国纯种母马的超声心动图数据

变量	平均值	SD	最小值	最大值
体重（kg）	316	47.2	270	380
心率（bpm）	49	3	46	54
LVLd（mm）	161	12.4	142	175
LVLs（mm）	113	10.3	103.4	129
LVDd（mm）	94	10.6	84	109
LVDs（mm）	55	8.2	45	65
LVVol.d（mL）	872	268	559	1.154
LVVol.s（mL）	177	28	140	212
SV（mL）	695	257	419	993
SI（mL/kg）	78	6.1	70	86
EF（%）	2.21	0.83	1.39	3.34
CO（L/min）	34	13.1	19	47

表 11.5　第四组，4 匹 15 月龄英国纯种公马的超声心动图数据

变量	平均值	SD	最小值	最大值
体重（kg）	363	32.5	320	395
心率（bpm）	55	2	54	58
LVLd（mm）	167	14	153	183
LVLs（mm）	98	7	90	107
LVDd（mm）	95	9.8	81	102
LVDs（mm）	51	11.2	38	63
LVVol.d（mL）	899	222	572	1.066
LVVol.s（mL）	162	65	81	240
SV（mL）	737	177	491	890
SI（mL/kg）	82	5	75	86
EF（%）	2.01	0.39	1.53	2.34
CO（L/min）	40	8.6	28	48

表 11.6　第五组，12 匹 3.5 岁雄性玛雷玛马受训前的超声心动图数据

变量	平均值	SD	最小值	最大值
体重（kg）	553	40.2	504	620
心率（bpm）	40	6.1	24	48
LVLd（mm）	165	10.5	148	182
LVLs（mm）	118	6.5	106	128
LVDd（mm）	111	5.3	101	118
LVDs（mm）	66	8.5	56	88
LVVol.d（mL）	1.266	139.3	1.049	1.572
LVVol.s（mL）	323	49.7	259	407
SV（mL）	942	140.6	744	1.205
SI（mL/kg）	74	4.7	65	79
EF（%）	1.7	0.25	1.2	2.1
CO（L/min）	37	5.9	29	50

表 11.7　第六组，12 匹 3.5 岁雄性玛雷玛马受训 10 天后的超声心动图数据

变量	平均值	SD	最小值	最大值
体重（kg）	565	44	513	657
心率（bpm）	37	5.3	28	46
LVLd（mm）	167	11.8	153	193
LVLs（mm）	117	8.1	106	133
LVDd（mm）	108	5.7	99	116
LVDs（mm）	67	9.1	47	81
LVVol.d（mL）	1.274	135.9	1.042	1.492
LVVol.s（mL）	324	86.8	172	548
SV（mL）	950	125.6	714	1.125
SI（mL/kg）	74	6.2	57	83
EF（%）	1.6	0.17	1.2	1.9
CO（L/min）	35	7	25	51

表 11.8　第七组，12 匹 3.5 岁雄性玛雷玛马受训 100 天后的超声心动图数据

变量	平均值	SD	最小值	最大值
体重（kg）	584	41.3	529	673
心率（bpm）	41	8	30	60
LVLd（mm）	178	8.7	168	191
LVLs（mm）	112	11.4	96	138
LVDd（mm）	112	6.7	99	122
LVDs（mm）	64	11.4	40	80
LVVol.d（mL）	1.437	171.5	1.142	1.754
LVVol.s（mL）	312	71.8	165	435
SV（mL）	1.125	145.3	881	1.388
SI（mL/kg）	78	4.5	71	86
EF（%）	1.9	0.22	1.4	2.1
CO（L/min）	46	7	38	62

表 11.9　第八组，19 匹 3 岁雌性玛雷玛马的超声心动图数据

变量	平均值	SD	最小值	最大值
体重（kg）	492	52	379	572
心率（bpm）	48	10	38	78
LVLd（mm）	160	13.7	134	185
LVLs（mm）	110	11	91	128
LVDd（mm）	96	7	82	108
LVDs（mm）	62	11	46	90
LVVol.d（mL）	893	180	568	1.348
LVVol.s（mL）	253	80	128	429
SV（mL）	639	144	411	919
SI（mL/kg）	71	7	57	81
EF（%）	1.3	0.3	0.8	1.8
CO（L/min）	30	7	18	49

表 11.10　第九组，训练中的 3 匹 8 ~ 9 岁雄性阿拉伯马的超声心动图数据

变量	平均值	SD	最小值	最大值
体重（kg）	460	17.3	450	480
心率（bpm）	57	2.5	55	60
LVLd（mm）	172	12.2	160	184
LVLs（mm）	120	3.61	116	122
LVDd（mm）	107	9.74	96	114
LVDs（mm）	52	10.1	45	64
LVVol.d（mL）	1.167	78.8	1.078	1.226
LVVol.s（mL）	194.7	12.4	183	208
SV（mL）	973	70.6	895	1.032
SI（mL/kg）	83.3	0.5	83	84
EF（%）	2.1	0.11	2	2.2
CO（L/min）	56	2	53	57

表 11.11　第十组，训练中的 3 匹 4 ~ 5 岁雄性阿拉伯马的超声心动图数据

变量	平均值	SD	最小值	最大值
体重（kg）	400	50	350	450
心率（bpm）	45	4	42	50
LVLd（mm）	161	9	156	172
LVLs（mm）	116	13.5	101	128
LVDd（mm）	99	11.2	89	111
LVDs（mm）	62	5.4	56	66
LVVol.d（mL）	921	241	747	1.196
LVVol.s（mL）	264	24.5	238	286
SV（mL）	656	226	478	910
SI（mL/kg）	70	6	64	76
EF（%）	1.6	0.6	1	2.2
CO（L/min）	29	—	9	23

表 11.12　第十一组，训练中的 3 匹 6 岁雌性阿拉伯马的超声心动图数据

变量	平均值	SD	最小值	最大值
体重（kg）	433	28.9	400	450
心率（bpm）	48	7	42	56
LVLd（mm）	167	8.2	157	172
LVLs（mm）	114	7.6	106	121
LVDd（mm）	102	6.8	96	109
LVDs（mm）	59	7.9	53	68
LVVol.d（mL）	1.127	207	992	1.366
LVVol.s（mL）	260	52.3	210	314
SV（mL）	867	250	709	1.155
SI（mL/kg）	76	8.1	69	85
EF（%）	1.9	0.51	1.5	2.5
CO（L/min）	41	6.7	35	48

表 11.13　第十二组，训练中的 4 匹 3 ~ 5 岁雄性阿拉伯马的超声心动图数据

变量	平均值	SD	最小值	最大值
体重（kg）	557	15	550	580
心率（bpm）	40	7.5	30	48
LVLd（mm）	178	10.4	166	190
LVLs（mm）	118	8.6	110	127
LVDd（mm）	114	13.5	100	126
LVDs（mm）	66	5.4	60	73
LVVol.d（mL）	1.361	172	1.147	1.513
LVVol.s（mL）	324	75.1	245	417
SV（mL）	1.037	105.1	902	1.140
SI（mL/kg）	76	3.1	72	79
EF（%）	1.8	0.17	1.6	2
CO（L/min）	42	10	30	52

表 11.14　第十三组，初始训练的 12 匹 2 岁走马的超声心动图数据

变量	平均值	SD
身高	155.05	4.93
体重（kg）	427.95	42.92
心率（bpm）	48.5	3.13
SI（mL/kg）	1.81	0.36
LVLd（mm）	166	9.6
LVLs（mm）	10.7	0.96
LVDd（mm）	9.86	0.72
LVDs（mm）	5.64	0.78
LVVol.d（mL）	982.04	199.96
LVVol.s（mL）	200.52	61.43
DI（mL/kg）	2.28	0.38
SV（mL）	781.53	179.74
EF（%）	79.4	5.85
CO（L/min）	38.12	8.82

注：DI，舒张指数。

通过对表格的分析，可以看出品种、年龄、性别和训练对马左心室形态计量学和功能的影响。

为了验证超声心动图指标与赛马运动潜力之间的相关性，作者对纯种马的左心室功能进行了研究，并将心功能与第一个赛季的比赛收益进行了比较。本研究包括 10 只纯种英国周岁马（6 只公马和 4 只母马），年龄为 15 ~ 18 月龄，这些马在两个不同的时间点接受了超声心动图评估，分别为在训练开始前（T1），以及在赛季开始前（T2）。数据如表 11.15 和表 11.16 所示，测量值按性别分类。

统计学分析显示，收益与舒张期左心室长度（LVLd）之间存在相关性（$p < 0.05$），收益与舒张末期左心室容积（LVVol.d）也具有相关性（$p < 0.05$）（r^2=0.72）。此外，作者还发现每场收益与每搏指数（SI）（$p < 0.01$）、舒张期左心室长度（LVLd）（$p < 0.01$）和舒张末期左心室容积（LVVol.d）（$p < 0.001$）存在相关性（r^2=0.96）。两个变量，即收益和每场收益（E/S）与舒张期左心室长度（LVLd）、舒张末期左心室容积（LVVol.d）、舒张指数（DI）、每搏指数（SI）严格相关。这些结果表明，超声心动图检查可以在马的比赛生涯开始之前估算其运动潜力。

表 11.17 显示了健康马和心脏病患马的主要超声心动图参数，以及 Koenig 等人报道的数据。

表 11.15　雄性和雌性英国纯种马在 T1 时间点测量的超声心动图数据

T1	雄性		雌性	
	平均值	SD	平均值	SD
DI（mL/kg）	2.41	0.13	2.58	0.35
体重（kg）	443.33	17.47	443.50	20.22
心率（bpm）	42.67	2.31	41.33	4.13
SI（mL/kg）	2	0.07	2.09	0.34
LV 舒张期面积（mm^2）	14 481.67	426.36	15 322.67	1832.94
LV 收缩期面积（mm^2）	4938.40	523.35	5415.58	669.04
LVLd（mm）	166.63	5.15	174.45	15.99
LVLs（mm）	113.30	9.30	116.80	12.13
LVDd（mm）	101.60	6.22	106.33	4.34
LVDs（mm）	55.63	0.85	57.75	5.97
LVVol.d（mL）	1068.10	31	1143.67	170.23
LVVol.s（mL）	182.83	24.14	214	36.09
SV（mL）	885.33	28.74	929.65	163.57
EF（%）	83.33	2.08	80.83	4.31
CO（L/min）	38.18	0.30	37.98	4.86

表 11.16　雄性和雌性英国纯种马在 T2 时间点测量的超声心动图数据

T2	雄性		雌性	
	平均值	SD	平均值	SD
DI（mL/kg）	2.94	0.15	2.77	0.28
体重（kg）	445.67	29.37	463.33	19
心率（bpm）	51.33	7.57	51.83	5.38
SI（mL/kg）	2.42	0.12	2.23	0.22
LV 舒张期面积（mm^2）	16 846	510.21	16 476	1092.06
LV 收缩期面积（mm^2）	5487.17	515.92	5884.95	674.17
LVLd（mm）	184.80	15.46	179.83	10.66
LVLs（mm）	113	6.35	117.83	7.79
LVDd（mm）	111.60	6.22	111.42	6.94
LVDs（mm）	63.70	5.19	61.88	6.07
LVVol.d（mL）	1308.57	102.44	1282.82	113.09
LVVol.s（mL）	226.40	29.82	250.28	42.82
SV（mL）	1082.17	131.32	1032.57	87.43
EF（%）	82.67	3.06	80.67	2.25
CO（L/min）	55.36	8.61	53.78	9.27

表 11.17　健康马和心脏病患马的主要超声心动图数据

	健康马	二尖瓣关闭不全	二尖瓣关闭不全（镇静状态）	主动脉瓣关闭不全	心肌病	方差分析 P 值
项目	30	33	5	25	8	—
性别	12 f，0 m，18 mc	12 f，1 m，20 mc	2 f，3 m，0 mc	6 f，4 m，15 mc	3 f，1 m，4 mc	—
年龄（岁）	12 ± 4	12 ± 5	7 ± 6	17 ± 5*	17 ± 7*	< 0.0001
体重（kg）	570 ± 53	572 ± 60	538 ± 66	582 ± 54	554 ± 22	0.114
心率（bpm）	39 ± 6	39 ± 8	32 ± 3	39 ± 5	53 ± 15	0.0001
		−0.1（−5 ～ 5）	−7（−16 ～ 3）	0.1（−5 ～ 5）	14（7 ～ 22）	
PAD_d（cm）	6.8 ± 0.5	6.8 ± 0.6	6.4 ± 0.5	7.4 ± 0.7*	7.3 ± 0.4	< 0.0001
		−0.02（−0.4 ～ 0.3）	−0.4（−1.1 ～ 0.3）	0.6（0.2 ～ 1.0）	0.4（−0.1 ～ 1.0）	
AO_d（cm）	7.9 ± 0.6	8.0 ± 0.6	7.4 ± 0.6	8.2 ± 0.6	7.8 ± 0.5	0.0521
		0.03（−0.3 ～ 0.4）	−0.5（−1.2 ～ 0.2）	0.3（−0.1 ～ 0.7）	−0.1（−0.7 ～ 0.5）	
LAA_{max}（cm）	101.1 ± 9.0	111.1 ± 19.2*	97.6 ± 8.3	108.6 ± 15.8	80.2 ± 10.9*	< 0.0001
		10.0（0.6 ～ 19.3）	−3.5（−21.3 ～ 14.4）	7.5（−2.5 ～ 17.5）	−20.9（−35.6 ～ −6.2）	
LAD_{max}（cm）	12.4 ± 0.8	13.1 ± 1.3*	12.0 ± 1.1	13.3 ± 1.0*	11.3 ± 0.9*	< 0.0001
		0.7（0.04 ～ 1.3）	−0.4（−1.6 ～ 0.8）	0.9（0.2 ～ 1.6）	−1.1（−2.1 ～ −0.07）	
LVDd（cm）	11.5 ± 0.9	12.4 ± 1.1*	11.1 ± 0.7	13.3 ± 1.8*	10.0 ± 1.5*	< 0.0001
		0.9（0.1 ～ 0.7）	−0.4（−1.9 ～ 1.1）	1.8（1.0 ～ 2.6）	−1.5（−2.7 ～ 0.2）	
LVDs（cm）	7.0 ± 0.8	7.7 ± 0.9*	7.6 ± 1.0	7.9 ± 1.1*	6.1 ± 1.6	< 0.0001
		0.8（0.2 ± 1.5）	0.7（−0.6 ～ 1.9）	1.0（0.3 ～ 1.7）	−0.8（−1.8 ～ 0.2）	
LVFS（%）	40 ± 5	38 ± 4	33 ± 7*	41 ± 4	39 ± 9	0.0085
		−2.4（−5.6 ～ 0.7）	−7.5（−13.5 ～ 1.4）	0.6（−2.8 ～ 4.0）	−1.2（−6.2 ～ 3.8）	
SPR_d	0.51 ± 0.05	0.45 ± 0.05*	0.54 ± 0.11	0.46 ± 0.08	0.75 ± 0.20*	< 0.0001
		−0.06（−0.1 ～ −0.008）	0.03（−0.07 ～ 0.1）	−0.05（−0.1 ～ 0.004）	0.2（0.2 ～ 0.3）	
MWT_d（cm）	2.9 ± 0.2	2.8 ± 0.2	3.0 ± 0.7	3.0 ± 0.3	3.7 ± 0.5*	< 0.0001
		−0.2（−0.3 ～ 0.03）	0.1（−0.3 ～ 0.5）	0.07（−0.1 ～ 0.3）	0.8（0.5 ～ 1.0）	
DAS_{max}/DDVS	1.1 ± 0.1	1.1 ± 0.1	1.1 ± 0.1	1.0 ± 0.1*	1.1 ± 0.1	0.0105
		−0.02（−0.08 ～ 0.04）	0.003（−0.1 ～ 0.1）	−0.07（−0.1 ～ −0.01）	0.06（−0.04 ～ 0.2）	

注：PADd，舒张末期肺动脉直径（右侧胸骨旁长轴切面）；AoDd，舒张末期主动脉直径（右侧胸骨旁长轴切面）；LAAmax，收缩末期左心房最大面积，二尖瓣打开前（右侧胸骨旁长轴切面）；LADmax，收缩末期左心房最大直径，与二尖瓣瓣环平行（右侧胸骨旁长轴切面）；LVFS，左心室缩短分数（右侧胸骨旁长轴切面）；SPRd，舒张期心室壁相对厚度，计算公式为（SIVd+PPd）/LVDd（右侧胸骨旁长轴切面）；MWTd，舒张末期左心室游离壁平均厚度，计算公式为（SIVd+PPd）/2（右侧胸骨旁长轴切面）。数据为平均值 ±SD。健康组和心脏病组之间的差异显示为平均差异（95%CI）。星号标记的值与健康马存在显著差异（由 Koenig 等人的数据修改而来）。

索 引

G

H

J

K

L

M

Y

Z